Mathematik heute. 10

Realschule Rheinland-Pfalz

Herausgegeben von
Heinz Griesel, Helmut Postel, Rudolf vom Hofe

Schroedel

Mathematik heute 10

Realschule Rheinland-Pfalz

Herausgegeben und bearbeitet von

Professor Dr. Heinz Griesel
Professor Helmut Postel
Professor Dr. Rudolf vom Hofe

Arno Bierwirth, Heiko Cassens, Bernhard Humpert, Dirk Kehrig, Wolfgang Krippner, Professor Dr. Matthias Ludwig, Manfred Popken, Torsten Schambortski

Zum Schülerband erscheint:
Lösungen Best.-Nr. 83896
PALMA – Kompetenzorientierte Aufgaben mit Kommentaren Band 2 Best.-Nr. 83095

© 2008 Bildungshaus Schulbuchverlage
Westermann Schroedel Diesterweg Schöningh Winklers GmbH, Braunschweig
www.schroedel.de

Das Werk und seine Teile sind urheberrechtlich geschützt. Jede Nutzung in anderen als den gesetzlich zugelassenen Fällen bedarf der vorherigen schriftlichen Einwilligung des Verlages. Hinweis zu § 52a UrhG: Weder das Werk noch seine Teile dürfen ohne eine solche Einwilligung gescannt und in ein Netzwerk eingestellt werden. Dies gilt auch für Intranets von Schulen und sonstigen Bildungseinrichtungen.
Auf verschiedenen Seiten dieses Buches befinden sich Verweise (Links) auf Internet-Adressen.
Haftungshinweis: Trotz sorgfältiger inhaltlicher Kontrolle wird die Haftung für die Inhalte der externen Seiten ausgeschlossen. Für den Inhalt dieser externen Seiten sind ausschließlich deren Betreiber verantwortlich. Sollten Sie bei dem angegebenen Inhalt des Anbieters dieser Seite auf kostenpflichtige, illegale oder anstößige Inhalte treffen, so bedauern wir dies ausdrücklich und bitten Sie, uns umgehend per E-Mail davon in Kenntnis zu setzen, damit beim Nachdruck der Verweis gelöscht wird.

Druck A^3 / Jahr 2011
Alle Drucke der Serie A sind im Unterricht parallel verwendbar.

Titel- und Innenlayout: Janssen Kahlert, Design & Kommunikation GmbH, Hannover
Illustrationen: Dietmar Griese; Zeichnungen: Günter Schlierf, Peter Langner
Satz: Konrad Triltsch, Print und digitale Medien GmbH, 97199 Ochsenfurt
Druck und Bindung: westermann druck GmbH, Braunschweig

ISBN 978-3-507-**83890**-1

Inhaltsverzeichnis

Zum methodischen Aufbau der Lerneinheiten 4
Maßeinheiten/Mathematische Symbole 5

1 Quadratische Funktionen 6
Lineare Funktionen – Wiederholung 7
Quadratische Funktionen mit $y = a \cdot x^2$
  – Strecken und Spiegeln der Normalparabel 12
Quadratische Funktionen mit $y = x^2 + px + q$
  – Verschieben der Normalparabel 20
Quadratische Funktionen mit $y = ax^2 + bx + c$
  – Strecken und Verschieben der Normal-
  parabel 32
Nullstellen von quadratischen Funktionen ... 36
Anwenden quadratischer Funktionen 38
Im Blickpunkt: Parabeln im Sport 41
Vermischte und komplexe Übungen 42
Bist du fit? 44
Im Blickpunkt: Länger als man denkt:
  der Anhalteweg 45
Projekt: Quadratisch, parablisch! 48

2 Berechnungen an Dreiecken und Vielecken 50
Berechnen von rechtwinkligen Dreiecken
  – Wiederholung 51
Berechnen von gleichschenkligen Dreiecken .. 54
Berechnen von Sinus, Kosinus und Tangens
  für spezielle Winkelgrößen 58
Berechnen allgemeiner Dreiecke – Sinus-
  und Kosinussatz 60
Berechnen von Vierecken und Vielecken 73
Vermischte und komplexe Übungen 76
Bist du fit? 82

3 Pyramide – Kegel – Kugel 84
Pyramide und Kegel – Darstellung und
  Flächenberechnung 85
Volumen der Pyramide und des Kegels 94
Vermischte Übungen zu Pyramide und Kegel . 98
Kugel – Volumen und Oberflächeninhalt 101
Berechnungen an zusammengesetzten
  Körpern 108
Vermischte und komplexe Übungen 111
Bist du fit? 115
Im Blickpunkt: Pinguine – Verhältnis zwischen
  Oberflächeninhalt und Volumen 116

4 Darstellen und Auswerten statistischer Daten 118
Tabellen, Schaubilder und Diagramme 119
Vierfeldertafeln 124
Vierfeldertafeln und Baumdiagramme 130
△ Berechnen relativer Häufigkeiten mit Baum-
  diagrammen 134
Vermischte und komplexe Übungen 137
Bist du fit? 139

5 Potenzen – Potenzfunktionen 140
Potenzen mit natürlichen Exponenten 141
Wurzeln 144
Erweiterung des Potenzbegriffs für negative
  und rationale Exponenten 148
Zehnerpotenzen 154
Potenzgesetze 158
Potenzfunktionen und ihre Eigenschaften ... 166
Vermischte und komplexe Übungen 175
Bist du fit? 177

6 Wachstumsprozesse – Exponentialfunktionen 178
Wachstumsprozesse 179
Im Blickpunkt: Entwicklung der Welt-
  bevölkerung – Grenzen des Wachstums ... 198
Exponentialfunktionen und ihre Eigenschaften 200
Vermischte und komplexe Übungen 207
Bist du fit? 209

7 Sinus- und Kosinusfunktionen 210
Sinus und Kosinus eines Winkels am
  Einheitskreis 211
Sinus- und Kosinusfunktion – Eigenschaften .. 216
Funktionen mit der Gleichung
  $y = a \cdot \sin(b(\alpha - \varphi))$ 222
Bist du fit? 234
Im Blickpunkt: Funktionen mit der Gleichung
  $y = a \cdot \cos(b \cdot (\alpha - \varphi))$ 235

■ Bist du topfit? 236

■ Anhang 241
Lösungen zu Bist du fit? 241
Lösungen zu Bist du topfit? 245
Stichwortverzeichnis 247
Bildquellenverzeichnis 248

ZUM METHODISCHEN AUFBAU DER LERNEINHEITEN

Einstieg bietet einen prozessorientierten Zugang zum Thema.

Aufgabe mit vollständigem Lösungsbeispiel. Diese Aufgaben können alternativ oder ergänzend als Einstiegsaufgaben dienen. Die Lösungsbeispiele eignen sich sowohl zum eigenständigen Nacharbeiten als auch zum Erarbeiten von Lernstrategien.

Zum Festigen und Weiterarbeiten Hier werden die neuen Inhalte durch benachbarte Aufgaben, Anschlussaufgaben und Zielumkehraufgaben gefestigt und erweitert. Sie sind für die Behandlung im Unterricht konzipiert und legen die Basis für eine nachhaltige Entwicklung inhaltlicher und prozessorientierter Kompetenzen.

Information Wichtige Begriffe, Verfahren und mathematische Gesetzmäßigkeiten werden hier übersichtlich hervorgehoben und an charakteristischen Beispielen erläutert.

Übungen In jeder Lerneinheit findet sich reichhaltiges Übungsmaterial. Dabei werden neben grundlegenden Verfahren auch Aktivitäten des Vergleichens, Argumentierens und Begründens gefördert, sowie das Lernen aus Fehlern.
Aufgaben mit Lernkontrollen sind an geeigneten Stellen eingefügt.
Grundsätzlich lassen sich fast alle Übungsaufgaben auch im Team bearbeiten. In einigen besonderen Fällen wird zusätzlich Anregung zur Teamarbeit gegeben.
Die Fülle an Aufgaben ermöglicht dabei unterschiedliche Wege und innere Differenzierung.

Vermischte und komplexe Übungen Hier werden die erworbenen Qualifikationen in vermischter Form angewandt und mit den bereits gelernten Inhalten vernetzt.

Bist du fit? Auf diesen Seiten am Ende eines Kapitels können Lernende eigenständig überprüfen, inwieweit sie die neu erworbenen Grundqualifikationen beherrschen. Die Lösungen hierzu sind im Anhang des Buches abgedruckt.

Im Blickpunkt / Projekt Hier geht es um komplexere Sachzusammenhänge, die durch mathematisches Denken und Modellieren erschlossen werden. Die Themen gehen dabei häufig über die Mathematik hinaus, sodass Fächer übergreifende Zusammenhänge erschlossen werden. Es ergeben sich Möglichkeiten zum Arbeiten in Projekten und zum Einsatz neuer Medien.

Bist du Topfit? Auf diesen Seiten am Ende des Buches können Lernende eigenständig überprüfen, inwieweit sie die in den Jahrgangsstufen 5 bis 10 erworbenen Qualifikationen beherrschen. Die Aufgaben orientieren sich an den Kompetenzen und Inhalten der curricularen Vorgaben.

Piktogramme weisen auf besondere Anforderungen bzw. Aufgabentypen hin:

Teamarbeit — Suche nach Fehlern — Tabellenkalkulation — Internet — Dynamische Geometriesysteme

Zur Differenzierung

Der Aufbau und insbesondere das Übungsmaterial sind dem Schwierigkeitsgrad nach gestuft. Zusätzlich hierzu sind anspruchsvollere Aufgaben mit roten Aufgabenziffern versehen.
Fakultative Themen und Zusatzstoffe sind durch das Zeichen △ gekennzeichnet.

Maßeinheiten

Längen

10 mm = 1 cm
10 cm = 1 dm
10 dm = 1 m
1 000 m = 1 km

Flächeninhalte

100 mm² = 1 cm²   100 m² = 1 a
100 cm² = 1 dm²   100 a = 1 ha
100 dm² = 1 m²   100 ha = 1 km²

Die Umwandlungszahl ist 100

Volumina

1 000 mm³ = 1 cm³   1 cm³ = 1 ml   1 000 ml = 1 l
1 000 cm³ = 1 dm³   1 dm³ = 1 l   100 cl = 1 l
1 000 dm³ = 1 m³   100 l = 1 hl

Die Umwandlungszahl ist 1 000

Zeitspannen

60 s = 1 min
60 min = 1 h
24 h = 1 d

Gewichte

1 000 mg = 1 g
1 000 g = 1 kg
1 000 kg = 1 t

Die Umwandlungszahl ist 1 000

Mathematische Symbole

Zahlen

$a = b$	a gleich b	$p\%$	p Prozent
$a \neq b$	a ungleich b	$\sqrt{a}$	Quadratwurzel aus a ($a \geq 0$)
$a < b$	a kleiner b	$\sqrt[3]{a}$	Kubikwurzel aus a ($a \geq 0$)
$a > b$	a größer b	$\sqrt[n]{a}$	n-te Wurzel aus a ($a \geq 0$)
$a \approx b$	a ungefähr gleich (rund) b	$\log_b c$	Logarithmus von c zur Basis b
$a + b$	Summe aus a und b; a plus b	$\mathbb{N}$	Menge aller natürlichen Zahlen
$a - b$	Differenz aus a und b; a minus b	$\mathbb{Q}$	Menge aller rationalen Zahlen
$a \cdot b$	Produkt aus a und b; a mal b	$\mathbb{R}$	Menge der reellen Zahlen
$a : b$	Quotient aus a und b; a durch b	$\sin \alpha$	Sinus α
a^n	Potenz aus Basis a und Exponent n; a hoch n	$\cos \alpha$	Kosinus α
		$\tan \alpha$	Tangens α

Geometrie

$\overline{AB}$	Verbindungsstrecke der Punkte A und B; Strecke mit den Endpunkten A und B
$\|AB\|$	Länge der Strecke $\overline{AB}$
AB	Verbindungsgerade durch die Punkte A und B; Gerade durch A und B
$g \parallel h$	Gerade g ist parallel zu Gerade h
$g \perp h$	Gerade g ist senkrecht zu Gerade h
ABC	Dreieck mit den Eckpunkten A, B und C
$ABCD$	Viereck mit den Eckpunkten A, B, C und D
$P(x\|y)$	Punkt P mit den Koordinaten x und y, wobei x die erste Koordinate, y die zweite Koordinate ist
$F \cong G$	Figur F ist kongruent zu Figur G
$F \sim G$	Figur F ist ähnlich zu Figur G
h_a [h_b; h_c]	Höhe zur Seite a [Seite b; Seite c]

1 Quadratische Funktionen

Gerade Linien kannst du schon durch Gleichungen im Koordinatensystem beschreiben. Im Alltag kommen aber auch viele Linien vor, die nicht gerade sind. Häufig siehst du Kurven wie auf den Bildern dieser Seite.

Monte Carlo, Monaco

Schloß Linderhof, Bayern   Getaway Arch, St. Louis (USA)   Vulkanausbruch

→ Erläutere, worum es sich bei den Bildern handelt. Beschreibe auch die Form der Kurven.
→ Kurven wie auf diesen Fotos nennt man *Parabeln*.
  Suche nach weiteren Beispielen für Parabeln.

In diesem Kapitel lernst du ...
... die Eigenschaften von Parabeln kennen und erfährst, wie man Parabeln in einem Koordinatensystem mit Gleichungen beschreiben kann.

LINEARE FUNKTIONEN – WIEDERHOLUNG

Aufgabe

1. *Schnitt zweier Geraden*

Ein Energieversorgungsunternehmen bietet seinen Kunden zwei Tarife für Gas an. Der Gaspreis setzt sich aus den Teilen *Grundpreis* und *Arbeitspreis* für das verbrauchte Gas zusammen.

Tarif	basis	spezial
Monatlicher Grundpreis	5,50 €	11,00 €
Preis (je m³)	0,70 €	0,60 €

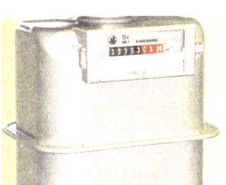
Gaszähler

a) Lege für beide Tarife eine Wertetabelle der Funktion
Volumen x des verbrauchten Gases (in m³) → Gaspreis y (in €) an.

b) Zeichne die beiden Graphen in ein Koordinatensystem und erstelle die beiden Funktionsgleichungen.

c) Vergleiche beide Tarife. Bei welchem Gasverbrauch sind beide Tarife gleich teuer?

Lösung

a)

Gasvolumen x (in m³)	0	10	20	30	40	50	60	70	80
Preis y Tarif *basis* (in €)	5,50	12,50	19,50	26,50	33,50	40,50	47,50	54,50	61,50
Preis y Tarif *spezial* (in €)	11,00	17,00	23,00	29,00	35,00	41,00	47,00	53,00	59,00

b) Tarif *basis*: $y = 0{,}70 \cdot x + 5{,}5$
Tarif *spezial*: $y = 0{,}60 \cdot x + 11$

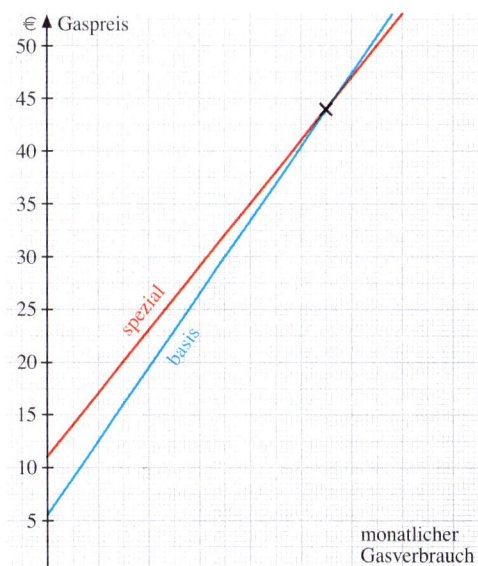

c) Aus der Tabelle entnehmen wir, dass bei einem Gasverbrauch zwischen 50 m³ und 60 m³ beide Tarife gleich teuer sind.
Aus der grafischen Darstellung lesen wir genauer ab:
Bis zu etwa 55 m³ ist der Tarif *basis* günstiger.

Den Gasverbrauch, bei dem beide Tarife gleich teuer sind, können wir auch rechnerisch ermitteln. Dieser Gasverbrauch (in m³) muss *sowohl* die Gleichung $y = 0{,}70 \cdot x + 5{,}5$ *als auch* die Gleichung $y = 0{,}60 \cdot x + 11$ erfüllen.
Dazu lösen wir das Gleichungssystem

$\left| \begin{array}{l} y = 0{,}70 \cdot x + 5{,}5 \\ y = 0{,}60 \cdot x + 11 \end{array} \right.$

z. B. mithilfe des Gleichsetzungsverfahrens:

$0{,}70 \cdot x + 5{,}5 = 0{,}6 \cdot x + 11 \quad | -0{,}6x$
$\quad 0{,}1 \cdot x + 5{,}5 = 11 \quad\quad\quad\quad | -5{,}5$
$\quad\quad\quad\ 0{,}1 \cdot x = 5{,}5$
$\quad\quad\quad\quad\quad\ x = 55$

Ergebnis: Bei einem monatlichen Gasverbrauch von 55 m³ sind beide Tarife gleich teuer. Bis 55 m³ ist der Tarif *basis* günstiger, danach der Tarif *spezial*.

KAPITEL 1 — Quadratische Funktionen

Wiederholung

Die Gleichungen y = 0,70 · x + 5,5 und y = 0,60 · x + 11 gehören zu *linearen Funktionen*.

> **Lineare Funktion**
>
> Eine Funktion mit der Funktionsgleichung y = mx + b heißt **lineare Funktion**.
> Ihr Graph ist eine *Gerade*. Er schneidet die y-Achse im Punkt P(0|b). b nennt man den *y-Achsenabschnitt*.
> Der Faktor m ist die *Steigung* der Geraden.
> Durch die Angabe des Punktes P und der Steigung m kann die Gerade auch *ohne* Wertetabelle gezeichnet werden (*Punkt-Steigungs-Verfahren*).
> Für b = 0 verläuft die Gerade durch den Nullpunkt, sie ist also Graph einer proportionalen Funktion. Diese gehört demnach zu den linearen Funktionen.

Beispiele: (1)  y = $\frac{1}{2}$x + 1   (2) 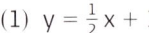 y = $-\frac{3}{4}$x + 2

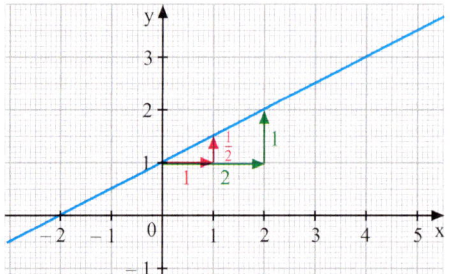
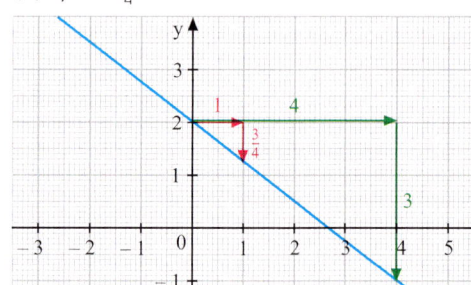

Gehe von P(0|1) aus, gehe dann um 1 nach rechts und um $\frac{1}{2}$ nach oben oder gehe z. B. um 2 nach rechts und um 1 nach oben.

Gehe von P(0|2) aus, gehe dann um 1 nach rechts und um $\frac{3}{4}$ nach unten oder gehe z. B. um 4 nach rechts und um 3 nach unten.

Aufgabe

2. *Ermitteln der Gleichung einer Geraden durch zwei Punkte*

Der Graph einer linearen Funktion geht durch die Punkte P(2|2) und Q(4|5). Wie lautet die Funktionsgleichung?

Lösung

Der Graph einer linearen Funktion ist eine Gerade. Die zugehörige Gleichung hat die Form y = mx + b.
Wir müssen die Steigung m und den y-Achsenabschnitt b bestimmen.

(1) *Zeichnerische Lösung*
Wir zeichnen die Gerade PQ. Aus der Zeichnung können wir die Steigung m und den y-Achsenabschnitt b entnehmen.
Die Gerade schneidet die y-Achse bei −1, also b = −1.

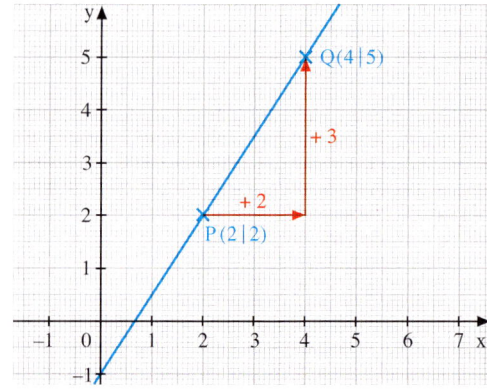

Am Steigungsdreieck erkennen wir: Um von P nach Q zu kommen, muss man 2 nach rechts und 3 nach oben gehen, also m = $\frac{3}{2}$. Damit lautet die Gleichung: y = $\frac{3}{2}$x − 1

Quadratische Funktionen

KAPITEL 1

(2) *Rechnerische Lösung*

Wir setzen die Koordinaten von P(2|2) und Q(4|5) in die Gleichung $y = mx + b$ ein und erhalten das Gleichungssystem rechts.

$$\begin{vmatrix} 2 = m \cdot 2 + b \\ 5 = m \cdot 4 + b \end{vmatrix}$$

Wir lösen das System z. B. mithilfe des Additionsverfahrens:

$$\begin{vmatrix} 5 = 4m + b \\ 2 = 2m + b \end{vmatrix} \cdot (-1), \quad \text{also:} \quad \begin{vmatrix} 5 = 4m + b \\ -2 = -2m - b \end{vmatrix} \oplus \quad \text{und somit:}$$

$3 = 2m$, also $m = \frac{3}{2}$

Wir setzen m in die Gleichung $5 = 4 \cdot m + b$ ein und erhalten: $5 = 4 \cdot \frac{3}{2} + b$, also $b = -1$.
Die Gleichung lautet somit $y = \frac{3}{2}x - 1$.

Wiederholung

Lineare Gleichungssysteme

Wir kennen drei rechnerische Verfahren zum Lösen linearer Gleichungssysteme:

Gleichsetzungsverfahren	Einsetzungsverfahren	Additionsverfahren
$\begin{vmatrix} y = -2x + 4 \\ y = x + 1 \end{vmatrix}$	$\begin{vmatrix} 4x + 3y = 6 \\ y = 2x - 8 \end{vmatrix}$	$\begin{vmatrix} 2x + 5y = 1 \\ 3x - 4y = 13 \end{vmatrix} \begin{matrix} \cdot 4 \\ \cdot 5 \end{matrix}$
Gleichsetzen: $-2x + 4 = x + 1$ $-3x = -3$ $3x = 3$ $x = 1$	*Einsetzen* von $2x - 8$ in die 1. Gleichung an die Stelle von y: $4x + 3 \cdot (2x - 8) = 6$ $10x - 24 = 6$ $10x = 30$ $x = 3$	Umformen, sodass bei *Addition der Gleichungen* eine Variable wegfällt. $\left.\begin{matrix} 8x + 20y = 4 \\ 15x - 20y = 65 \end{matrix}\right\} \oplus$ $23x = 69$ $x = 3$
Einsetzen von $x = 1$ in $y = -2x + 4$: $y = 2$	*Einsetzen* von $x = 3$ in $y = 2x - 8$: $y = -2$	*Einsetzen* von $x = 3$ in $2x + 5y = 1$: $y = -1$
Probe: $2 = -2 \cdot 1 + 4$ (w) $2 = 1 + 1$ (w) $L = \{(1|2)\}$	*Probe:* $4 \cdot 3 + 3 \cdot (-2) = 6$ (w) $-2 = 2 \cdot 3 - 8$ (w) $L = \{(3|-2)\}$	*Probe:* $2 \cdot 3 + 5 \cdot (-1) = 1$ (w) $3 \cdot 3 - 4 \cdot (-1) = 13$ (w) $L = \{(3|-1)\}$

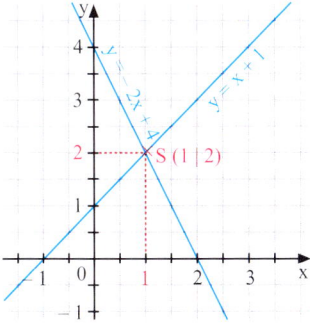

Jede Gleichung des Systems kann man im Koordinatensystem durch eine Gerade darstellen.

Mögliche Fälle	Anzahl der Lösungen
Die beiden Geraden schneiden sich.	genau eine
Die beiden verschiedenen Geraden sind parallel zueinander.	keine
Die beiden Geraden fallen zusammen.	unendlich viele

Übungen

3. Zeichne den Graphen der linearen Funktion mithilfe von Steigung und y-Achsenabschnitt. Bestimme auch die Schnittpunkte des Graphen mit den Koordinatenachsen.

a) $y = 3x - 2$ c) $y = 2x - 3$ e) $y = \frac{3}{4}x - 3$ g) $y = \frac{3}{5}x + \frac{3}{2}$

b) $y = -2x + 1$ d) $y = -x - 2$ f) $y = -\frac{2}{3}x + 1$ h) $y = -\frac{4}{3}x - 1$

KAPITEL 1
Quadratische Funktionen

4. Der Stromverbrauch (genauer die benötigte elektrische Energie) wird in Kilowattstunden (kWh) gemessen. Ein Energieversorgungsunternehmen bietet seinen Kunden zwei Tarife an.

Tarif	H1	H2
Monatlicher Grundpreis	5,50 €	10,50 €
Arbeitspreis je kWh	0,17 €	0,15 €

Bei welchem Stromverbrauch ist der Tarif H1 günstiger als der Tarif H2?

5. Lies die Funktionsgleichung ab.

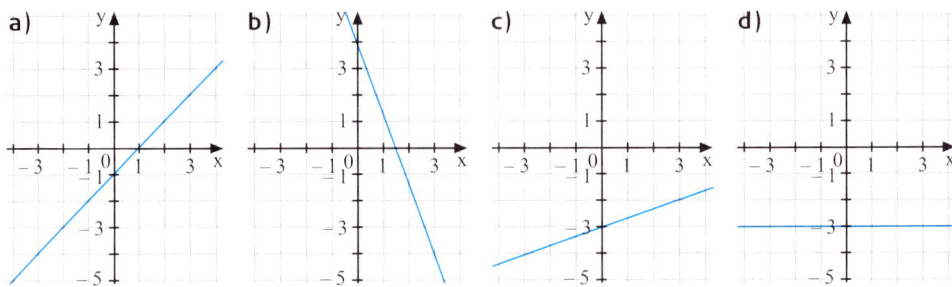

6. Die Taxiunternehmer in einer Kurstadt haben für Fahrten, die die Stadtgrenze überschreiten, folgende Kostenvereinbarung festgelegt:
Die Fahrt innerhalb der Stadtgrenze kostet einheitlich 2 €.
Für jeden Kilometer außerhalb der Stadtgrenze sind dann 1,50 € zu zahlen.

- **a)** Stelle für Fahrten nach außerhalb der Stadt eine Wertetabelle auf für die Funktion *Länge der außerhalb gefahrenen Strecke (in km) → Preis (in €)*.
- **b)** Zeichne den Graphen der Funktion aus Teilaufgabe a) und notiere die Funktionsgleichung. Lies am Graphen ab: Wie viel Euro kostet eine Taxifahrt, wenn außerhalb der Stadt eine Strecke von 5 km [3,5 km] gefahren wurde?
Kontrolliere das Ergebnis rechnerisch.

7. In einer Flussniederung wird Kies ausgebaggert. Ein anfangs 500 m² großer Teich vergrößert sich durch die Baggerarbeiten jede Woche um 200 m².

- **a)** Stelle für die Funktion *Anzahl x der Wochen → Größe y der Wasserfläche des Baggersees* eine Funktionsgleichung auf und zeichne den zugehörigen Graphen.
- **b)** Lies am Graphen ab:
  (1) Wie groß ist der Baggersee nach 4 Wochen?
  (2) Nach wie viel Wochen ist der Baggersee 2 300 m² groß?
  Kontrolliere das Ergebnis rechnerisch.

8. Welche der Punkte $P_1(-8|3)$, $P_2(2|-2)$, $P_3(-1|-4)$, $P_4(-4|-7)$, $P_5(-4|4)$, $P_6(1|5)$, $P_7(0,8|-2,2)$ gehören zum Graphen der linearen Funktion mit:
- **a)** $y = x - 3$
- **b)** $y = -3x + 2$
- **c)** $y = 2,4x + 2,6$
- **d)** $y = \frac{x}{4} + 5$
- **e)** $y = -\frac{1}{2}x - 1$

Quadratische Funktionen

KAPITEL 1

9. Die Punkte P_1 und P_2 liegen auf dem Graphen der linearen Funktion mit der angegebenen Gleichung. Ergänze die fehlenden Koordinaten.

  a) $y = 2x - 1$; $P_1(-3\,|\,\square)$, $P_2(\square\,|\,4)$ **c)** $y = \frac{2}{3}x - 3$; $P_1(\square\,|\,-1)$, $P_2(6\,|\,\square)$
  b) $y = -3x + 2$; $P_1(\square\,|\,11)$, $P_2(-2\,|\,\square)$ **d)** $y = -\frac{3}{4}x + 1$; $P_1(6\,|\,\square)$, $P_2(\square\,|\,\frac{1}{2})$

10. Der Graph einer Funktion mit der Gleichung $y = mx + b$ schneidet die y-Achse im Punkt P und geht außerdem durch den Punkt Q. Wie lautet die Funktionsgleichung?

  a) $P(0\,|\,-3)$, $Q(-1\,|\,1)$ **b)** $P(0\,|\,2)$, $Q(-2\,|\,-8)$ **c)** $P(0\,|\,-\frac{1}{3})$, $Q(2\,|\,1)$

11. Der Graph einer linearen Funktion besitzt die Steigung m und geht durch den Punkt A. Wie lautet die Funktionsgleichung?

  a) $m = -\frac{5}{4}$; $A(6\,|\,-\frac{5}{2})$ **b)** $m = \frac{4}{3}$; $A(-3\,|\,-1)$ **c)** $m = \frac{3}{2}$; $A(5\,|\,1)$

12. Der Graph einer linearen Funktion geht durch die Punkte A und B. Wie lautet die Funktionsgleichung?

  a) $A(3\,|\,1)$, $B(5\,|\,5)$ **b)** $A(2\,|\,7)$, $B(5\,|\,1)$ **c)** $A(1\,|\,-2)$, $B(3\,|\,1)$ **d)** $A(-2\,|\,-1)$, $B(1\,|\,-7)$

13. Gegeben sind die Geraden g und h. Ermittle ihren Schnittpunkt.

  a) g: $y = 2x - 1$ **b)** g: $y = \frac{3}{4}x - 6$ **c)** g: $y = 3x - 4$ **d)** g: $y = -\frac{2}{3}x + \frac{5}{2}$
       h: $y = x + 2$ h: $y = \frac{5}{2}x + 2$ h: $y = 2x + 2$ h: $y = \frac{1}{2}x + 4$

14. g ist der Graph der linearen Funktion mit $y = 3x - 4$.
Gib eine Gleichung für eine Funktion an, deren Graph h folgende Bedingungen erfüllt:

  a) h verläuft parallel zu g.
  b) h verläuft parallel zu g durch den Punkt $A(0\,|\,4)$.
  c) h und g haben denselben Schnittpunkt mit der y-Achse.
  d) h und g haben denselben Schnittpunkt mit der y-Achse, aber h ist fallend.

15. Frau Wolf möchte einen Fotokopierer leihen. Sie vergleicht:
Angebot A: Jährliche Leihgebühr 875 € und 6,5 Cent pro Kopie
Angebot B: Jährliche Leihgebühr 1 250 € und 2,5 Cent pro Kopie

  a) Gib zu beiden Angeboten jeweils eine Funktionsgleichung an.
  b) Wie teuer würden 80 000 Kopien bei Angebot A?
  c) Wie viele Kopien könnte sie bei Angebot B für 2 100 € machen?
  d) Ab welcher Kopienzahl ist Angebot B günstiger als Angebot A?

16. Robert hat sein Aquarium gereinigt und es dafür teilweise geleert. Mithilfe einer kleinen Pumpe füllt er es wieder auf. Nach 4 Minuten steht das Wasser 13 cm hoch, nach 7 Minuten sind es 19 cm.

  a) Beschreibe den Füllvorgang mithilfe einer Funktion. Gib die Funktionsgleichung an.
  b) Lies aus der Funktionsgleichung den Wasserstand beim Einschalten der Pumpe ab.
  c) Die maximale Füllhöhe beträgt 38 cm. Nach wie vielen Minuten ist das Aquarium vollständig gefüllt?

QUADRATISCHE FUNKTIONEN MIT $y = a \cdot x^2$ – STRECKEN UND SPIEGELN DER NORMALPARABEL
Quadratische Funktionen mit $y = a x^2$ – Eigenschaften

Einstieg

Ein Autohersteller gibt für einen Mittelklassewagen die Anfahreigenschaft durch die folgende Faustregel an.

Man erhält die Länge des zurückgelegten Weges (gemessen in Metern), indem man die dazu benötigte Zeit (in Sekunden) quadriert und dann dieses Ergebnis verdoppelt.

→ Bestimmt die Länge des zurückgelegten Weges nach 0, 1, 2, 3, 4, 5 Sekunden.

→ Gebt die Gleichung für die Funktion *benötigte Zeit (in Sekunden) → zurückgelegter Weg (in Metern)* an.

→ Zeichnet den Graphen.

→ Berichtet über eure Ergebnisse.

Aufgabe

1.

Die Größe der Bildfläche auf der Leinwand wird (bei einem Projektor mit Standardobjektiv) nach folgender Faustregel berechnet:

Quadriere den Abstand des Projektors von der Leinwand, dividiere das Ergebnis durch 5.

a) Berechne mithilfe dieser Faustregel die Größe der Bildfläche für folgende Abstände des Projektors von der Leinwand: 1 m; 1,5 m; 2 m; 2,5 m; 3 m; 3,5 m; 4 m; 4,5 m; 5 m; 5,5 m.
Stelle die Ergebnisse in einer Wertetabelle zusammen.
Gib die Gleichung für die Funktion *Abstand x (in m) → Größe y (in m²) der Bildfläche* an.
Zeichne den Graphen dieser Funktion.

b) Verwende die gleiche Funktionsgleichung wie in Teilaufgabe a).
Wähle für x jetzt auch negative Zahlen und erstelle eine Wertetabelle.
Zeichne dann den Graphen dieser Funktion.
Zeichne anschließend in dasselbe Koordinatensystem mithilfe einer Wertetabelle den Graphen der Funktion mit $y = x^2$;
dieser Graph wird *Normalparabel* genannt.
Vergleiche beide Graphen miteinander.
Welche Eigenschaften haben sie gemeinsam?
Denke dabei an den Verlauf der Graphen, an Symmetrien und an besondere Punkte.

Quadratische Funktionen

KAPITEL 1

Lösung

a) *Wertetabelle*

> Abstand zum Quadrat durch 5

Abstand (in m)	Bildgröße (in m²)	Abstand (in m)	Bildgröße (in m²)
1,0	0,20	3,5	2,45
1,5	0,45	4,0	3,20
2,0	0,80	4,5	4,05
2,5	1,25	5,0	5,00
3,0	1,80	x	$\frac{1}{5}x^2$

Graph

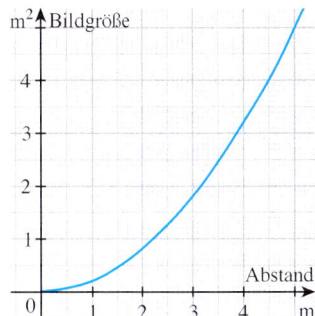

Funktionsgleichung: $y = \frac{1}{5}x^2$

b) *Wertetabelle zu* $y = \frac{1}{5}x^2$

x	y
−5	5,0
−4	3,2
−3	1,8
−2	0,8
−1	0,2
0	0
1	0,2
2	0,8
3	1,8
4	3,2
5	5,0

Wertetabelle zu $y = x^2$

x	y
−2,5	6,25
−2,0	4,00
−1,5	2,25
−1,0	1,00
−0,5	0,25
0	0
0,5	0,25
1,0	1,00
1,5	2,25
2,0	4,00
2,5	6,25

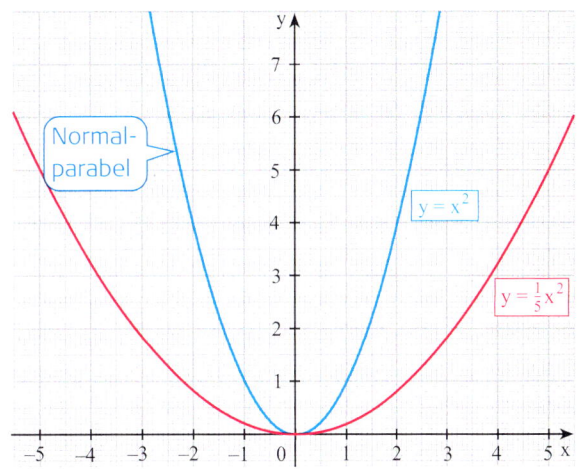

Der Graph zu $y = \frac{1}{5}x^2$ hat eine Form, die der Normalparabel ähnelt. Für jeden der beiden Graphen gilt:
Von links nach rechts fällt er im 2. Quadranten (er geht bergab), er hat an der Stelle 0 den tiefsten Punkt und steigt dann im 1. Quadranten (er geht bergauf).
Im Ursprung des Koordinatensystems berührt der Graph die x-Achse.
Die y-Achse ist Symmetrieachse des Graphen.

Information

Eigenschaften der Normalparabel

Die Funktionsgleichungen im Einstieg und in der Aufgabe 1 haben die Form $y = ax^2$.
Setzt man in $y = a \cdot x^2$ den Faktor $a = 1$, so erhält man die Funktionsgleichung $y = x^2$.
Der Graph dieser Funktion heißt **Normalparabel**.

(1) *Steigen und Fallen der Normalparabel*

Von links nach rechts fällt die Normalparabel bis zum Koordinatenursprung O(0|0) und steigt dann an.

(2) *Scheitelpunkt der Normalparabel*

An der Stelle 0 ist auch der Funktionswert 0, sonst sind alle Funktionswerte positiv (siehe auch Wertetabelle oben). Der Ursprung O(0|0) ist also der *tiefste* Punkt der Normalparabel. Man nennt ihn auch den **Scheitelpunkt** der Parabel. Alle anderen Punkte der Normalparabel liegen oberhalb der x-Achse.

(3) Symmetrie der Normalparabel

Für die Normalparabel zu $y = x^2$ gilt z. B.:
An den Stellen **−2** und **2** hat die Funktion denselben Wert **4**, denn $2^2 = $ **4** und $(-2)^2 = $ **4**. Die entsprechenden Punkte P′(**−2**|**4**) und P(**2**|**4**) unterscheiden sich nur im Vorzeichen der 1. Koordinaten, die 2. Koordinate ist die gleiche. Dies gilt für jede Zahl für x und ihre Gegenzahl (siehe Wertetabelle Seite 13). Das bedeutet:
Die gesamte Normalparabel ist symmetrisch zur y-Achse. Der Ursprung ist der einzige Punkt, der auf der Symmetrieachse liegt.

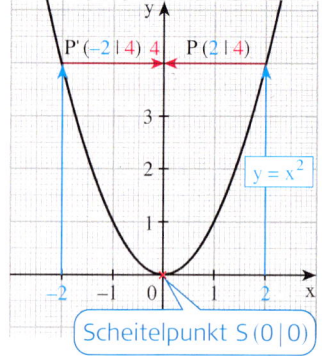

Eigenschaften der Normalparabel

Für die *Normalparabel*, den Graphen der quadratischen Funktion mit $y = x^2$ und der Definitionsmenge $\mathbb{R}$, gilt:

(1) Die Normalparabel ist symmetrisch zur y-Achse.
(2) Der Scheitelpunkt S(0|0) ist der tiefste Punkt der Normalparabel; er liegt im Ursprung.
(3) Die Normalparabel fällt (von links nach rechts gesehen) im 2. Quadranten bis zum Ursprung O(0|0) und steigt dann im 1. Quadranten. Sie ist nach oben geöffnet.
(4) Die Menge der Funktionswerte, kurz die *Wertemenge* der Funktion, ist die Menge aller reellen Zahlen y mit $y \geq 0$.

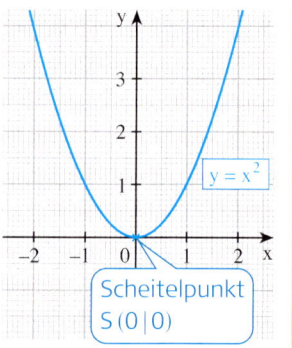

Im Handel erhält man Schablonen zum Zeichnen der Normalparabel.

Zum Festigen und Weiterarbeiten

2. Zeichne die Normalparabel für $-3 \leq x \leq 3$.

a) Lies an der Normalparabel ab: $0{,}7^2$; $1{,}3^2$; $2{,}6^2$; $(-0{,}4)^2$; $(-1{,}7)^2$; $(-2{,}1)^2$. Kontrolliere rechnerisch.

b) Lies an der Normalparabel ab: An welchen Stellen x nimmt die quadratische Funktion mit $y = x^2$ den Wert 4 [3,5; 0,5; 0] an? Kontrolliere rechnerisch.

c) Lies an der Normalparabel mögliche Werte für x ab:
(1) $x^2 = 4{,}5$ (2) $x^2 = 2{,}2$ (3) $x^2 = 1$ (4) $x^2 = -1$

3. Zeichne den Graphen der quadratischen Funktion mit:

a) $y = 3x^2$ b) $y = \frac{1}{4}x^2$ c) $y = -x^2$ d) $y = -2x^2$

Gib an, wo der Graph fällt, wo er steigt. Verläuft der Graph oberhalb oder unterhalb der x-Achse? Notiere die Wertemenge.
Gib auch die Symmetrieachse und die Koordinaten des Scheitelpunktes an.

4. Entscheide, welche der Punkte auf der Normalparabel liegen, welche nicht.
$P_1(-0{,}9 \,|\, 0{,}81)$; $P_3(2{,}5 \,|\, 6{,}25)$;
$P_2(1{,}4 \,|\, -1{,}96)$; $P_4(2{,}4 \,|\, 5{,}67)$

Punktprobe
$P(-1{,}2 \,|\, 1{,}44)$ liegt auf der Normalparabel, denn Einsetzen der Koordinaten in die Funktionsgleichung $y = x^2$ ergibt:
$1{,}44 = (-1{,}2)^2$ (wahre Aussage)

Quadratische Funktionen

KAPITEL 1

5. Bestimme den Faktor a so, dass der Punkt P zum Graphen der quadratischen Funktion mit der Gleichung $y = ax^2$ gehört. Beschreibe dein Vorgehen und begründe.
   a) $P(1|4)$ b) $P(2|1)$ c) $P(-2|8)$ d) $P(3|-9)$ e) $P(\frac{1}{2}|4)$

Übungen

6. Die Punkte P_1 bis P_8 liegen auf der Normalparabel.
Bestimme die fehlende Koordinate.
$P_1(1,2|\square)$; $P_3(-1,4|\square)$; $P_5(+\square|2,25)$; $P_7(+\square|6,25)$;
$P_2(2,6|\square)$; $P_4(\square|0)$; $P_6(-\square|1,21)$; $P_8(-\square|2,56)$

7. Gib zu den Punkten $P(0,5|0,25)$; $Q(-1,5|2,25)$; $R(3|9)$; $S(-4|16)$ der Normalparabel jeweils die zur y-Achse symmetrisch liegenden Punkte P', Q', R', S' an.
Bestätige durch eine Punktprobe, dass sie auch auf der Normalparabel liegen.

8. Lege eine Wertetabelle an und zeichne den Graphen der Funktion.
Gib Eigenschaften des Graphen an.
   a) $y = \frac{1}{2}x^2$ b) $y = 1,2x^2$ c) $y = -0,8x^2$ d) $y = -\frac{3}{2}x^2$ e) $y = 0,3x^2$

9. Welcher der Punkte $P_1(3|18)$, $P_2(-2,5|-6,25)$, $P_3(1,5|-11,25)$, $P_4(-4|12)$ liegt auf dem Graphen zu
   a) $y = -x^2$;   b) $y = 2x^2$;   c) $y = \frac{3}{4}x^2$;   d) $y = 5x^2$?

10. $P_1(1|\square)$; $P_2(-1|\square)$; $P_3(5|\square)$; $P_4(-1,5|\square)$; $P_5(\square|0)$
Bestimme jeweils die fehlende Koordinate so, dass der Punkt zum Graphen der Funktion mit der Gleichung
   a) $y = 0,2x^2$,   b) $y = -1,4x^2$ gehört.

11. Die quadratische Funktion hat die Gleichung $y = ax^2$.
Bestimme den Wert des Faktors a, für den der Graph durch den Punkt P geht.
   a) $P(-1,2|-1,44)$ b) $P(-0,8|3,2)$ c) $P(6|-2,4)$ d) $P(-4|4)$

12. Notiere die zugehörige Funktionsgleichung.

a)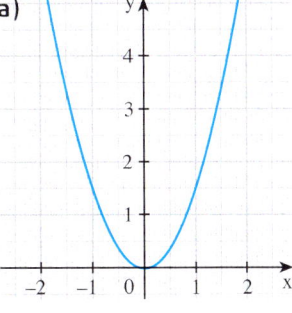

c)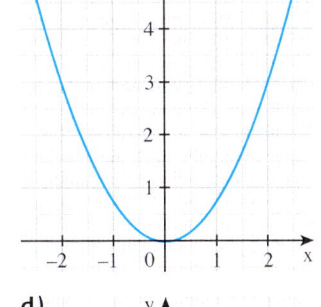

e)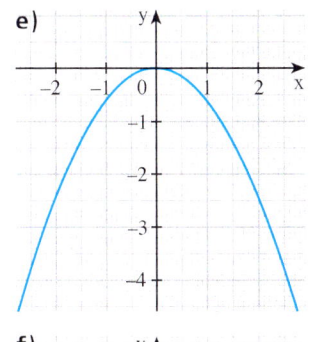

b)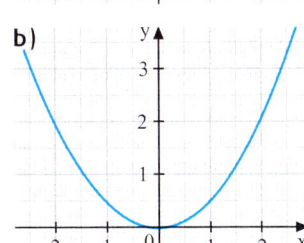

d)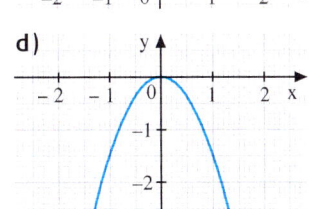

f)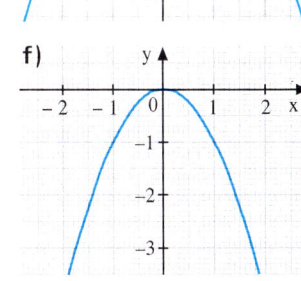

13. Gegeben sind eine quadratische Funktion und eine lineare Funktion durch ihre Gleichung. Bestimme die gemeinsamen Punkte beider Graphen.

a) $y = 6x^2$
   $y = -7x - 2$

b) $y = 4x^2$
   $y = 3x - \frac{1}{2}$

c) $y = -\frac{1}{3}x^2$
   $y = x - 6$

d) $y = 3x^2$
   $y = 18x - 15$

14. a) Jedem Quadrat mit der Seitenlänge a ist sein Flächeninhalt A zugeordnet. Wie lautet die Funktionsgleichung? Zeichne den Graphen.

b) Jedem Kreis mit dem Radius r ist der Flächeninhalt des Kreises zugeordnet. Wie lautet die Funktionsgleichung? Zeichne den Graphen.

c) Jedem Würfel mit der Kantenlänge a ist der Oberflächeninhalt O zugeordnet. Wie lautet die Funktionsgleichung? Zeichne den Graphen.

15. Betrachte die Funktion mit $y = x^2$.
Wie verändert sich der y-Wert, wenn sich x verdoppelt? Was bedeutet das für die Beispiele in Aufgabe 14?

16. Lukas hat die Normalparabel gezeichnet.
Was fällt dir auf? Erläutere.

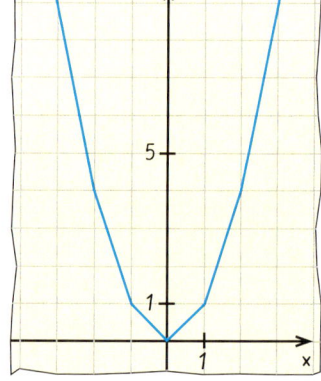

17. a) Die Seitenlänge eines Quadrats wird verdoppelt. Wie ändert sich der Flächeninhalt?

b) Wie müssen die Seitenlängen eines Quadrats verändert werden, damit sich der Flächeninhalt verdoppelt?

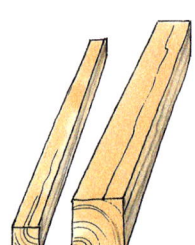

18. Ein Baumarkt bietet 2,40 m lange Leisten mit quadratischem Querschnitt an. Die Leisten mit der Seitenlänge 2,5 cm kosten 7,98 €.
Wie viel könnte eine Leiste mit der Seitenlänge 5 cm kosten?

19. Beim senkrechten Fall einer Kugel von einem hohen Gebäude gilt für die Funktion *Fallzeit t (in Sekunden)* → *Länge s des Fallweges (in Metern)* angenähert $s = 5t^2$.

a) Welchen Fallweg legt die Kugel in 0,5; 1; 1,5; 2; 2,5; 3 Sekunden zurück?

b) Das Bild zeigt hohe Bauwerke. Berechne die Fallzeit bei den angegebenen Höhen.

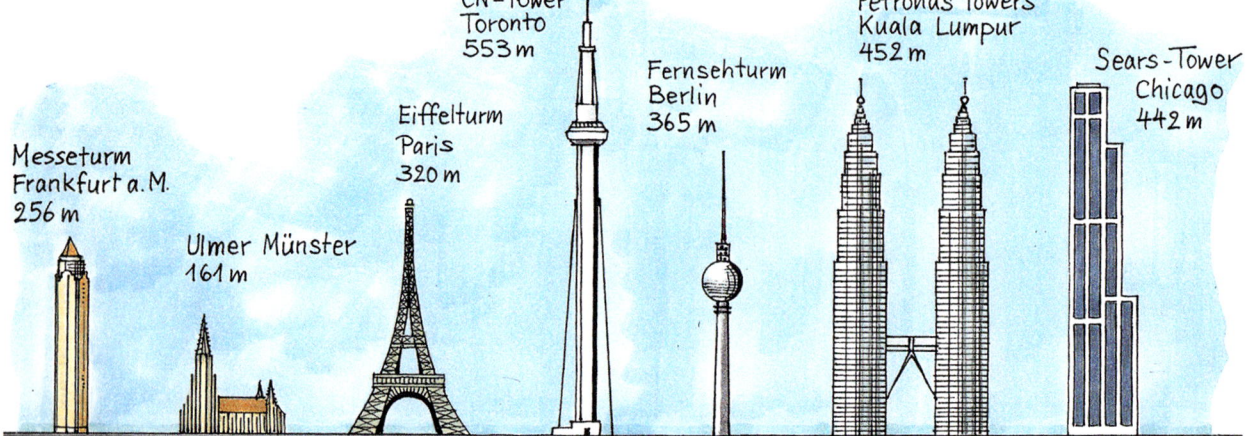

Quadratische Funktionen

KAPITEL 1

Strecken und Spiegeln der Normalparabel

Einstieg

Untersuche mit deinem Kalkulationsprogramm die Graphen der quadratischen Funktionen der Form $y = a \cdot x^2$.
Gestalte die Tabelle so, dass du den Wert für a verändern kannst.

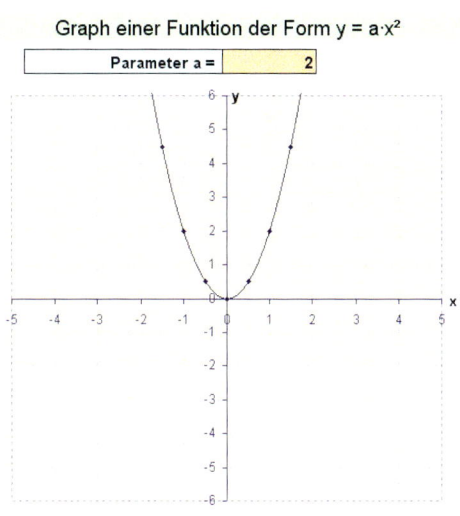

→ Wähle für a verschiedene (auch negative) Zahlen. Was fällt dir auf?

→ Wie wirkt es sich auf den Graphen aus, wenn der Parameter a im positiven Bereich variiert? Vergleiche jeweils mit dem Graphen der Normalparabel.

→ Zeichne den Graphen für $a = -1$. Wie erhältst du diesen Graphen aus der Normalparabel?

→ Präsentiere deine Ergebnisse.

Information

Wir gehen von der Normalparabel aus. Bei jedem Punkt P der Normalparabel soll die y-Koordinate mit dem Faktor 2 multipliziert werden. Die x-Koordinate wird beibehalten. Aus den jeweiligen Bildpunkten P' erhalten wir so einen neuen Graphen.
Zu welcher Funktion gehört der neue (rote) Graph?
Gib dazu die Funktionsgleichung an.

x	−2	−1	0	1	2	x
x²	4	1	0	1	4	x²
y	8	2	0	2	8	2 · x²

) · 2

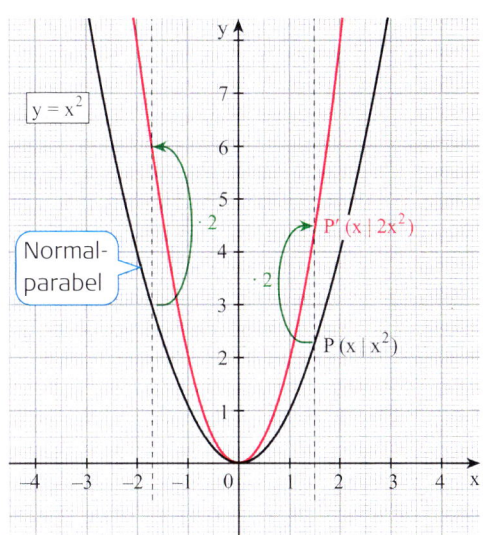

Man erhält jeweils den neuen Funktionswert y, indem man den alten Funktionswert x^2 mit 2 multipliziert (vervielfacht):

$y = 2 \cdot x^2$

Durch das Multiplizieren (Vervielfachen) der alten Funktionswerte x^2 mit dem Faktor 2 wird die Normalparabel in Richtung der y-Achse *gestreckt*. Bei diesem *Strecken* bleibt die y-Achse als Symmetrieachse erhalten, ebenso der Scheitelpunkt. Der neue Graph ist schmaler als die Normalparabel.

Aufgabe

1. a) Zeichne den Graphen der Funktion mit $y = \frac{1}{2}x^2$.
Beschreibe, wie der Graph dieser Funktion aus der Normalparabel hervorgeht.

b) Zeichne die Normalparabel. Spiegele diese an der x-Achse, indem du die y-Koordinate eines jeden Parabelpunktes mit (-1) multiplizierst.
Wie lautet die Funktionsgleichung der neuen Funktion?

Lösung

a)

x	-2	-1	0	1	2	x
x^2	4	1	0	1	4	x^2
y	2	$\frac{1}{2}$	0	$\frac{1}{2}$	2	$\frac{1}{2}x^2$

$\Big)\cdot\frac{1}{2}$

Wir gehen von der Normalparabel aus. Bei jedem Punkt P der Normalparabel wird die y-Koordinate mit dem Faktor $\frac{1}{2}$ multipliziert.
Die x-Koordinate wird beibehalten. Dadurch wird die Normalparabel in Richtung der y-Achse gestaucht.
Dabei bleiben die Symmetrieachse der Parabel und die Lage des Scheitelpunktes erhalten. Der neue Graph ist breiter als die Normalparabel.

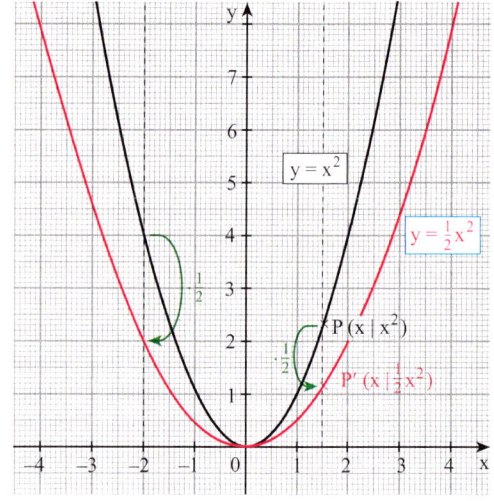

b)

x	-2	-1	0	1	2	x
x^2	4	1	0	1	4	x^2
y	-4	-1	0	-1	-4	$-x^2$

$\Big)\cdot(-1)$

Man erhält den Funktionswert y der neuen Funktion, indem man x^2 mit (-1) multipliziert:

$$y = -x^2$$

Der Graph der neuen Funktion entsteht durch Spiegeln der Normalparabel an der x-Achse.

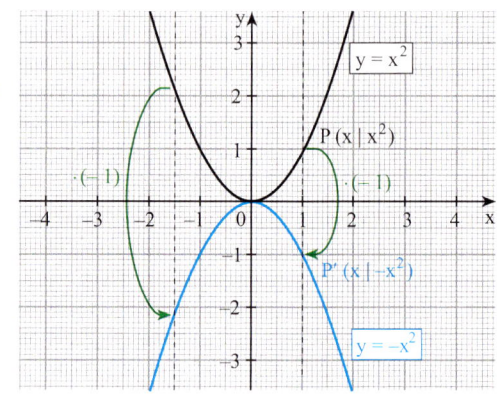

Information

Durch das Multiplizieren des Funktionsterms x^2 mit einem Faktor a (z. B. a = 2) wird die Normalparabel von der x-Achse aus in Richtung der y-Koordinatenachse *gestreckt*.
Im Bild rechts wird ein Gummituch, auf dem eine Normalparabel gezeichnet ist, nach oben *gestreckt*.
Man spricht auch dann vom *Strecken* der Parabel, wenn der Faktor a zwischen 0 und 1 liegt (z. B. a = $\frac{1}{2}$), und auch dann, wenn der Faktor a negativ ist (z. B. a = −1).

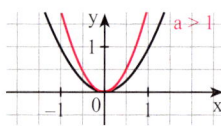
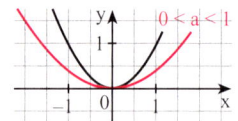
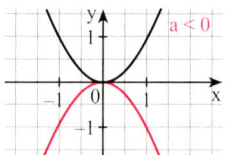

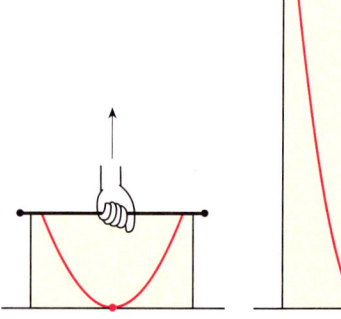
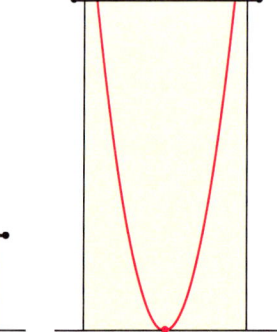

> Beim **Strecken oder Stauchen** der Normalparabel von der x-Achse aus **in Richtung der y-Achse** mit dem positiven Faktor a wird die y-Koordinate eines jeden Punktes der Normalparabel mit dem Faktor a multipliziert und die x-Koordinate beibehalten.
> Ist der Faktor negativ, so bedeutet das zusätzlich ein **Spiegeln an der x-Achse**.

Quadratische Funktionen

KAPITEL 1

Zum Festigen und Weiterarbeiten

2. Zeichne den Graphen der Funktion mit:
   a) $y = 2{,}5\,x^2$ b) $y = \tfrac{1}{4}x^2$ c) $y = -2x^2$ d) $y = -\tfrac{1}{2}x^2$

   Wie ist er aus der Normalparabel entstanden? Gib die Eigenschaften des Graphen an, begründe sie. Gib auch die Wertemenge an.

3. Zeichne mit einer Schablone die Normalparabel. Strecke sie in Richtung der y-Achse, indem du die 2. Koordinate eines jeden Parabelpunktes mit $\tfrac{3}{4}$ [mit 1,5; mit (-3); mit $(-0{,}4)$] multiplizierst. Wie lautet die Funktionsgleichung der neuen Funktion?

4. Zeichne in das gleiche Koordinatensystem die Graphen der Funktionen mit:
   (1) $y = x^2$;   (3) $y = 0{,}5\,x^2$;   (5) $y = \tfrac{1}{4}x^2$ (7) $y = 2x^2$;   (9) $y = 3x^2$
   (2) $y = -x^2$; (4) $y = -0{,}5\,x^2$; (6) $y = -\tfrac{1}{4}x^2$; (8) $y = -2x^2$; (10) $y = -3x^2$

   - Welche Graphen sind schmaler, welche breiter als die Normalparabel bzw. die gespiegelte Normalparabel?
   - Wie ändert sich die Steilheit der Graphen der Funktion mit $y = a\,x^2$, wenn für a ein größerer Faktor gewählt wird? Unterscheide die Fälle $a > 0$ und $a < 0$.

Information

Der Graph einer **quadratischen Funktion mit $y = a\,x^2$** $(a \neq 0)$ geht aus der Normalparabel durch Strecken in Richtung der y-Achse mit dem Streckfaktor a hervor.
Eine solche Funktion hat folgende Eigenschaften:

(1) Der Graph ist symmetrisch zur y-Achse.
(2) Der Scheitelpunkt $S(0|0)$ liegt im Ursprung des Koordinatensystems.
(3) *Für $a > 0$ gilt:*
   Der Graph ist nach oben geöffnet.
   Er fällt im 2. Quadranten bis zum Scheitelpunkt und steigt dann im 1. Quadranten. Der Scheitelpunkt ist der *tiefste* Punkt des Graphen.
   Bei $a > 1$ ist der Graph schmaler, bei $a < 1$ breiter als die Normalparabel.
(4) *Für $a < 0$ gilt:*
   Der Graph ist nach unten geöffnet.
   Er steigt im 3. Quadranten bis zum Scheitelpunkt und fällt dann im 4. Quadranten. Der Scheitelpunkt ist der *höchste* Punkt des Graphen.
   Bei $a < -1$ ist der Graph schmaler, bei $a > -1$ breiter als die gespiegelte Normalparabel.

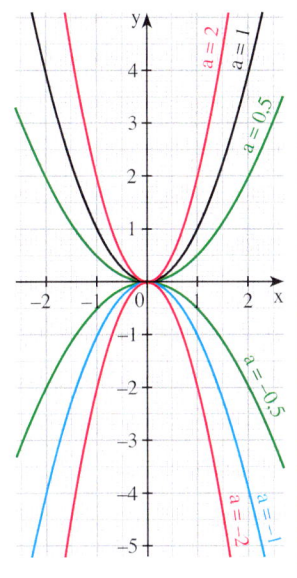

Übungen

5. Zeichne den Graphen. Wie ist der Graph der Funktion aus der Normalparabel entstanden? Welche Eigenschaften hat er? Gib auch die Wertemenge an.
   a) $y = 1{,}8\,x^2$ b) $y = \tfrac{7}{2}x^2$ c) $y = 0{,}8\,x^2$ d) $y = -2{,}5\,x^2$ e) $y = -0{,}7\,x^2$

6. Zeichne den Graphen. Zu welcher Funktion gehört er? Gib die Funktionsgleichung an.
   a) Die Normalparabel wird in Richtung der y-Achse mit dem Faktor 3 [Faktor $(-1{,}2)$] gestreckt.
   b) Die Normalparabel wird an der x-Achse gespiegelt, die gespiegelte Parabel wird dann in Richtung der y-Achse mit dem Faktor 0,6 gestaucht.

QUADRATISCHE FUNKTIONEN MIT $y = x^2 + px + q$
– VERSCHIEBEN DER NORMALPARABEL
Quadratische Funktionen mit $y = x^2 + c$

Einstieg

Untersuche mit deinem Kalkulationsprogramm die Graphen quadratischer Funktionen der Form $y = x^2 + c$.
Gestalte die Tabelle so, dass du den Wert für c verändern kannst.

→ Wähle für c verschiedene (auch negative) Zahlen. Was fällt dir auf?

→ Beschreibe, wie der Graph der Funktion jeweils aus der Normalparabel hervorgeht.

→ Gib den Scheitelpunkt der Parabel in Abhängigkeit von c an.

→ Präsentiere deine Ergebnisse.

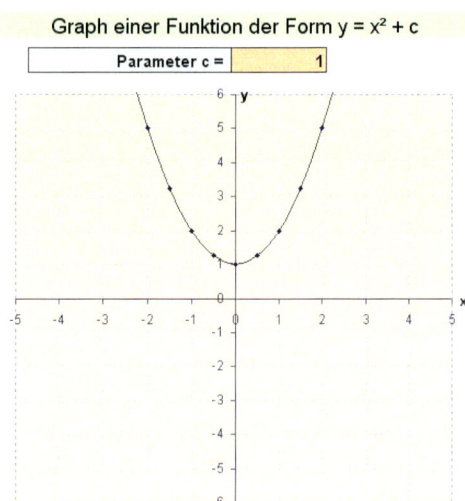

Aufgabe

1. Zeichne den Graphen zu der Funktion mit der Gleichung:

(1) $y = x^2 + 1$ (2) $y = x^2 - 2$

Zeichne in dasselbe Koordinatensystem die Normalparabel.
Beschreibe, wie der Graph zu (1) bzw. (2) aus der Normalparabel hervorgeht.
Gib auch die Eigenschaften der Graphen an.

Lösung

(1) $y = x^2 + 1$ (2) $y = x^2 - 2$

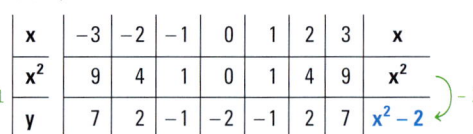

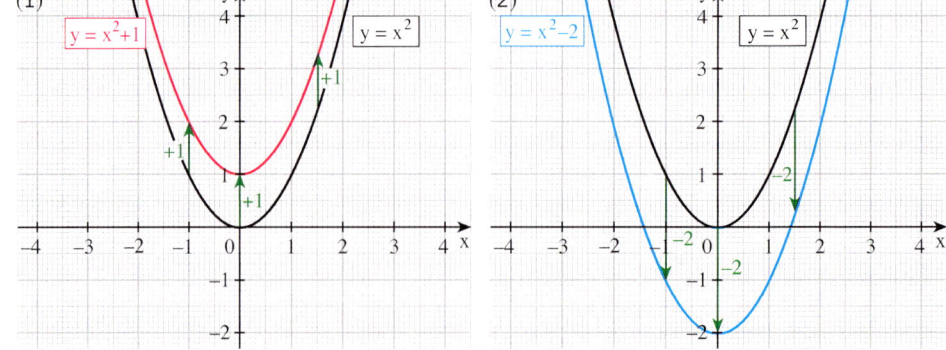

Quadratische Funktionen

KAPITEL 1

(1) Die rote Parabel zu $y = x^2 + 1$ erhält man durch Verschieben der Normalparabel in Richtung der y-Achse um 1 Einheit nach oben.
Der Graph ist eine Parabel.

Symmetrieachse: y-Achse
Scheitelpunkt: $S(0|1)$

Die Parabel fällt bis zum Scheitelpunkt $S(0|1)$ und steigt dann; der Scheitelpunkt ist der tiefste Punkt.

(2) Die blaue Parabel zu $y = x^2 - 2$ erhält man durch Verschieben der Normalparabel in Richtung der y-Achse um 2 Einheiten nach unten.
Der Graph ist eine Parabel.

Symmetrieachse: y-Achse
Scheitelpunkt: $S(0|-2)$

Die Parabel fällt bis zum Scheitelpunkt $S(0|-2)$ und steigt dann; der Scheitelpunkt ist der tiefste Punkt.

Information

Den Graphen einer **quadratischen Funktion der Form $y = x^2 + c$** kann man mithilfe einer Schablone für die Normalparabel zeichnen.
Man verschiebt die Normalparabel um c Einheiten in Richtung der y-Achse, und zwar
– nach oben, falls $c > 0$;
– nach unten, falls $c < 0$.

Eigenschaften:

(1) Die Symmetrieachse der Parabel fällt mit der y-Achse zusammen.
(2) Der Scheitelpunkt S hat die Koordinaten $(0|c)$.
(3) Bis zum Scheitelpunkt fällt die Parabel und steigt dann. Der Scheitelpunkt ist der tiefste Punkt der Parabel.
(4) Die Wertemenge der Funktion ist die Menge aller reellen Zahlen y mit $y \geq c$.

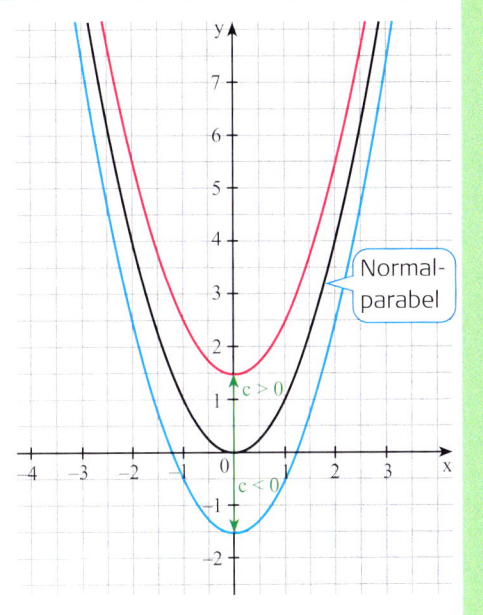

Zum Festigen und Weiterarbeiten

2. Zeichne mithilfe einer Parabelschablone den Graphen der Funktion mit:

a) $y = x^2 + 2$ b) $y = x^2 - 3$ c) $y = x^2 + 3,5$ d) $y = x^2 - 2,5$

Überlege zunächst, wie der Graph aus der Normalparabel entsteht.
Gib die Koordinaten des Scheitelpunkts an. Notiere weitere Eigenschaften; begründe sie.

3. Die Normalparabel ist

a) um 4 Einheiten nach unten verschoben;

b) um 2,5 Einheiten nach oben verschoben.

Welche Funktionsgleichung gehört zu dem neuen Graphen?
Gib auch die Eigenschaften an.

4. Die in Richtung der y-Achse verschobene Normalparabel geht durch den Punkt P.
Gib die Gleichung der zugehörigen quadratischen Funktion an.
Beschreibe dein Vorgehen und begründe.

a) $P(0|-4,2)$ b) $P(1|1,8)$ c) $P(-1|4)$ d) $P(2|-6)$ e) $P(-2|-2)$

Übungen

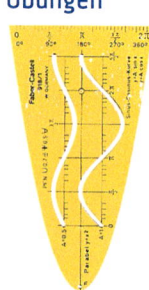

5. Zeichne mithilfe einer Parabelschablone den Graphen der Funktion mit:
   a) $y = x^2 - 6$
   b) $y = x^2 + 1{,}2$
   c) $y = x^2 + 5{,}3$
   d) $y = x^2 - 8{,}25$
   e) $y = x^2 - \frac{1}{4}$
   f) $y = x^2 + 1{,}44$
   g) $y = x^2 - \sqrt{2}$
   h) $y = x^2 - \pi$

Gib die Eigenschaften an. Orientiere dich am Kasten auf Seite 18.

6. Die Normalparabel ist verschoben:
   a) um 3 Einheiten nach unten
   b) um 5 Einheiten nach oben
   c) um $2\frac{1}{4}$ Einheiten nach oben
   d) um 4,75 Einheiten nach unten
   e) um 3 Einheiten nach oben
   f) um 5 Einheiten nach unten
   g) um $2\frac{1}{4}$ Einheiten nach unten
   h) um 4,75 Einheiten nach oben

Welche Funktionsgleichung gehört zu dieser Parabel? Notiere auch Eigenschaften.

7. Entscheide, welche der Punkte $P_1(1|0)$, $P_2(1|4)$, $P_3(2|7)$, $P_4(2|3)$ auf dem Graphen der Funktion mit   a) $y = x^2 - 1$,   b) $y = x^2 + 3$ liegen, welche nicht.

8. Der Graph gehört zu einer quadratischen Funktion; er ist durch Verschieben der Normalparabel entstanden. Gib die zugehörige Funktionsgleichung an.

a) 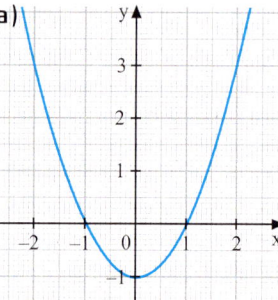   b) 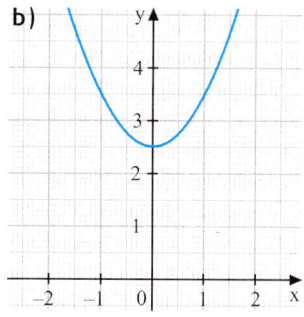   c)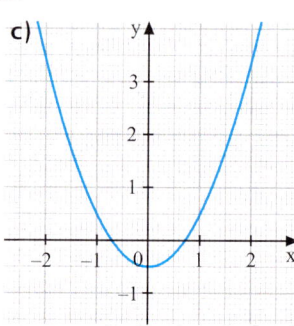

9. Verschiebe die Normalparabel so in Richtung der y-Achse, dass sie den angegebenen Scheitelpunkt besitzt. Gib die Funktionsgleichung an.
   a) $S(0|3{,}5)$
   b) $S(0|-2{,}3)$
   c) $S(0|1{,}75)$
   d) $S(0|-0{,}8)$
   e) $S=(0|\sqrt{2})$

10. Betrachte die quadratische Funktion mit $y = x^2 + c$. Gib eine Zahl für c so an, dass der Scheitelpunkt der zugehörigen Parabel
   (1) oberhalb der x-Achse,   (2) unterhalb der x-Achse,   (3) auf der x-Achse liegt.

11. Beschreibe den Graphen der Funktion mit der angegebenen Gleichung:
   a) $y = x^2 - 6$
   b) $y = x^2 + 32$
   c) $y = x^2 - 100$.

Woran kannst du erkennen, ob der Graph die x-Achse schneidet?

12. Eine quadratische Funktion hat die Gleichung $y = x^2 + c$.
Bestimme den Summanden c so, dass die verschobene Parabel durch den Punkt P geht.
   a) $P(2|6{,}5)$
   b) $P(-2|-1{,}5)$
   c) $P\left(-1{,}5\,\middle|\,1\frac{1}{4}\right)$

13. Der Graph einer quadratischen Funktion mit der Gleichung $y = x^2 - 4$ wird von der Geraden g mit $y = 2x - 4$ in den Punkten A und B geschnitten. Bestimme die Koordinaten von A und B. Berechne auch den Flächeninhalt des Dreiecks, das von der x-Achse, der y-Achse und der Geraden g begrenzt wird.

Quadratische Funktionen

KAPITEL 1

14. Zeichne die Graphen der quadratischen Funktionen mit den Gleichungen
(1) $y = -x^2 + 4$ und (2) $y = x^2 - 4$.
Sie schneiden sich in den Punkten A und B.
Berechne den Flächeninhalt des Vierecks, das die beiden Scheitelpunkte der Parabeln und die Punkte A und B als Eckpunkte besitzt.

15. Gegeben sind die quadratische Funktion mit $y = x^2 + 3$ und die lineare Funktion mit $y = 2x + 6$.

a) Bestimme die Schnittpunkte A und B beider Graphen.
b) Wie lang ist die Verbindungsstrecke $\overline{AB}$?
c) Berechne den Flächeninhalt des Dreiecks OAB, wobei O der Koordinatenursprung ist.

Quadratische Funktionen mit $y = (x - d)^2$

Einstieg

Untersuche mit deinem Kalkulationsprogramm die Graphen quadratischer Funktionen der Form $y = (x - d)^2$.
Gestalte die Tabelle so, dass du den Wert für d verändern kannst.

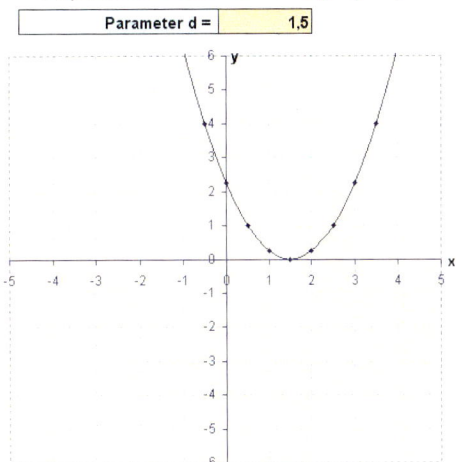

Graph einer Funktion der Form $y = (x - d)^2$
Parameter d = 1,5

→ Wähle für d verschiedene (auch negative) Zahlen.
Was fällt dir auf?
→ Beschreibe, wie der Graph der Funktion jeweils aus der Normalparabel hervorgeht.
→ Gib den Scheitelpunkt der Parabel in Abhängigkeit von d an.
→ Präsentiere deine Ergebnisse.

Aufgabe

1. Zeichne den Graphen zu der Funktion mit:
(1) $y = (x - 3)^2$ (2) $y = (x + 2)^2$
Zeichne in dasselbe Koordinatensystem die Normalparabel.
Beschreibe, wie der Graph zu (1) bzw. (2) aus der Normalparabel hervorgeht.
Gib auch Eigenschaften des Graphen an.

Lösung

(1) $y = (x - 3)^2$

x	-2	-1	0	1	2	3	4	5
x – 3	-5	-4	-3	-2	-1	0	1	2
y	25	16	9	4	1	0	1	4

(2) $y = (x + 2)^2$

x	-4	-3	-2	-1	0	1	2
x + 2	-2	-1	0	1	2	3	4
y	4	1	0	1	4	9	16

Quadriere

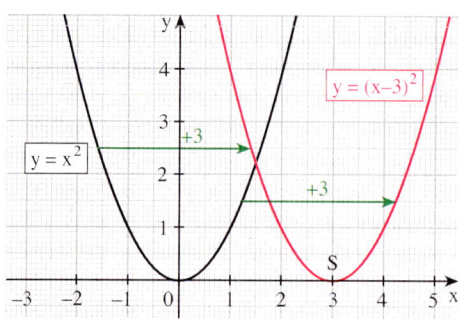
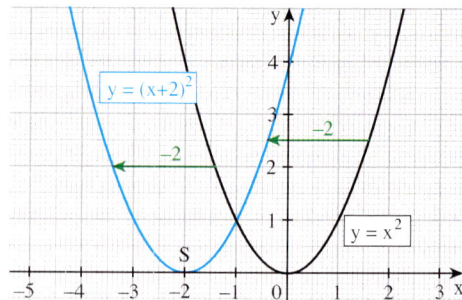

Den roten Graphen erhält man durch Verschieben der Normalparabel in Richtung der x-Achse um 3 Einheiten nach rechts. Der Graph ist also eine Parabel.

Scheitelpunkt: $S(3|0)$
Symmetrieachse: Parallele zur y-Achse durch S

Die Parabel fällt bis zum Scheitelpunkt $S(3|0)$ und steigt dann; der Scheitelpunkt ist der tiefste Punkt.
Löst man bei der Gleichung $y = (x-3)^2$ die Klammer auf, so erhält man:
$y = x^2 - 6x + 9$

Den blauen Graphen erhält man durch Verschieben der Normalparabel in Richtung der x-Achse um 2 Einheiten nach links. Der Graph ist also eine Parabel.

Scheitelpunkt: $S(-2|0)$
Symmetrieachse: Parallele zur y-Achse durch S

Die Parabel fällt bis zum Scheitelpunkt $S(-2|0)$ und steigt dann; der Scheitelpunkt ist der tiefste Punkt.
Löst man bei der Gleichung $y = (x+2)^2$ die Klammer auf, so erhält man:
$y = x^2 + 4x + 4$

Information

Den Graphen einer **quadratischen Funktion der Form $y = (x-d)^2$** kann man mithilfe einer Schablone für die Normalparabel zeichnen.

Man verschiebt die Normalparabel um d Einheiten in Richtung der x-Achse, und zwar
– nach rechts, falls $d > 0$;
– nach links, falls $d < 0$.

Eigenschaften:
(1) Die Symmetrieachse ist eine Parallele zur y-Achse durch den Punkt $S(d|0)$.
(2) Der Scheitelpunkt S hat die Koordinaten $(d|0)$.
(3) Bis zum Scheitelpunkt fällt die Parabel und steigt dann. Der Scheitelpunkt ist der tiefste Punkt der Parabel.
(4) Die Wertemenge ist die Menge aller reellen Zahlen y mit $y \geq 0$.

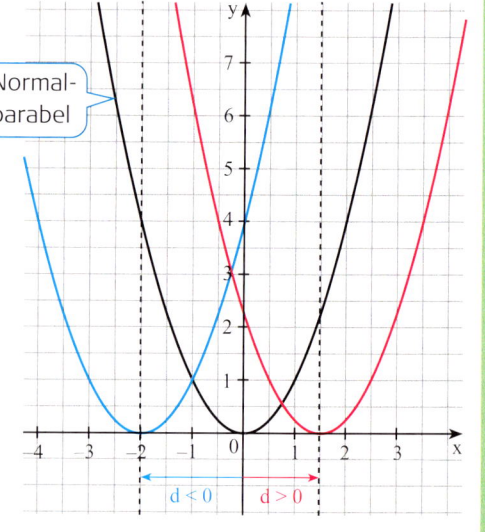

Anmerkung: Löst man wie z.B. in Aufgabe 1 die Klammer in der Funktionsgleichung $y = (x-d)^2$ auf, so erhält man eine Gleichung der Form $y = x^2 + px + q$.

Quadratische Funktionen

KAPITEL 1

Zum Festigen und Weiterarbeiten

2. Zeichne mithilfe einer Parabelschablone den Graphen der Funktion mit:
   a) $y = (x - 1)^2$
   b) $y = (x + 1)^2$
   c) $y = (x + 3{,}5)^2$
   d) $y = (x + 3)^2$

   Überlege zunächst, wie der Graph aus der Normalparabel hervorgeht.
   Gib die Lage des Scheitelpunktes an. Notiere weitere Eigenschaften des Graphen; begründe sie. Notiere auch den gemeinsamen Punkt mit der y-Achse.

3. Die Normalparabel ist um
   a) 5 Einheiten nach links verschoben;
   c) 1,5 Einheiten nach rechts verschoben;
   b) 6 Einheiten nach rechts verschoben;
   d) 3,5 Einheiten nach links verschoben.

   Welche Funktionsgleichung gehört zur verschobenen Parabel?
   Gib die Gleichung auch in der Form $y = x^2 + px + q$ an.

4. Die Parabel mit $y = (x - 3)^2$ hat ihren Scheitel an der Stelle 3.
   Begründe, warum der y-Wert der Funktion an dieser Stelle am kleinsten ist.

5. *Anwenden einer binomischen Formel (Wiederholung)*
   a) Löse die Klammer auf; wende dazu eine binomische Formel an.
      (1) $(x + 4)^2$
      (2) $(x - 7)^2$
      (3) $(x + \frac{5}{2})^2$
      (4) $(z - \frac{7}{4})^2$
      (5) $(y - 0{,}8)^2$
   b) Schreibe mithilfe der 1. oder 2. binomischen Formel als Quadrat.
      (1) $x^2 + 12x + 36$
      (2) $x^2 - 5x + 6{,}25$
      (3) $y^2 - 7y + 12{,}25$
      (4) $z^2 - \frac{4}{5}z + \frac{4}{25}$
   c) Ergänze so, dass man eine binomische Formel anwenden kann.
      (1) $x^2 + 6x + \square$
      (2) $x^2 + \square + 49$
      (3) $y^2 - \square + 1{,}44$
      (4) $z^2 - \frac{3}{2}z + \square$

   $(a+b)^2 = $ ......

   quadratische Ergänzung

6. *Bestimmen der Verschiebung*
   Gib an, um wie viele Einheiten die Normalparabel nach rechts bzw. nach links verschoben werden muss, damit die verschobene Parabel zur angegebenen Funktion gehört; nutze eine binomische Formel.
   a) $y = x^2 - 4{,}8x + 5{,}76$
   b) $y = x^2 + \frac{4}{7}x + \frac{4}{49}$

   > $y = x^2 + 7x + 12{,}25$
   > $= (x + 3{,}5)^2$
   > Die Normalparabel muss um 3,5 Einheiten nach links verschoben werden.

7. Eine quadratische Funktion hat die Gleichung $y = (x - d)^2$.
   Bestimme d so, dass die verschobene Parabel durch den Punkt P geht. Was fällt dir auf?
   a) P(1|4)
   b) P(3|4)
   c) P(1|1)
   d) P(1|9)

Übungen

8. Zeichne mithilfe einer Parabelschablone den Graphen der Funktion mit:
   a) $y = (x - 2)^2$
   b) $y = (x + 1{,}5)^2$
   c) $y = (x + 5)^2$
   d) $y = x^2 - 2x + 1$

   Gib die Lage des Scheitelpunkts an. Notiere weitere Eigenschaften des Graphen.
   Gib auch den gemeinsamen Punkt mit der y-Achse an.

9. Die Normalparabel ist verschoben:
   a) um 4 Einheiten nach rechts
   e) um 2,5 Einheiten nach links
   b) um 4 Einheiten nach links
   f) um 2,5 Einheiten nach rechts
   c) um 3 Einheiten nach links
   g) um 4,5 Einheiten nach rechts
   d) um 3 Einheiten nach rechts
   h) um 4,5 Einheiten nach links

   Zu welcher Funktionsgleichung gehört der neue Graph?
   Gib die Gleichung auch in der Form $y = x^2 + px + q$ an.

10. Verschiebe die Normalparabel so in Richtung der x-Achse, dass sie den angegebenen Scheitelpunkt besitzt.
Wie lautet die Funktionsgleichung der zugehörigen Funktion?
  a) $S(1{,}8|0)$ b) $S(-2{,}4|0)$ c) $S(-0{,}9|0)$ d) $(\sqrt{3}|0)$

11. Die Normalparabel wurde verschoben. Gib den Scheitelpunkt und die Funktionsgleichung des neuen Graphen an.

a) 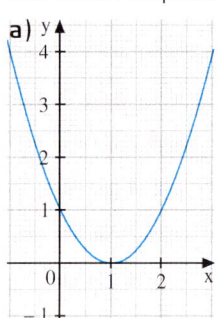   b) 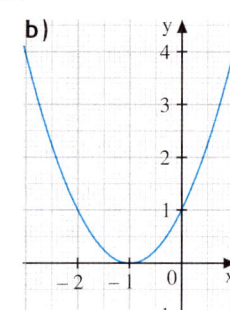   c) 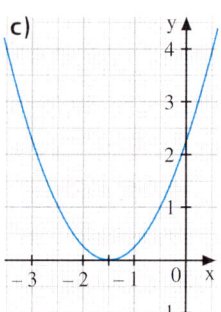   d)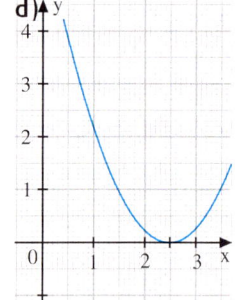

12. Marina sollte Graphen zu den angegebenen Funktionsgleichungen zeichnen. Kontrolliere ihre Hausaufgabe.
(1) $y = x^2$ (3) $y = (x+4)^2$
(2) $y = (x-2)^2$ (4) $y = (x+1)^2$

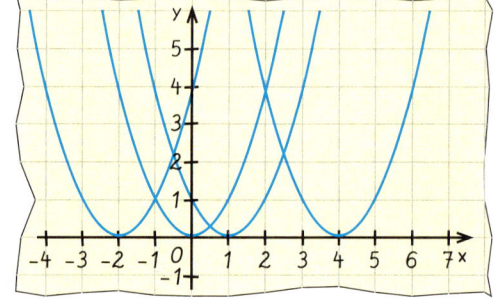

13. Welche der Punkte $P_1(4|4)$, $P_2(1|16)$, $P_3(-2|1)$, $P_4(-1|9)$ liegen auf dem Graphen der Funktion mit
  a) $y = (x+3)^2$;   b) $y = (x-2)^2$?

14. a) Löse die Klammer auf.
  (1) $(x-2)^2$; $(x+0{,}6)^2$; $\left(z-\tfrac{7}{2}\right)^2$ (2) $(x+9)^2$; $(x-1{,}2)^2$; $\left(y-\tfrac{8}{5}\right)^2$

b) Schreibe mithilfe der 1. oder 2. binomischen Formel als Quadrat.
  (1) $x^2 + 12x + 36$ (3) $x^2 - 7x + \tfrac{49}{4}$ (5) $x^2 - \tfrac{3}{2}x + \tfrac{9}{16}$ (7) $x^2 - 0{,}2x + 0{,}01$
  (2) $x^2 - 18x + 81$ (4) $x^2 + 5x + 6{,}25$ (6) $x^2 - \tfrac{4}{5}x + \tfrac{4}{25}$ (8) $x^2 + \tfrac{7}{5}x + \tfrac{49}{100}$

c) Ergänze so, dass man eine binomische Formel anwenden kann.
  (1) $x^2 + \square + \tfrac{16}{25}$ (2) $z^2 - \square + 1{,}69$ (3) $y^2 + 3y + \square$ (4) $x^2 - \tfrac{4}{3}x + \square$

15. Gib an, um wie viele Einheiten die Normalparabel nach rechts bzw. nach links verschoben werden muss, damit man die verschobene Parabel mit der folgenden Funktionsgleichung erhält; nutze eine binomische Formel.
  a) $y = x^2 - 9x + 20{,}25$ c) $y = x^2 - 0{,}2x + 0{,}01$ e) $y = x^2 + \tfrac{1}{3}x + \tfrac{1}{36}$
  b) $y = x^2 + 11x + 30{,}25$ d) $y = x^2 - x + \tfrac{1}{4}$ f) $y = x^2 + \tfrac{12}{5}x + \tfrac{36}{25}$

16. Zeichne jeweils beide Parabeln in dasselbe Koordinatensystem; wähle für jedes Parabelpaar eine andere Farbe.
  (1) $y = (x+1)^2$ und $y = (x-1)^2$ (3) $y = (x+3)^2$ und $y = (x-3)^2$
  (2) $y = (x+2)^2$ und $y = (x-2)^2$ (4) $y = (x+4)^2$ und $y = (x-4)^2$
Markiere jeweils den Schnittpunkt der beiden Parabeln. Was stellst du fest?
Überprüfe dein Ergebnis rechnerisch.

Quadratische Funktionen

KAPITEL 1

17. Verschiebe die Normalparabel so in Richtung der x-Achse, dass die verschobene Parabel durch den Punkt P(1|4) geht.
Wie viele Lösungen gibt es?
Notiere jeweils den Term der Funktion.

18. Gegeben sind die quadratische Funktion mit $y = (x + 1)^2$ und die lineare Funktion mit $y = -2x + 6$.
  a) Bestimme die Koordinaten der Schnittpunkte A und B beider Graphen.
  b) Ermittle die Gleichung der Geraden durch den Punkt A [Punkt B] und dem Scheitelpunkt der Parabel.
  c) Gib den Abstand beider Punkte A und B an.
  d) Gib den Abstand jedes Punktes vom Ursprung an.

Quadratische Funktionen mit $y = (x - d)^2 + e$

Einstieg

Untersuche mit deinem Kalkulationsprogramm die Graphen quadratischer Funktionen der Form $y = (x - d)^2 + e$. Gestalte die Tabelle so, dass du die Werte für e und d verändern kannst.

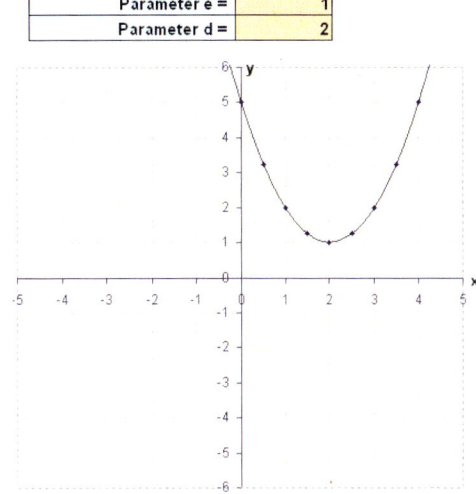

Graph einer Funktion der Form $y = (x-d)^2 + e$

→ Setze für e und d unterschiedliche (auch negative) Werte ein.
Was fällt dir auf?

→ Die Normalparabel wird um 3 Einheiten nach links und 2 Einheiten nach unten verschoben.
Welche Werte musst du für e und d wählen?

→ Gib den Scheitelpunkt der verschobenen Parabel in Abhängigkeit von e und d an.

→ Präsentiere deine Ergebnisse.

Aufgabe

1. Verschiebe die Normalparabel zunächst um 2 Einheiten nach rechts und dann um 1 Einheit nach oben.
Wie lautet die Funktionsgleichung der zugehörigen Funktion?
Gib auch die Koordinaten des Scheitelpunktes S der verschobenen Parabel an.
Gib weitere Eigenschaften an.
Notiere die Funktionsgleichung auch in der Form $y = x^2 + px + q$.

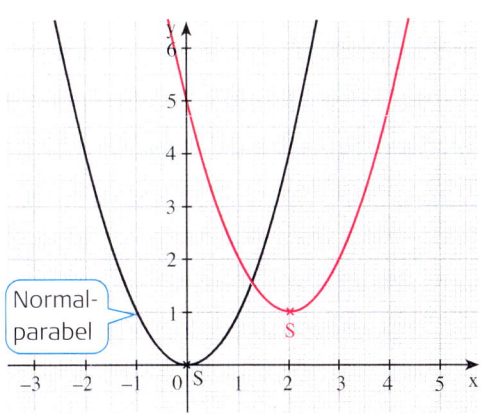

Normalparabel

Lösung

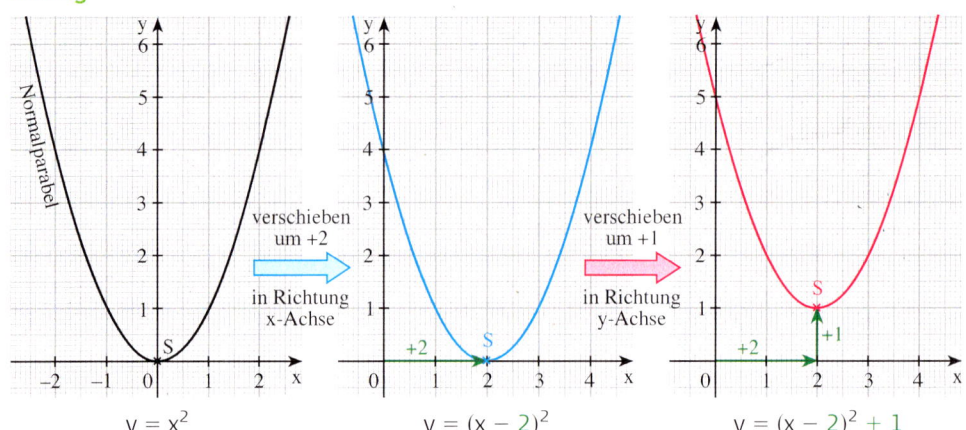

Verschiebt man die Normalparabel um 2 Einheiten nach rechts und dann um 1 Einheit nach oben, so lautet die Funktionsgleichung der zugehörigen Funktion:

$y = (x - 2)^2 + 1$

Scheitelpunkt: $S(2|1)$
Symmetrieachse: Parallele zur y-Achse durch S

Der Graph fällt bis zum Scheitelpunkt $S(2|1)$ und steigt dann; der Scheitelpunkt ist der tiefste Punkt.

Nach Auflösen der Klammer in der Funktionsgleichung erhält man:

$y = x^2 - 4x + 5$

Information

Den Graphen einer **quadratischen Funktion der Form** $y = (x - d)^2 + e$ kann man mithilfe einer Schablone für die Normalparabel zeichnen. Dazu verschiebt man die Normalparabel um d in Richtung der x-Achse und um e in Richtung der y-Achse.

Eigenschaften:

(1) Die Symmetrieachse ist eine Parallele zur y-Achse durch den Scheitelpunkt $S(d|e)$.

(2) Der Scheitelpunkt S hat die Koordinaten $(d|e)$.
Da man aus der Gleichung $y = (x - d)^2 + e$ die Koordinaten des Scheitelpunktes ablesen kann, nennt man sie **Scheitelpunktform**.
Die Gleichung $y = x^2 + px + q$ nennt man die *Normalform*.

(3) Bis zum Scheitelpunkt fällt die Parabel und steigt dann.
Der Scheitelpunkt ist der tiefste Punkt der Parabel.

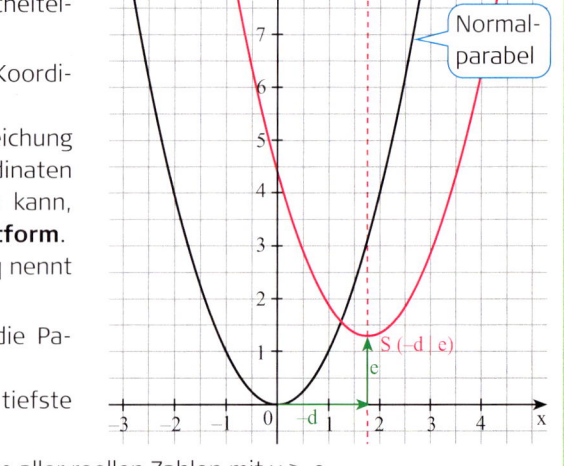

(4) Die Wertemenge ist die Menge aller reellen Zahlen mit $y \geq e$.

Anmerkung: Löst man in der Funktionsgleichung $y = (x - d)^2 + e$ die Klammer auf, so erhält man eine Gleichung der Form $y = x^2 + px + q$.

Quadratische Funktionen

KAPITEL 1

Zum Festigen und Weiterarbeiten

2. Zeichne mit einer Parabelschablone den Graphen der Funktion mit der angegebenen Gleichung. Überlege zunächst, wie der Graph aus der Normalparabel entsteht.
Gib die Lage des Scheitelpunktes und die Lage der Symmetrieachse an.
Notiere weitere Eigenschaften; begründe sie. Gib auch den gemeinsamen Punkt mit der y-Achse an.

a) $y = (x - 2)^2 + 3$ b) $y = (x + 4)^2 - 1$ c) $y = (x + 1)^2 - 4$ d) $y = x^2 + 4x$

3. Die Normalparabel ist verschoben um

a) 3 nach links und um 1 nach unten;
b) 2 nach rechts und um 3 nach unten;
c) 1,5 nach rechts und um 2,5 nach oben;
d) 2,5 nach links und um 1,5 nach unten.

Welche Funktion gehört zu dieser Parabel?
Gib die Funktionsgleichung sowohl in der Scheitelpunktform als auch in der Normalform an.

4. Die verschobene Normalparabel geht durch die Punkte P und Q. Zeichne die Parabel; notiere die Gleichung der zugehörigen quadratischen Funktion. Beschreibe dein Vorgehen.

a) $P(2|3)$; $Q(-1|4)$ c) $P(-1|2)$; $Q(-5|2)$
b) $P(1|8)$; $Q(-4|3)$ d) $P(4|2)$; $Q(1|5)$

5. Die Lage des Scheitelpunkts S einer Parabel hinsichtlich der Quadranten hängt von d und e ab. Wählt verschiedene Zahlen für d und e; denkt dabei an positive und negative Werte sowie an Null.
Zeichnet jeweils den Graphen. Wo liegt der Scheitelpunkt S? Ergänzt im Heft die Tabelle.

	e > 0	e = 0	e < 0
d < 0	S liegt im 2. Quadranten.	S liegt …	S liegt …
d = 0			
d > 0			

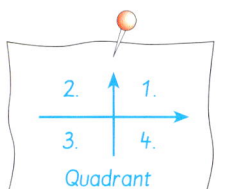

2. 1.
3. 4.
Quadrant

Information

Gewinnen der Scheitelpunktform einer Funktion mit der Gleichung $y = x^2 + px + q$

(1) Gegeben ist die quadratische Funktion mit $y = x^2 - 4x + 3$.
Zur Bestimmung der Koordinaten des Scheitelpunktes der zugehörigen Parabel bringen wir die gegebene Gleichung auf die Scheitelpunktform $y = (x - d)^2 + e$:

$y = x^2 - 4x + 3$
$y = x^2 - 4x \qquad + 3$
$y = x^2 - 4x + \left(\frac{4}{2}\right)^2 - \left(\frac{4}{2}\right)^2 + 3$
$y = (x - 2)^2 \qquad - 4 + 3$
$y = (x - 2)^2 - 1$,
also: $S(2|-1)$

(2) Eine beliebige Gleichung $y = x^2 + px + q$ (Normalform) einer quadratischen Funktion lässt sich entsprechend in die Scheitelpunktform umformen.

$y = x^2 + px \qquad\qquad + q$
$y = x^2 + px + \left(\frac{p}{2}\right)^2 - \left(\frac{p}{2}\right)^2 + q$
$y = \left[x + \left(\frac{p}{2}\right)\right]^2 \qquad - \left(\frac{p}{2}\right)^2 + q$
Wir lesen ab:
$d = -\frac{p}{2}$; $e = -\left(\frac{p}{2}\right)^2 + q$;
also: $S\left(-\frac{p}{2} \middle| -\left(\frac{p}{2}\right)^2 + q\right)$

> Der Graph einer quadratischen Funktion mit der Gleichung $y = x^2 + px + q$ besitzt den Scheitelpunkt $S\left(-\frac{p}{2} \middle| -\left(\frac{p}{2}\right)^2 + q\right)$.

Übungen

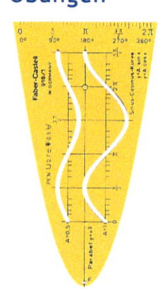

6. Zeichne mithilfe einer Parabelschablone den Graphen der Funktion mit:

a) $y = (x - 3)^2 + 4$ c) $y = (x + 2{,}5)^2 - 4$ e) $y = \left(x - \tfrac{1}{2}\right)^2 - 3$ g) $y = \left(x - \tfrac{3}{5}\right)^2 - 2{,}4$

b) $y = (x + 2)^2 - 1$ d) $y = (x + 1)^2 + 1$ f) $y = (x - 2{,}5)^2 + \tfrac{5}{2}$ h) $y = \left(x + \tfrac{11}{2}\right)^2 + \tfrac{1}{2}$

Gib auch den Scheitelpunkt der Parabel an. Gib weitere Eigenschaften an.
Wie lauten die Koordinaten des gemeinsamen Punktes mit der y-Achse?

7. Verschiebe die Normalparabel

a) um 4 Einheiten nach rechts und um 3 Einheiten nach oben;
b) um 4 Einheiten nach rechts und um 3 Einheiten nach unten;
c) um 4 Einheiten nach links und um 3 Einheiten nach oben;
d) um 4 Einheiten nach links und um 3 Einheiten nach unten;
e) um 2,5 Einheiten nach rechts und um 1 Einheit nach unten;
f) um $\tfrac{4}{5}$ Einheiten nach links und um 4,5 Einheiten nach oben.

Welche Funktion gehört zu dieser verschobenen Parabel?
Notiere die Funktionsgleichung auch in der Normalform $y = x^2 + px + q$.
Notiere die Koordinaten des Scheitelpunkts.

8. Die Normalparabel wurde verschoben

a) um 2 Einheiten nach rechts und um 1,4 Einheiten nach unten;
b) um 3 Einheiten nach links und um 3,6 Einheiten nach oben.

(1) Gib eine Funktionsgleichung an.
(2) Prüfe, welche der folgenden Punkte auf der verschobenen Parabel liegen:
$P_1(1|19{,}6)$; $P_2(4|2{,}6)$; $P_3(-2|4{,}6)$; $P_4(-3|23{,}6)$; $P_5(-1|7{,}6)$

9. Gib die Funktionsgleichung in der Normalform $y = x^2 + px + q$ an.

a) 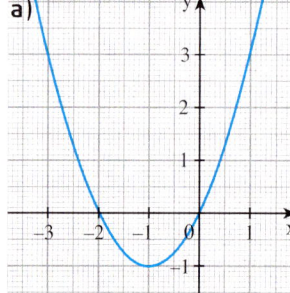   b) 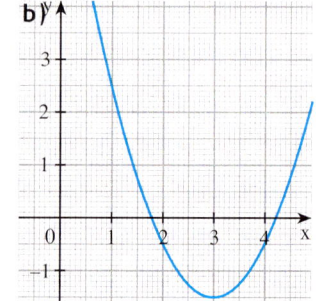   c)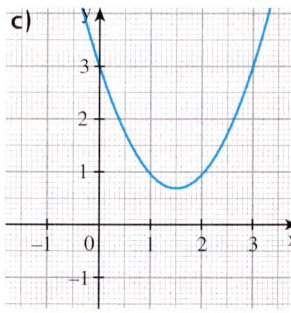

10. Die verschobene Normalparabel geht durch die Punkte $A(1|4)$ und $B(-5|4)$.

a) Zeichne die Parabel; notiere die Gleichung der zugehörigen quadratischen Funktion in der Normalform.
b) Bestimme die Gleichung der Geraden durch A und den Scheitelpunkt.

11. Gib an, wie man den Graphen der Funktion durch Verschieben der Normalparabel erhalten kann. Notiere die Koordinaten des Scheitelpunkts.
Wo fällt der Graph, wo steigt er?

a) $y = x^2 - 4x - 5$ c) $y = x^2 - 5x + 5$ e) $y = x^2 - 2x$ g) $y = x^2 - x - \tfrac{1}{2}$

b) $y = x^2 + 6x + 5$ d) $y = x^2 + 8x + 7$ f) $y = x^2 + 3x + 4$ h) $y = x^2 - \tfrac{4}{3}x - \tfrac{5}{9}$

Quadratische Funktionen

12. Kontrolliere die Hausaufgaben zur Bestimmung des Scheitelpunktes.

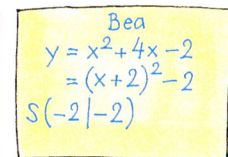

13. Von einer verschobenen Normalparabel ist bekannt:
   a) $S(-2|-1)$ ist der Scheitelpunkt.
   b) $S(3,5|0)$ ist der Scheitelpunkt.
   c) Die Parabel geht durch den Ursprung und hat die Gerade $x = 2$ als Symmetrieachse.
   d) Der Scheitelpunkt hat -4 als y-Koordinate. Der Ursprung ist ein Punkt der Parabel. Untersuche, ob es mehrere Möglichkeiten gibt.
   e) Die Parabel geht durch den Punkt $P(5|1)$, die Symmetrieachse hat die Gleichung $x = 3$.
   Zeichne die Parabel. Notiere die Gleichung der zugehörigen Funktion.

14. Eine Parabel mit der Gleichung $y = x^2 + px + q$ hat den Scheitelpunkt $S(2|-1,5)$. Bestimme die Werte für p und q.

15. Der Graph einer quadratischen Funktion mit der Gleichung $y = x^2 + 4x + q$ geht durch den Punkt $A(1|4)$.
Bestimme q und danach die Koordinaten des Scheitelpunkts.

16. Der Graph einer quadratischen Funktion mit der Gleichung $y = x^2 + px + 12,5$ geht durch den Punkt $B(2|0,5)$.
Bestimme rechnerisch die Koordinaten des Scheitelpunkts.

17. Der Punkt $C(2|16)$ liegt auf dem Graphen einer quadratischen Funktion mit der Gleichung $y = x^2 + px + q$.
Bestimme die Koordinaten des Scheitelpunkts, wenn $q = 4p$ ist.

18. Eine quadratische Funktion besitzt die Gleichung $y = (x-1)(x+4)$.
Bestimme die Schnittpunkte des Graphen mit den Koordinatenachsen.

19. Der Graph einer quadratischen Funktion mit der Gleichung $y = x^2 + px + 4$ verläuft durch den Punkt $R(-1|-1)$. Die Gerade $y = 2x + 4$ schneidet die Parabel.
   a) Bestimme die Koordinaten der Schnittpunkte A und B.
   b) Bestimme die Gleichung der Geraden durch den Scheitelpunkt der Parabel und den in Teilaufgabe a) ermittelten Schnittpunkt A [Schnittpunkt B].

20. Gegeben sind zwei quadratische Funktionen mit $y = x^2 + 2x - 5$ und $y = x^2 - 5x + 9$.
   a) Bestimme die Koordinaten des Schnittpunkts A beider Graphen und den Abstand dieses Schnittpunkts vom Koordinatenursprung.
   b) Stelle die Gleichung der Geraden durch die beiden Scheitelpunkte S_1 und S_2 auf. Bestimme die Schnittpunkte dieser Geraden mit den Koordinatenachsen.
   c) Ermittle die Gleichung der Geraden, die durch den Punkt A geht und zu der Geraden S_1S_2 parallel ist.

21. Gegeben sind die Parabeln zu $y = x^2 + 4x$ und $y = -x^2$.
Bestimme die Koordinaten der Schnittpunkte beider Parabeln; kontrolliere zeichnerisch. Wie lautet die Gleichung der Geraden durch die ermittelten Schnittpunkte?

QUADRATISCHE FUNKTIONEN MIT $y = ax^2 + bx + c$ – STRECKEN UND VERSCHIEBEN DER NORMALPARABEL

Einstieg

Untersuche mit deinem Kalkulationsprogramm die Graphen quadratischer Funktionen der Form $y = a \cdot x^2 + c$.
Gestalte die Tabelle so, dass du die Werte für a und c verändern kannst.

→ Setze zunächst nur für a und dann nur für c unterschiedliche Werte ein. Was fällt dir auf?

→ Untersuche, wie du den Graphen der Funktion für verschiedene Werte von a und c aus der Normalparabel erhältst.

→ Welche Auswirkungen haben Veränderungen der Parameter a und c auf die Lage des Scheitelpunktes?
Gib den Scheitelpunkt der Parabel an.

→ Präsentiere deine Ergebnisse.

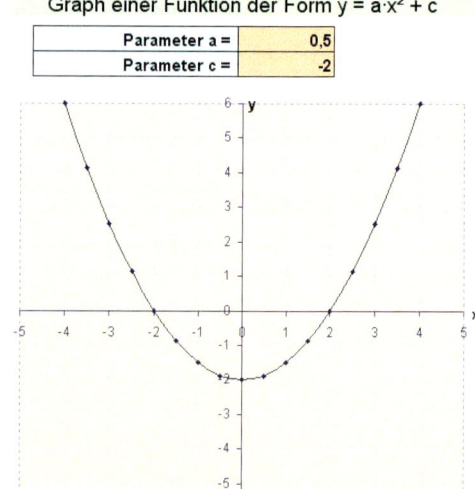

Aufgabe

1. Zeichne die Normalparabel. Verschiebe sie um 2 Einheiten nach rechts, strecke sie dann mit dem Faktor 2,5 in Richtung der y-Achse und verschiebe sie schließlich um 1,5 Einheiten nach oben. Die erhaltene Parabel gehört zu einer quadratischen Funktion.
Wie lautet ihre Funktionsgleichung? Gib auch Eigenschaften der Parabel an.

Lösung

Verschieben um 2 Einheiten nach rechts:

Strecken mit Faktor 2,5:

Verschieben um 1,5 Einheiten nach oben:

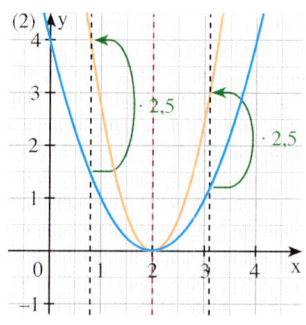
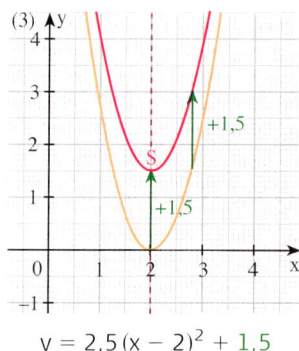

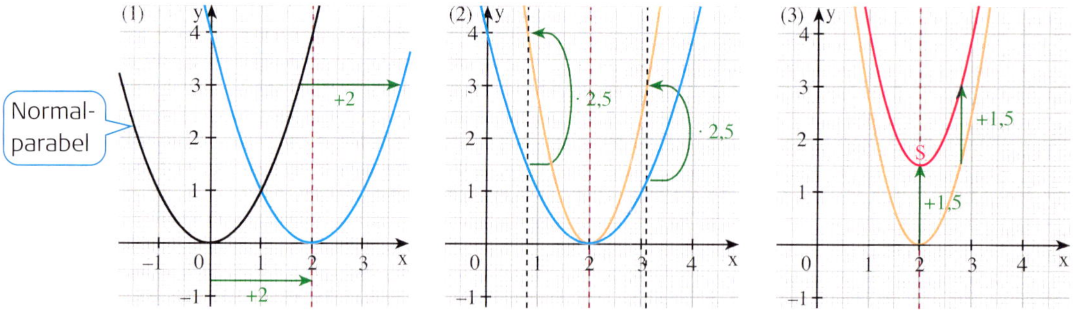

$y = (x - 2)^2$ $y = 2,5(x - 2)^2$ $y = 2,5(x - 2)^2 + 1,5$

Die Funktionsgleichung lautet:
$y = 2,5(x - 2)^2 + 1,5$

Scheitelpunkt: $S(2 | 1,5)$
Symmetrieachse: Parallele zur y-Achse durch S.

Der Graph fällt bis zum Scheitelpunkt $S(2 | 1,5)$ und steigt dann; der Scheitelpunkt ist der tiefste Punkt.
Durch Umformen der Funktionsgleichung erhält man:
$y = 2,5(x^2 - 4x + 4) + 1,5$, umgeformt: $y = 2,5x^2 - 10x + 11,5$

Quadratische Funktionen

KAPITEL 1

Zum Festigen und Weiterarbeiten

2. Untersuche mit deinem Kalkulationsprogramm die Graphen quadratischer Funktionen der Form $y = a(x - d)^2 + e$.
Gestalte die Tabelle so, dass du die Werte für a, e und d verändern kannst.

  a) Setze für a, d und e nacheinander unterschiedliche Werte ein.
     Welchen Einfluss haben die Werte auf Form und Lage des Graphen?
  b) Die Normalparabel wird mit dem Faktor 2 gestreckt und um 3 Einheiten nach links und 2 Einheiten nach unten verschoben.
     Welche Werte musst du für a, e und d wählen?
  c) Gib den Scheitelpunkt der verschobenen Parabel in Abhängigkeit von a, e und d an.

3. Eine Normalparabel wird in der angegebenen Reihenfolge

  a) um 3 Einheiten nach links verschoben, an der x-Achse gespiegelt und um 1 Einheit nach oben verschoben;
  b) mit dem Faktor 1,5 gestreckt und um 2,5 Einheiten nach oben verschoben.
  c) um 5 Einheiten nach rechts verschoben, an der x-Achse gespiegelt, in Richtung der y-Achse mit dem Faktor $\frac{1}{2}$ [Faktor 2] gestreckt und schließlich um 4 Einheiten nach unten verschoben;

  Zeichne wie in Aufgabe 1 auf Seite 32 schrittweise den Graphen.
  Wie lautet die Gleichung? Gib auch Eigenschaften der Parabel an; begründe sie.

4. Beschreibe, wie man die Parabel schrittweise aus der Normalparabel erhalten kann.
Gib auch Eigenschaften der Parabel an.

  a) $y = -2(x - 4)^2 - 10$
  b) $y = 3(x + 5)^2 - 12$
  c) $y = -\frac{1}{4}(x + 2)^2 + \frac{9}{4}$
  d) $y = -2x^2 - 1$

Information

Man erhält den Graphen einer quadratischen Funktion mit der Gleichung $y = a(x - d)^2 + e$, indem man die Normalparabel nacheinander

- um d Einheiten in Richtung der x-Achse verschiebt
- an der x-Achse spiegelt, falls $a < 0$
- in Richtung der y-Achse mit dem Faktor $|a|$ streckt bzw. staucht
- zum Schluss in Richtung der y-Achse um e Einheiten verschiebt.

Aus der *Scheitelpunktform* der Gleichung $y = a(x - d)^2 + e$ kann man die Koordinaten des Scheitelpunkts ablesen:
$S(d|e)$

Jeder Term $ax^2 + bx + c$ einer quadratischen Funktion lässt sich auf die Scheitelpunktform $a(x - d)^2 + e$ bringen.

$|-3| = 3$
$|+3| = 3$

Quadratische Funktion:
$$y = -\tfrac{4}{3}x^2 - 4x + 1$$
$$= -\tfrac{4}{3} \cdot [x^2 + 3x] + 1$$
$$= -\tfrac{4}{3} \cdot \left[x^2 + 3x + \left(\tfrac{3}{2}\right)^2 - \left(\tfrac{3}{2}\right)^2\right] + 1$$
$$= -\tfrac{4}{3} \cdot \left[x^2 + 3x + \left(\tfrac{3}{2}\right)^2\right] + \tfrac{4}{3} \cdot \left(\tfrac{3}{2}\right)^2 + 1$$
$$= -\tfrac{4}{3}\left(x + \tfrac{3}{2}\right)^2 + 4$$

Der Graph einer quadratischen Funktion hat den Scheitelpunkt $S\left(-\tfrac{3}{2}\big|4\right)$.
Die Symmetrieachse verläuft parallel zur y-Achse durch den Punkt $Q\left(-\tfrac{3}{2}\big|0\right)$.

Man spricht auch von Strecken einer Parabel, wenn der Faktor a kleiner als 1 ist.

Der Graph jeder quadratischen Funktion mit $y = ax^2 + bx + c$ ($a \neq 0$) lässt sich stets aus der Normalparabel durch Verschieben und Strecken bzw. Stauchen und eventuell Spiegeln gewinnen.

Übungen

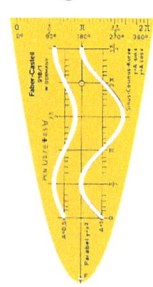

5. Zeichne die Normalparabel. Führe nacheinander die folgenden Abbildungen aus, um den Graphen einer Funktion zu erhalten.

   a) (1) Verschieben um 4 Einheiten nach rechts
   (2) Strecken in Richtung der y-Achse mit dem Faktor 1,5
   (3) Verschieben um 4,5 Einheiten nach unten

   b) (1) Verschieben um 2,5 Einheiten nach links
   (2) Stauchen in Richtung der y-Achse mit dem Faktor 0,3
   (3) Spiegeln an der x-Achse
   (4) Verschieben um 5 Einheiten nach oben

   c) (1) Strecken mit dem Faktor 2
   (2) Verschieben um 1,5 Einheiten nach unten

   d) (1) Stauchen mit dem Faktor $\frac{1}{2}$
   (2) Spiegeln an der x-Achse
   (3) Verschieben um 3 Einheiten nach oben

   Skizziere schrittweise die einzelnen Graphen. Du erhältst schließlich den Graphen einer neuen Funktion. Notiere die Funktionsgleichung auch in der Form $y = ax^2 + bx + c$.
   Welche Koordinaten hat der Scheitelpunkt des Graphen?

6. Zeichne den Graphen der Funktion mit:

   a) $y = 3x^2 - 1$ **c)** $y = \frac{1}{2}x^2 + 3$ **e)** $y = -2x^2 + 0,5$
   b) $y = \frac{5}{2}x^2 + 3$ **d)** $y = \frac{3}{2}x^2 - 1,5$ **f)** $y = -\frac{1}{4}x^2 + 1$

   Wie entsteht der Graph aus der Normalparabel?
   Gib auch den Scheitelpunkt an und – falls vorhanden – die Koordinaten der gemeinsamen Punkte mit der x-Achse.

7. **a)** $y = 3(x - 2,5)^2 - 4,5$ **c)** $y = -1,5x^2 - 2$ **e)** $y = \frac{3}{4}(x + 2)^2 - 1$
   b) $y = -0,2(x + 3)^2 + 1$ **d)** $y = -1,5(x - 3)^2 + 1$ **f)** $y = 2,5x^2 + 1,5$

   Beschreibe, wie man den Graphen der Funktion mit der angegebenen Gleichung schrittweise aus der Normalparabel gewinnen kann.
   Gib an, ob die Parabel nach oben oder nach unten geöffnet ist.
   Skizziere die einzelnen Parabeln.
   Notiere die Funktionsgleichung auch in der Form $y = ax^2 + bx + c$.

8. Gib, ohne zu zeichnen, die Koordinaten des Scheitelpunkts an.
   Ist der Graph nach oben oder unten geöffnet?

   a) $y = 3,5x^2 - 6$ **b)** $y = -2,8x^2 + 9$ **c)** $y = 0,6x^2 - 7,7$ **d)** $y = -0,3x^2 + 8,5$

9. Welcher der Punkte $P_1(-2|-7)$, $P_2(2|-12)$, $P_3(-1|-3)$, $P_4(1|6)$ liegt auf welchem Graphen?

   (1) $y = 3x^2 + 3$ (2) $y = -2x^2 - 4$ (3) $y = -3x^2 + 5$ (4) $y = 2x^2 - 5$

10. Der Graph der quadratischen Funktion hat S als Scheitelpunkt und geht durch den Punkt P. Bestimme die Funktionsgleichung in der Form $y = ax^2 + bx + c$.

   a) $S(3|-1); P(1|5)$ **b)** $S(-2,5|3); P(0|-1)$ **c)** $S(1,5|0); P(5,5|1)$

   Ist der Scheitelpunkt der höchste oder der tiefste Punkt der Parabel?
   Hinweis: Stelle den Term zunächst in der Scheitelpunktform $a(x - d)^2 + e$ auf.

11. Notiere die Funktionsgleichung in der Scheitelpunktform und in der Form $y = ax^2 + bx + c$.

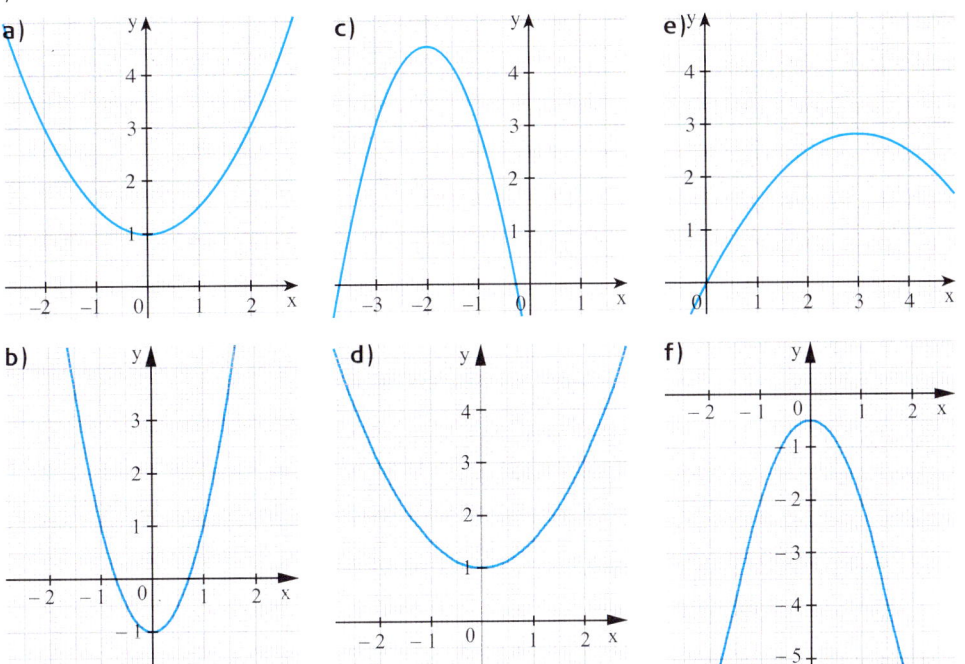

a)   c)   e)

b)   d)   f)

12. Zeichne den Graphen der quadratischen Funktion mit $y = (x + 2)^2 - 1$.

    a) Spiegele die Parabel an der x-Achse.
        Wie lautet die zugehörige Gleichung der erhaltenen Parabel?

    b) Spiegele die Parabel an der y-Achse.
        Wie lautet die Gleichung der erhaltenen Parabel?

13. Forme um in die Scheitelpunktform $y = a(x - d)^2 + e$.
Notiere dann die Koordinaten des Scheitelpunktes.
Ist die Parabel nach oben oder nach unten geöffnet?

    a) $y = \frac{1}{2}x^2 - 5x + 8$ **d)** $y = 3x^2 - 6x + 9$ **g)** $y = x^2 - 4x + 3{,}5$

    b) $y = -2x^2 + 6x - 2{,}5$ **e)** $y = -3x^2 + 6x + 5$ **h)** $y = -x^2 + \frac{1}{3}x$

    c) $y = \frac{3}{2}x^2 - 8x + \frac{5}{2}$ **f)** $y = \frac{1}{2}x^2 + 5x$ **i)** $y = -1{,}5x^2 - 6x - 7{,}5$

14. Die quadratische Funktion hat die Funktionsgleichung

    a) $y = -x^2 + 2x + 1$;   **b)** $y = \frac{1}{4}x^2 - x + 2$;   **c)** $y = \frac{3}{2}x^2 + \frac{x}{2}$.

Bestimme die Koordinaten des Scheitelpunktes des Graphen.
Welche der folgenden Punkte liegen auf dem Graphen?
$P_1(0|1);$ $P_2(0|2);$ $P_3(1|2);$ $P_4(2|1);$ $P_5(-2|5);$ $P_6(0|0)$

15. Die quadratische Funktion hat die Gleichung $y = (x + 2)^2$.
Mit welchem Faktor muss man den Graphen der Funktion in Richtung der y-Achse strecken, damit der Graph der neuen Funktion die y-Achse im Punkt $P(0|1)$ schneidet?
Notiere die Gleichung dieser Funktion.

NULLSTELLEN VON QUADRATISCHEN FUNKTIONEN

Einstieg

Rechts siehst du ein Wasserbecken. Aus einer Düse in Höhe der Wasseroberfläche tritt ein Wasserstrahl aus. Der Wasserstrahl lässt sich als Graph einer quadratischen Funktion mit der Gleichung $y = -1{,}2x^2 + 2{,}4x$ beschreiben.

→ Skizziere den Graphen.
  Welche Bedeutung hat der Nullpunkt, welche die x-Achse?

→ An welcher Stelle tritt der Wasserstrahl wieder in die Wasserfläche ein?

Aufgabe

1. Gegeben ist die quadratische Funktion mit $y = x^2 - 4x + 3$.
Bestimme zeichnerisch und rechnerisch die Koordinaten der gemeinsamen Punkte (Schnittpunkte; Berührungspunkte) von Graph und x-Achse.

Lösung

(1) *Zeichnerische Lösung*

Um den Graphen mit einer Schablone zu zeichnen, bringen wir die Gleichung auf Scheitelpunktform:

$y = x^2 - 4x + 3$
$y = x^2 - 4x + 2^2 - 2^2 + 3$
$y = (x - 2)^2 - 1$
$S(2|-1)$ ist Scheitelpunkt der Parabel.

Am Graphen lesen wir die Koordinaten der Schnittpunkte mit der x-Achse ab:
$N_1(1|0)$ und $N_2(3|0)$.

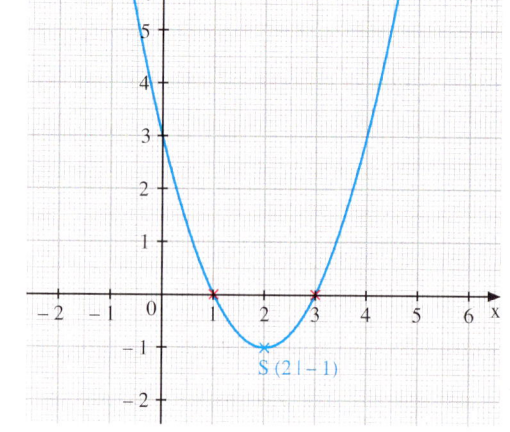

(2) *Rechnerische Lösung*

Wir bestimmen die gemeinsamen Punkte von Graph und x-Achse nun auch rechnerisch. An den Stellen, an denen die Parabel und die x-Achse gemeinsame Punkte haben, besitzt die Funktion den Funktionswert 0. Wir suchen also die Stellen x, für die y null ist ($y = 0$).

$x^2 - 4x + 3 = 0$
$x = 3$ oder $x = 1$
$L = \{1;\ 3\}$

An den Stellen 1 und 3 nimmt die Funktion den Wert 0 an.
Solche Stellen heißen *Nullstellen* der Funktion.
Die gemeinsamen Punkte von Graph und x-Achse lauten: $N_1(1|0)$ und $N_2(3|0)$

Zum Festigen und Weiterarbeiten

2. a) Zeichne jeweils den Graphen der Funktion; zeichne auch die Symmetrieachse ein.
  (1) $y = x^2 + 4x - 1$ (2) $y = x^2 + 6x + 9$ (3) $y = x^2 - 2x + 3$
  Bestimme jeweils die Nullstellen und vergleiche die Anzahl der Nullstellen.

b) Wie viele Nullstellen kann eine quadratische Funktion haben?
  Begründe deine Vermutung.

Quadratische Funktionen

KAPITEL 1

Information

Eine Stelle x, an der eine Funktion den Wert 0 annimmt, heißt **Nullstelle** der Funktion.
An den Nullstellen der Funktion schneidet oder berührt ihr Graph die x-Achse.
Die Nullstellen der quadratischen Funktion mit $y = x^2 + px + q$ sind die Lösungen der quadratischen Gleichung $x^2 + px + q = 0$.
Eine quadratische Funktion kann zwei, eine oder keine Nullstelle haben.

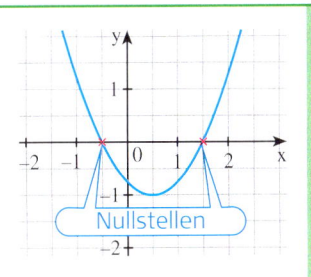

Übungen

3. Zeichne jeweils den Graphen der Funktion; zeichne auch die Symmetrieachse ein.
   (1) $y = -x^2 + 4x - 3$ (2) $y = 2x^2 + 2x + 1$ (3) $y = -\frac{1}{3}x^2 + 2x - 3$
   Bestimme jeweils die Nullstellen und vergleiche die Anzahl der Nullstellen.

4. Die quadratische Funktion hat die Gleichung:
   a) $y = x^2 - 4x + 3$ c) $y = x^2 + 4x + 4$ e) $y = \frac{1}{3}x^2 + 2x + \frac{5}{3}$
   b) $y = x^2 + x + \frac{1}{2}$ d) $y = -0{,}5x^2 + 2x$ f) $y = -\frac{3}{2}x^2 + 6x + 3$
   (1) Zeichne den Graphen und auch dessen Symmetrieachse.
   (2) Lies aus der Zeichnung die gemeinsamen Punkte des Graphen mit der x-Achse ab. Wie liegen diese Punkte bezüglich der Symmetrieachse?
   (3) Berechne die Nullstellen der Funktion und vergleiche das Ergebnis mit (2).

5. Bestimme zeichnerisch und rechnerisch mögliche Nullstellen der quadratischen Funktion mit der angegebenen Gleichung.
   a) $y = x^2 - 4$ d) $y = x^2 + 2x$ g) $y = x^2 + 2x + 1$ j) $y = x^2 - 4x + 1$
   b) $y = x^2 + 1$ e) $y = 2x^2 + 6x$ h) $y = x^2 + 6x + 15$ k) $y = -2x^2 + 6x - 2{,}5$
   c) $y = x^2 - 4x$ f) $y = -\frac{1}{2}x^2 + 2x$ i) $y = x^2 + 2x + 6$ l) $y = \frac{3}{5}x^2 + 3x - 3$

▲ **6.** Die quadratische Funktion hat die Gleichung $y = x^2 + 8x + q$.
   Gib für q eine Zahl an, sodass die Funktion
   a) zwei Nullstellen,   b) genau eine Nullstelle,   c) keine Nullstelle hat.

7. Wird aus einem Flugzeug in der Höhe h (in m) mit der Geschwindigkeit v (in $\frac{m}{s}$) ein Gegenstand abgeworfen, so bewegt er sich näherungsweise auf einer Parabel mit der Gleichung 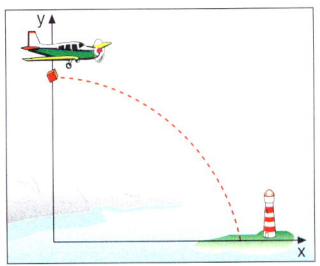
   $y = -\frac{5}{v^2} x^2 + h$.
   Dabei bezeichnet y die Höhe des Körpers und x die Entfernung von der Abwurfstelle.
   a) Ein Flugzeug fliegt mit der Geschwindigkeit $6 \frac{m}{s}$ und wirft in einer Höhe von 400 m ein Versorgungspaket ab.
   In welcher Entfernung von der Abwurfstelle landet das Paket?
   b) Löse Teilaufgabe a) für eine doppelt so große   (1) Höhe;   (2) Geschwindigkeit.
   Was stellst du fest?

ANWENDEN QUADRATISCHER FUNKTIONEN

Einstieg

Katharina will mit 7 m Maschendraht zwischen der Garagenwand und dem Zaun zum Nachbargrundstück einen rechteckigen Auslauf für ihr Kaninchen abgrenzen.
Der Auslauf soll möglichst groß sein.

→ Welche Abmessungen sollte Katharina wählen?

→ Beschreibe dein Vorgehen.

Aufgabe

1. Katharinas Bruder schlägt vor, den Auslauf (siehe Einstieg) nicht am Bretterzaun, sondern nur an der Garagenwand zu errichten.
Bestimme für diesen Vorschlag die günstigsten Abmessungen.

Lösung

(1) *Aufstellen der Funktionsgleichung*

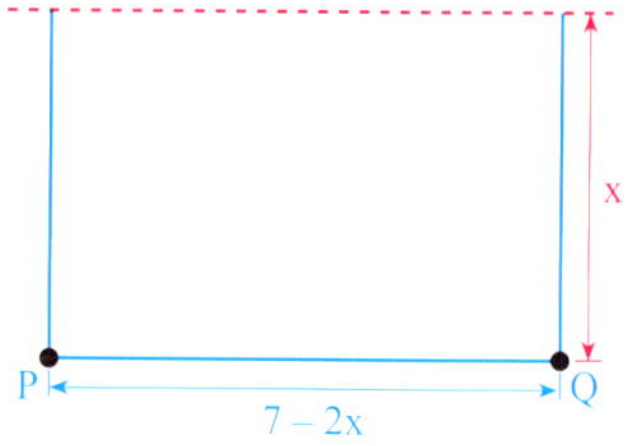

Abstand eines Pfostens von der Wand (in m): x

Abstand der beiden Pfosten (in m): $7 - 2x$

Größe des Auslaufs (in m^2): $x(7 - 2x)$

Einschränkende Bedingung: $0 < x < 3,5$

Die einschränkende Bedingung ergibt sich aus folgender Überlegung: $2x$, also die Summe der Abstände der beiden Pfosten von der Wand, muss kleiner sein als die Gesamtlänge (7 m) des Zaunes, also $x < 3,5$. Nur so bleibt etwas für die Breite des Auslaufs übrig.
Wir suchen denjenigen Abstand x eines Pfostens von der Wand, für den der Flächeninhalt $x(7 - 2x)$ des Auslaufs den größten Wert annimmt.
Dazu legen wir eine Wertetabelle an und zeichnen den Graphen der Funktion mit $y = x(7 - 2x)$ im Bereich $0 < x < 3,5$.

(2) *Bestimmen des größten Wertes*

x	$x \cdot (7 - 2x)$
0,5	3,0
1,0	5,0
1,5	6,0
2,0	6,0
2,5	5,0
3,0	3,0

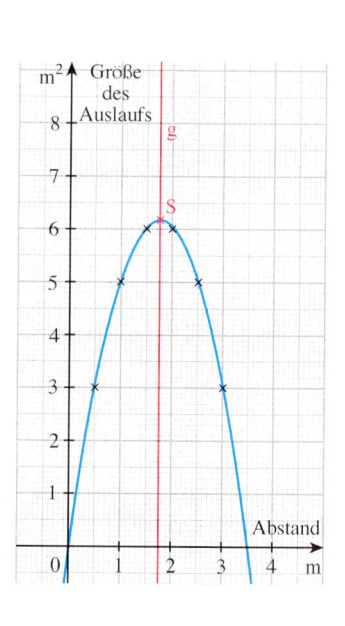

Aus der Zeichnung lesen wir ab:
Der größte Wert ist etwa 6,1.
Er wird zwischen 1,7 und 1,8 angenommen.

Wir können diese Stelle auch genau bestimmen:
Die Parabel ist symmetrisch zu der Parallelen g zur y-Achse durch den Scheitelpunkt S.
Daher liegen auch die Schnittpunkte von Parabel und x-Achse symmetrisch zur Geraden g.

Quadratische Funktionen

(3) Rückschluss auf den günstigsten Abstand

Wir bestimmen die Nullstellen der Funktion $y = x(7 - 2x)$:

$x(7 - 2x) = 0$
$x = 0$ oder $7 - 2x = 0$
$x = 0$ oder $-2x = -7$
$x = 0$ oder $x = 3{,}5$

Die gesuchte Stelle liegt in der Mitte zwischen den Nullstellen 0 und 3,5; also bei 1,75.

Ergebnis: Der größtmögliche Auslauf ergibt sich, wenn die Pfosten P und Q je 1,75 m von der Garagenwand entfernt gesetzt werden.

Zum Festigen und Weiterarbeiten

2. Löse die Aufgabe 1 mithilfe der Scheitelpunktform der Funktionsgleichung. Vergleiche und bewerte die Lösungswege.

Übungen

3. Ein 18 cm langer Draht soll zu einem Rechteck gebogen werden.
Für welche Seitenlänge x ist der Flächeninhalt

a) am größten (wie groß);

b) 4,25 cm² groß;

c) mindestens 11,25 cm² groß?

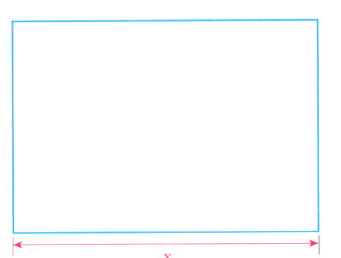

4. Einem Rechteck mit den Seitenlängen 8 cm und 5 cm wird ein Parallelogramm P einbeschrieben, indem man von jedem Eckpunkt des Rechtecks aus im Uhrzeigersinn eine gleich lange Strecke abträgt.
Bestimme das Parallelogramm mit dem kleinsten Flächeninhalt.
Anleitung: Stelle einen Term für den Flächeninhalt des Parallelogramms auf, indem du von dem Flächeninhalt des Rechtecks die Flächeninhalte von vier Dreiecken subtrahierst.

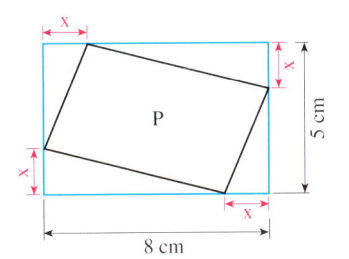

5. Einem Quadrat der Seitenlänge a wird ein neues Quadrat einbeschrieben, indem man von jedem Eckpunkt des äußeren Quadrats aus im Uhrzeigersinn eine Strecke gleicher Länge abträgt.
Bestimme das einbeschriebene Quadrat mit dem kleinsten Flächeninhalt.

6. Für welche Zahl ist das folgende Produkt am kleinsten?

a) Produkt aus der Zahl und der um 8 vergrößerten Zahl

b) Produkt aus der um 6 verkleinerten Zahl und dem Dreifachen der ursprünglichen Zahl

c) Produkt aus der Zahl und dem Doppelten der Zahl vermindert um 1

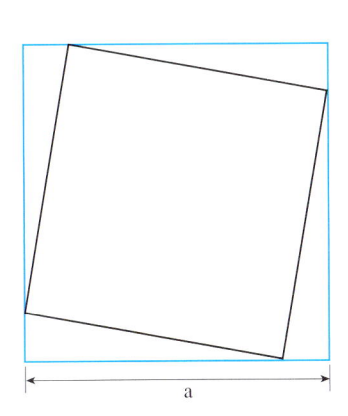

7. Für eine Goldschmiede wird ein Firmen-Logo entwickelt, das aus einem Quadrat der Seitenlänge 3 cm besteht. In dieses ist gekippt ein kleineres Quadrat eingefügt, dessen Eckpunkte auf den Seiten des großen Quadrates liegen. Das kleine Quadrat soll mit Blattgold belegt werden.
Für welche Lage des kleinen Quadrates ist dieses möglichst klein?

8. Aus einer Rolle mit 80 cm breitem Geschenkpapier soll ein Netz für eine quaderförmige Schachtel mit quadratischer Grundfläche ausgeschnitten werden – wie rechts abgebildet.
Welche dieser Schachteln hat die größtmögliche Oberfläche?

9. Ein Stadion hat die rechts abgebildete Form. Die innere Laufbahn soll 400 m lang sein.
Mit welchen Abmessungen ist das rechteckige Spielfeld in der Mitte möglichst groß?

10. Aus 1 m Draht soll das Kantenmodell einer quaderförmigen Säule mit quadratischer Grundfläche hergestellt werden. Diese soll anschließend zur Dekoration mit Stoff bespannt werden.
Bestimme die Abmessungen, für die möglichst viel Stoff benötigt wird.

11. Bei dem Logo rechts ist ein Quadrat über der Diagonale des Rechtecks errichtet worden. Der Umfang des Rechtecks soll 6 cm betragen. Für welche Seitenlängen ist die hellblaue Fläche möglichst klein?

12. Der Tanzclub hat zur Zeit 62 Mitglieder. Eine Umfrage unter Jugendlichen hat ergeben, dass eine Senkung des monatlichen Beitrages um 1,00 € (2,00 €; 3,00 €; ...) die Anzahl der Mitglieder um 10 (20; 30; ...) ansteigen lassen würde.
Bestimme die Preissenkung, die zur größtmöglichen Beitragseinnahme des Tanzclubs führt.
Beschreibe verschiedene Lösungswege.

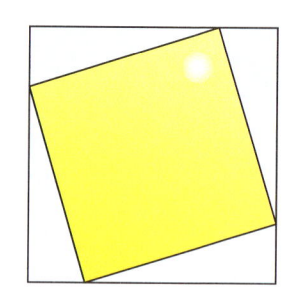

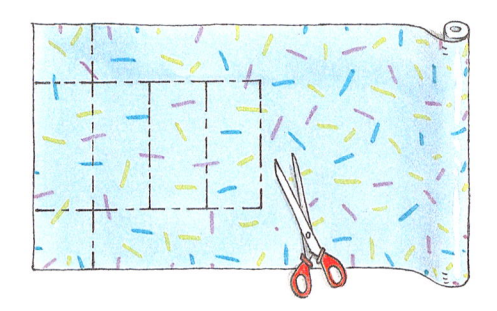

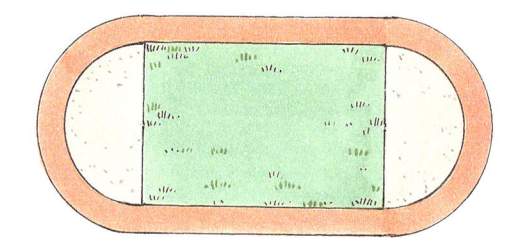

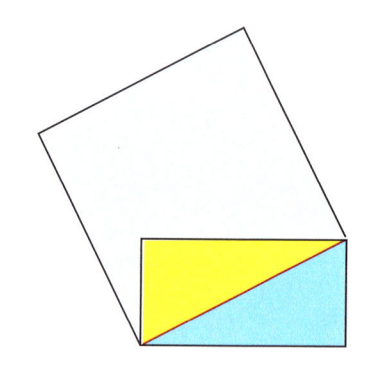

IM BLICKPUNKT: PARABELN IM SPORT

Die Bewegungsabläufe von Sportlern und die Flugbahnen von Bällen, Kugeln und Speeren wurden genau untersucht, um Möglichkeiten für eine Leistungssteigerung festzustellen. In etlichen Fällen kann man die betrachteten Kurven zumindest näherungsweise als Parabeln modellieren.

1. Bei den Olympischen Spielen 1972 in München wurden Kugelstöße erstmals mithilfe von Filmaufnahmen genauer untersucht. Dabei ergab sich für die Flugbahn der Kugel (in m):

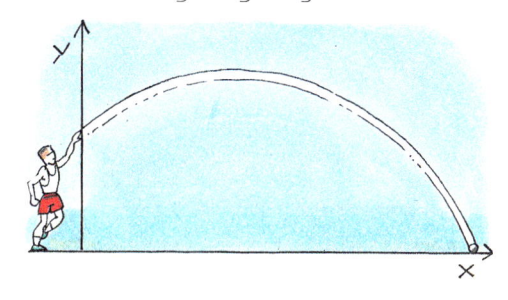

Athlet	Land	Gleichung der Kugel-Flugbahn
Woods	USA	$y = -0{,}0433\,x^2 + 0{,}839\,x + 2{,}15$
Komar	Polen	$y = -0{,}0407\,x^2 + 0{,}700\,x + 2{,}26$
Varju	Ungarn	$y = -0{,}0438\,x^2 + 0{,}762\,x + 2{,}21$
Reichenbach	Deutschland	$y = -0{,}0378\,x^2 + 0{,}667\,x + 2{,}13$

Zeichne alle Flugbahnen in ein gemeinsames Diagramm und ermittle jeweils die Stoßweite sowie den höchsten Punkt der Flugbahn. Vergleiche.

2. Untersuche, ob folgende Flugbahn durch eine Parabel beschrieben werden kann. Ermittle eine Gleichung dafür, wenn möglich.
Für einen Freiwurf beim Basketball wurde für die Höhe y (in m) in Abhängigkeit von der Entfernung x (in m) vom Abwurfort festgestellt:

x	0	0,5	1	1,5	2	2,5	3	3,5	4	4,5
y	2,00	2,75	3,20	3,60	3,90	4,05	4,10	3,90	3,75	3,35

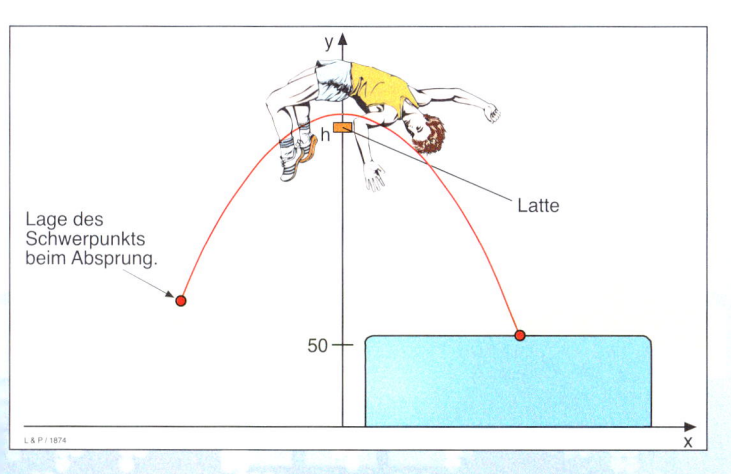

3. Beim Hochsprung bewegt sich der Schwerpunkt des Athleten auf einer Parabel. Ziel des Springers ist, dass der Scheitelpunkt der Parabel genau oberhalb der Latte liegt. Damit die Latte nicht gestreift wird, sind 5 cm Abstand erforderlich. Für einen stehenden Menschen beträgt die Höhe des Körperschwerpunktes 60% der Körpergröße.

a) Den im April 2008 immer noch gültigen Weltrekord von 2,45 m stellte der Kubaner Javier Sotomayor am 27. 7. 1993 auf: er übersprang seine eigene Körpergröße (193 cm) um 52 cm. Bestimme die Gleichung der Parabel des Körperschwerpunktes unter der Annahme, dass Sotomayor 100 cm vor der Latte abgesprungen ist.

b) Hochspringer messen vor dem Sprung die Absprungstelle und den Anlauf genau aus. Untersuche, wie sich ein Verpassen der Absprungstelle um 20 cm nach vorne oder hinten auswirkt. Verschiebe dazu die Parabel aus Teilaufgabe a) entsprechend.

VERMISCHTE UND KOMPLEXE ÜBUNGEN

1. Gegeben sind die quadratischen Funktionen:
   (1) $y = x^2 + 4x - 5$ (2) $y = x^2 - 4x + 9$ (3) $y = x^2 + 3x + \frac{9}{4}$

   a) In welchem Bereich verläuft die zugehörige Parabel oberhalb der x-Achse?
   b) In welchem Bereich verläuft die zugehörige Parabel unterhalb der x-Achse?
   c) In welchem Bereich fällt die Parabel, in welchem steigt sie?
   d) In welchem Bereich liegt die Parabel zwischen den beiden Parallelen im Abstand von 1 Einheit von der x-Achse?

2. Du kannst eine quadratische Funktion durch eine Funktionsgleichung, eine Wertetabelle oder einen Graphen darstellen.
   Beschreibe Vor- und Nachteile der einzelnen Darstellungsarten.

3. Zeichne mithilfe einer Parabelschablone die Graphen. Bestimme auch mögliche Nullstellen und den Scheitelpunkt.
   a) (1) $y = (x + 1)^2$ (2) $y = x^2 + 1$ (3) $y = (x + 1)^2 - 4$ △ (4) $y = -(x + 1)^2 + 4$
   b) (1) $y = (x - 2)^2$ (2) $y = x^2 - 2$ (3) $y = (x - 2)^2 + 3$ △ (4) $y = -(x - 2)^2 - 3$

4. Die Normalparabel wird in der angegebenen Reihenfolge verschoben
   a) um 1,5 Einheiten in Richtung der x-Achse nach rechts, dann um 0,5 Einheiten in Richtung der y-Achse nach unten;
   b) um 2 Einheiten in Richtung der x-Achse nach links, dann um 1,8 Einheiten in Richtung der y-Achse nach oben;
   c) um 3 Einheiten in Richtung der x-Achse nach rechts, dann um 1 Einheit in Richtung der y-Achse nach oben;
   d) um 2,5 Einheiten in Richtung der x-Achse nach links, dann um 1,5 Einheiten in Richtung der y-Achse nach unten.

   Wie lautet die Funktionsgleichung der zugehörigen quadratischen Funktion?
   Gib auch den Scheitelpunkt an.

5. Unten siehst du ein Foto der Müngstener Eisenbahnbrücke über die Wupper. Der untere Brückenbogen hat die Form einer Parabel mit der Spannweite w = 160 m und der Höhe h = 69 m.
   Beschreibe die Parabel durch eine Gleichung der Form $y = ax^2$ mit $a < 0$.
   Überlege zunächst, wie du das Koordinatensystem legen musst.

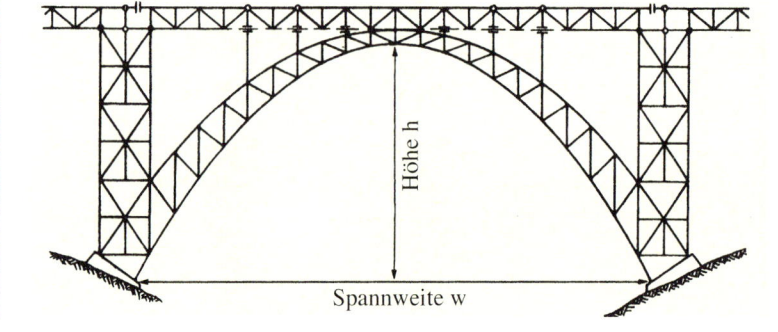

Quadratische Funktionen

KAPITEL 1

6. Von einem 40 m hohen Turm wird ein Stein mit der Anfangsgeschwindigkeit $v_0 = 20 \frac{m}{s}$ senkrecht nach oben geworfen. Für die Höhe h (in m) über dem Boden, die der Stein zum Zeitpunkt t (in s) erreicht, gilt die Näherungsformel $h = 40 + 20t - 5t^2$.
   a) Welche Höhe über dem Boden erreicht der Stein nach 1 Sekunde?
   b) Wie lange dauert es, bis der Stein am Boden ist?
   c) Welche Höhe erreicht der Stein maximal? Welche Zeit benötigt er dazu?

7. Gegeben sind eine quadratische Funktion mit der Gleichung $y = x^2 + 5x - 3$ und eine lineare Funktion mit $y = x - 3$.
Berechne die Koordinaten der Schnittpunkte der Graphen beider Funktionen.
Wie weit sind die Schnittpunkte voneinander entfernt?

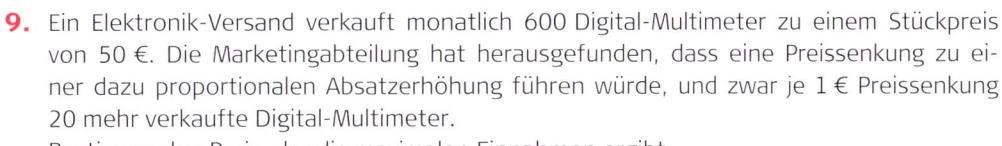

8. Zeichne den Graphen der quadratischen Funktion mit $y = -\frac{1}{3}x^2 + 3$. Die Parabel schneidet die Koordinatenachsen in drei Punkten, die ein Dreieck bestimmen.
Berechne den Flächeninhalt und den Umfang des Dreiecks.

9. Ein Elektronik-Versand verkauft monatlich 600 Digital-Multimeter zu einem Stückpreis von 50 €. Die Marketingabteilung hat herausgefunden, dass eine Preissenkung zu einer dazu proportionalen Absatzerhöhung führen würde, und zwar je 1 € Preissenkung 20 mehr verkaufte Digital-Multimeter.
Bestimme den Preis, der die maximalen Einnahmen ergibt.

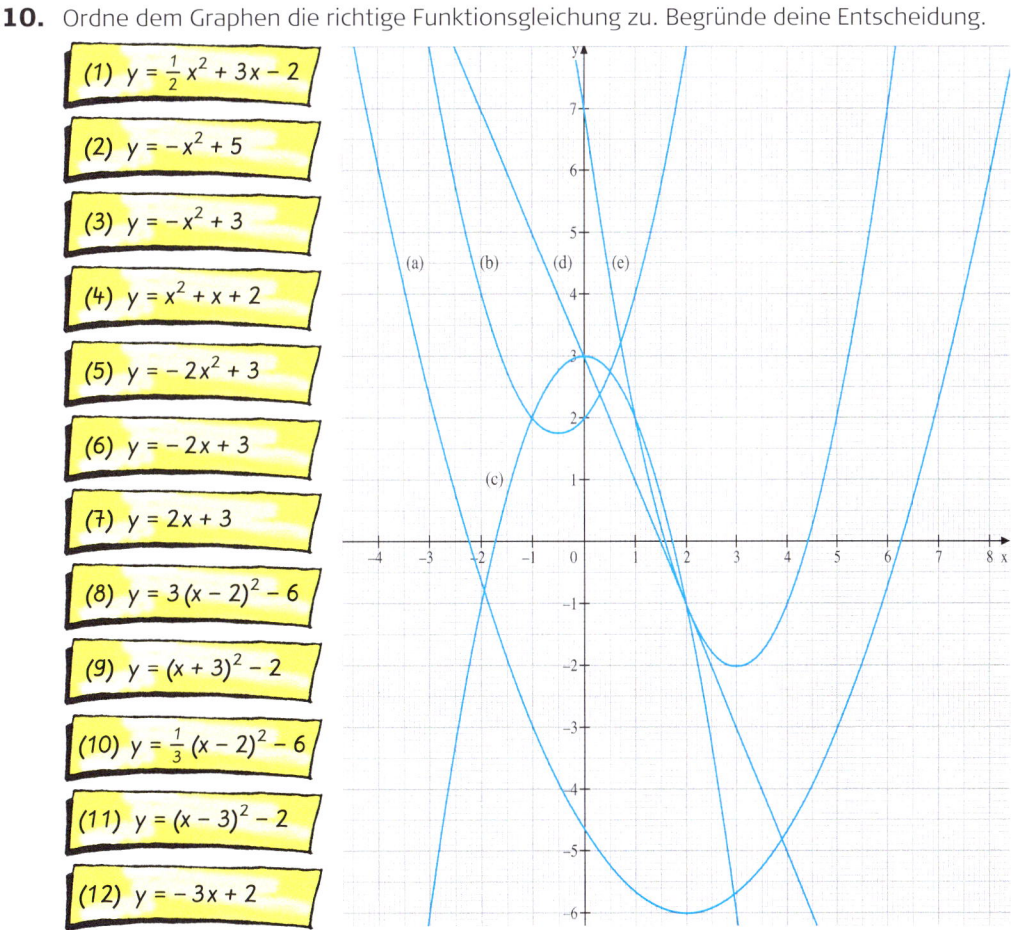

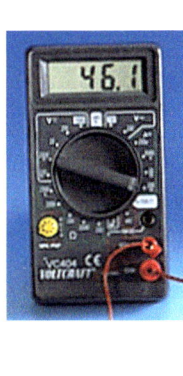

10. Ordne dem Graphen die richtige Funktionsgleichung zu. Begründe deine Entscheidung.

(1) $y = \frac{1}{2}x^2 + 3x - 2$

(2) $y = -x^2 + 5$

(3) $y = -x^2 + 3$

(4) $y = x^2 + x + 2$

(5) $y = -2x^2 + 3$

(6) $y = -2x + 3$

(7) $y = 2x + 3$

(8) $y = 3(x - 2)^2 - 6$

(9) $y = (x + 3)^2 - 2$

(10) $y = \frac{1}{3}(x - 2)^2 - 6$

(11) $y = (x - 3)^2 - 2$

(12) $y = -3x + 2$

BIST DU FIT?

1. Zeichne mithilfe einer Parabelschablone die Graphen. Berechne die Nullstellen.
   a) (1) $y = x^2 + 4$ (2) $y = (x + 1)^2$ (3) $y = (x + 1)^2 - 4$ (4) $y = (x + 1)^2 + 4$
   b) (1) $y = x^2 - 2$ (2) $y = (x - 2)^2$ (3) $y = (x - 2)^2 + 3$ (4) $y = (x - 2)^2 - 6$

2. Gegeben ist die quadratische Funktion mit:
   a) $y = x^2 + 2x - 8$
   b) $y = x^2 + 10x + 21$
   c) $y = x^2 - 5x + 6{,}25$
   d) $y = x^2 - 10x + 16$
   e) $y = x^2 - 4x - 12$
   f) $y = \frac{1}{3}x^2 + 2x - 9$

   (1) Bestimme die Nullstellen der Funktion.
   (2) Ermittle die Koordinaten des Scheitelpunktes S der zugehörigen Parabel.
   (3) Welcher Punkt P_1 der Parabel liegt auf der y-Achse?
       Welcher Parabelpunkt P_2 hat die gleiche y-Koordinate wie P_1?
   (4) Für welche x steigt die Parabel ständig, für welche x fällt sie ständig?

3. Welcher der Punkte $P_1(5|-3)$, $P_2(-2|5)$, $P_3(-1{,}3|1{,}69)$, $P_4(1{,}6|4{,}56)$, $P_5(2{,}4|0{,}36)$ liegt auf welcher Parabel?
   (1) $y = x^2$ (2) $y = x^2 + 2$ (3) $y = (x - 3)^2$ (4) $y = x^2 - 6x + 2$ (5) $y = -2x^2 - 5x + 3$

4. Der Graph gehört zu einer quadratischen Funktion.
   Gib die zugehörige Funktionsgleichung an.

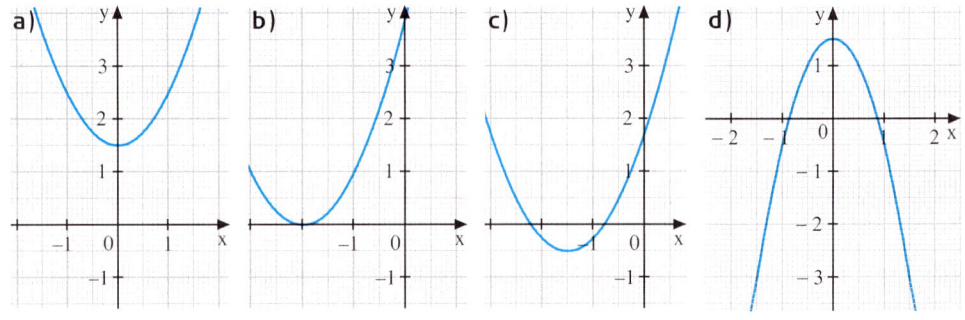

5. Bei der Herstellung von Giebelfenstern für ein Dachgeschoss ist eine Glasplatte in Form eines rechtwinkligen Dreiecks mit den Kathetenlängen 80 cm und 120 cm übrig geblieben. Bestimme das Rechteck mit dem größten Flächeninhalt, das sich aus dem Dreieck ausschneiden lässt.

6. Die Normalparabel wird in der angegebenen Reihenfolge
   a) um 1,5 Einheiten in Richtung der x-Achse nach rechts, dann um 0,5 Einheiten in Richtung der y-Achse nach unten verschoben;
   b) um 2 Einheiten in Richtung der x-Achse nach links verschoben und um 1,8 Einheiten in Richtung der y-Achse nach oben verschoben;
   c) mit dem Faktor 3 in Richtung der y-Achse gestreckt, an der x-Achse gespiegelt und um 2 Einheiten in Richtung der y-Achse nach unten verschoben;
   d) um 2,5 Einheiten in Richtung der x-Achse nach links verschoben, mit dem Faktor 0,4 gestaucht und um 1,5 Einheiten in Richtung der y-Achse verschoben.

   Wie lautet die Funktionsgleichung der zugehörigen quadratischen Funktion?
   Gib auch den Scheitelpunkt an.

Quadratische Funktionen

IM BLICKPUNKT:
LÄNGER ALS MAN DENKT: DER ANHALTEWEG

Zu hohe und den Straßenverhältnissen nicht angepasste Geschwindigkeit ist die häufigste Unfallursache im Straßenverkehr.
„Ich habe das andere Fahrzeug zu spät gesehen und konnte nicht mehr rechtzeitig bremsen", heißt es oft von den Beteiligten an einem Unfall.
In diesem Blickpunkt erfahrt ihr mehr über Reagieren, Bremsen und Anhalten.

1. Vom Erkennen einer Gefahr bis zum Niedertreten des Bremspedals vergeht bei einem aufmerksamen Fahrer etwa eine Sekunde, die so genannte *Schrecksekunde*. In dieser Zeit fährt das Fahrzeug ungebremst weiter. Den Weg, den ein Fahrzeug in der Schrecksekunde zurücklegt, nennt man **Reaktionsweg**.

   a) Erstelle mit einem Kalkulationsprogramm eine Tabelle für die Zuordnung *Geschwindigkeit (in $\frac{km}{h}$) → Länge des Reaktionsweges (in m)* für Geschwindigkeiten bis 150 $\frac{km}{h}$.
   Rechne zunächst die Geschwindigkeitsangabe $\frac{km}{h}$ in die Einheit $\frac{m}{s}$ um. Bestimme dann aus der Geschwindigkeit in $\frac{m}{s}$ die Länge des Reaktionsweges.

   $10 \frac{km}{h} = \frac{10000 m}{3600 s} = \ldots$

A	B	C
1	Länge des Reaktionsweges (in m)	
2		
3	Geschwindigkeit	Reaktionsweg (in m)
4	(in km/h)	(in m/s)	
5	0	0,0	0,0
6	10	2,8	2,8
7	20	5,6	5,6
8	30	8,3	8,3
9	40	11,1	11,1
10	50	13,9	13,9

   b) Wie ändert sich die Länge des Reaktionsweges, wenn die Geschwindigkeit
   (1) verdoppelt, (2) verdreifacht wird.

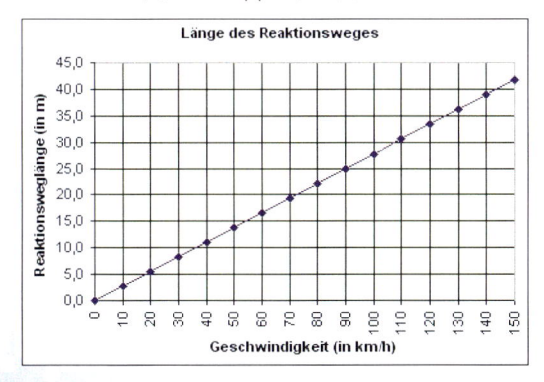

   c) Erzeuge mit deinem Kalkulationsprogramm den Graphen der Zuordnung. Welche Art von Zuordnung liegt vor? Begründe mithilfe der Tabelle und anhand des Graphen.

2. Die Dauer der so genannten Schrecksekunde ist je nach Verkehrssituation und Aufmerksamkeit des Fahrers unterschiedlich lang. Bei einer müden Person ist die Reaktionszeit z. B. wesentlich länger als bei einem bremsbereiten Fahrer.
   Ergänze die Tabelle aus Aufgabe 1. Berechne auch die Länge des Reaktionsweges für eine Reaktionszeit von 0,8 s und 1,2 s. Erzeuge alle drei Graphen. Vergleiche.

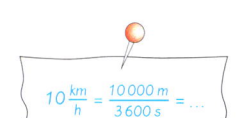

KAPITEL 1 — Quadratische Funktionen

Vom Niedertreten des Bremspedals bis zum Stillstand legt ein Fahrzeug einen bestimmten Weg zurück. Dieser Weg wird **Bremsweg** genannt.
Die Länge des Bremsweges lässt sich ungefähr mit folgender Formel berechnen:

$$s_R = \frac{v^2}{2 \cdot a}$$ (v Geschwindigkeit in $\frac{m}{s}$).

Der Faktor a im Nenner wird *Verzögerungswert* genannt.
Er hängt vom Fahrzeug und der Fahrbahnbeschaffenheit ab.
Die Tabelle links zeigt einige Werte.

Verzögerungswerte	
1,0	Pkw auf vereister Fahrbahn
2,0	Pkw auf schneebedeckter Fahrbahn
5,0	Pkw auf nasser Fahrbahn
8,0	Pkw auf trockener Fahrbahn
3,5	Lkw (beladen) auf trockener Fahrbahn
4,5	Lkw (leer) auf nasser Fahrbahn
5,0	Lkw (leer) auf trockener Fahrbahn
10,0	Motorrad auf trockener Fahrbahn
3,5	Fahrrad auf trockener Fahrbahn

3. a) Erstelle mit einem Kalkulationsprogramm für einen Pkw und verschiedene Fahrbahneigenschaften eine Tabelle für die Zuordnung
Geschwindigkeit (in $\frac{km}{h}$) →
Länge des Bremsweges (in m).
Wähle Geschwindigkeiten bis 150 $\frac{km}{h}$.

	A	B	C	D	E
1		Länge des Bremsweges (in m)			
3	Geschwindigkeit		Verzögerungswert		
4	in km/h	in m/s	8,0	5,0	3,5
5	0	0,0	0,0	0,0	0,0
6	10	2,8	0,5	0,8	1,1
7	20	5,6	1,9	3,1	4,4
8	30	8,3	4,3	6,9	9,9
9	40	11,1	7,7	12,3	17,6
10	50	13,9	12,1	19,3	27,6

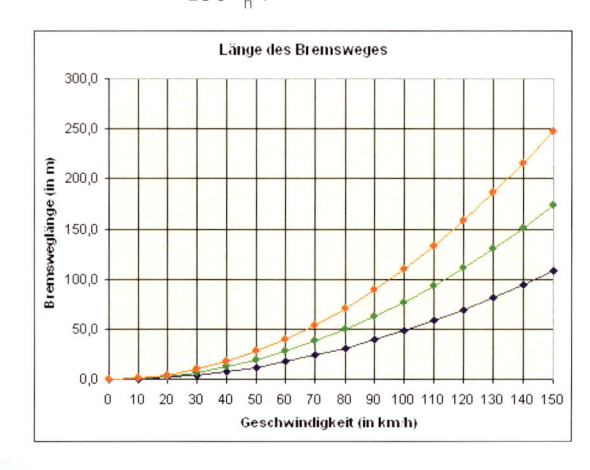

b) Vergleiche die Länge des Bremsweges für eine Geschwindigkeit von 30 $\frac{km}{h}$, 50 $\frac{km}{h}$, 100 $\frac{km}{h}$, 120 $\frac{km}{h}$ und 150 $\frac{km}{h}$.

c) Wie ändert sich die Länge des Bremsweges, wenn die Geschwindigkeit
(1) verdoppelt, (2) verdreifacht wird?

d) Lass auch die Graphen der Zuordnung zeichnen.
Vergleiche.

4. Vergleiche mithilfe einer Kalkulationstabelle die Bremswege für Pkw, Lkw (unbeladen) und Motorrad auf trockener Fahrbahn für verschiedene Geschwindigkeiten.
Stelle die Länge der Bremswege auch grafisch dar.

5. Die Länge des Bremsweges hängt auch von der Qualität der Reifen und dem richtigen Reifendruck ab. Abgefahrene Reifen oder falscher Reifendruck verlängern den Bremsweg. Untersuche die Verlängerung des Bremsweges für einen Pkw auf trockener Fahrbahn. Gehe von einer Abnahme des Verzögerungswertes um 1,0 beziehungsweise 2,0 aus. Erstelle eine Tabelle und erzeuge den Graphen.

Quadratische Funktionen

KAPITEL 1

Der Weg vom Erkennen einer Gefahr bis zum Stillstand des Fahrzeugs wird **Anhalteweg** genannt. Die Länge des Anhalteweges ist die Summe aus der Länge des Reaktionsweges und der Länge des Bremsweges.

6. a) Erstelle eine Kalkulationstabelle und vergleiche die Länge von Reaktionsweg, Bremsweg und Anhalteweg für verschiedene Geschwindigkeiten.

	A	B	C	D	E
1	\multicolumn{5}{c}{Länge des Anhalteweges (in m)}				
2					
3			Reaktionszeit (in s):		1,0
4			Verzögerungswert:		8,0
5					
6	Geschwindigkeit		Reaktionsweg	Bremsweg	Anhalteweg
7	in km/h	in m/s	in m	in m	in m
8	0	0,0	0,0	0,0	0,0
9	10	2,8	2,8	0,5	3,3
10	20	5,6	5,6	1,9	7,5
11	30	8,3	8,3	4,3	12,7
12	40	11,1	11,1	7,7	18,8
13	50	13,9	13,9	12,1	25,9

b) Gestalte die Tabelle so, dass du verschiedene Werte für die Reaktionszeit und den Verzögerungswert eingeben kannst.

c) Stelle die Graphen für Reaktionsweg, Bremsweg und Anhalteweg in einem gemeinsamen Diagramm dar.
Vergleiche die Graphen.

7. Untersuche die Auswirkung verschiedener Fahrbahneigenschaften auf die Länge des Anhalteweges eines Pkw. Wähle als Reaktionszeit 1 Sekunde und entnimm die Daten für die Verzögerungswerte der Tabelle.

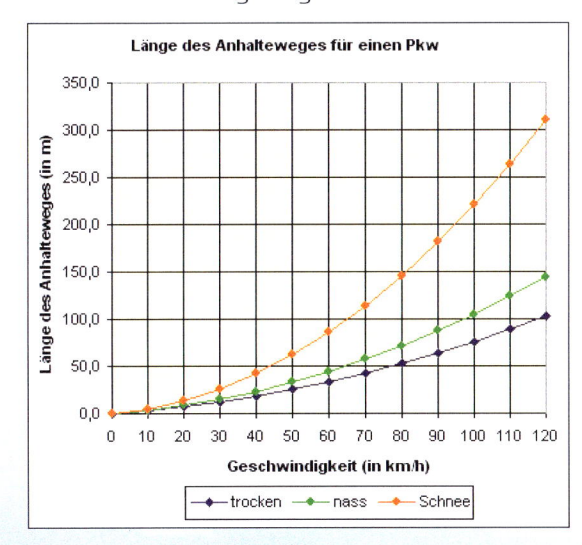

a) Gestalte ein Tabellenblatt für verschiedene Geschwindigkeiten und stelle die Ergebnisse grafisch dar.

b) Bei Nebel oder Regen ist die Sichtweite oft stark eingeschränkt. Lies aus dem Graphen aus Teilaufgabe a) die Höchstgeschwindigkeit ab, mit der ein Pkw fahren darf, um bei einer Sichtweite von 50 m noch rechtzeitig vor einem Hindernis anhalten zu können.

c) Mit welcher Geschwindigkeit darf ein Pkw höchstens fahren, um bei Regen und einer Sichtweite von 80 m noch rechtzeitig vor einem Hindernis anhalten zu können?

8. a) Gestalte eine Tabelle und berechne den Anhalteweg eines Fahrrades auf trockener Fahrbahn. Wähle geeignete Geschwindigkeiten und gehe von einer Reaktionszeit von 1 Sekunde aus.

b) Vergleiche die Anhaltewege für Pkw und Fahrrad auf trockener Fahrbahn.

c) Bestimme für eine Geschwindigkeit von 20 $\frac{km}{h}$ den Sicherheitsabstand eines Fahrrades zu einem mit gleicher Geschwindigkeit vorausfahrenden Pkw. Berücksichtige, dass der Fahrradfahrer erst auf das Aufleuchten der Bremslichter reagiert.

PROJEKT: QUADRATISCH, PARABLISCH!

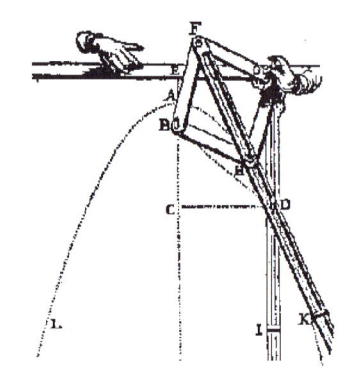

Vorschlag 1:
Parabelkonstruktion

Parabeln habt ihr bisher nur mithilfe einer Funktionsgleichung gezeichnet. Es geht aber auch ganz anders. Versucht herauszufinden, wie man Parabeln konstruieren kann.
Wie kann man ein Parabelzeichengerät bauen?
Auch lassen sich mit einem Dynamischen Geometriesystem Parabeln erzeugen.
Wisst ihr eigentlich, woher der Begriff *Parabel* kommt?

Vorschlag 2:
Parabeln in der Umwelt

Parabeln gibt es nicht nur in der Mathematik, sondern auch in eurer Umwelt. Stellt euch nur die vielen Springbrunnen vor. Wie bewegt sich denn der Wasserstrahl? Auch die Leute beim Brückenbauamt haben mit Parabeln zu tun. Und in der Kunst und Architektur werden auch gerne Parabeln als Objekte verwendet.
Findet eigene Beispiele, untersucht diese auf die Parabeleigenschaften und stellt die Funktionsgleichungen auf.

Quadratische Gleichungen und Parabeln habt ihr in diesem Kapitel kennen gelernt. In diesem Projekt soll nun alles, was mit Parabeln und quadratischen Funktionen zu tun hat, aus einem anderen Blickwinkel betrachtet werden. So kann man versuchen herauszubekommen, woher die Parabel ihren Namen hat. Wusstet ihr z. B., dass man eine Parabel auch mechanisch oder geometrisch erzeugen kann? Man kann sogar ein Parabelzeichengerät, einen so genannten *Parabelzirkel* bauen. Ihr könnt auch herausfinden, was ein Parabelflug oder eine Wurfparabel ist.
Selbst beim Kochen sind manche und beim Fernsehen sogar viele Leute auf Parabeln angewiesen. Parabeln können auch in der Kunst und Architektur eine Rolle spielen.

Vorschlag 3:
Parabeln und Kunst

Eine andere Möglichkeit, sich mit Parabeln zu beschäftigen, ist die künstlerische Gestaltung. So kannst du aus mehreren Parabeln Drehparabeln, Paraboloide herstellen oder Lampenschirme basteln. Auch ist es möglich, Bilder nur aus Parabeln zu gestalten.

Quadratische Funktionen

KAPITEL 1

Vorschlag 4:
Paraboloide

Wisst ihr, was Paraboloide sind? Man kann sich in der Umwelt umschauen und feststellen, dass Paraboloide überall vorkommen. Ihr kennt Paraboloide von den Satellitenschüsseln. Bei den Solarkochern wird das Brennpunktprinzip des Paraboloiden zum Kochen verwendet. Auch Solarkraftwerke verwenden manchmal Paraboloide. Paraboloide werden ferner als Reflektoren bei Taschenlampen verwendet. Was ist das Geheimnis dieser Paraboloiden?

Sogar beim Brückenbau findet man Parabeln.
Es wäre schön, wenn ihr eure quadratisch guten Parabelideen in einer kleinen Ausstellung im Schulgebäude zeigen könntet. Ihr könnt natürlich auch die Ergebnisse im Rahmen einer Vortragsrunde vor der Klasse präsentieren. Auch ein kleiner Artikel in der Lokalzeitung über besonders interessante Parabelobjekte oder eine Parabelbrücke in eurer Nähe ist denkbar. Hier hilft vielleicht eure Deutschlehrerin oder euer Deutschlehrer.
Wir haben hier für euch ein paar Ideen und Fragen rund um das Parabelprojekt vorbereitet, die ihr aufgreifen könnt. Im Internet findet ihr das Projekt unter
www.mathematik-heute.de

Vorschlag 5:
Das Fallgesetz

Das Fallgesetz handelt von der Gesetzmäßigkeit, mit der ein Körper zur Erde fällt. Ein berühmter Italiener, Galileo Galilei, hat sich damit in Pisa beschäftigt. Wie wäre es, wenn ihr das Fallgesetz überprüft.
Wie müsst ihr das anstellen?
Wisst ihr, was eine Fallschnur ist?

Vorschlag 6:
Die Wurfparabel

Könnt ihr ein Parabelschussgerät bauen, mit dem ihr Kugeln auf bestimmten Parabeln abschießen könnt. Wie kann man die Wurfweiten berechnen? Habt ihr auch schon einmal etwas vom Parabelflug gehört. Was haben der Parabelflug und die Wurfparabel gemeinsam? Was hat die Schwerelosigkeit mit der Wurfparabel zu tun?

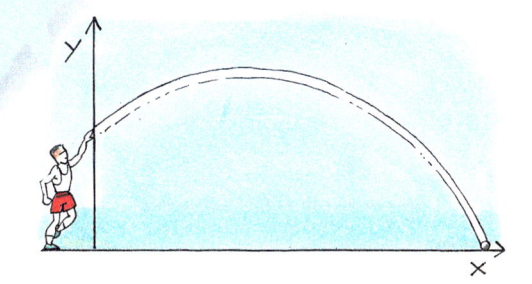

2 Berechnungen an Dreiecken und Vielecken

Ein gewaltiger Eisberg hat sich von der antarktischen Eisdecke gelöst und schwimmt im Südpazifik. Er ist etwa 272 Kilometer lang und 40 Kilometer breit.
Der Eisberg wurde von einem Gletscher abgetrennt. Man sagt, der Gletscher *kalbt:* er stößt Eisschollen ins Meer ab. Da in der Antarktis pro Jahr nur etwa 2,5 Zentimeter Niederschläge fallen, dauert es vermutlich 100 Jahre, bis die Eisfläche nachgewachsen sein wird. Wissenschaftler befürchten, dass sich der Eisberg in die für Schiffe von Eis befreiten Rinnen legen und den Verkehr lahm legen könnte. Klimatologen befürchten, dass der seit längerem beobachtete Schmelzprozess in der Antarktis auf eine globale Erderwärmung zurückzuführen ist.
(nach einer dpa-Meldung vom 25.03.2000)

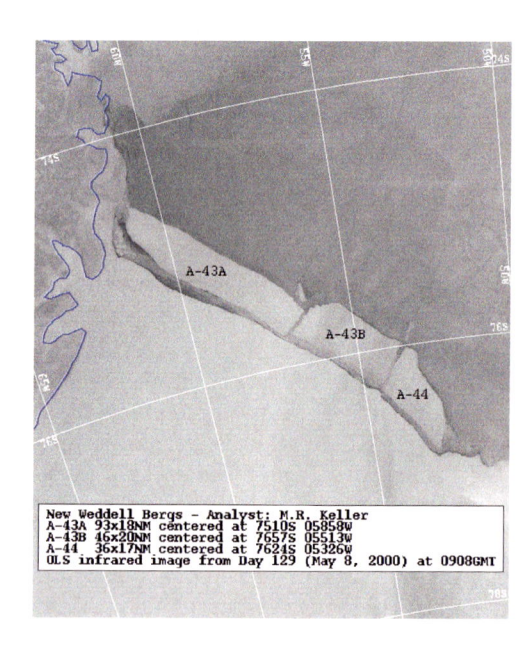

→ Welche Probleme gibt es, die Abmessungen des Eisberges zu bestimmen?
→ Wie groß ist die Fläche des Eisberges? Versuche die Größe durch einen geeigneten Vergleich zu veranschaulichen.

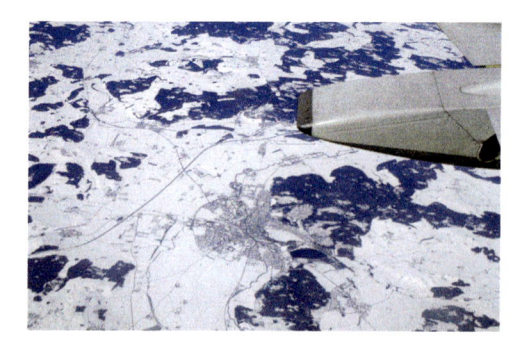

Für Vermessungen riesiger und unwegsamer Gebiete werden Flugzeuge oder Satelliten eingesetzt. Beim Überfliegen der Objekte (Eisberge, Urwälder, Inseln usw.) können über die Winkelmessung die Längen und die Breiten der Flächen festgestellt werden.
Mit Aufnahmen von Satelliten aus ist es heutzutage sogar schon möglich, maßstabgerechte Abbilder von fotografierten Landschaften herzustellen.

In diesem Kapitel lernst du ...
... wie man in beliebigen Dreiecken und Vierecken Längen und Winkel berechnen kann.

BERECHNEN VON RECHTWINKLIGEN DREIECKEN – WIEDERHOLUNG

Zum Wiederholen

Franz hat sich einen Motorroller gekauft. Er möchte ihn auf einer unbenutzten Terrasse hinter dem Haus abstellen. Diese ist jedoch 82 cm höher als die Zufahrt. Er will eine Rampe bauen. Der Steigungswinkel der Rampe soll nicht mehr als 10° betragen.

→ Wie lang muss die Rampe sein?

Wiederholung

(1) Das Längenverhältnis aus der Gegenkathete zu einem *spitzen* Winkel und der Hypotenuse im rechtwinkligen Dreieck nennt man den **Sinus** dieses Winkels:

Sinus eines Winkels = $\dfrac{\text{Gegenkathete des Winkels}}{\text{Hypotenuse}}$

Für das Dreieck ABC mit $\gamma = 90°$ gilt:

$\sin \alpha = \dfrac{a}{c}; \quad \sin \beta = \dfrac{b}{c}$

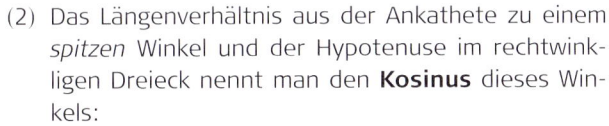

(2) Das Längenverhältnis aus der Ankathete zu einem *spitzen* Winkel und der Hypotenuse im rechtwinkligen Dreieck nennt man den **Kosinus** dieses Winkels:

Kosinus eines Winkels = $\dfrac{\text{Ankathete des Winkels}}{\text{Hypotenuse}}$

Für das Dreieck ABC mit $\gamma = 90°$ gilt:

$\cos \alpha = \dfrac{b}{c}; \quad \cos \beta = \dfrac{a}{c}$

(3) Das Längenverhältnis aus Gegenkathete und Ankathete zu einem *spitzen* Winkel im rechtwinkligen Dreieck nennt man den **Tangens** dieses Winkels:

Tangens eines Winkels = $\dfrac{\text{Gegenkathete des Winkels}}{\text{Ankathete des Winkels}}$

Für das Dreieck ABC mit $\gamma = 90°$ gilt:

$\tan \alpha = \dfrac{a}{b}; \quad \tan \beta = \dfrac{b}{a}$

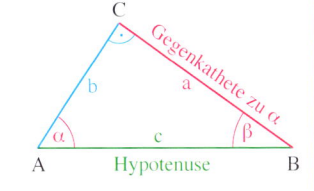

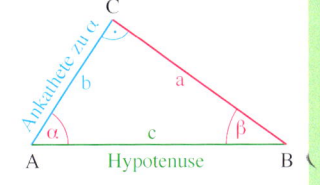

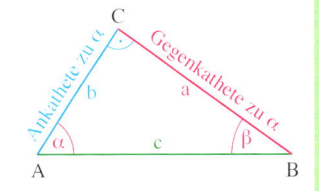

Aufgabe

1. In einem rechtwinkligen Dreieck ABC sind gegeben:

a) $a = 5{,}7$ cm; $b = 3{,}2$ cm; $\alpha = 90°$ b) $b = 7{,}3$ cm; $\alpha = 90°$; $\gamma = 32°$

Berechne mithilfe des Taschenrechners die fehlenden Seitenlängen und Winkel.
Verwende zur Berechnung nur gegebene Größen.
Runde die Ergebnisse auf eine Stelle nach dem Komma.

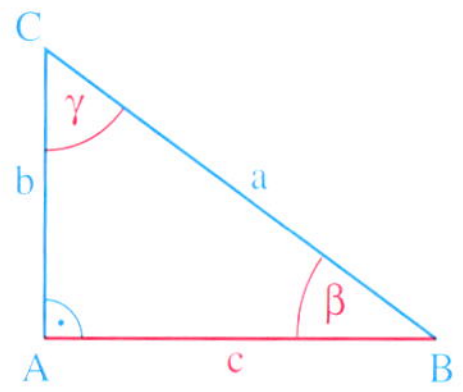

Lösung

a) Gesucht sind c, β und γ.

Berechnen von c:	Berechnen von β:	Berechnen von γ:
$b^2 + c^2 = a^2$	$\sin\beta = \dfrac{b}{a}$	$\cos\gamma = \dfrac{b}{a}$
$c = \sqrt{a^2 - b^2}$	$\sin\beta = \dfrac{3{,}2\text{ cm}}{5{,}7\text{ cm}}$	$\cos\gamma = \dfrac{3{,}2\text{ cm}}{5{,}7\text{ cm}}$
$c = \sqrt{(5{,}7\text{ cm})^2 - (3{,}2\text{ cm})^2}$	$\sin\beta = 0{,}561403509\ldots$	$\cos\gamma = 0{,}561403509\ldots$
$c \approx 4{,}7$ cm	$\beta \approx 34{,}2°$	$\gamma \approx 55{,}8°$

Beim Bestimmen von β und γ mit dem Taschenrechner verbleibt der Sinus- bzw. Kosinuswert im Rechner.

Ergebnis: c ≈ 4,7 cm; β ≈ 34,2°; γ ≈ 55,8°

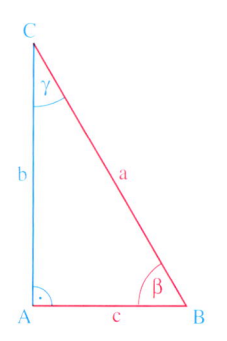

b) Gesucht sind a, c und β.

Berechnen von a:	Berechnen von c:	Berechnen von β:
$\cos\gamma = \dfrac{b}{a}$	$\tan\gamma = \dfrac{c}{b}$	$\beta + \gamma = 90°$
$a = \dfrac{b}{\cos\gamma}$	$c = b \cdot \tan\gamma$	$\beta = 90° - \gamma$
$a = \dfrac{7{,}3\text{ cm}}{\cos 32°}$	$c = 7{,}3\text{ cm} \cdot \tan 32°$	$\beta = 90° - 32°$
$a \approx 8{,}6$ cm	$c \approx 4{,}6$ cm	$\beta = 58°$

Ergebnis: a ≈ 8,6 cm; c ≈ 4,6 cm; β = 58°

Zum Festigen und Weiterarbeiten

2. In einem rechtwinkligen Dreieck sind gegeben:

   a) b = 3,8 cm; a = 4,7 cm; γ = 90°   **b)** b = 4,5 cm; α = 55°; β = 90°

Berechne die fehlenden Stücke und den Flächeninhalt.
Du darfst jetzt auch berechnete Größen für die weitere Rechnung verwenden.

3. In einem rechtwinkligen Dreieck ABC mit γ = 90° sind die Längen zweier Seiten gegeben. Berechne die Länge der dritten Seite. Bestimme auch den Flächeninhalt.

   a) b = 7 m   **b)** b = 4,8 km   **c)** a = 24 km   **d)** a = 9,4 cm   **e)** a = 19 cm   **f)** a = 4,56 m
      c = 16 m   c = 10,3 km   c = 57 km   c = 14,1 cm   b = 31 cm   b = 6,68 m

Wiederholung

Satz des Pythagoras

Wenn das Dreieck ABC *rechtwinklig* ist, dann ist der Flächeninhalt des Hypotenusenquadrates gleich der Summe der Flächeninhalte der beiden Kathetenquadrate:

$c^2 = a^2 + b^2$ (für γ = 90°)

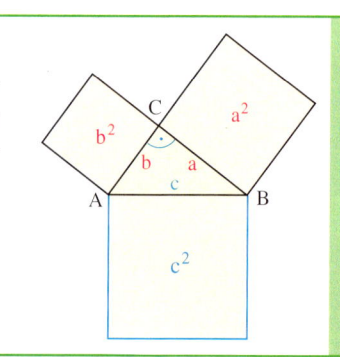

sind außerdem gegeben:

c) a = 5,5 cm   d) c = 9,3 cm   e) a = 4,7 cm
   c = 7,7 cm   α = 23°   α = 71°

mithilfe von Sinus bzw. Tangens.

es rechtwinkligen Dreiecks ABC und den Flächeninhalt.

c) β = 90°   d) γ = 90°   e) β = 90°
   a = 3,2 cm   α = 35,3°   γ = 65,9°
   c = 7,9 cm   b = 4,9 cm   b = 5,2 cm   b = 6,3 cm

c = 3,1 cm

6. In einem Dreieck ABC ist γ = 90°. Berechne die übrigen Stücke und den Flächeninhalt.

a) a = 4,9 cm   c) a = 3,7 cm   e) c = 4,5 cm   g) a = 7,5 cm   i) a = 2,5 cm
   α = 32°   c = 5,6 cm   β = 42°   β = 55°   α = 25°

b) b = 6,1 cm   d) b = 4,1 cm   f) a = 5,4 cm   h) c = 7,8 cm   j) b = 7,8 cm
   β = 75°   c = 6,2 cm   b = 3,6 cm   α = 66°   α = 43°

7. Von einem Dreieck mit γ = 90° sind bekannt:

a) p = 17,5 cm   b) a = 20,4 cm   c) h_c = 145 mm   d) h_c = 7,5 m   e) q = 3,8 cm
   β = 66° h_c = 12,9 cm   β = 42,8°   q = 3,3 m   b = 5,1 cm

Berechne die übrigen Stücke des Dreiecks ABC und den Flächeninhalt.

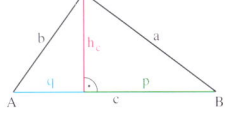

8. Berechne die Länge der Strecke $\overline{AB}$.

a) A(2|3); B(5|7)   c) A(1|5); B(6|2)   e) A(2|−5); B(−3|9)
b) A(0|4); B(4|10)   d) A(−4|5); B(2|2)   f) A(−2|−5); B(1|0)

9. Zwischen der Talstation und der Bergstation verläuft ein Skilift.
Wie groß ist der Steigungswinkel?
Gib die Steigung (den Anstieg) in Prozent an.
Stelle weitere Fragen und beantworte sie.

10. An der Talstation einer Standseilbahn soll der Schriftzug SEILBAHN angemalt werden. Der Handwerker benutzt eine 5,70 m lange Leiter und stellt das Fußende der Leiter 2,00 m von der Hauswand entfernt auf.
Damit die Leiter nicht abrutscht oder umkippt, muss der Neigungswinkel, den sie mit dem Erdboden bildet, etwa 70° (± 5°) betragen.
Hat der Handwerker die Leiter vorschriftsmäßig aufgestellt?

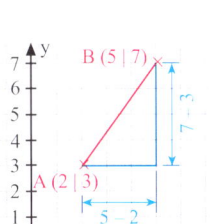

BERECHNEN VON GLEICHSCHENKLIGEN DREIECKEN

Bisher haben wir nur Seitenlängen und Winkelgrößen in *rechtwinkligen* Dreiecken berechnet. Wir wollen nun eine Strategie entwickeln, wie man auch Stücke in *gleichschenkligen*, speziell in *gleichseitigen* Dreiecken berechnen kann.

Einstieg

Eine Stehleiter ist zusammengeklappt 2,50 m lang; sie wird mit dem Öffnungswinkel von $\gamma = 50°$ auf einer waagerechten Fläche aufgestellt.

→ Wie hoch reicht die Leiter?
→ Wie weit stehen die Fußpunkte der Leiter auseinander?
→ Wie groß ist der Steigungswinkel der Leiter?
→ Die Leiter soll genau 2,20 m hoch reichen. Wie groß muss der Öffnungswinkel γ sein?
→ Präsentiere deine Ergebnisse.

Aufgabe

1. In einer Ferienanlage werden Dachhäuser gebaut. Der Giebel hat die Form eines gleichschenkligen Dreiecks. Die Dachsparren sind 6,50 m lang, der Winkel an der Dachspitze beträgt 50°.
Wie breit ist der Giebel am Boden?
Wie groß ist die Dachneigung?

Lösung

In einem gleichschenkligen Dreieck ABC sind die Länge der beiden Schenkel a = b = 6,50 m sowie die Größe des Winkels an der Spitze $\gamma = 50°$ gegeben.
Gesucht sind die Länge der Basis sowie die Größe eines Basiswinkels.
Eine solche Aufgabe haben wir bisher zeichnerisch gelöst.
Zur rechnerischen Lösung zerlegen wir das gleichschenklige Dreieck ABC durch die Höhe h_c zur Basis $\overline{AB}$ in zwei rechtwinklige Dreiecke.
Wir wissen:
Im gleichschenkligen Dreieck halbiert diese Höhe (Symmetrieachse) die Basis und den Winkel an der Spitze.
In dem rechtwinkligen Teildreieck ADC können wir folgende Berechnungen durchführen:

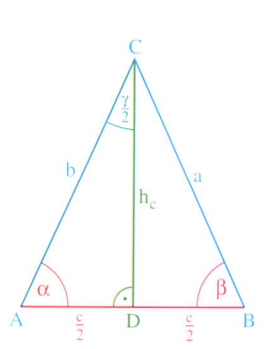

(1) *Berechnen der Basis c*

$$\sin \frac{\gamma}{2} = \frac{\frac{c}{2}}{b}$$

$$b \cdot \sin \frac{\gamma}{2} = \frac{c}{2}$$

$$c = 2\, b \sin \frac{\gamma}{2}$$

$$c = 2 \cdot 6{,}50\text{ m} \cdot \sin 25°$$

$$c \approx 5{,}49\text{ m}$$

(2) *Berechnen des Basiswinkels α*

$$\alpha + \frac{\gamma}{2} = 90°$$

$$\alpha = 90° - \frac{\gamma}{2}$$

$$\alpha = 90° - 25°$$

$$\alpha = 65°$$

$$\beta = 65°$$

> Basiswinkel gleich groß

Ergebnis: Der Giebel ist am Boden ungefähr 5,50 m breit; die beiden Dachneigungen betragen 65°.

Berechnungen an Dreiecken und Vielecken

KAPITEL 2

Information

Strategie zur Berechnung von Stücken im gleichschenkligen Dreieck

Das Berechnen von Stücken in gleichschenkligen und damit auch gleichseitigen Dreiecken kann man auf das Berechnen in rechtwinkligen Dreiecken zurückführen, indem man das gleichschenklige Dreieck durch eine geeignete Höhe (Symmetrieachse) in zwei rechtwinklige Dreiecke zerlegt.

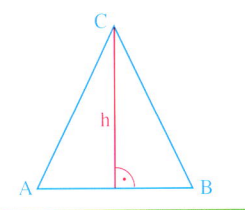

Zum Festigen und Weiterarbeiten

2.
a) Berechne die Höhe h_c des Dreiecks ABC in Aufgabe 1. Finde verschiedene Lösungswege; vergleiche sie.

b) Berechne den Flächeninhalt des Dreiecks ABC in Aufgabe 1.

3. Von einem gleichschenkligen Dreieck ABC mit der Basis $\overline{AB}$ sind gegeben:
c = 5,8 cm; α = 48°.
Berechne die Größe des Winkels γ an der Spitze, die Länge eines Schenkels, die Höhe zur Basis sowie den Flächeninhalt. Beschreibe dein Vorgehen.

4. Von einem gleichschenkligen Dreieck ABC sind gegeben: α = β = 65° und A = 11,5 cm².
Wie lang ist die Basis $\overline{AB}$? Beschreibe, wie du vorgehst.

5. In einer Feriensiedlung werden Dachhäuser wie im Bild errichtet.

a) Wie hoch sind die Dachhäuser?

b) Die Giebelflächen sollen mit Holz verkleidet werden.
Wie viel m² Holz werden für eine Seite mindestens benötigt?

Löse die Aufgaben auch allgemein und leite somit jeweils eine Formel her.

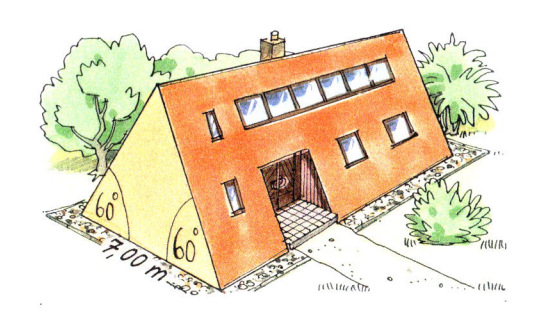

6.
a) Gegeben ist ein gleichseitiges Dreieck mit der Seitenlänge a = 4,5 cm.
Berechne die Höhe h und den Flächeninhalt A des Dreiecks.

b) Gegeben ist ein gleichseitiges Dreieck mit dem Flächeninhalt A = 12 cm².
Wie lang ist die Seite a?

c) Gegeben ist ein gleichseitiges Dreieck, dessen Höhe 4 cm beträgt.
Berechne die Seitenlänge a, den Flächeninhalt A und den Umfang u des Dreiecks.

7.
a) Von einem gleichschenkligen Trapez ABCD sind gegeben:
b = d = 5 cm; c = 4 cm; h = 4 cm
Berechne die Seitenlänge a.

b) Von einem (nicht gleichschenkligen) Trapez ABCD sind gegeben:
b = 3,6 cm; d = 2,2 cm; c = 3,1 cm; h = 2 cm
Berechne die Seitenlänge a.

c) Bestimme die Innenwinkel des Trapezes ABC.

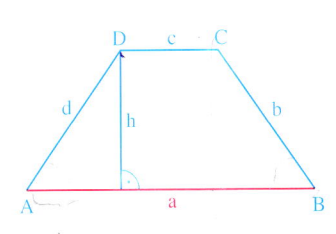

Übungen

8. ABC sei ein gleichschenkliges Dreieck mit der Basis $\overline{AB}$.
Berechne aus den Seitenlängen a und c die Winkelgrößen α, β und γ.

   a) a = 5,3 cm
   c = 3,7 cm

   b) a = 4,3 cm
   c = 7,9 cm

   c) a = 6,9 cm
   c = 1,3 cm

   d) a = 3,4 cm
   c = 5,7 cm

9. ABC sei ein gleichschenkliges Dreieck mit der Basis $\overline{AB}$. Berechne aus den gegebenen Stücken die übrigen sowie die Höhe zur Basis und den Flächeninhalt.

   a) c = 25 m
   γ = 72°

   b) c = 34 cm
   β = 62°

   c) b = 112,4 cm
   β = 34°

   d) a = 85 m
   α = 57°

10. a) Von einem gleichseitigen Dreieck ist die Seitenlänge a = 8 cm [a = 1,4 m] gegeben.
Berechne die Höhe h und den Flächeninhalt A.

   b) Von einem gleichseitigen Dreieck ist die Höhe h = 5 m [h = 4,8 m] gegeben.
Berechne die Seitenlänge a, den Flächeninhalt A und den Umfang u.

   c) Von einem gleichseitigen Dreieck ist der Flächeninhalt A = 35 cm² [A = 0,50 m²] gegeben. Berechne die Seitenlänge a, die Höhe h und den Umfang u.

   d) Ein gleichseitiges Dreieck hat den Umfang u = 18 cm. Berechne den Flächeninhalt des gleichseitigen Dreiecks. Stelle zunächst eine Formel auf.

11. Ein Neubau ist 11,20 m breit. Der dreieckige gleichschenklige Dachgiebel hat die Höhe 3,20 m. Die Dachbalken sollen 60 cm überstehen.

   a) Wie lang müssen die Dachbalken sein?

   b) Bestimme die Dachneigung.

   c) Bestimme den Winkel am First.

12. a) Ein Schenkel eines rechtwinklig-gleichschenkligen Dreiecks ist 7,5 cm lang.
Berechne Umfang und Flächeninhalt des Dreiecks.

   b) Die Höhe auf der Basis eines gleichschenklig-rechtwinkligen Dreiecks beträgt 6 cm.
Berechne die Länge der Schenkel und der Basis.

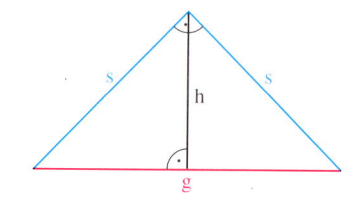

13. Bei einem Rechteck ABCD seien a und b die Seitenlängen, e die Länge einer Diagonalen sowie $α_1$, $γ_1$ und ε die Größe der Winkel, den die Diagonalen und Seiten bzw. die beiden Diagonalen miteinander bilden.
Berechne die fehlenden Stücke.

   a) a = 5,5 cm
   b = 3,8 cm

   b) e = 6,4 cm
   ε = 35°

   c) a = 4,8 cm
   e = 5,9 cm

   d) e = 5,4 cm
   $α_1$ = 23°

   e) e = 4,9 cm
   $γ_1$ = 41°

   f) e = 7,4 cm
   ε = 44°

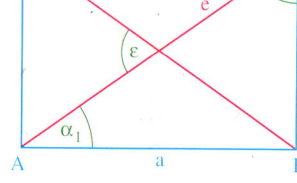

Berechnungen an Dreiecken und Vielecken

KAPITEL 2

14. Bei einer Raute ABCD sind von den Stücken a, e, f, α und β zwei Größen bekannt. Berechne die fehlenden Stücke sowie den Flächeninhalt und den Umfang u.

a) a = 17 cm; α = 69°
b) a = 34 cm; f = 61 cm
c) e = 6,4 cm; f = 8,7 cm
d) f = 12,5 cm; α = 58°
e) e = 17,4 cm; β = 126°
f) a = 8,3 cm; e = 11,8 cm

15. a) Berechne die Länge a der Grundseite des nebenstehenden gleichschenkligen Trapezes sowie den Flächeninhalt und den Umfang.

b) Ein gleichschenkliges Trapez ABCD mit AB ∥ CD hat die Seitenlängen a = 6 cm, c = 4 cm, b = 2,5 cm. Berechne die Größe der Innenwinkel sowie den Flächeninhalt und den Umfang.

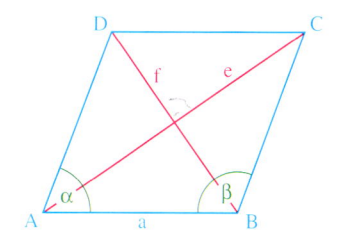

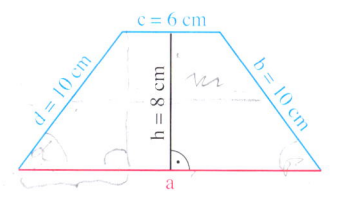

16. Von einem gleichschenkligen Trapez ABCD mit AB ∥ CD sind gegeben:

a) a = 85 cm, c = 63 cm, h = 55 cm. Berechne den Umfang u.
b) a = 37 cm, h = 5 cm, A = 125 cm². Berechne die Seitenlängen b und d.
c) a = 12,0 cm, b = d = 4,5 cm, c = 9,0 cm. Berechne die Länge der Diagonalen $\overline{AC}$.

17. Von einem Kreis sind gegeben:

a) Radius r = 6 cm [0,9 m] und Sehnenlänge s = 8,3 cm [1,3 cm]. Berechne den Abstand h des Mittelpunktes von der Sehne sowie den Mittelpunktswinkel ε.

b) Radius r = 5 cm und Mittelpunktsabstand h = 3,4 cm. Berechne die Länge der Sehne sowie den Mittelpunktswinkel ε.

c) Sehnenlänge s = 8 cm und Mittelpunktsabstand h = 3 cm. Berechne den Kreisradius sowie den Mittelpunktswinkel ε.

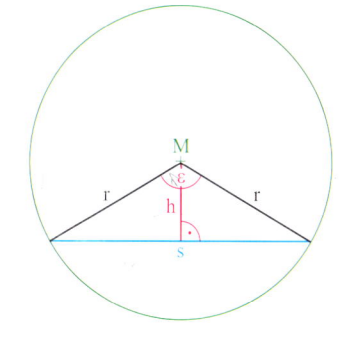

d) Radius r = 6,5 cm und Mittelpunktswinkel ε = 65°. Berechne die Sehnenlänge s und den Mittelpunktsabstand h.

*Eine **Sehne** ist eine Verbindungsstrecke von zwei Punkten auf dem Kreis.*

18. a) Gegeben ist ein regelmäßiges Sechseck ABCDEF mit der Seitenlänge a = 3 cm.
   (1) Wie groß ist der Winkel α? Was für ein Dreieck ist ABM?
   (2) Wie lang ist der Radius r_a des Umkreises und der Radius r_i des Sechsecks?
   (3) Wie groß ist der Flächeninhalt des Sechsecks?

b) Beantworte die Fragen von Teilaufgabe a) für ein regelmäßiges Fünfeck mit a = 4 cm.

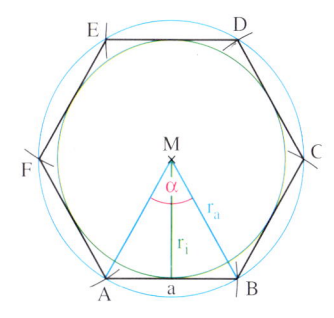

19. In einen Kreis mit dem Radius 10 cm ist ein regelmäßiges n-Eck einbeschrieben. Berechne mithilfe geeigneter Winkel den Umfang und den Flächeninhalt des n-Ecks für n = 5 [9; 12; 100].

20. Der Flächeninhalt einer Raute beträgt 48 cm². Die Diagonale e ist $1\frac{1}{2}$-mal so lang wie die Diagonale f. Berechne die Seitenlänge der Raute.

BERECHNEN VON SINUS, KOSINUS UND TANGENS FÜR SPEZIELLE WINKELGRÖSSEN

Einstieg

Für einige spezielle Winkelgrößen ergeben sich besondere Werte für Sinus, Kosinus und Tangens.

→ Zeichne ein rechtwinkliges Dreieck mit $\alpha = 45°$. Berechne $\tan 45°$.

→ Gilt dieser Tangenswert für *jedes* rechtwinklige Dreieck mit $\alpha = 45°$? Begründe.

Aufgabe

1. Es sollen für die speziellen Winkelgrößen 30° und 60° die Sinus-, Kosinus- und Tangenswerte berechnet werden. Zeichne dazu ein gleichseitiges Dreieck mit der Seitenlänge a (z. B. a = 3 cm).

   Lösung

   In jedem gleichseitigen Dreieck sind alle Winkel 60° groß. Die Höhe zu einer Seite im gleichseitigen Dreieck halbiert auch den gegenüberliegenden Winkel. In jedem der beiden rechtwinkligen Teildreiecke kommen daher Winkel der Größe 30° und 60° vor.
   Nach dem Satz des Pythagoras gilt im gleichseitigen Dreieck:

   $h^2 = a^2 - \left(\frac{a}{2}\right)^2 = \frac{3}{4} a^2$,

   also: $h = \sqrt{\frac{3}{4} a^2} = \frac{a}{2} \sqrt{3}$

   $\sin 30° = \cos 60° = \frac{\frac{a}{2}}{a} = \frac{a}{2a} = \frac{1}{2}$

   $\tan 30° = \frac{\frac{a}{2}}{h} = \frac{\frac{a}{2}}{\frac{a}{2}\sqrt{3}} = \frac{1}{\sqrt{3}} = \frac{1 \cdot \sqrt{3}}{\sqrt{3} \cdot \sqrt{3}} = \frac{1}{3} \sqrt{3}$

   $\sin 60° = \cos 30° = \frac{h}{a} = \frac{\frac{a}{2}\sqrt{3}}{a} = \frac{1}{2} \sqrt{3}$

   $\tan 60° = \frac{h}{\frac{a}{2}} = \frac{\frac{a}{2}\sqrt{3}}{\frac{a}{2}} = \sqrt{3}$

Zusammenfassung

Wir notieren die Ergebnisse aus Aufgabe 1 sowie die Werte für 0° und 90° in einer Tabelle.

α	0°	30°	45°	60°	90°
$\sin \alpha$	0	$\frac{1}{2}$	$\frac{1}{2}\sqrt{2}$	$\frac{1}{2}\sqrt{3}$	1
$\cos \alpha$	1	$\frac{1}{2}\sqrt{3}$	$\frac{1}{2}\sqrt{2}$	$\frac{1}{2}$	0
$\tan \alpha$	0	$\frac{1}{3}\sqrt{3}$	1	$\sqrt{3}$	–

Zum Festigen und Weiterarbeiten

2. a) Berechne den Umfang u und den Flächeninhalt A des rechtwinkligen Dreiecks.
   Verwende zur Berechnung von x und z nur die in der Skizze gegebenen Größen.

   b) Löse die Teilaufgabe a) allgemein für ein Dreieck mit gegebener Seitenlänge b und gegebener Winkelgröße α.

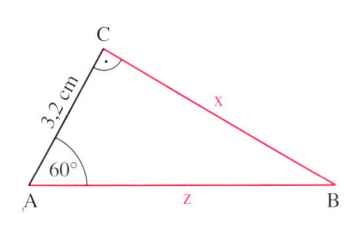

Berechnungen an Dreiecken und Vielecken

KAPITEL 2

Übungen

3. Kontrolliere die Tangenswerte in der Tabelle für 30°, 45° und 60° auf Seite 58 mithilfe der Formel: $\tan \alpha = \dfrac{\sin \alpha}{\cos \alpha}$.

4. ABC ist ein gleichschenkliges Dreieck mit $\gamma = 45°$ und $|CA| = |CB| = 10$ cm.
   a) Berechne nacheinander x, y und c.
   b) Berechne anschließend sin 22,5°, cos 22,5° und tan 22,5°.

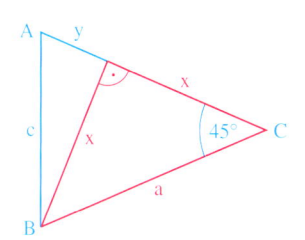

5. Berechne den Flächeninhalt des gefärbten Dreiecks in Abhängigkeit von e. Verwende keine Näherungswerte.

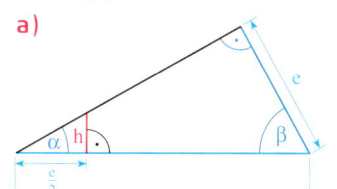

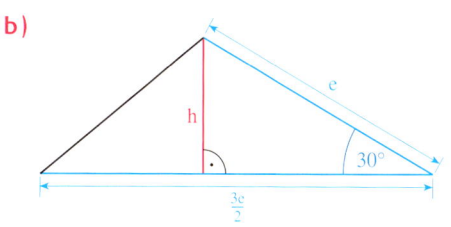

   a)   b)

6. Berechne den Umfang und den Flächeninhalt des gleichschenkligen Trapezes in Abhängigkeit von e.

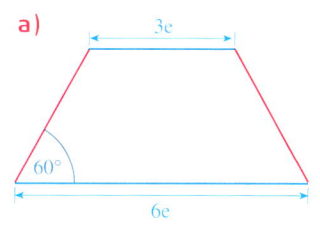

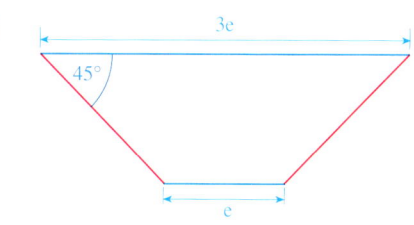

   a)   b)

7. Stelle eine Formel zur Berechnung des Flächeninhaltes des Parallelogramms auf.

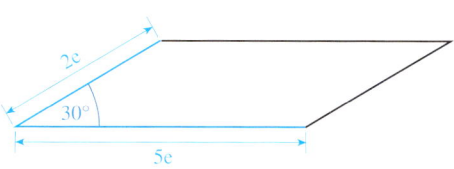

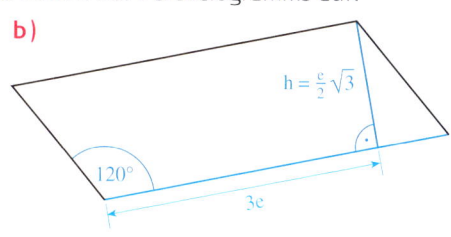

   a)   b) $h = \dfrac{e}{2}\sqrt{3}$

8. Gegeben ist der Flächeninhalt A der achsensymmetrischen Figur. Berechne den rot gekennzeichneten Winkel.

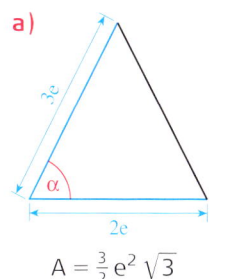

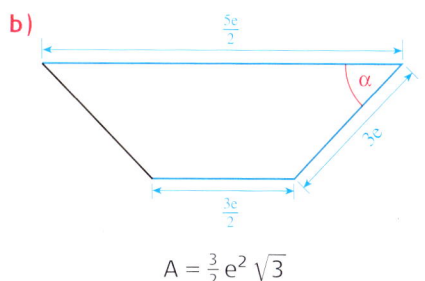

   a) $A = \dfrac{3}{2} e^2 \sqrt{3}$ b) $A = \dfrac{3}{2} e^2 \sqrt{3}$

BERECHNEN ALLGEMEINER DREIECKE – SINUS- UND KOSINUSSATZ

Bisher haben wir Berechnungen nur bei besonderen Dreiecken, nämlich bei rechtwinkligen und bei gleichschenkligen Dreiecken, durchgeführt. Wir wollen nun Berechnungen bei *beliebigen* Dreiecken durchführen. Dabei wird uns die Strategie, die wir schon bei gleichschenkligen Dreiecken kennengelernt haben (Zerlegen des Dreiecks in rechtwinklige Dreiecke, siehe dazu Seite 55), hilfreich sein.

Bei den verschiedenen Aufgabentypen orientieren wir uns an den Kongruenzsätzen (wsw, Ssw, sws und sss), da wir damit alle Möglichkeiten erfassen, nach denen ein Dreieck durch drei Stücke vollständig festgelegt ist.

Berechnen eines allgemeinen Dreiecks im Falle wsw und Ssw – Sinussatz

Einstieg

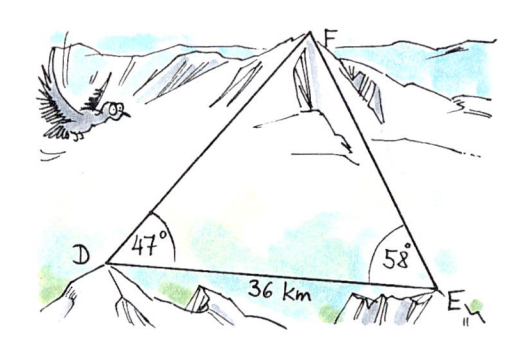

Die Entfernung zwischen zwei Berggipfeln D und E beträgt 36 km (Bild links). Von D aus sieht man den Gipfel E und den Gipfel F unter dem Sehwinkel von 47°, von E aus sieht man D und F unter dem Sehwinkel von 58°.

→ Wie weit ist der Gipfel F von den Gipfeln D und E entfernt?

→ Berichtet über euer Vorgehen und eure Ergebnisse.

Aufgabe

1. a) A, B und C sind die Kirchtürme dreier Dörfer, wobei A von B und C durch einen Fluss getrennt ist.
Man kann die Entfernung |AC| bestimmen, ohne diese direkt zu messen. Dazu misst man die Entfernung |BC| und die Winkelgrößen β und γ.
Es ist:
|BC| = 5,4 km; β = 44°; γ = 69°
Aus diesen Daten kann man die Entfernung |AC| bestimmen.
(1) Zeichne ein Dreieck ABC mit den entsprechenden Maßen (Maßstab 1 : 200 000) und bestimme einen Näherungswert für die Seitenlänge |AC| durch Messen.
(2) Zerlege das Dreieck in zwei rechtwinklige Teildreiecke und bestimme die Seitenlänge |AC| durch Rechnung.

b) In einem Dreieck ABC sind gegeben: a = 8,0 cm; β = 115°; γ = 20°.
Berechne die Seitenlänge b.

Berechnungen an Dreiecken und Vielecken — KAPITEL 2

Lösung

a) Wir lösen die Aufgabe zunächst zeichnerisch und dann rechnerisch.

(1) Der Zeichnung entnehmen wir nach maßstäblicher Umrechnung den Näherungswert $|AC| = b = 4{,}0$ km.

(2) *Vorüberlegung:* Wir zerlegen das *spitzwinklige* Dreieck ABC mithilfe einer Höhe so in zwei rechtwinklige Teildreiecke, dass in einem der beiden Teildreiecke zwei Stücke gegeben sind. Wir erreichen dieses, indem wir die Höhe h_c zu der Seite $\overline{AB}$ einzeichnen. In dem Teildreieck DBC können wir dann h_c berechnen und anschließend im Teildreieck ADC auch die gesuchte Länge b.

Berechnen von h_c im Dreieck DBC:

$\sin\beta = \dfrac{h_c}{a}$

$h_c = a \cdot \sin\beta$

$h_c = 5{,}4$ km $\cdot \sin 44°$

$h_c \approx 3{,}75$ km

Berechnen von α im Dreieck ABC:

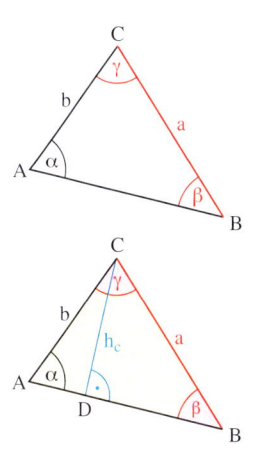

$\alpha = 180° - (\beta + \gamma)$

$\alpha = 180° - (44° + 69°)$

$\alpha = 67°$

Berechnen von b im Dreieck ADC:

$\sin\alpha = \dfrac{h_c}{b}$

$b = \dfrac{h_c}{\sin\alpha}$

$b \approx \dfrac{3{,}75 \text{ km}}{\sin 67°} \approx 4{,}08$ km

Ergebnis: Die Entfernung $b = |AC|$ beträgt ungefähr 4,1 km.

b) Wir ergänzen das *stumpfwinklige* Dreieck ABC durch die äußere Höhe h_c zur Seite $\overline{AB}$ zu dem rechtwinkligen Dreieck ADC. Im Teildreieck BDC können wir h_c und anschließend im Teildreieck ADC die gesuchte Länge b berechnen.

Berechnen von β_1 und h_c im Dreieck BDC:

$\beta_1 + \beta = 180°$ $\qquad$ $\sin\beta_1 = \dfrac{h_c}{a}$

$\beta_1 = 180° - \beta$ $\qquad$ $h_c = a \cdot \sin\beta_1$

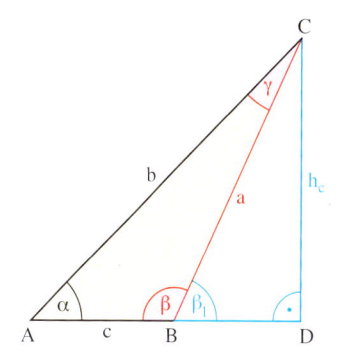

$\beta_1 = 180° - 115°$ $\qquad$ $h_c = 8$ cm $\cdot \sin 65°$

$\beta_1 = 65°$ $\qquad$ $h_c \approx 7{,}3$ cm

Berechnen von α und b im Dreieck ADC:

$\alpha = 180° - (\beta + \gamma)$ $\qquad$ $\sin\alpha = \dfrac{h_c}{b}$

$\alpha = 180° - (115° + 20°)$ $\qquad$ $b = \dfrac{h_c}{\sin\alpha}$, also: $b \approx \dfrac{7{,}3 \text{ cm}}{\sin 45°} \approx 10{,}3$ cm

$\alpha = 45°$

Ergebnis: Die Seite $\overline{AC}$ ist ungefähr 10,3 cm lang.

Information

(1) Berechnen eines Dreiecks im Falle wsw, sww und Ssw

In Aufgabe 1 haben wir ein Dreieck berechnet, in dem eine Seite und die anliegenden Winkel gegeben sind (wsw). Falls in einem Dreieck eine Seite, ein anliegender Winkel und der gegenüberliegende Winkel gegeben sind, kann man den anderen anliegenden Winkel mit dem Innenwinkelsatz berechnen; damit ist dieser Fall auf den Fall wsw zurückgeführt.

Sind in einem Dreieck zwei Seiten und der der größeren Seite gegenüberliegende Winkel gegeben (Ssw), kann man durch geeignete Zerlegung bzw. Ergänzung des Dreiecks in zwei rechtwinkligen Dreiecke die übrigen Stücke mit zweimaligem Anwenden des Sinus und des Innenwinkelsatzes berechnen.

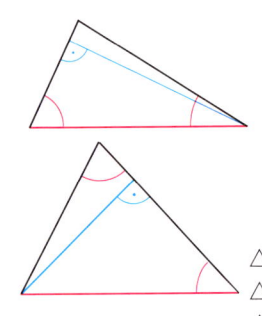

> In einem beliebigen Dreieck kann man aus vorgegebenen Stücken wsw bzw. sww und Ssw die übrigen mit dem Sinus und dem Innenwinkelsatz berechnen.
> Durch Einzeichnen einer geeigneten Höhe zerlegt bzw. ergänzt man das gegebene Dreieck so, dass rechtwinklige Dreiecke entstehen. Man wählt dabei die Höhe so, dass in einem der beiden Teildreiecke zwei Stücke gegeben sind.

(2) Herleitung des Sinussatzes

In einem Dreieck ABC sollen wie in Aufgabe 1 die Stücke a, β, γ und damit auch α gegeben sein. Wir wollen nun die Seitenlänge b allgemein berechnen.

1. Fall: $0° < α < 90°$

Wir zerlegen das spitzwinklige Dreieck ABC durch die Höhe h_c in zwei rechtwinklige Dreiecke ADC und DBC.

Für das Dreieck DBC gilt: $\sin β = \dfrac{h_c}{a}$, also $h_c = a \cdot \sin β$

Für das Dreieck ADC gilt: $\sin α = \dfrac{h_c}{b}$, also $h_c = b \cdot \sin α$

Gleichsetzen ergibt: $a \cdot \sin β = b \cdot \sin α$

Durch Dividieren durch sin β und durch sin α erhalten wir die folgende einprägsame Gleichung:

$$\dfrac{a}{\sin α} = \dfrac{b}{\sin β} \quad \text{für} \quad 0° < α < 90°$$

2. Fall: $90° < α < 180°$

Dazu ergänzen wir das stumpfwinklige Dreieck ABC durch die Höhe h_c zu einem rechtwinkligen Dreieck DBC mit dem rechtwinkligen Teildreieck DAC.

(1) $\sin β = \dfrac{h_c}{a}$,   also $h_c = a \cdot \sin β$

(2) $\sin(180° - α) = \dfrac{h_c}{b}$, also $h_c = b \cdot \sin(180° - α)$

Gleichsetzen ergibt: $a \cdot \sin β = b \cdot \sin(180° - α)$

Wir dividieren beide Seiten dieser Gleichung durch $\sin(180° - α)$ und dann durch sin β. Somit erhalten wir:

$$\dfrac{a}{\sin(180° - α)} = \dfrac{b}{\sin β} \quad \text{für} \quad 90° < α < 180°$$

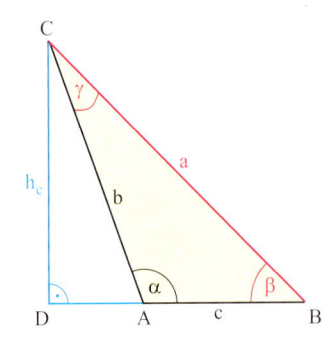

(3) Sinus im Bereich $90° < α ≤ 180°$

Um zu erreichen, dass die Formel $\dfrac{a}{\sin α} = \dfrac{b}{\sin β}$ auch für stumpfe Winkel gilt, erklären wir den Sinus auch für Winkelgrößen zwischen 90° und 180°.

> **Festlegung:**
> Für Winkelgrößen α mit $90° < α ≤ 180°$ soll gelten:
> $\sin α = \sin(180° - α)$

Aufgrund dieser Festlegung (Definition) ist unmittelbar klar:

Für alle α mit $90° ≤ α ≤ 180°$ gilt: $0 ≤ \sin α ≤ 1$.

Dass die Festlegung sinnvoll ist, zeigen auch die folgenden Überlegungen unter (4).

(4) Deutung des Sinus am Einheitskreis

Die Festlegung des Sinus unter (3) können wir am rechtwinkligen Dreieck *nicht* als Längenverhältnis deuten. Wir greifen deshalb die Darstellung des Sinus am Einheitskreis aus Klasse 9 auf.

> **Deutung des Sinus am Einheitskreis**
>
> Gegeben ist ein Punkt P(u|v) auf dem *Einheitskreis* (Kreis mit dem Radius 1) im 1. Quadranten.
> α soll die Größe des Winkels sein, den der Radius $\overline{OP}$ mit der u-Achse bildet.
> Dann gilt:
>
> $\sin\alpha = v$ (2. Koordinate von P)

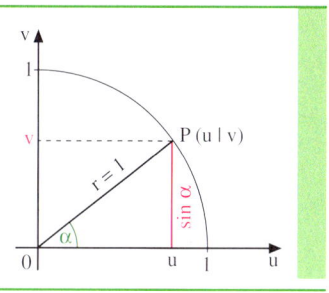

Dass die Festlegung des Sinus unter (3) sinnvoll ist, erkennen wir auch, wenn wir den Einheitskreis im 2. Quadranten betrachten. Es gilt dann nämlich auch für $90° < \alpha \leq 180°$:
$\sin\alpha = v$ (2. Koordinate von P).
Denn wegen $\sin\alpha = \sin(180° - \alpha) = v' = v$
gilt: $\sin\alpha = v$.

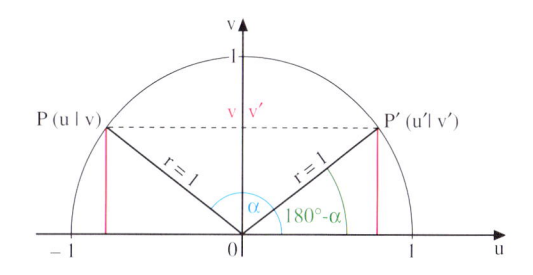

(5) Formulierung des Sinussatzes

> **Sinussatz**
>
> In jedem Dreieck sind die Quotienten aus einer Seitenlänge und dem Sinus des gegenüberliegenden Winkels gleich groß.
>
> $\dfrac{a}{\sin\alpha} = \dfrac{b}{\sin\beta}$ bzw. $\dfrac{b}{\sin\beta} = \dfrac{c}{\sin\gamma}$ bzw. $\dfrac{a}{\sin\alpha} = \dfrac{c}{\sin\gamma}$

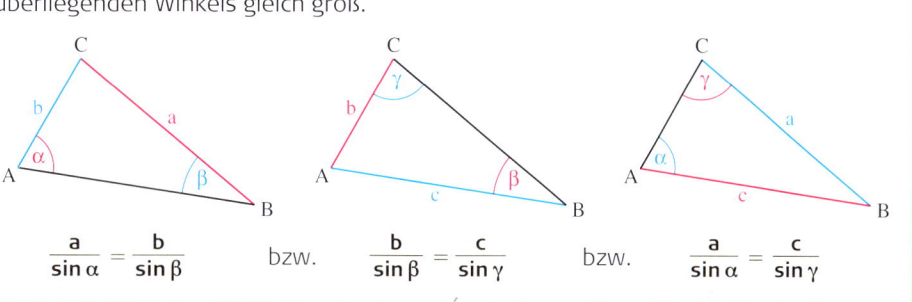

Sind in einem Dreieck zwei Winkel und eine Seite oder zwei Seiten und der der größeren Seite gegenüberliegende Winkel gegeben, so kann man die übrigen Stücke mithilfe des Sinussatzes und des Innenwinkelsatzes berechnen.

(6) Verwenden des Taschenrechners bei stumpfen Winkeln

(a) *Bestimmen von Sinuswerten zu vorgegebenen Winkeln*
Der Taschenrechner liefert auch für alle Winkelgrößen im Bereich $90° < \alpha \leq 180°$ beim Drücken der Taste $\boxed{\sin}$ die zugehörigen Sinuswerte.
Bestimme mit deinem Taschenrechner sin 130°.

`0.7660444443`

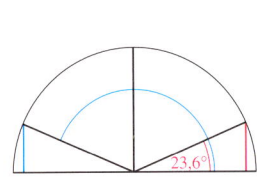

KAPITEL 2 — Berechnungen an Dreiecken und Vielecken

△ (b) *Bestimmen von Winkelgrößen zu vorgegebenen Sinuswerten*
△ Am Einheitskreis ist unmittelbar klar, dass es zu einem Sinuswert zwischen 0 und 1 stets
△ zwei Winkelgrößen gibt. Der Taschenrechner liefert aber nur die Winkelgröße im Bereich
△ $0° \leq \alpha \leq 90°$.
△ Julia hat mit ihrem Taschenrechner den Winkel $\alpha \approx 23{,}6°$
△ aus $\sin \alpha = 0{,}4$ bestimmt. Prüfe es.
△ Wegen $\sin \alpha = \sin(180° - \alpha)$ besitzt die Gleichung $\sin \alpha = 0{,}4$ noch eine zweite Lösung,
△ nämlich $\alpha_2 = 180° - \alpha_1$, also $\alpha_2 \approx 180° - 23{,}6° = 156{,}4°$.

Aufgabe

△ **2.** *Vollständige Berechnung eines Dreiecks mithilfe des Sinussatzes*
In einem Dreieck ABC sind gegeben: $a = 3{,}7$ cm; $c = 4{,}8$ cm; $\gamma = 64°$
Berechne die übrigen Stücke des Dreiecks.

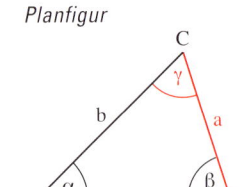

Planfigur

Lösung
Berechnung von α: $\quad \dfrac{a}{\sin \alpha} = \dfrac{c}{\sin \gamma}$, also: $\sin \alpha = \dfrac{a}{c} \cdot \sin \gamma$

Einsetzen ergibt: $\quad \sin \alpha = \dfrac{3{,}7 \text{ cm}}{4{,}8 \text{ cm}} \cdot \sin 64° = 0{,}692820\ldots$

Aus $\sin \alpha = 0{,}692820\ldots$ folgt $\alpha \approx 43{,}9°$ oder $\alpha \approx 136{,}1°$.
Da der kürzeren Seite der kleinere Winkel gegenüberliegt, gilt wegen $a < c$ auch $\alpha < 64°$.
Somit kommt nur $\alpha = 43{,}9°$ als Lösung in Frage.
Berechnung von β: $\beta = 180° - (\alpha + \gamma)$; $\beta \approx 180° - (43{,}9° + 64°)$, also $\beta \approx 72{,}1°$
Berechnung von b: $\quad \dfrac{b}{\sin \beta} = \dfrac{a}{\sin \alpha}$; $b = a \cdot \dfrac{\sin \beta}{\sin \alpha}$; $b = 3{,}7$ cm $\cdot \dfrac{\sin 72{,}1°}{\sin 43{,}9°}$, also $b \approx 5{,}1$ cm

Zum Festigen und Weiterarbeiten

△ **3. a)** Bestimme $\sin \alpha$ mit dem Taschenrechner für folgende Winkelgrößen α:
106°; 134°; 171°; 159°.

b) Für welche Winkelgrößen α zwischen 0° und 180° gilt
$\sin \alpha = 0{,}7771$; $\sin \alpha = 0{,}4695$; $\sin \alpha = 0{,}1234$?

△ **4.** Berechne die übrigen Stücke des Dreiecks ABC:
a) $b = 7$ cm; $\alpha = 25°$; $\beta = 52°$ **b)** $b = 4$ cm; $\beta = 28°$; $\alpha = 65°$ **c)** $a = 9$ cm; $\alpha = 51°$; $\gamma = 33°$

△ **5. a)** In einem Dreieck ABC sind gegeben: $a = 4$ cm; $c = 6$ cm; $\alpha = 51°$.
Berechne den Winkel γ. Was fällt dir auf?

b) In einem Dreieck ABC sind gegeben: $a = 4$ cm; $c = 6$ cm; $\alpha = 35°$.
Berechne die übrigen Stücke des Dreiecks; kontrolliere zeichnerisch.
Vergleiche mit Teilaufgabe a) und erkläre.

Übungen

△ **6. a)** Mithilfe der Festlegung auf Seite 62 kann man alle
Sinuswerte im Bereich $90° < \alpha \leq 180°$ berechnen, indem man sie auf den Bereich $0° \leq \alpha \leq 90°$ zurückführt.
Berechne wie im Beispiel:
$\sin 135°$; $\sin 120°$; $\sin 180°$.

$\sin 150° = \sin(180° - 150°)$
$\sin 150° = \sin 30°$
$\sin 150° = \frac{1}{2}$

b) Begründe, dass die Gleichung $\sin \alpha = \sin(180° - \alpha)$ auch für $0° \leq \alpha \leq 90°$ gilt.

Berechnungen an Dreiecken und Vielecken

KAPITEL 2

α	sin α
10°	0,17
20°	0,34
30°	0,50
40°	0,64
50°	0,77
60°	0,87
70°	0,94
80°	0,98

△ **7.** Bestimme zeichnerisch am Einheitskreis (r = 1 dm) die unten angegebenen Sinuswerte auf zwei Stellen nach dem Komma. Kontrolliere das Ergebnis mithilfe der Festlegung auf Seite 62 und der Tabelle links.
sin 100°; sin 130°; sin 140°; sin 110°; sin 160°; sin 170°

△ **8.** a) Bestimme sin α mit dem Taschenrechner für folgende Winkelgrößen; runde auf vier Stellen nach dem Komma.
117°; 175°; 95°; 143°; 167,4°; 99,5°; 156,1°; 108,8°

b) Für welche Winkelgrößen α zwischen 0° und 180° gilt:
sin α = 0,9945; sin α = 0,5978; sin α = 0,7384; sin α = 0,2345?
Runde auf Zehntel.

9. Konstruiere ein Dreieck ABC aus den Stücken α = 24°; β = 101° und c = 6,3 cm.
Berechne die übrigen Stücke und kontrolliere die Ergebnisse an der Zeichnung.

10. Berechne die Längen der beiden anderen Seiten des Dreiecks ABC.

a) c = 7,7 cm
α = 15°
γ = 85°

b) a = 7,1 cm
α = 55°
β = 73°

c) a = 8,9 cm
α = 63°
γ = 37°

d) b = 2,6 cm
β = 28,3°
γ = 69,1°

e) c = 5,4 cm
β = 65,6°
γ = 48,2°

f) b = 34 cm
α = 107°
β = 19°

g) a = 12 cm
α = 107°
β = 22°

h) c = 4,8 cm
α = 115°
γ = 48°

11. An den Stellen A und B befinden sich Anlagestellen für ein Ausflugsschiff.
Wie lang ist der Weg, den das Schiff zurücklegt?

12. Konstruiere ein Dreieck ABC aus den Stücken b = 4,2 cm, c = 5,6 cm und γ = 105°.
Berechne die übrigen Stücke und kontrolliere das Ergebnis an der Zeichnung.

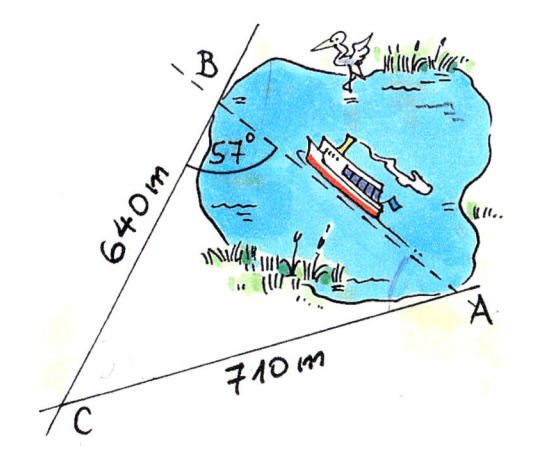

13. Berechne die übrigen Stücke des Dreiecks ABC.

a) a = 4,4 cm
b = 6,9 cm
β = 67°

b) b = 8,5 cm
c = 6,9 cm
β = 111°

c) a = 4,9 cm
c = 5,7 cm
α = 95°

d) a = 3,9 cm
b = 7,8 cm
β = 135,6°

e) b = 5,9 cm
c = 3,2 cm
γ = 41,7°

14. Das Grundstück soll vermessen werden. Dazu werden die folgenden Stücke gemessen:
|BD| = 46 m; ∢ ADB = 44°; ∢ DBA = 42°;
∢ BDC = 69°; ∢ CBD = 55°
Bestimme die Längen der Seiten $\overline{AB}$, $\overline{AD}$, $\overline{DC}$ und $\overline{BC}$. Fertige eine Skizze an.

△ **15.** Gilt der Sinussatz auch, falls ein gegebener Winkel ein rechter ist?

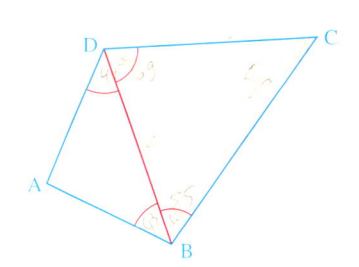

Berechnen eines allgemeinen Dreiecks im Falle sws und sss – Kosinussatz

Einstieg

Vom Punkt D eines Bergwerks sind zwei Stollen in den Berg getrieben worden. Von E nach F soll nun ein Verbindungsstollen angelegt werden.

→ Wie lang wird der Verbindungsstollen? Welche Winkel bildet er mit den bestehenden Stollen?

→ Berichtet über euer Vorgehen und eure Ergebnisse.

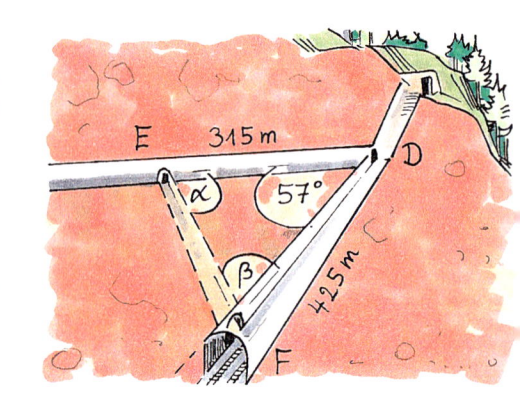

Aufgabe

1. a) Ein Straßentunnel soll geradlinig durch einen Berg gebaut werden. Um seine Länge zu bestimmen, werden von einem geeigneten Punkt C aus die Entfernungen |CB| und |CA| zu den Tunneleingängen sowie die Winkelgröße γ gemessen:
|CB| = 2,85 km; |CA| = 4,42 km;
γ = 52,3°

(1) Zeichne ein Dreieck ABC mit den angegebenen Maßen (Maßstab 1 : 100 000) und bestimme einen Näherungswert für die Seitenlänge c durch Messen.

(2) Zerlege das Dreieck in zwei rechtwinklige Teildreiecke; bestimme die Seitenlänge c durch Rechnung.

b) In einem Dreieck ABC sind gegeben:
a = 6 cm;   b = 8 cm;   γ = 140°.   Berechne die Seitenlänge c.

Lösung

a) Wir lösen die Aufgabe zunächst zeichnerisch und dann rechnerisch.

(1) Der Zeichnung entnehmen wir nach maßstäblicher Umrechnung als Näherungswert c = 3,5 km.

(2) Wir zerlegen das *spitzwinklige* Dreieck ABC in zwei Teildreiecke, indem wir die Höhe h_b zur Seite $\overline{AC}$ einzeichnen. Die Längen der Teilstrecken $\overline{FC}$ und $\overline{FA}$ nennen wir u bzw. v. In dem Teildreieck BCF sind dann die Stücke a und γ gegeben; die Stücke h_b, u und v können wir damit berechnen.

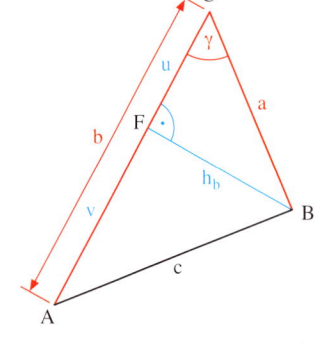

Nun sind uns im Teildreieck ABF auch zwei Stücke bekannt, mit denen sich die Länge c berechnen lässt.

Berechnen von h_b im Dreieck BCF:

$\sin \gamma = \dfrac{h_b}{a}$

$h_b = a \cdot \sin \gamma$

$h_b = 2{,}85 \text{ km} \cdot \sin 52{,}3°$

$h_b \approx 2{,}25 \text{ km}$

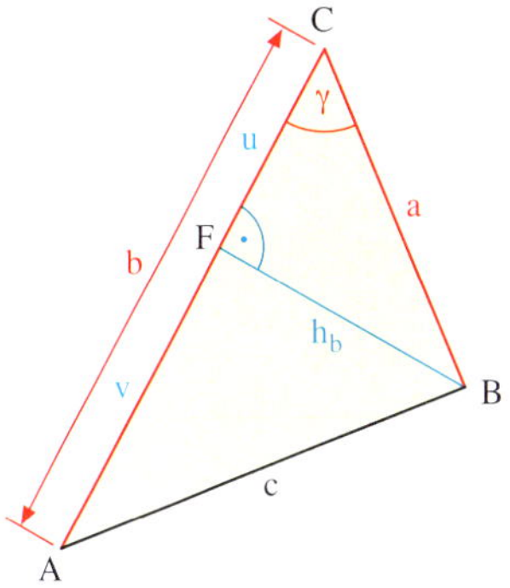

Berechnen von u im Dreieck BCF:

$\cos \gamma = \dfrac{u}{a}$

$u = a \cdot \cos \gamma$

$u = 2{,}85 \text{ km} \cdot \cos 52{,}3°$

$u \approx 1{,}74 \text{ km}$

Berechnen von v im Dreieck ABC:

$u + v = b$

$v = b - u$

$v \approx 4{,}42 \text{ km} - 1{,}74 \text{ km}$

$v \approx 2{,}68 \text{ km}$

Berechnen von c im Dreieck ABF:

$c^2 = h_b^2 + v^2$

$c = \sqrt{h_b^2 + v^2}$

$c = \sqrt{(2{,}25 \text{ km})^2 + (2{,}68 \text{ km})^2}$

$c = 3{,}50 \text{ km}$

Ergebnis: Die Länge des Tunnels beträgt ungefähr 3,5 km.

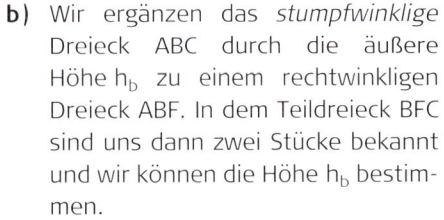

b) Wir ergänzen das *stumpfwinklige* Dreieck ABC durch die äußere Höhe h_b zu einem rechtwinkligen Dreieck ABF. In dem Teildreieck BFC sind uns dann zwei Stücke bekannt und wir können die Höhe h_b bestimmen.
Anschließend berechnen wir im Dreieck ABF die gesuchte Länge c.

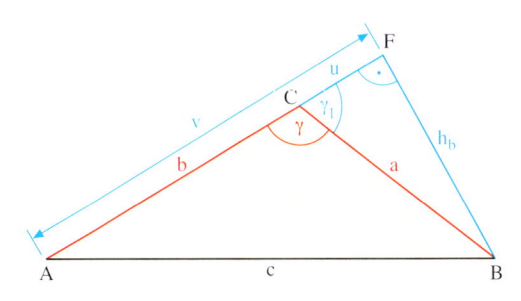

Berechnen von γ_1 im Dreieck BFC:

$\gamma + \gamma_1 = 180°$, also $\gamma_1 = 180° - \gamma$.

Einsetzen ergibt:

$\gamma_1 = 180° - 140°$, also $\gamma_1 = 40°$

Berechnen von h_b im Dreieck BFC:

$\sin \gamma_1 = \dfrac{h_b}{a}$

$h_b = a \cdot \sin \gamma_1$

$h_b = 6 \text{ cm} \cdot \sin 40°$

$h_b \approx 3{,}9 \text{ cm}$

Berechnen von u im Dreieck BFC:

$\cos \gamma_1 = \dfrac{u}{a}$

$u = a \cdot \cos \gamma_1$

$u = 6 \text{ cm} \cdot \cos 40°$

$u \approx 4{,}6 \text{ cm}$

Berechnen von v im Dreieck ABF:

$v = b + u$

$v \approx 8 \text{ cm} + 4{,}6 \text{ cm}$

$v \approx 12{,}6 \text{ cm}$

Berechnen von c im Dreieck ABF:

$c^2 = h_b^2 + v^2$

$c = \sqrt{h_b^2 + v^2}$

$c = \sqrt{(3{,}9 \text{ cm})^2 + (12{,}6 \text{ cm})^2}$

$c \approx 13{,}2 \text{ cm}$

Ergebnis: Die Seitenlänge c beträgt ungefähr 13,2 cm.

Information

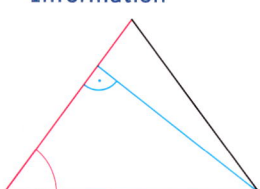

(1) Berechnen eines Dreiecks im Falle sws

In einem beliebigen Dreieck kann man aus vorgegebenen Stücken im Sinne des Kongruenzsatzes sws die übrigen mit dem Kosinus, dem Sinus und dem Innenwinkelsatz berechnen. Durch Einzeichnen einer geeigneten Höhe zerlegt bzw. ergänzt man das gegebene Dreieck so, dass rechtwinklige Dreiecke entstehen. Man wählt die Höhe so, dass in einem der beiden Teildreiecke zwei Stücke gegeben sind.

(2) Herleitung des Kosinussatzes

In einem Dreieck ABC sollen die Stücke a, b und γ gegeben sein. Wir wollen nun wie in der Aufgabe 1 (Seite 66) unten die Seitenlänge c allgemein berechnen.

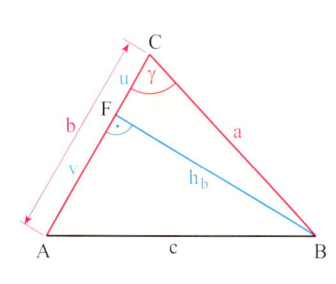

1. Fall: $\gamma < 90°$

Wir zerlegen das Dreieck ABC durch die Höhe h_b in zwei rechtwinklige Dreiecke ABF und BCF.
Im rechtwinkligen Teildreieck ABF ist die Seitenlänge c gesucht. Nach dem Satz des Pythagoras gilt:

$c^2 = h_b^2 + v^2$

Da $v = b - u$ ist, folgt durch Einsetzen:

$c^2 = h_b^2 + (b - u)^2$
$c^2 = h_b^2 + b^2 - 2bu + u^2$

Da in dem Teildreieck BCF die Stücke a und γ gegeben sind, können wir h_b und u bestimmen:

$h_b^2 = a^2 - u^2$ und $\cos \gamma = \frac{u}{a}$, also $u = a \cdot \cos \gamma$

Diese Ergebnisse setzen wir in die Gleichung für c^2 ein:

$c^2 = a^2 - u^2 + b^2 - 2 \cdot b \cdot a \cdot \cos \gamma + u^2$, also
$c^2 = a^2 + b^2 - 2ab \cdot \cos \gamma$

2. Fall: $90° < \gamma < 180°$

Wir ergänzen das Dreieck ABC durch die äußere Höhe h_b zu dem rechtwinkligen Dreieck ABF mit dem rechtwinkligen Teildreieck BFC. In dem rechtwinkligen Dreieck ABF ist die Seitenlänge c gesucht. Nach dem Satz des Pythagoras gilt:

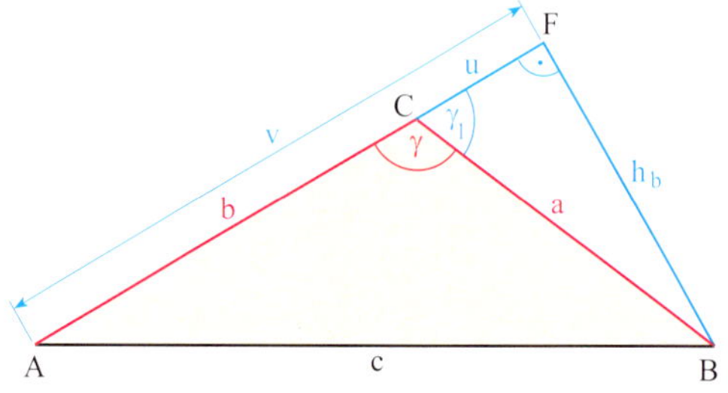

$c^2 = h_b^2 + v^2$

Da $v = b + u$ ist, folgt durch Einsetzen:

$c^2 = h_b^2 + (b + u)^2$
$c^2 = h_b^2 + b^2 + 2bu + u^2$

Da im Teildreieck BFC die Stücke a und $\gamma_1 = 180° - \gamma$ bekannt sind, können wir h_b und u bestimmen:

$h_b^2 = a^2 - u^2$ und $\cos(180° - \gamma) = \frac{u}{a}$, also $u = a \cdot \cos(180° - \gamma)$

Diese Ergebnisse setzen wir in die Gleichung für c^2 ein:

$c^2 = a^2 - u^2 + b^2 + 2b \cdot a \cdot \cos(180° - \gamma) + u^2$, also
$c^2 = a^2 + b^2 + 2ab \cdot \cos(180° - \gamma)$

(3) Kosinus im Bereich 90° < α ≤ 180°

Um zu erreichen, dass die Formel $c^2 = a^2 + b^2 - 2ab \cdot \cos\gamma$ auch für stumpfe Winkel gilt, legen wir den Kosinus auch für Winkelgrößen zwischen 90° und 180° fest.

> **Festlegung:**
>
> Für Winkelgrößen α mit 90° < α ≤ 180° soll gelten:
>
> $\cos\alpha = -\cos(180° - \alpha)$

Aufgrund dieser Festlegung (Definition) des Kosinus ist unmittelbar klar:
Für alle α mit 90° ≤ α ≤ 180° gilt: $-1 \leq \cos\alpha \leq 0$

(4) Deutung des Kosinus am Einheitskreis

Wie auf Seite 63 deuten wir nun auch den Kosinus am Einheitskreis.

> **Deutung des Kosinus am Einheitskreis**
>
> Es soll P(u|v) ein Punkt des Einheitskreises sein.
> α soll die Größe des Winkels sein, den der Schenkel $\overline{OP}$ mit der u-Achse bildet.
> Dann gilt:
>
> $\cos\alpha = u$ (1. Koordinate von P)

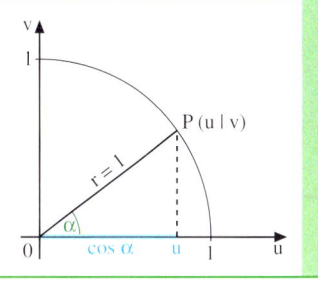

Die Festlegung unter (3) steht im Einklang mit der Deutung des Kosinus als 1. Koordinate eines Punktes am Einheitskreis.
Denn es gilt für 90° < α ≤ 180°:
$\cos\alpha = -\cos(180° - \alpha) = -u' = u$, also
$u = \cos\alpha$

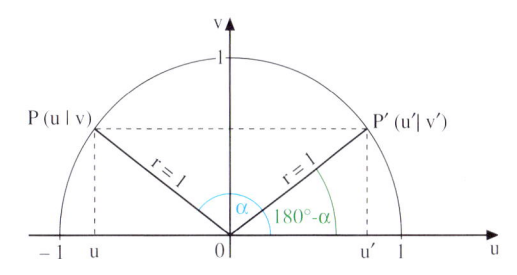

(5) Formulierung des Kosinussatzes

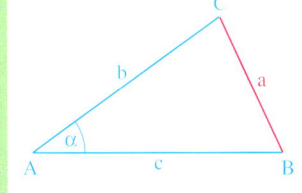

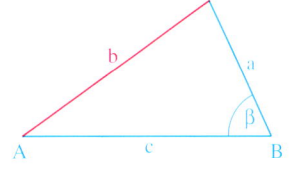

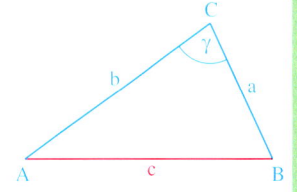

> **Kosinussatz**
>
> In jedem Dreieck ABC gilt:
>
> $a^2 = b^2 + c^2 - 2bc \cdot \cos\alpha$ $b^2 = c^2 + a^2 - 2ca \cdot \cos\beta$ $c^2 = a^2 + b^2 - 2ab \cdot \cos\gamma$
>
> Das Quadrat einer Seitenlänge eines Dreiecks ist gleich der Summe der Quadrate der beiden anderen Seitenlängen vermindert um das Doppelte des Produkts aus diesen Seitenlängen und dem Kosinus des eingeschlossenen Winkels.

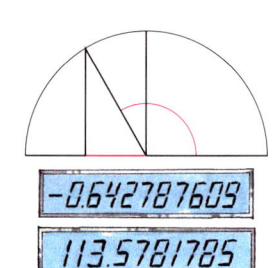

KAPITEL 2 — Berechnungen an Dreiecken und Vielecken

(6) Verwenden des Taschenrechners bei stumpfen Winkeln

(a) Der Taschenrechner liefert auch für alle Winkelgrößen im Bereich $90° < α ≤ 180°$ beim Drücken der Taste $\boxed{\cos}$ die zugehörigen Kosinuswerte.
Bestimme mit deinem Taschenrechner $\cos 130°$.

(b) Bestimme mit deinem Taschenrechner einen Winkel $α$ mit $\cos α = -0{,}4$.
Kontrolliere dein Ergebnis.

Anzeige: $-0{,}642787609$
Anzeige: $113{,}5781785$

Aufgabe

2. *Vollständige Berechnung eines Dreiecks mithilfe von Kosinus- und Sinussatz*

Von einem Dreieck ABC sind gegeben: $b = 8{,}1$ km; $c = 5{,}3$ km; $α = 36{,}4°$.
Berechne die übrigen Stücke des Dreiecks.

Lösung

(1) Aus den gegebenen Stücken (sws) kann man mithilfe des Kosinussatzes direkt die Seitenlänge a berechnen:

$$a^2 = b^2 + c^2 - 2bc \cdot \cos α$$
$$a = \sqrt{b^2 + c^2 - 2bc \cdot \cos α}$$
$$a = \sqrt{(8{,}1\text{ km})^2 + (5{,}3\text{ km})^2 - 2 \cdot 8{,}1\text{ km} \cdot 5{,}3\text{ km} \cdot \cos 36{,}4°}$$
$$a ≈ 5{,}0 \text{ km}$$

Planfigur: Dreieck ABC mit Winkeln α, β, γ und Seiten a, b, c.

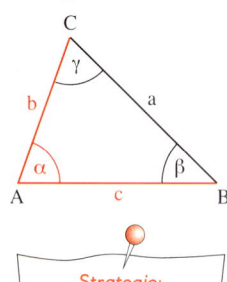

Strategie: Kleinere Winkel mit dem Sinussatz berechnen, den dritten Winkel mit dem Innenwinkelsatz.

(2) Einen der beiden Winkel β und γ müssen wir mit dem Kosinus- oder Sinussatz berechnen. Der Kosinussatz ist rechentechnisch aufwändig, liefert aber stets nur *eine* Winkelgröße. Dagegen ist die Anwendung des Sinussatzes rechentechnisch weniger aufwändig, liefert jedoch zwei Lösungen. Man weiß dann nicht, welche Winkelgröße die geeignete ist. Berechnet man mit dem Sinussatz den Winkel, hier γ, der der kleineren Seite c gegenüberliegt, so kommt nur eine der beiden Lösungen in Frage.

$$\frac{c}{\sin γ} = \frac{a}{\sin α}, \text{ also } \sin γ = \frac{c}{a} \cdot \sin α$$

Einsetzen ergibt: $\sin γ = \dfrac{5{,}3 \text{ km}}{4{,}96 \text{ km}} \cdot \sin 36{,}4°$; $\sin γ ≈ 0{,}63409 \ldots$, also $γ ≈ 39{,}4°$

(3) Nach dem Innenwinkelsatz für Dreiecke ergibt sich dann für den Winkel β:
$β = 180° - (α + γ)$; $β ≈ 180° - (36{,}4° + 39{,}4°)$, also: $β ≈ 104{,}2°$

Zum Festigen und Weiterarbeiten

3. a) Bestimme $\cos α$ mit dem Taschenrechner für $α = 106°$; $α = 134°$; $α = 171°$; $α = 159°$.

b) Für welche Winkelgrößen α zwischen 0° und 180° gilt:
$\cos α = -0{,}7771$; $\cos α = -0{,}4695$; $\cos α = 0{,}1234$; $\cos α = 0{,}9183$?

4. a) Kontrolliere und beurteile die Hausaufgaben von Anna (A) und Sophie (S).

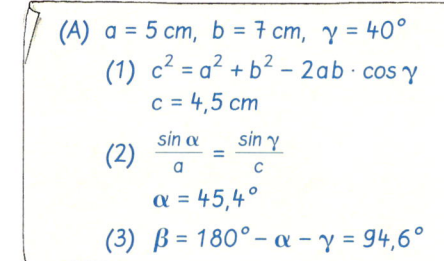

(A) $a = 5$ cm, $b = 7$ cm, $γ = 40°$
(1) $c^2 = a^2 + b^2 - 2ab \cdot \cos γ$
    $c = 4{,}5$ cm
(2) $\dfrac{\sin α}{a} = \dfrac{\sin γ}{c}$
    $α = 45{,}4°$
(3) $β = 180° - α - γ = 94{,}6°$

(S) $a = 5$ cm, $b = 7$ cm, $γ = 40°$
(1) $c^2 = a^2 + b^2 - 2ab \cdot \cos γ$
    $c = 4{,}5$ cm
(2) $\dfrac{\sin β}{b} = \dfrac{\sin γ}{c}$
    $β = 85{,}4°$
(3) $α = 180° - β - γ = 54{,}6°$

b) Berechne die fehlenden Stücke: (1) $a = 9$ cm, $c = 8$ cm, $β = 41°$
(2) $b = 8{,}9$ cm, $c = 11$ cm, $α = 118°$ (3) $a = 9{,}4$ cm, $b = 6{,}9$ cm, $γ = 57°$

Berechnungen an Dreiecken und Vielecken

KAPITEL 2

5. Berechne die fehlenden Stücke des Dreiecks ABC.
- a) $a = 5$ cm, $b = 7$ cm, $\gamma = 40°$
- c) $b = 8{,}9$ cm, $c = 11{,}0$ cm, $\alpha = 118°$
- b) $a = 9$ cm, $c = 8$ cm, $\beta = 41°$
- d) $a = 9{,}4$ cm, $b = 6{,}9$ cm, $\gamma = 57°$

△ **6.**
- a) Gilt die Formel $c^2 = a^2 + b^2 - 2\,ab \cdot \cos\gamma$ auch für $\gamma = 90°$?
- b) Gilt die Formel $c^2 = a^2 + b^2 - 2\,ab \cdot \cos\gamma$ auch für den Grenzfall $\gamma = 180°$?
- c) Begründe: Für ein beliebiges Dreieck ABC gilt:
  (1) $a^2 + b^2 > c^2$, falls $0° < \gamma < 90°$; (2) $a^2 + b^2 < c^2$, falls $90° < \gamma < 180°$.

△ **7.** *Berechnen eines Dreiecks aus den drei Seitenlängen*
In einem Dreieck ABC sind gegeben: $a = 5$ cm; $b = 3{,}5$ cm; $c = 6{,}5$ cm.
- a) Erkläre die folgende Umstellung nach γ.

$$\begin{aligned} c^2 &= a^2 + b^2 - 2\,ab \cdot \cos\gamma & &\mid + 2\,ab \cdot \cos\gamma \\ c^2 + 2\,ab \cdot \cos\gamma &= a^2 + b^2 & &\mid - c^2 \\ 2\,ab \cdot \cos\gamma &= a^2 + b^2 - c^2 & &\mid : (2\,ab) \\ \cos\gamma &= \frac{a^2 + b^2 - c^2}{2\,ab} & & \end{aligned}$$

- b) Berechne zunächst den größten Innenwinkel, nämlich γ des gegebenen Dreiecks ABC. Warum?
- c) Berechne dann die Innenwinkel α und β des Dreiecks ABC. Kontrolliere.

Übungen

△ **8.**
- a) Mithilfe der Festlegung auf Seite 69 kann man alle Kosinuswerte im Bereich $90° < \alpha \leq 180°$ berechnen, indem man sie auf den Bereich $0° \leq \alpha \leq 90°$ zurückführt. Berechne wie im Beispiel:
$\cos 135°$; $\cos 120°$; $\cos 180°$

  $\cos 150° = -\cos(180° - 150°)$
  $\cos 150° = -\cos 30°$
  $\cos 150° = -\frac{1}{2}\sqrt{3}$

- b) Begründe, dass die Gleichung $\cos\alpha = -\cos(180° - \alpha)$ auch für $0° \leq \alpha \leq 90°$ gilt.

α	$\cos\alpha$
10°	0,98
20°	0,94
30°	0,87
40°	0,77
50°	0,64
60°	0,50
70°	0,34
80°	0,17

△ **9.** Bestimme zeichnerisch am Einheitskreis ($r = 1$ dm) die unten angegebenen Kosinuswerte auf zwei Stellen nach dem Komma. Kontrolliere das Ergebnis mithilfe der Festlegung auf Seite 69 und der Tabelle links.
$\cos 100°$; $\cos 110°$; $\cos 130°$; $\cos 140°$; $\cos 160°$; $\cos 170°$

△ **10.**
- a) Bestimme $\cos\alpha$ mit dem Taschenrechner für folgende Winkelgrößen α:
117°; 175°; 95°; 143°; 167,4°; 99,5°; 156,1°; 104,8°
- b) Für welche Winkelgrößen α zwischen 0° und 180° gilt:
$\cos\alpha = -0{,}2588$; $\cos\alpha = 0{,}9397$; $\cos\alpha = -0{,}5461$; $\cos\alpha = 0{,}1212$?

11. Konstruiere ein Dreieck ABC aus $a = 3{,}7$ cm, $c = 4{,}8$ cm und $\beta = 100°$.
Berechne die übrigen Stücke und kontrolliere die berechneten Werte an der Zeichnung.

12. Berechne die übrigen Stücke des Dreiecks.
- a) $a = 7{,}1$ cm, $b = 6{,}3$ cm, $\gamma = 66°$
- b) $a = 2{,}7$ cm, $b = 3{,}5$ cm, $\gamma = 102°$
- c) $a = 12{,}3$ cm, $c = 8{,}9$ cm, $\beta = 53°$
- d) $b = 9{,}1$ cm, $c = 6{,}4$ cm, $\alpha = 115°$
- e) $b = 8{,}1$ cm, $c = 10{,}4$ cm, $\alpha = 67°$

13. Konstruiere ein Dreieck ABC aus a = 5,7 cm, b = 6,3 cm und c = 4,3 cm.
Berechne die übrigen Stücke und kontrolliere die berechneten Werte an der Zeichnung.

14. Berechne die übrigen Stücke des Dreiecks. Finde verschiedene Lösungswege. Beschreibe sie.

a) a = 3,8 cm
   b = 5,1 cm
   c = 4,4 cm

b) a = 12 cm
   b = 15 cm
   c = 18 cm

c) a = 7,3 m
   b = 5,8 m
   c = 11,6 m

d) a = 112 km
   b = 75 km
   c = 52 km

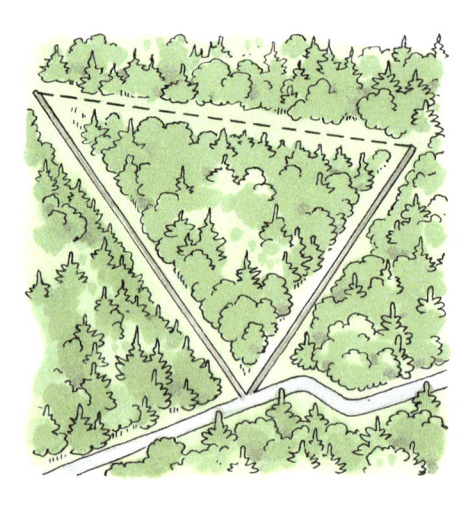

15. Von einer Straße aus gehen zwei geradlinig verlaufende Wege in den Wald. Sie sind 412 m und 520 m lang; ihre Richtungen bilden einen Winkel von 69°.
Die Endpunkte sollen durch einen Weg verbunden werden.
Wie lang ist dieser neue Weg?
Welche Winkel bildet der neue Weg mit den vorhandenen Wegen?

16. Zwischen zwei Orten A und B liegt ein Berg. Um die Entfernung der beiden Orte zu bestimmen, wird ein Punkt C im Gelände gewählt.
Folgende Größen werden gemessen:
b = 8,3 km; a = 6,7 km; γ = 55°.
Berechne die Entfernung der beiden Orte A und B. Fertige zunächst eine Skizze an.

17. Die Entfernung zwischen drei Burgen A, B und C beträgt: |AB| = 5,1 km, |BC| = 4,4 km und |AC| = 3,6 km.
Anne fotografiert gern. Sie möchte von einer Burg aus die beiden anderen Burgen auf einem Bild aufnehmen.
Auf welcher Burg muss sie dazu den größeren Bildwinkel (durch Zoomen) einstellen?

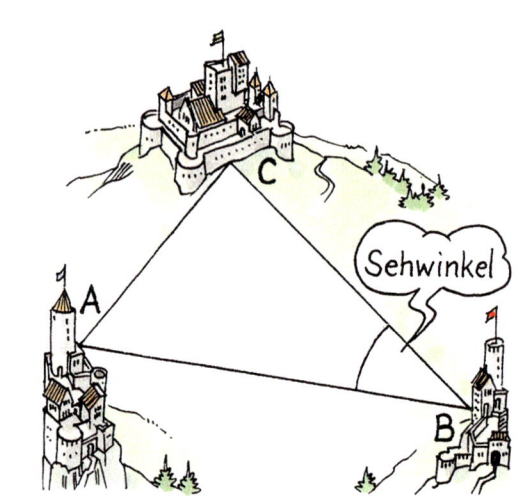

▲ **18.** *Überblick über die Berechnungen in beliebigen Dreiecken*

Sind von einem Dreieck eine Seitenlänge und zwei weitere Stücke (Seitenlängen bzw. Winkelgrößen) gegeben, so lassen sich die übrigen drei Stücke mithilfe von Innenwinkelsatz, Sinussatz oder Kosinussatz eindeutig berechnen.
Ausnahme: Gegeben sind zwei unterschiedliche Seitenlängen und die Größe des der kleineren Seite gegenüberliegenden Winkels. Ergänze die Tabelle.

Typ	gegeben	gesucht		
wsw	c, α, β	$\gamma = 180° - (\alpha + \beta)$		
wws	a, α, β		$b = a \cdot \dfrac{\sin \beta}{\sin \alpha}$	

BERECHNEN VON VIERECKEN UND VIELECKEN

Einstieg

Das Rechteck ABCD ist durch die Strecke $\overline{BF}$ in zwei Teilfiguren zerlegt. Es ist bekannt:
|AB| = 10,4 cm; |AE| = 9,4 cm.

→ Mache dich mit der Figur rechts vertraut; überlege dir auch, wie die Strecke $\overline{BF}$ gewählt wurde.

→ Ermittle den Umfang und den Flächeninhalt des Trapezes ABFD.

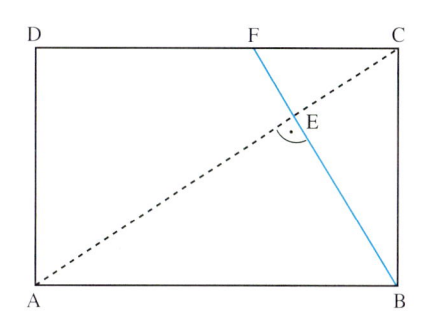

Aufgabe

1. *Berechnen eines Vierecks*

   Familie Müller besitzt ein trapezförmiges Grundstück ABCD (AB∥CD) mit den Maßen: |AB| = 28,50 m; |AD| = 23,40 m; α = 125°; β = 110°.

   a) Das Grundstück soll eingezäunt werden. Wie lang wird der Zaun?

   b) Wie groß ist das Grundstück?

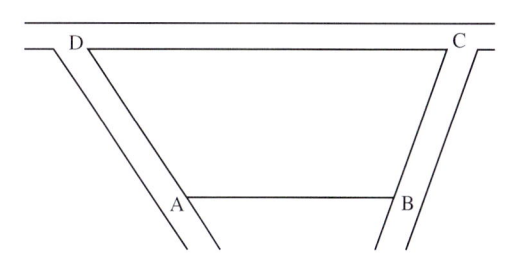

   ### Lösung

   a) Um den Umfang des Trapezes zu bestimmen, benötigen wir noch die Längen der Seiten $\overline{BC}$ und $\overline{CD}$. Dazu zerlegen wir das Trapez ABCD durch die Höhen $\overline{AF}$ und $\overline{BE}$ in das Rechteck ABEF und die beiden rechtwinkligen Dreiecke AFD und BCE.

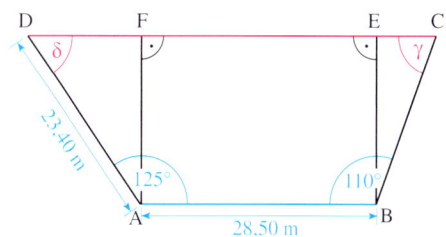

   Strategie: Zerlegen in rechtwinklige Dreiecke und Rechtecke

   Für das rechtwinklige Teildreieck AFD gilt:
   |AD| = 23,40 m und δ = 180° − 125° = 55°,
   da sich wegen der Parallelität von AB und CD die Winkel α und δ zu 180° ergänzen.

   $\frac{|FD|}{|AD|} = \cos \delta$, also |FD| = |AD| · cos δ und somit |FD| = 23,40 m · cos 55° ≈ 13,42 m

   Für das rechtwinklige Dreieck BCE gilt:
   γ = 180° − 110° = 70°, da β + γ = 180°

   |BE| = |AF| mit $\frac{|AF|}{|AD|} = \sin \delta$, also |AF| = |AD| · sin δ; |AF| = 23,40 m · sin 55°, also:

   |BE| ≈ 19,17 m

   $\frac{|BE|}{|EC|} = \tan \gamma$, also $|EC| = \frac{|BE|}{\tan \gamma}$ und somit $|EC| = \frac{19{,}17 \text{ m}}{\tan 70°} \approx 6{,}98$ m

   $\frac{|BE|}{|BC|} = \sin \gamma$, also $|BC| = \frac{|BE|}{\sin \gamma}$ und somit $|BC| = \frac{19{,}17 \text{ m}}{\sin 70°} \approx 20{,}40$ m

   Für das Rechteck ABEF gilt: |FE| = |AB| = 28,50 m
   Damit ergibt sich für den Umfang des Trapezes ABCD:
   u = |AB| + |BC| + |CE| + |FE| + |DF| + |AD|
   u = 28,50 m + 20,40 m + 6,98 m + 28,50 m + 13,42 m + 23,40 m = 121,20 m

   Ergebnis: Der Zaun wird etwa 121,20 m lang.

b) Für den Flächeninhalt des Trapezes ABCD gilt: $A = \frac{(a+c) \cdot h}{2}$

Dabei ist a = 28,50 m; c = 6,98 m + 28,50 m + 13,42 m = 48,90 m; h = 19,17 m.
Wir setzen ein:

$A = \frac{(28,50 \text{ m} + 48,90) \cdot 19,17 \text{ m}}{2} \approx 741,88 \text{ m}^2$

Ergebnis: Das Grundstück ist etwa 742 m² groß.

Zum Festigen und Weiterarbeiten

2. *Berechnen eines Fünfecks*

Die Skizze zeigt einen Hausgiebel.

a = 7,50 m
b = e = 5,00 m
c = 3,15 m
d = 6,00 m

a) Zeichne diese Giebelfläche in einem geeigneten Maßstab; beschreibe dein Vorgehen.

b) Der Giebel soll neu verputzt werden. Pro Quadratmeter muss mit einem Preis von 78 € gerechnet werden. Die Fenster bleiben unberücksichtigt. Wie teuer wird das Verputzen?

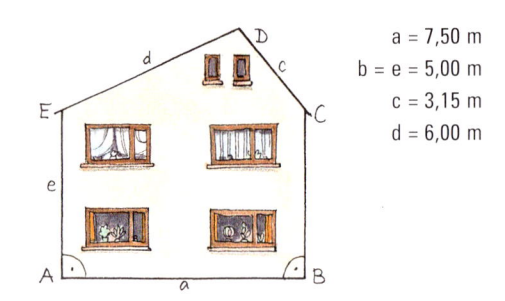

Information

Strategie zur Berechnung von Vierecken und Vielecken

Um Größen in Vierecken und anderen Vielecken zu berechnen, zerlegt man die gegebene Figur in geeignete Teilfiguren, wie z. B. rechtwinklige Dreiecke, Rechtecke oder Quadrate.
Gegebenenfalls muss man die Figur auch geeignet ergänzen.

Übungen

3. Ein Graben ist 1,6 m tief, die Sohlenbreite beträgt 2,3 m, der Böschungswinkel ist beiderseits 60°.

a) Welche Weite hat der Graben oben?

b) Wie viel Liter Wasser fasst er auf 10 m Länge bei einem Wasserstand von 1 m Höhe?

4. Zu Forschungszwecken soll eine Anbaufläche ABCD in zwei kleinere Felder geteilt werden, um die Wirkung unterschiedlicher Düngemittel zu testen. Folgende Messwerte wurden ermittelt:

|AB| = 75,0 m |CF| = 34,5 m
|BC| = 32,0 m |FD| = 28,5 m
∡ECB = 76,5°

a) Ermittle die Länge der Grenzlinie $\overline{EF}$.

b) Der Dünger, der auf Feld A_2 eingesetzt wird, wurde in 10-*l*-Kanistern geliefert. Pro Quadratmeter müssen 25 ml Dünger verwendet werden.
Wie viele Kanister müssen von diesem Dünger im Lager sein?

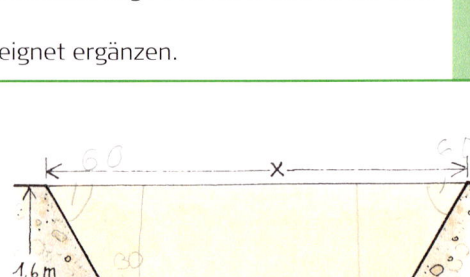

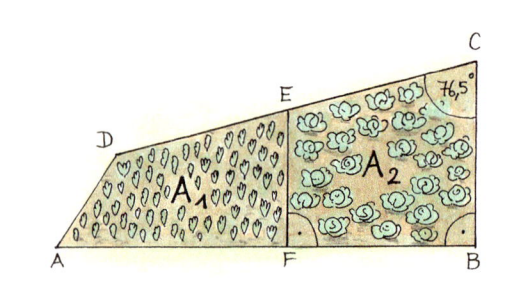

Berechnungen an Dreiecken und Vielecken

KAPITEL 2

5. Berechne von den Stücken a, b, α, β, e, f und ε eines Parallelogramms ABCD die fehlenden Stücke.

   a) a = 5 cm; d = 4 cm; β = 130°
   b) e = 8 cm; f = 6 cm; ε = 55°
   c) a = 7 cm; b = 4,3 cm; β = 65°
   d) a = 5,3 cm; f = 5,1 cm; β = 115°

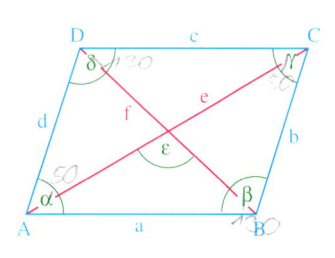

6. Landwirt Müller besitzt u. a. eine viereckige landwirtschaftlich genutzte Fläche. Er kauft die angrenzende dreieckige Fläche hinzu. Beim Vermessen werden folgende Daten ermittelt:

|BC| = 66 m
|AE| = 45 m
∢ BAE = α = 65,8°
∢ BED = $ε_1$ = 78,0°

Berechne die Größe der nun fünfeckigen Fläche.

7. Das Fünfeck ABCDE setzt sich zusammen aus einem gleichschenkligen Trapez und einem rechtwinkligen Dreieck. Es gilt:

|CD| = 7,6 cm
γ = 119°
|AE| = 3,3 cm
$A_{Dreieck}$ = 52,3 cm²

Berechne die Länge der Seite $\overline{AB}$.

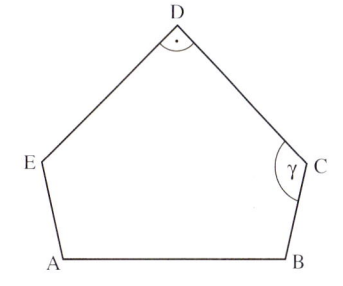

8. Berechne den Umfang und den Flächeninhalt der Figur. Zerlege dazu die Figur geeignet.

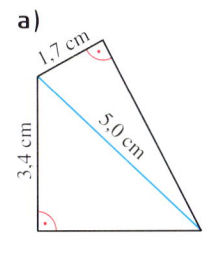

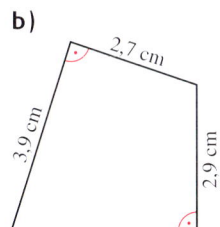

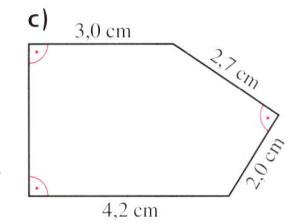

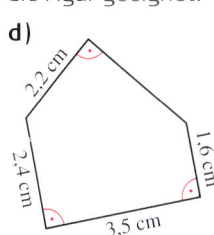

   a) 1,7 cm; 3,4 cm; 5,0 cm
   b) 2,7 cm; 3,9 cm; 2,9 cm
   c) 3,0 cm; 2,7 cm; 2,0 cm; 4,2 cm
   d) 2,2 cm; 1,6 cm; 2,4 cm; 3,5 cm

9. Berechne den Umfang und den Flächeninhalt der Grundstücke.

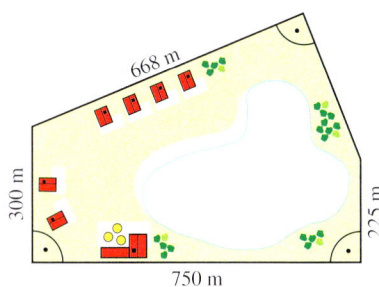

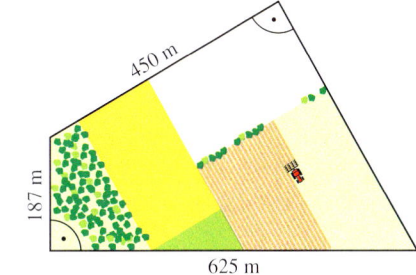

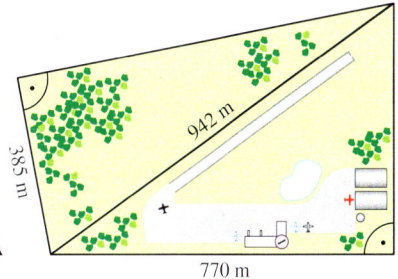

668 m; 300 m; 750 m; 225 m

450 m; 187 m; 625 m; 385 m

942 m; 770 m

VERMISCHTE UND KOMPLEXE ÜBUNGEN

1. Die Maße eines Satteldaches sind im Bild gegeben.
   Berechne die Länge der Dachsparren und der Stützpfosten sowie die Größe der Dachneigung.

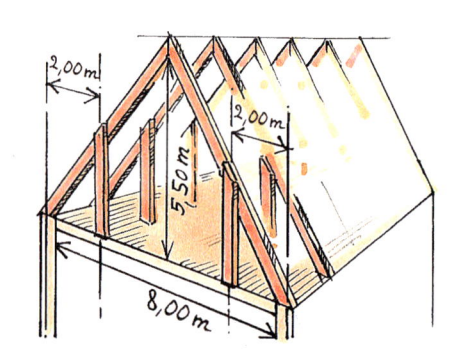

2. In der Mitte zwischen zwei gegenüberliegenden Masten einer Straße ist eine Straßenlaterne befestigt. Der Abstand der Masten beträgt 12 m. Das Befestigungsseil ist 12,10 m lang.
   Wie viel cm hängt das Seil in der Mitte durch?

3. An einer Straße wird ein 60 m langer Lärmschutzwall geplant, dessen Querschnittsfläche ein gleichschenkliges Trapez sein soll.

   a) Wie viel m³ Erde müssen aufgeschüttet werden?

   b) Beide Böschungen sollen bepflanzt werden. Das Bepflanzen kostet 36 € pro m².
      Berechne die Kosten.

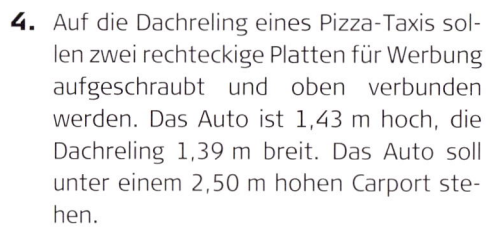

4. Auf die Dachreling eines Pizza-Taxis sollen zwei rechteckige Platten für Werbung aufgeschraubt und oben verbunden werden. Das Auto ist 1,43 m hoch, die Dachreling 1,39 m breit. Das Auto soll unter einem 2,50 m hohen Carport stehen.
   Wie breit dürfen die Platten höchstens sein?
   Nimm einen Sicherheitsabstand von 10 cm an.

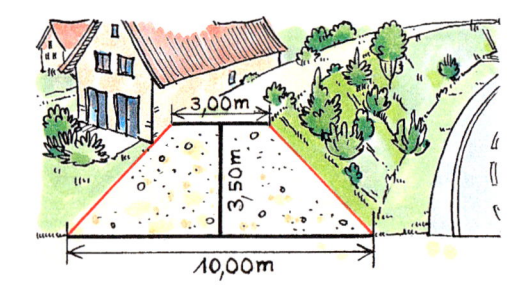

5. Auf einem Berg steht ein 10 m hoher Turm. Von einem Punkt im Tal aus sieht man den Fußpunkt des Turmes unter dem Winkel α = 44° und die Spitze des Turmes unter dem Winkel β = 45,5°.
   Wie hoch erhebt sich der Berg über die Talsohle?
   Fertige zunächst eine Skizze an.

Berechnungen an Dreiecken und Vielecken

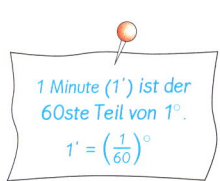

KAPITEL 2

1 Minute (1′) ist der 60ste Teil von 1°.
$1' = \left(\frac{1}{60}\right)°$

6. Die Sonne sieht man unter einem Winkel von 32′ (gelesen: 32 Minuten). Dies ist ein Winkel, der kleiner ist als 1°. Die Sonne ist $1{,}5 \cdot 10^8$ km von der Erde entfernt. Welchen Durchmesser besitzt die Sonne ungefähr? Welche Vereinfachung muss man zur Lösung der Aufgabe machen? Betrachte die Skizze rechts.

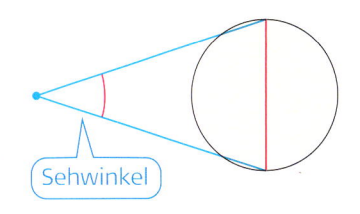

Sehwinkel

7.

a) In einem Fluss liegt eine Insel mit einem Turm T. Um die Entfernung des Turmes vom Ufer zu bestimmen, werden am Ufer eine 40 m lange Strecke $\overline{AB}$ abgesteckt und die beiden Winkelgrößen α und β gemessen:
α = 62°; β = 51°.
Berechne die Entfernung vom Punkt D aus.

b) Die beiden Neigungswinkel eines 10,50 m breiten Satteldaches betragen jeweils 38°.
 (1) Wie hoch ist der Dachraum?
 (2) Wie lang sind die Dachsparren, wenn sie 60 cm überstehen sollen?

8. Der Hersteller von Objektiven für Spiegelreflexkameras gibt zu den verschiedenen Objektiven die horizontalen Bildwinkel an. Ein 90 m breites Schloss soll fotografiert werden.
Welchen Abstand vom Gebäude muss man bei den verschiedenen Objektiven mindestens haben, um es vollständig auf das Bild zu bekommen?

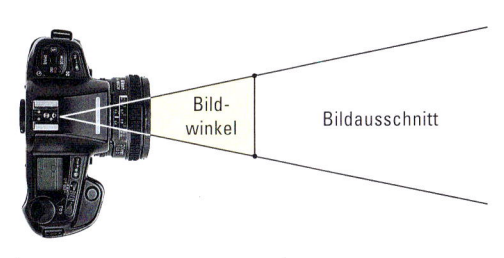

Bildwinkel   Bildausschnitt

Objektiv	Bildwinkel
50 mm (Normal)	47°
28 mm (Weitwinkel)	75°
135 mm (Tele)	18°

9. Vor der Insel Rügen kommt eine Fähre am Kap Arkona vorbei. Bei geradem Kurs wurde vom Punkt A aus der Leuchtturm C angepeilt und der Winkel α gemessen:
α = 46,3°
Nach einer Fahrstrecke |AB| = 14,6 sm wurde der Leuchtturm vom Punkt B aus erneut angepeilt und β gemessen:
β = 61,4°

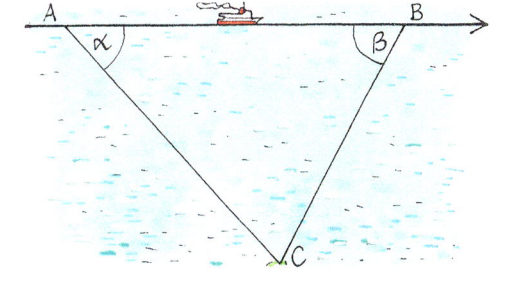

a) Gib die Länge der Fahrstrecke $\overline{AB}$ in Kilometern an. Eine Seemeile ist 1 852 m lang.
b) Berechne die Entfernung von A nach C in sm.
c) Auf der Fahrt von A nach B hatte das Schiff im Punkt D den kürzesten Abstand zu C. Berechne, wie weit das Schiff in D vom Leuchtturm C entfernt war.

Leuchttürme am Kap Arkona

10. Von einem 7 m hohen Beobachtungspunkt B (z. B. Fenster eines Hauses) sieht man die Spitze eines Turms unter dem Höhenwinkel α = 17° und den Fußpunkt unter dem Tiefenwinkel β = 10°. Welches ist die waagerechte Entfernung des Turmes vom Beobachtungspunkt? Wie hoch ist der Turm?

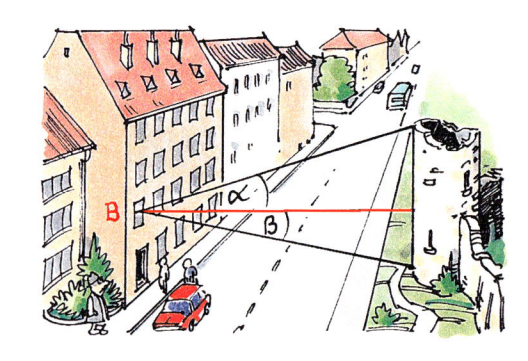

11. Ein Hubschrauber fliegt in 32 m Höhe. Vom Hubschrauber aus werden die Ufer eines Flusses angepeilt und die Tiefenwinkel α und β gemessen:
α = 25,5°; β = 60,7°.
Wie breit ist der Fluss?

12. Berechne den Umfang, den Flächeninhalt und die Innenwinkel des rotgefärbten Dreiecks.

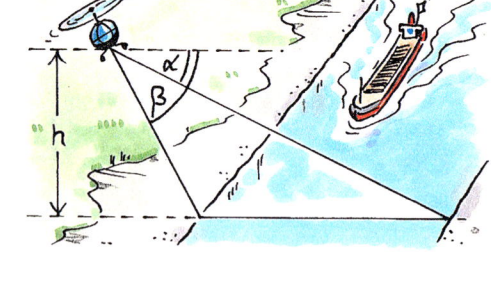

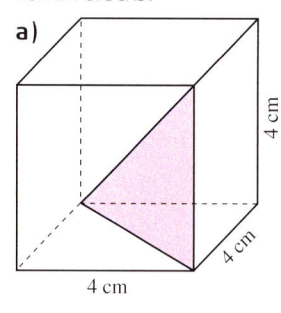

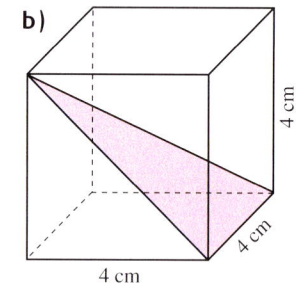

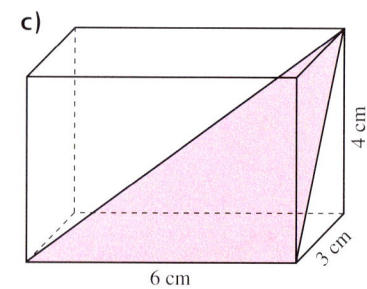

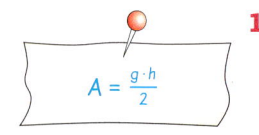

a) b) c)

$A = \dfrac{g \cdot h}{2}$

13. a) Das Bild zeigt ein Eckgrundstück mit den angegebenen Maßen. Bestimme die Größe des Grundstücks. Beschreibe dein Vorgehen.

b) Berechne den Flächeninhalt des Dreiecks ABC mit
(1) a = 7,1 cm; b = 6,3 cm; γ = 66°
(2) a = 12,3 cm; c = 8,9 cm; β = 53°

c) Laura findet in ihrer Formelsammlung die nebenstehenden Formeln für die Berechnung des Flächeninhalts eines Dreiecks, bei dem zwei Seitenlängen und die Größe des eingeschlossenen Winkels gegeben sind. Sie löst die Teilaufgabe b) mit diesen Formeln; führe das auch aus und vergleiche das Ergebnis mit deinen Lösungen zu Teilaufgabe b).

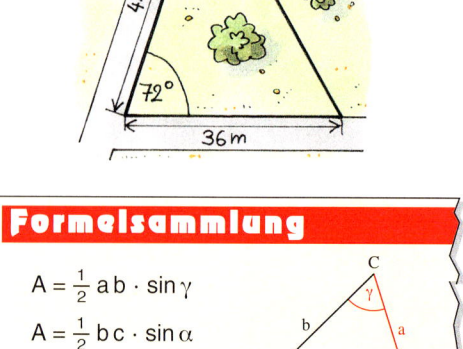

d) Versuche, eine der drei Formeln herzuleiten.

Formelsammlung

$A = \dfrac{1}{2} a b \cdot \sin \gamma$

$A = \dfrac{1}{2} b c \cdot \sin \alpha$

$A = \dfrac{1}{2} a c \cdot \sin \beta$

14. Ein dreieckiges Waldstück soll aufgeforstet werden. Die Kosten pro Hektar Mischwald betragen 6 800 €. Um die jungen Pflanzen vor Wildfraß zu schützen, wird die Fläche eingezäunt. Der laufende Meter Zaun kostet 25 €.
Um die gesamten Kosten zu ermitteln, wird die Fläche vermessen:
|AB| = 942 m; α = 57°; β = 39°.
Stelle selbst geeignete Fragen und berechne.

15. Die Fläche eines Baugeländes hat die Form eines Dreiecks (siehe Skizze).
  a) Fertige eine Zeichnung im Maßstab 1 : 20 000 an.
  b) 40% des Baugeländes sollen Grünanlage werden.
  Wie viel Hektar stehen dann für die Bebauung zur Verfügung?

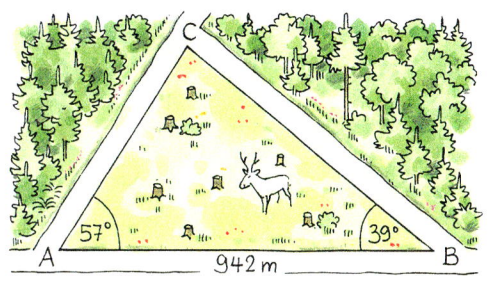

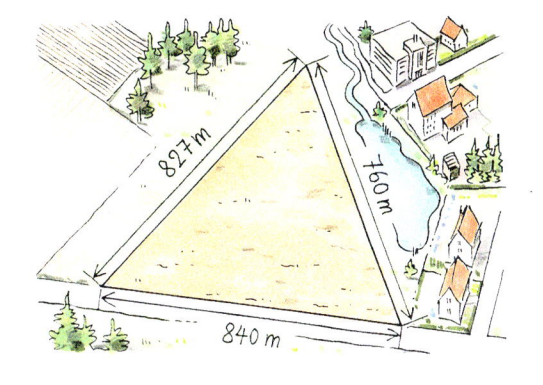

16. Von der Figur ABCDE sind gegeben:

|BC| = 9,8 cm
|DE| = 3,7 cm
|AE| = 8,8 cm
 α = 55,0°

Berechne den Flächeninhalt der Figur.

17. Die Maße der Grundfläche des Prismas sind der rechten Zeichnung zu entnehmen. Das Prisma hat eine Höhe von 8,0 cm.
  (1) Zeichne das Schrägbild des Prismas.
  (2) Zeichne die Strecke $\overline{AB}$ in das Schrägbild ein.
  Berechne die Länge der Strecke $\overline{AB}$.

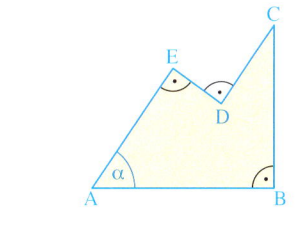

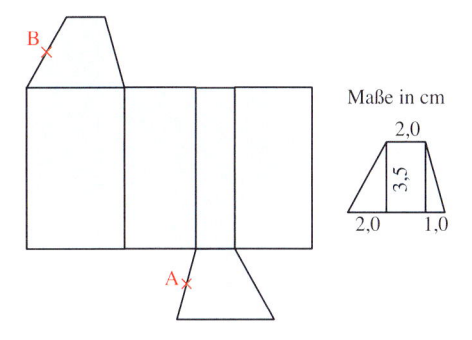

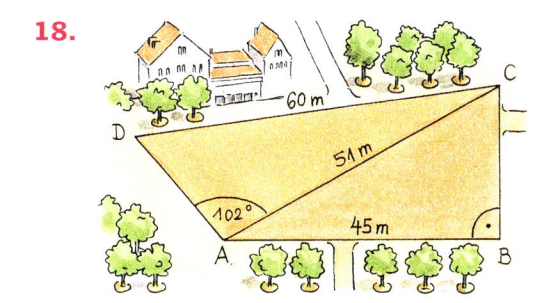

18. Ein Parkplatz soll vergrößert werden. Dazu wird die ursprüngliche Parkfläche (Dreieck ABC) zum Viereck ABCD erweitert.
Wie groß war die ursprüngliche Parkfläche?
Wie groß ist die Fläche des neuen Parkplatzes?
Um wie viel Prozent vergrößert sich durch den Ausbau die Parkkapazität?

19.

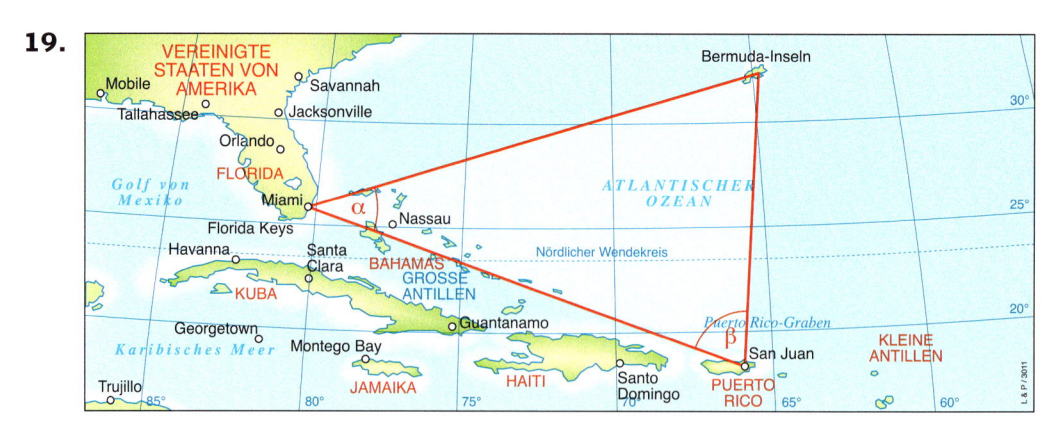

Das *Bermuda-Dreieck* erstreckt sich von Miami über San Juan (Puerto Rico) bis zu den Bermudas.
Maße: Miami – San Juan: 1 700 km; α = 54°; β = 62°

a) Zeichne das Dreieck maßstabsgerecht.
b) Berechne den Flächeninhalt des Bermuda-Dreiecks in km².
c) Im Bermuda-Dreieck ereignen sich häufig Schiffshavarien.
Wie weit ist es höchstens von den nächst liegenden Hafenstädten z. B. Puerto Rico oder Miami entfernt?

20. Berechne von den Stücken a, b, c, α, γ, e eines gleichschenkligen Trapezes ABCD die fehlenden Stücke.

a) a = 5,4 cm;   d = 3,1 cm;   β = 64,5°
b) c = 3,5 m;   d = 2,8 m;   γ = 125,7°
c) a = 6,1 km;   c = 2,9 km;   β = 68,8°

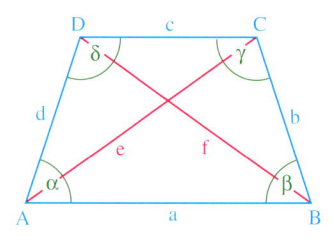

21. a) Wie weit ist D von $\overline{BC}$ entfernt? 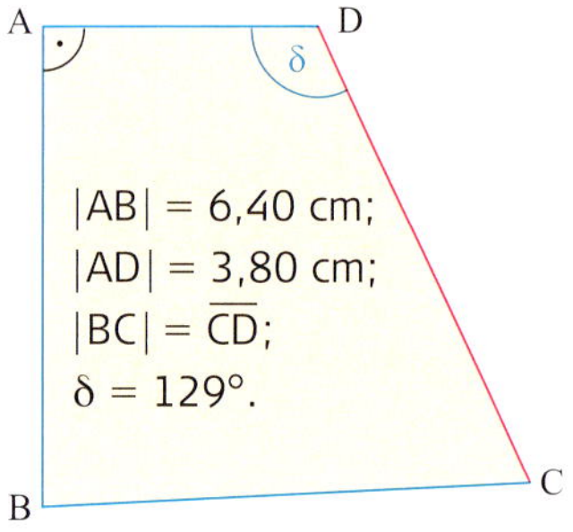 b) Berechne die Länge |CD|.

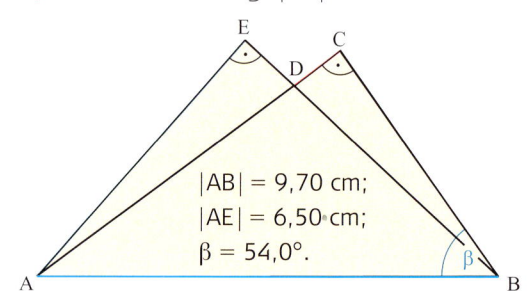

|AB| = 6,40 cm;
|AD| = 3,80 cm;
|BC| = $\overline{CD}$;
δ = 129°.

|AB| = 9,70 cm;
|AE| = 6,50 cm;
β = 54,0°.

22. Berechne den Flächeninhalt und den Umfang der farbigen Fläche.

a) 73 mm; 73 mm; Quadrat; 88 mm
b) 25 mm; 75 mm; 100 mm
c) 60 mm; 45 mm

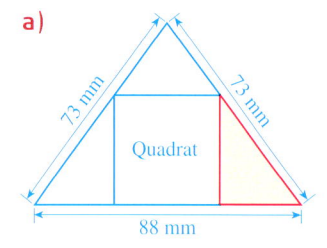

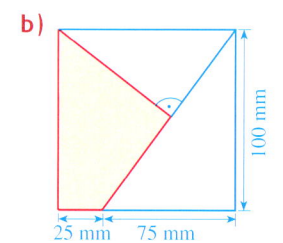

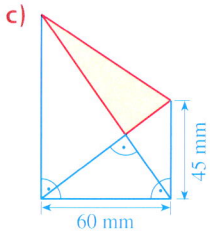

Berechnungen an Dreiecken und Vielecken

23. Die Grundkante des regelmäßigen Sechsecks beträgt a = 4,0 cm, die Körperhöhe des Prismas h = 7,6 cm.
  (1) Zeichne das Schrägbild des Prismas.
  (2) Zeichne die Strecke $\overline{AB}$ in das Schrägbild ein.

24. Ein regelmäßiges Fünfeck hat die Seitenlänge a = 4,5 cm.
  a) Zeichne das Fünfeck.
  b) Berechne den Flächeninhalt des Fünfecks auf zwei unterschiedlichen Wegen.
  c) Welche Kantenlänge hat ein regelmäßiges Fünfeck mit dem halben Flächeninhalt des gegebenen Fünfecks?

25. Einem Kreis mit Radius r werden regelmäßige Vielecke einbeschrieben. Berechne jeweils die Seitenlänge a der Vielecke.
  a) r = 5,80 cm, einbeschrieben ist ein regelmäßiges Fünfeck.
  b) r = 6,40 cm, einbeschrieben ist ein regelmäßiges Achteck.

26. a) Berechne die Höhen eines Parallelogramms aus a = 7,3 cm, b = 4,9 cm und α = 58,4° [α = 126°].
  b) Berechne den Flächeninhalt des Parallelogramms.
    (1) a = 4,8 cm   (2) a = 17,8 m
        b = 2,7 cm   b = 29,7 m
        α = 43,1°   α = 151,8°
  c) Es soll α der Winkel zwischen zwei Seiten eines Parallelogramms mit den Seitenlängen a und b sein.
     Begründe: Für den Flächeninhalt A des Parallelogramms gilt:
     A = a b · sin α

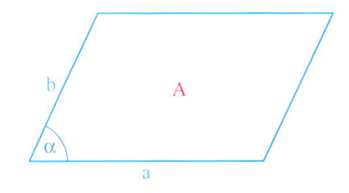

27. Gegeben ist der Würfel mit der Kantenlänge a = 6,6 cm. Der Winkel α beträgt 30,0°; der Winkel β beträgt 40,0°. Berechne die Länge des Streckenzugs $\overline{PQRS}$.

28. In einem Neubaugebiet ist die Verkabelung in Form eines Dreiecks PQR geplant.
  a) Es ist: |PQ| = 120 m; α = 60°; β = 50°.
     Wie lang ist der Kabelgraben insgesamt?
  b) Um wie viel Meter verlängert sich der Kabelgraben, wenn zusätzlich eine Querverbindung $\overline{PT}$ geschaffen wird?
  c) Überprüfe die Berechnung durch die maßstäbliche Konstruktion.

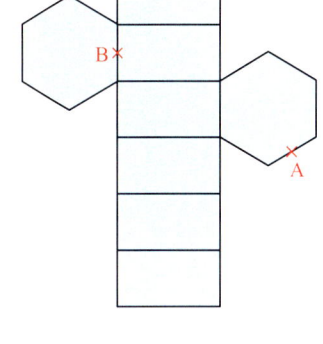

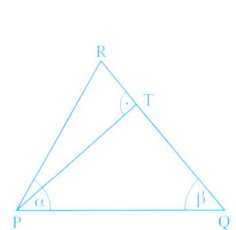

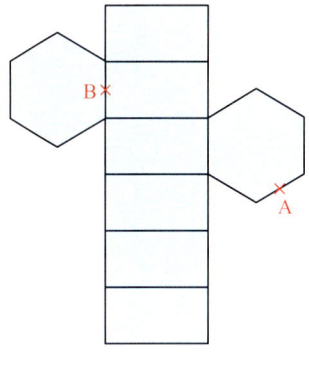

BIST DU FIT?

1. Berechne aus den gegebenen Stücken des Dreiecks ABC die übrigen.

a) a = 5 cm; b = 4 cm; γ = 67°
b) c = 9 cm; a = 6 cm; γ = 53,5°
c) a = 4,5 cm; β = 57,3°; γ = 43,8°
d) c = 5,3 km; α = 44,4°; β = 61,2°
e) b = 8,1 km; c = 5,3 km; α = 36,4°
f) c = 6,2 cm; a = 5,4 cm; γ = 129°
g) b = 8,4 cm; c = 5,9 cm; γ = 28,2°
△ h) a = 3,6 cm; b = 2,9 cm; c = 3,2 cm

2. Für den Bau einer Brücke über einen Fluss werden verschiedene Varianten besprochen.

a) Wie lang ist die Brückenvariante von A nach C?
b) Wie lang muss die Brücke mindestens sein?

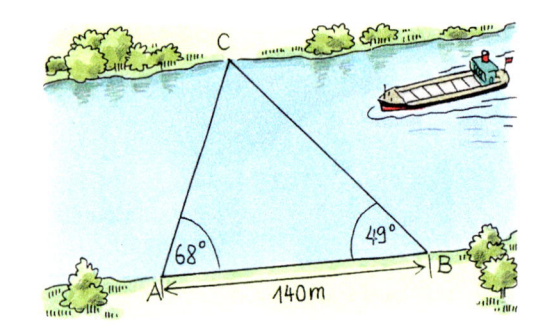

3. Ein Vermessungsteam hat die Länge einer unzugänglichen Strecke $\overline{AB}$ zu bestimmen. Dazu wurden nebenstehende Messwerte ermittelt.

a) Wie weit sind die Punkte A und B voneinander entfernt?
b) Stelle das Dreieck ABC in einem geeigneten Maßstab dar und gib diesen an.

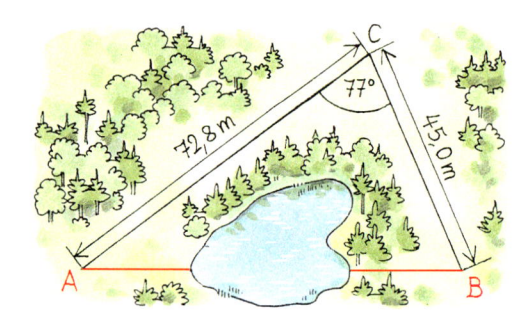

△ **4.** Bei den Arbeiten zur Verbreiterung der Autobahn A5 wurde es notwendig, das Feld der Familie Korn aufzukaufen.
Die kürzeste Seite des Feldes war mit einer Hecke begrenzt.
Für 1 m² Feld wurden Familie Korn 15 € Entschädigung gezahlt, für 1 m Hecke 2,50 €.
Wie viel Euro erhielt Familie Korn?

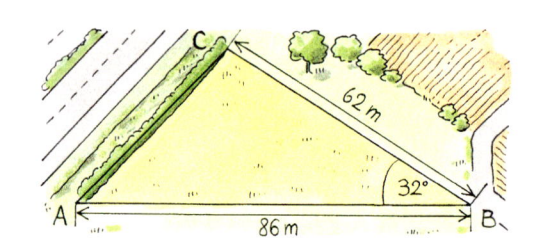

5. Der Böschungswinkel eines Deiches beträgt zur Seeseite 9°, zur Landseite 18°. Der Deich ist 9,50 m hoch, die Deichkrone 7,50 m breit.
Wie breit ist die Deichsohle?

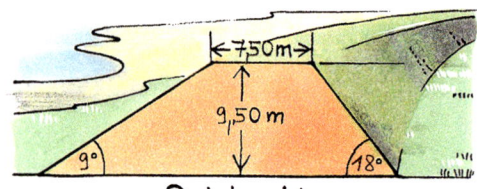

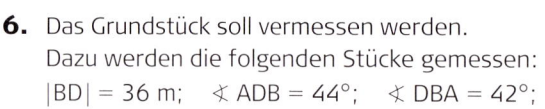

6. Das Grundstück soll vermessen werden. Dazu werden die folgenden Stücke gemessen:
|BD| = 36 m;   ∢ ADB = 44°;   ∢ DBA = 42°;   ∢ BDC = 69°;   ∢ CBD = 55°
Bestimme die Längen von $\overline{AB}$, $\overline{AD}$, $\overline{DC}$ und $\overline{BC}$.

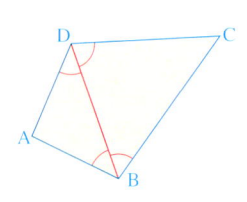

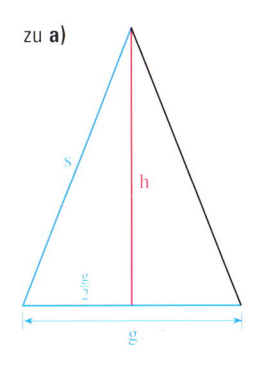

Berechnungen an Dreiecken und Vielecken

KAPITEL 2

7. a) Berechne die Höhe h des gleichschenkligen Dreiecks (Bild a)). Bestimme dann den Flächeninhalt.
  (1) g = 66 cm   (2) g = 72 cm
      s = 65 cm   s = 85 cm

b) Ein gleichseitiges Dreieck (Bild b)) hat die Seitenlänge a. Berechne die Höhe und den Flächeninhalt.
  (1) a = 6 cm   (3) a = 26 dm
  (2) a = 50 cm   (4) a = 61 mm

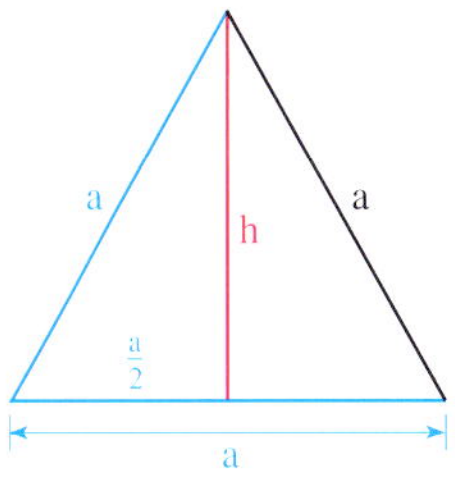

8. Gegeben ist ein gleichschenkliges Dreieck ABC mit $\overline{AB}$ als Basis.
Bestimme aus den gegebenen Stücken die übrigen. Berechne auch den Flächeninhalt.
  a) c = 17 cm; a = 14 cm   **c)** c = 23 m; α = 77°   **e)** a = 104,7 cm; α = 17°
  b) c = 150 m; γ = 126°   **d)** a = 67 m; γ = 55°   **f)** h_c = 25 m; α = 36°

9. a) Wie groß ist in der nebenstehenden Dachkonstruktion der Neigungswinkel α?

b) Berechne die Höhe des Dachraumes.

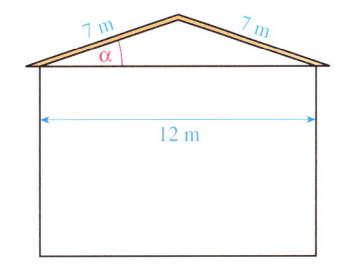

10. Die Sonnenhöhe beträgt 46°. Eine Säule wirft auf eine waagerechte Ebene einen 8,72 m langen Schatten. Wie hoch ist die Säule?

11. In der Nähe Innsbrucks fährt die Olympiabahn auf einer 2 105 km langen Strecke von Axamer Lizum (1 585 m ü. NN) zur Bergstation Hoadl (2 340 m ü. NN).

a) Vergleiche die tatsächlich zurückgelegte Strecke mit der Luftlinie.

b) Wie lang erscheint diese Strecke auf einer Landkarte mit dem Maßstab 1 : 75 000?

12. Ein Quader besitzt die Kantenlängen a = 8,5 cm; b = 4,2 cm; c = 5,9 cm. Wie groß ist der Winkel, den

a) eine Flächendiagonale mit den Kanten bildet;

b) eine Raumdiagonale mit den Kanten bildet;

c) eine Raum- mit einer Flächendiagonalen bildet;

d) zwei Raumdiagonalen miteinander bilden?

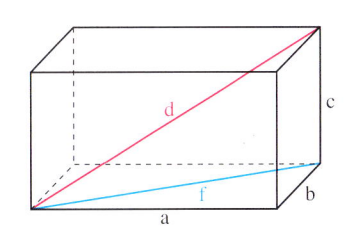

3 Pyramide – Kegel – Kugel

Als gestalterisches Element der Architektur findest du häufig Pyramiden, Kegel oder Kugeln.

Der pyramidenförmige Bau der Stadtbibliothek Ulm hat eine Grundfläche von 28 m × 28 m und eine Gesamthöhe von über 36 m. Herausragendes Merkmal des Gebäudes ist seine Oberfläche, die zu über 4 995 m² aus Glas besteht.

Stadtbibliothek Ulm

Blaue Kegel sind das Wahrzeichen der Kunst- und Ausstellungshalle der Bundesrepublik Deutschland in Bonn. Die kegelförmigen Lichttürme sind 25 m, 20 m und 16 m hoch und stehen auf dem Dachgarten, dessen 5 600 m² für Skulpturenausstellungen genutzt werden.

Kunst- und Ausstellungshalle Bonn

Der Vergnügungspark *Disney World* in Florida (USA) bietet in diesem kugelförmigen Gebäude eine Reise durch die Entstehungsgeschichte der Erde an. Die Kugel ist ungefähr 55 m hoch und die Ummantelung besteht aus 11 324 Dreiecken aus Aluminium und Plastik.

→ Suche nach Gebäuden oder Gebäudeteilen, die die Form einer Pyramide, eines Kegels oder einer Kugel haben.

→ Überlege, warum man diese Formen gewählt hat.

Epcot Center, Orlando, USA

In diesem Kapitel lernst du ...

... wie man das Volumen und den Oberflächeninhalt von Pyramide, Kegel und Kugel berechnen kann.

Pyramide – Kegel – Kugel   KAPITEL 3

PYRAMIDE UND KEGEL – DARSTELLUNG UND FLÄCHENBERECHNUNG
Pyramide – Schrägbild, Netz und Oberflächeninhalt

Einstieg

Der Louvre in Paris ist ein weltberühmtes Kunstmuseum. Als Haupteingang dient seit einigen Jahren eine 21,6 m hohe gläserne Pyramide mit quadratischer Grundfläche. Eine Seite der Grundfläche ist 35,4 m lang.

→ Stellt aus einem DIN-A-4 Blatt ein maßstabsgerechtes Modell der Pyramide her.
→ Wie groß ist die Glasfläche?
→ Präsentiert eure Ergebnisse.

Information

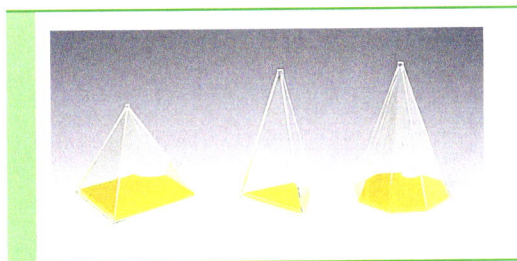

Die links abgebildeten Körper sind **Pyramiden**.
Die **Grundfläche** ist ein Vieleck, z. B. ein Dreieck, ein Viereck, ein Achteck.
Die **Mantelfläche** besteht aus *Dreiecken*.
Der Abstand der Spitze von der Grundfläche ist die **Höhe** der Pyramide.

Aufgabe

Grundkante: Seite der Grundfläche
Seitenkante: Kante, die zur Spitze führt

1. Der Turm der Kirche links hat ein pyramidenförmiges Dach mit quadratischer Grundfläche. Die Länge der Grundkante des Daches beträgt 9 m, die Höhe des Daches 6 m.

a) Zeichne ein Schrägbild der Pyramide.
b) Zeichne ein Netz der Pyramide.
c) Das Turmdach soll neu mit Biberschwanz-Ziegeln gedeckt werden. Für 1 m² Dachfläche werden 36 Ziegel benötigt.
Wie viele Dachziegeln müssen mindestens geliefert werden?
d) Die schrägen Kanten sollen mit First-Ziegeln gedeckt werden. Für eine 1 m lange Kante benötigt man 3 First-Ziegel. Wie viele First-Ziegel müssen bestellt werden?

Verzerrungswinkel $\alpha = 45°$
Verkürzungsfaktor $\frac{1}{2}$

Lösung

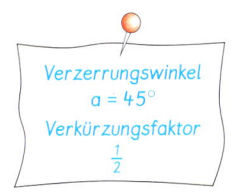

a) (1) Man beginnt mit der quadratischen Grundfläche. Für 9 m Grundkantenlänge wählen wir im Heft 9 cm (Maßstab 1:100).
Kanten, die rechtwinklig *nach hinten* verlaufen (Tiefenstrecken), werden unter einem Winkel von 45° und auf die Hälfte verkürzt gezeichnet. In der Zeichnung sind die Tiefenstrecken also 4,5 cm lang.
(2) Vom Mittelpunkt der Grundfläche aus zeichnet man die Höhe (6 cm) ein.
Dann verbindet man die Spitze der Pyramide mit den Eckpunkten der Grundfläche.

(3) Gegebenenfalls werden weitere Hilfslinien gezeichnet und die Spitze der Pyramide mit den Eckpunkten der Grundfläche verbunden.

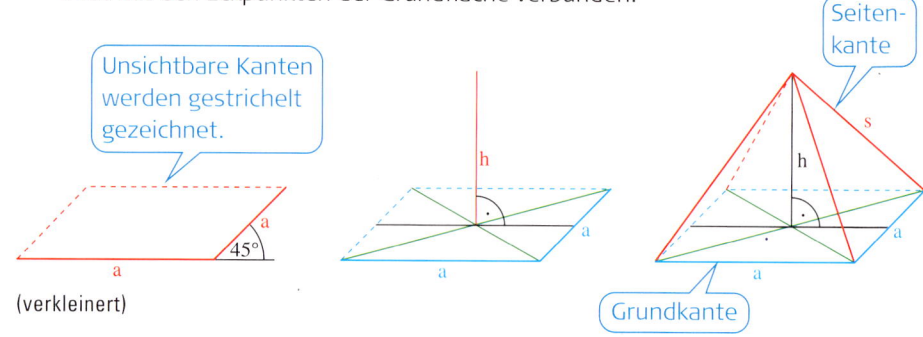

Unsichtbare Kanten werden gestrichelt gezeichnet.

Seitenkante

Grundkante

(verkleinert)

Unterscheide: Höhe der Seitenfläche h_s und Körperhöhe h

b) (1) Wir zeichnen die quadratische Grundfläche der Pyramide.
(2) Zum Zeichnen der vier Seitenflächen der Pyramide benötigen wir die Höhe h_s einer solchen Seitenfläche.
Dem Schrägbild entnehmen wir:

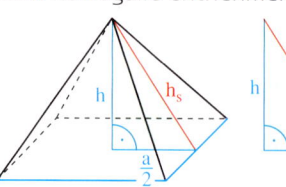

h_s berechnen wir mit dem Satz des Pythagoras:

$h_s^2 = h^2 + \left(\frac{a}{2}\right)^2 = (6\text{ m})^2 + \left(\frac{9\text{ m}}{2}\right)^2$

$h_s = 7{,}5$ m

In der Zeichnung ist h_s dann 3,8 cm lang.
(3) Wir zeichnen vom Mittelpunkt jeder Grundkante a die Höhe h_s ein. Den Endpunkt verbinden wir mit den Ecken des Quadrates.

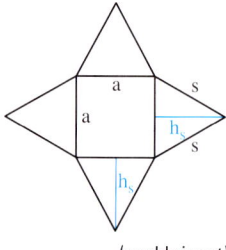

(verkleinert)

c) (1) *Berechnen der Dachfläche*

Die Dachfläche ist die Mantelfläche einer Pyramide.
Sie besteht aus vier zueinander kongruenten gleichschenkligen Dreiecken mit der Basis a = 9,00 m und der Höhe h_s = 7,5 m.
Für die Größe M der Mantelfläche gilt:

$M = 4 \cdot \frac{a \cdot h_s}{2}$

$M = 4 \cdot \frac{9{,}00\text{ m} \cdot 7{,}5\text{ m}}{2} = 135\text{ m}^2$

(2) *Berechnen der Anzahl der Dachziegel*

K = 135 · 36 = 4 860

Ergebnis: Für das Dach benötigt man mindestens 4 860 Dachziegel.

Die von der Spitze ausgehenden Kanten heißen Seitenkanten.

d) (1) *Berechnen der Länge der Seitenkanten*

Das Dach hat vier Kanten mit jeweils der Länge s.
Die rote ist die Hypotenuse in dem grün gefärbten Dreieck.
Nach dem Satz des Pythagoras gilt: 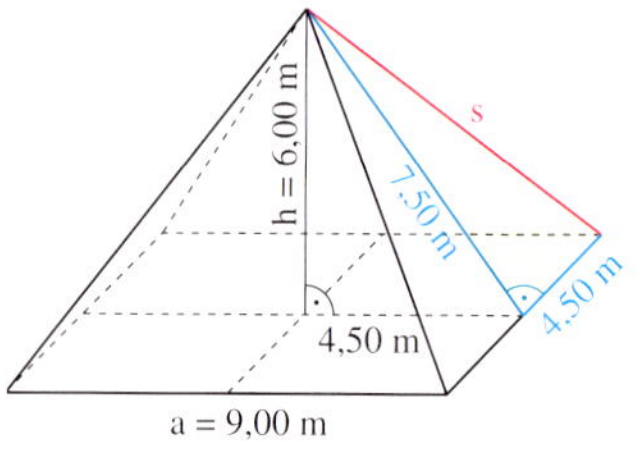
$s^2 = (4{,}50\text{ m})^2 + (7{,}50\text{ m})^2$
$s^2 = 20{,}25\text{ m}^2 + 56{,}25\text{ m}^2 = 76{,}50\text{ m}^2$
$s \approx 8{,}75$ m

Gesamtlänge der schrägen Kanten: 4 · s ≈ 4 · 8,75 m, also 4 · s ≈ 35 m

Ergebnis: Die vier schrägen Kanten sind insgesamt 35 m lang.

Pyramide – Kegel – Kugel   KAPITEL 3

(2) *Berechnen der Anzahl der First-Ziegel*

K = 35 · 3 = 105

Ergebnis: Es müssen mindestens 105 First-Ziegel bestellt werden.

Zum Festigen und Weiterarbeiten

2. Gegeben ist eine quadratische Pyramide mit der Grundkantenlänge a = 4 cm und der Körperhöhe h = 5 cm. Die Spitze S der Pyramide befindet sich senkrecht über dem Schnittpunkt der Diagonalen des Quadrats.

a) Zeichne ein Schrägbild der Pyramide.

b) Zeichne ein Netz der Pyramide.

c) Berechne den Oberflächeninhalt der Pyramide.

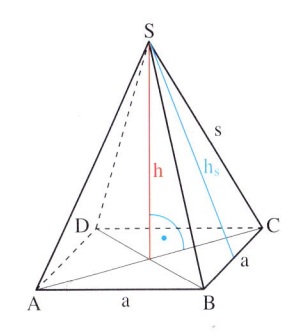

Statt Oberflächeninhalt und Mantelflächeninhalt sagt man auch Größe der Oberfläche bzw. Mantelfäche.

3. Gegeben ist eine quadratische Pyramide mit der Grundkantenlänge a = 12 cm und der Körperhöhe h = 15 cm.

Berechne die gesuchten Größen. Stelle zunächst eine Formel auf.

a) Seitenhöhe h_s

b) Länge s einer Seitenkante

c) Mantelflächeninhalt

d) Oberflächeninhalt

4. *Pyramide mit rechteckiger Grundfläche*

Gegeben ist eine Pyramide mit rechteckiger Grundfläche (a = 6,0 cm; b = 4,0 cm) und der Körperhöhe h = 5,0 cm.

a) Zeichne ein Schrägbild.

b) Zeichne ein Netz der Pyramide und berechne den Oberflächeninhalt.

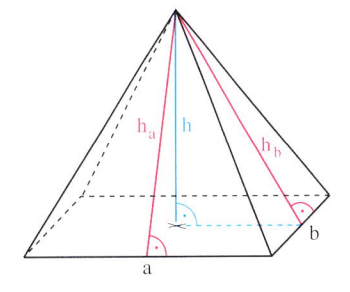

5. Niklas hat für verschiedene Pyramiden Netze gezeichnet. Überprüfe, ob er alles richtig gemacht hat. Begründe deine Entscheidung.

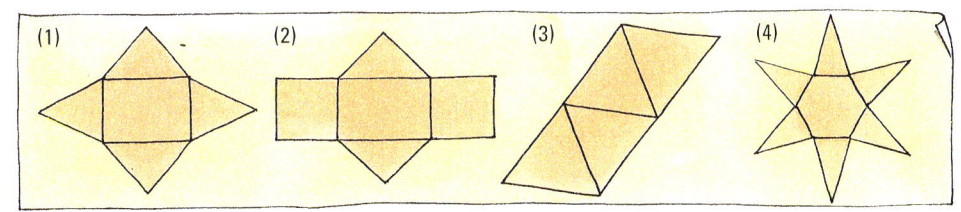

6. Gegeben sind ein Quader mit quadratischer Grundfläche (a = 6 m; h = 8 m) und eine Pyramide mit denselben Maßen. Johannes meint:

„Die Mantelfläche der Pyramide ist halb so groß wie die Mantelfläche des Quaders!"

Hat er recht? Begründe.

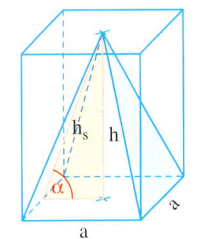

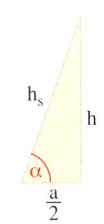

KAPITEL 3 — Pyramide – Kegel – Kugel

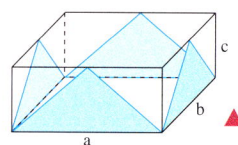

7. Carolin behauptet: „Wenn ich die blauen Dreiecke auf den Seitenflächen des Quaders ausschneide und nach innen klappe, erhalte ich eine Pyramide!" Ist dies richtig? Begründe.

▲ **8.** Wie sieht eine quadratische Pyramide mit a = 6 cm und h = 10 cm (1) von oben, (2) von vorne aus? Zeichne.

Information

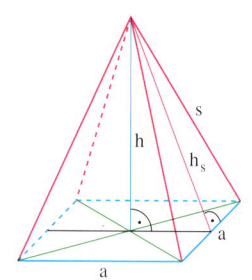

Für eine **quadratische Pyramide** mit der Länge a einer Grundkante und der Seitenhöhe h_s gilt:

(1) **Mantelflächeninhalt:** $M = 4 \cdot \dfrac{a \cdot h_s}{2} = 2 \cdot a \cdot h_s$

(2) **Oberflächeninhalt:** $O = a^2 + 2a \cdot h_s$

Allgemein gilt für eine **Pyramide** mit dem Grundflächeninhalt A_G und dem Mantelflächeninhalt M:

$O = A_G + M$

Übungen

9. Welche Figur ist kein Pyramidennetz? Begründe.

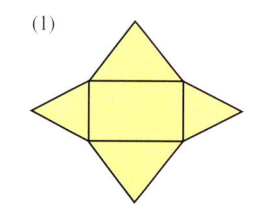

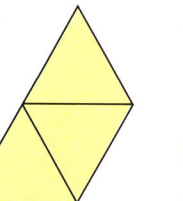

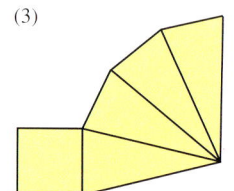

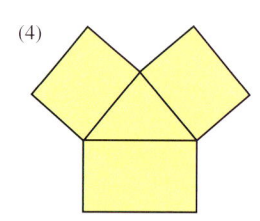

10. Zeichne in einem geeigneten Maßstab (1) das Schrägbild und (2) das Netz.
 a) quadratische Pyramide mit a = 4,8 m, h = 10,6 m.
 b) rechteckige Pyramide mit a = 6,4 m, b = 4,8 m und h = 3,5 m.

11. Der Dom St. Peter in Trier hat zwei quadratische Türme mit pyramidenförmiger Spitze, die mit Schiefer gedeckt sind. Die Länge der Grundkante des Westturmes (im Bild rechts) beträgt 12,5 m, die Höhe der Turmspitze 20 m.
Wie viel m² Schiefer (ohne Überdeckung und Verschnitt) wurden für das Dach des Westturms benötigt?

12. Berechne die fehlenden Größen einer quadratischen Pyramide. Runde sinnvoll – falls nötig.

	a	h	h_s	A_G	M	O
a)	7,4 m	12,30 m				
b)		15,3 cm	18,4 cm			
c)		$9\tfrac{3}{4}$ m		49 m²		
d)	9,4 cm					240 cm²
e)			7,6 dm		124,3 dm²	

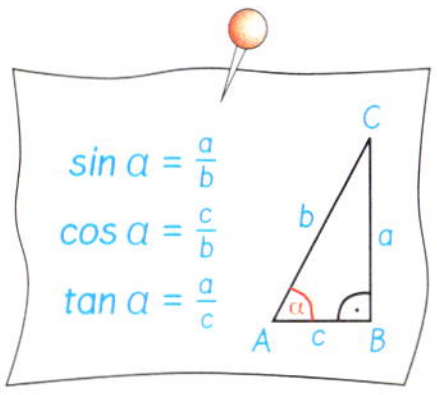

Pyramide – Kegel – Kugel

13. Eine quadratische Pyramide hat die Grundkantenlänge a = 12 cm und die Höhe h = 15 cm.

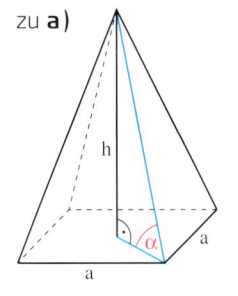

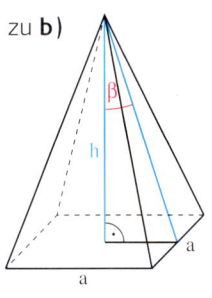

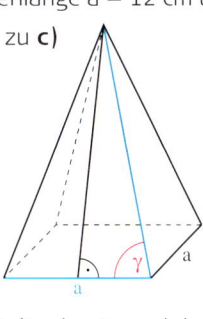

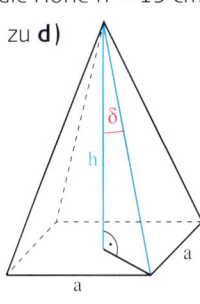

zu **a)**   zu **b)**   zu **c)**   zu **d)**

$\sin \alpha = \frac{a}{b}$
$\cos \alpha = \frac{c}{b}$
$\tan \alpha = \frac{a}{c}$

a) Wie groß ist der Winkel α zwischen einer Seitenkante und der Grundfläche?
b) Wie groß ist der Winkel β zwischen einer Seitenfläche und der Höhe?
c) Wie groß ist der Winkel γ zwischen einer Seitenkante und einer Grundkante?
d) Wie groß ist der Winkel δ zwischen der Höhe und einer Seitenkante?

14. a) Gegeben ist eine quadratische Pyramide mit der Länge a einer Grundkante und der Länge s einer Seitenkante.
Gib die Körperhöhe h der Pyramide in Abhängigkeit von a und s an.

b) Gegeben ist eine quadratische Pyramide mit der Länge a einer Grundkante und der Höhe h_s einer Seitenfläche.
Gib die Körperhöhe h in Abhängigkeit von a und h_s an.

15. Ein regelmäßiger *Tetraeder* ist eine Pyramide, die von vier zueinander kongruenten gleichseitigen Dreiecken begrenzt ist.

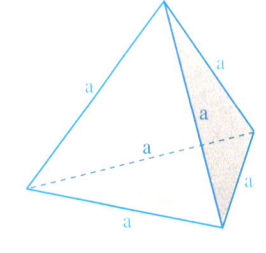

a) Berechne den Oberflächeninhalt eines Tetraeders mit der Kantenlänge a = 4 cm.
Stelle zunächst eine Formel auf.

b) Zeichne auch ein Schrägbild und ein Netz des Tetraeders.

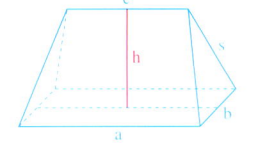

16. Von den fünf Größen a, b, c, s und h eines Walmdaches sind vier gegeben.

a) Berechne die fehlende Größe.

(1) a = 13 m   (2) a = 10,5 m
    b = 7 m   b = 6,1 m
    h = 8 m   c = 7,2 m
    c = 9 m   s = 5,2 m

b) Berechne die Dachfläche des Walmdaches.

17. Zeichne ein Netz der Pyramide rechts. Zeichne die roten Schnittlinien in das Netz ein.

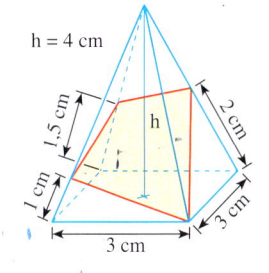

Kegel – Netz und Schrägbild – Oberflächeninhalt

Einstieg

Stellt aus Papier einen Kegel her.
Schneidet dazu Kreisausschnitte mit unterschiedlichen Winkeln aus.

→ Wie verändert sich die Form des Kegels, wenn man den Winkel α verkleinert beziehungsweise vergrößert?
Beschreibt eure Überlegungen.

→ Berechnet möglichst viele Stücke des Kegels.

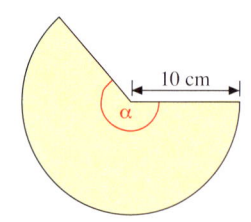

Information

Ein **Kegel** ist ein Körper, dessen **Grundfläche** eine Kreisfläche (*Grundkreis*) ist.
Die **Mantelfläche** eines Kegels ist gewölbt.
Der Abstand der Spitze von der Grundfläche ist die **Höhe** des Kegels.

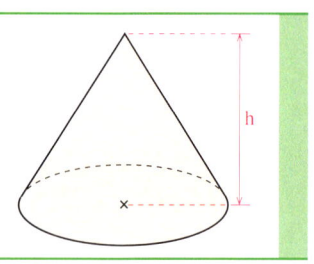

Aufgabe

1. Das kegelförmige Dach eines alten Wehrturmes soll erneuert werden. Der Radius r des Turmes beträgt 5,00 m, die Höhe des Daches beträgt 7,00 m.

a) Wie lang ist ein Dachbalken?

b) Wie kann man die Größe der Dachfläche berechnen? Entwickle eine Formel.

c) Berechne die Größe der Dachfläche.

Lösung

a) Die Länge |AS| eines Dachbalkens entspricht der Länge s einer Mantellinie des Kegels.
In dem grünen Stützdreieck ist die Mantellinie die Hypotenuse, der Radius und die Höhe der Pyramide die Katheten. Nach dem Satz des Pythagoras gilt für das grüne Dreieck:

$s^2 = r^2 + h^2$
$s^2 = (5{,}00 \text{ m})^2 + (7{,}00 \text{ m})^2 = 74{,}00 \text{ m}^2$
$s = \sqrt{74{,}00 \text{ m}^2} \approx 8{,}60 \text{ m}$

Ergebnis: Ein Dachbalken ist ungefähr 8,60 m lang.

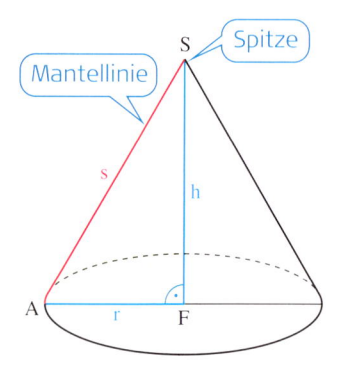

b) Die Dachfläche ist die Mantelfläche M eines Kegels.

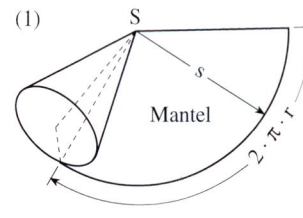

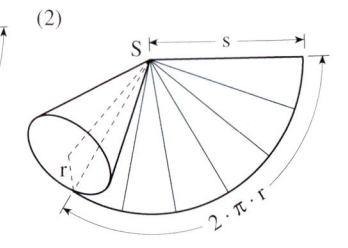

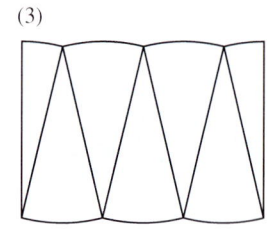

Strategie
Zurückführen auf bekannte Flächeninhalte

Pyramide – Kegel – Kugel

KAPITEL 3

Entnimm der Bildfolge (1) bis (4): Der Kegelmantel wird in die Ebene abgewickelt (Bild (1)) und in kleine Teile zerlegt (Bild (2)). Diese Teile werden zu einer neuen Figur zusammengesetzt (Bild (3)).
Je größer die Anzahl der Teile ist, desto mehr nähert sich die Figur einem Rechteck mit den Seitenlängen πr und s an (Bild 4)).
Der Flächeninhalt des Kegelmantels beträgt dann also
$M = \pi \cdot r \cdot s$.

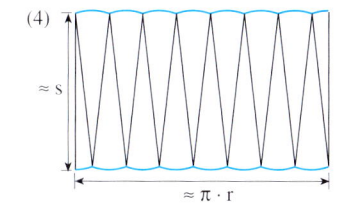

c) Für das Dach des Wehrturmes gilt damit:
$M = \pi \cdot r \cdot s$
$M \approx \pi \cdot 5{,}00 \text{ m} \cdot 8{,}60 \text{ m}$
$M \approx 135{,}09 \text{ m}^2$

Ergebnis: Die Dachfläche ist ungefähr 135 m² groß.

Aufgabe

2. Gegeben ist ein Kegel mit dem Radius r = 2,5 cm und der Körperhöhe h = 7 cm.
Zeichne ein Netz des Kegels.

Lösung

(1) Berechne die Länge s einer Mantellinie.

(2) Zeichne einen Kreis mit dem Radius s.

(3) Für die Größe α des Mittelpunktswinkels gilt:

$$\frac{\alpha}{360°} = \frac{\text{Bogenlänge } b_\alpha}{\text{Kreisumfang } u_k} = \frac{2\pi r}{2\pi s} = \frac{r}{s}, \text{ also}$$

$$\alpha = \frac{360° \cdot r}{s}$$

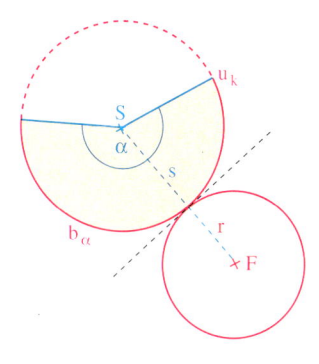

Information

Für einen **Kegel** mit dem Radius r, der Länge s einer Mantellinie, der Höhe h gilt:

(1) **Mantelflächeninhalt:** $M = \pi r s$

(2) **Oberflächeninhalt:** $O = \pi r^2 + \pi r s = \pi r \cdot (r + s)$

(3) **Größe des Mittelpunktswinkels α des Mantels:** $\alpha = \dfrac{360° \cdot r}{s}$

Zum Festigen und Weiterarbeiten

3. *Schrägbild* (Skizze)

a) Zeichne freihand ein Schrägbild eines Kegels.

b) Gegeben ist ein Kegel mit dem Radius r = 2,5 cm und der Körperhöhe h = 7 cm.
Zeichne ein Schrägbild des Kegels.

Anleitung:
(1) Zeichne zunächst den Durchmesser mit dem Mittelpunkt M und dann wie beim Zylinder ein Schrägbild des Grundkreises.
(2) Zeichne die Höhe h und verbinde die Spitze S mit den Endpunkten des Durchmessers.

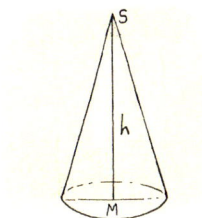

4. a) Berechne den Mantelflächeninhalt M des Kegels mit:
(1) r = 4 cm; s = 5 cm   (2) r = 27 m; h = 23 m   (3) r = 4,5 dm; h = 7,2 dm

b) Berechne den Oberflächeninhalt O des Kegels mit:
(1) r = 5 cm; s = 7 cm   (2) r = 6 dm; h = 6,5 dm   (3) r = 3,2 m; h = 5,4 m

c) Gegeben ist ein Kegel mit der Höhe h und der Länge der Mantellinie s. Gib eine Formel zur Berechnung des Radius r des Grundkreises an.

5. Bei einem Kegel ist die Mantellinie s = 12 cm lang. Der Mantelflächeninhalt ist viermal so groß wie der Grundflächeninhalt.

a) Berechne den Radius r der Grundfläche. Vergleiche mit der Länge s.

b) Berechne die Höhe h des Kegels.

Übungen

6. Ein Turm (r = 4,50 m) soll ein kegelförmiges Dach erhalten (h = 3,80 m).

a) Skizziere ein Schrägbild.   **c)** Berechne die Größe der Dachfläche.

b) Wie lang ist ein Dachbalken?

7. Berechne vom Kegel den Oberflächeninhalt sowie die Größe des Mittelpunktwinkels α des abgewickelten Mantels.

a) r = 25 cm   **b)** r = 46 cm   **c)** r = 4,75 m   **d)** d = 3,80 m   **e)** d = 326 mm
  h = 47 cm   h = 95 cm   h = 5,25 m   h = 4,25 m   h = 43,5 cm

8. Zeichne ein Netz des Kegels mit dem Radius r = 3 cm und der Höhe h = 6 cm.

9. Bei einem Kegel mit der Körperhöhe h = 12 cm hat die Mantellinie die Länge s = 13 cm. Berechne den Oberflächeninhalt des Kegels.

10. Bei einem Kegel sollen r der Radius, h die Körperhöhe, s die Länge einer Mantellinie sowie M der Mantelflächeninhalt und O der Oberflächeninhalt sein. Berechne aus den gegebenen Größen alle anderen. Stelle zunächst für die gesuchte Größe eine Formel auf.

a) r = 2,5 cm   **b)** r = 15 cm   **c)** s = 6,5 dm   **d)** s = 30 cm
  h = 6 cm   s = 3,9 dm   h = 25 cm   M = 300 cm²

11. Ein Kreisausschnitt mit dem Radius 4 cm soll zu einem Kegel zusammengebogen werden. Die Größe des Mittelpunktswinkels soll 180° [90°; 270°] sein.
Berechne den Oberflächeninhalt des Kegels.

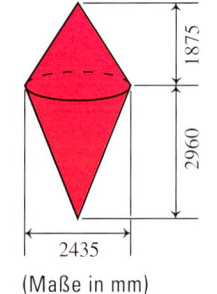

12. Zur Kennzeichnung von Gefahrenstellen im Wasser werden Spitztonnen aus Stahlblech verwendet. Wie viel m² Stahlblech werden zur Herstellung einer Spitztonne benötigt?

(Maße in mm)
1875
2960
2435

13. Auf einen runden Turm (Umfang: 25 m) wird ein kegelförmiges Dach gesetzt.
Die Länge s der Dachsparren beträgt 6,50 m.
Wie groß ist die Dachfläche?

14. Bei einem Kegel ist der Radius r halb so groß wie die Länge s einer Seitenlinie. Gib eine Formel zur Berechnung des Oberflächeninhalts an.

Pyramide – Kegel – Kugel

KAPITEL 3

15. Bei einem Kegel mit dem Radius r = 6 cm ist der Mantelflächeninhalt doppelt [dreimal] so groß wie die Größe der Grundfläche.
  a) Berechne die Länge s der Mantellinie und vergleiche sie mit dem Radius r.
  b) Berechne die Höhe h des Kegels.

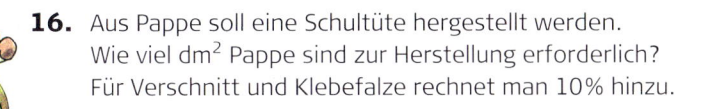

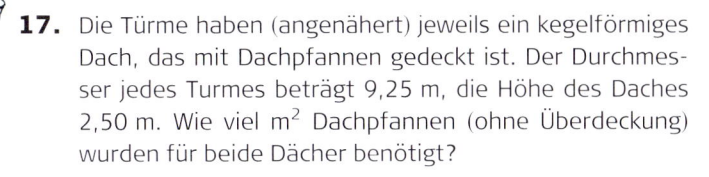

16. Aus Pappe soll eine Schultüte hergestellt werden.
Wie viel dm² Pappe sind zur Herstellung erforderlich?
Für Verschnitt und Klebefalze rechnet man 10% hinzu.

17. Die Türme haben (angenähert) jeweils ein kegelförmiges Dach, das mit Dachpfannen gedeckt ist. Der Durchmesser jedes Turmes beträgt 9,25 m, die Höhe des Daches 2,50 m. Wie viel m² Dachpfannen (ohne Überdeckung) wurden für beide Dächer benötigt?

18. Im Musical Dome in Köln strahlt ein Scheinwerfer, der senkrecht über der Bühne in einer Höhe von 8 m befestigt ist, einen Lichtkegel auf die Schauspieler. Der Lichtkegel hat einen Öffnungswinkel von 20°.
Wie groß ist die beleuchtete Bühnenfläche?
Fertige zunächst eine Skizze an.

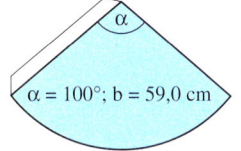

19. Aus einem Karton mit den angegebenen Maßen soll ein Zauberhut gebastelt werden.
  a) Wie hoch wird der Zauberhut werden?
  b) Welchen Durchmesser hat seine Öffnung?

20. Von einem Kegel ist bekannt:
  a) Der Radius r = 11,4 cm des Grundkreises und die Körperhöhe h = 30 cm.
    Wie lang ist eine Mantellinie s? Wie groß ist der Neigungswinkel β einer Mantellinie gegen die Grundfläche? Wie groß ist der Öffnungswinkel γ an der Spitze?
  b) Der Radius r = 7,4 cm des Grundkreises sowie α = 75°. Berechne s, h und γ.

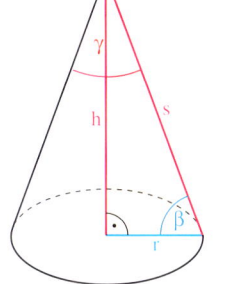

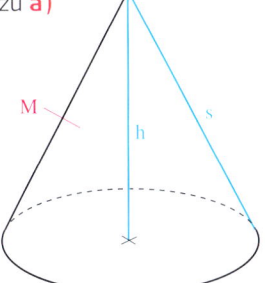

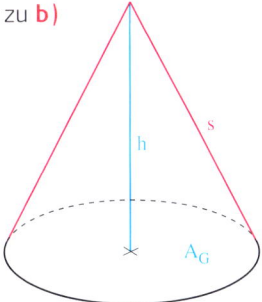

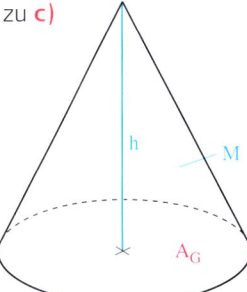

21.
  a) Gegeben ist ein Kegel mit der Höhe h und der Länge s einer Mantellinie.
    Gib den Mantelflächeninhalt M des Kegels in Abhängigkeit von h und s an.
  b) Gegeben ist ein Kegel mit dem Kreisflächeninhalt A_G und der Höhe h.
    Gib die Länge s einer Mantellinie in Abhängigkeit von h und A_G an.
  c) Gegeben ist ein Kegel mit dem Mantelflächeninhalt M und der Höhe h. Gib den Flächeninhalt A_G des Grundkreises in Abhängigkeit von M und h an.

VOLUMEN DER PYRAMIDE UND DES KEGELS

Einstieg

→ Welchen Zusammenhang gibt es zwischen Höhe und Kantenlänge der oben abgebildeten Pyramiden?
→ Stellt aus 6 gleichen quadratischen Pyramiden einen Würfel her.
→ Entwickelt eine Formel zur Berechnung des Volumens einer Pyramide in Abhängigkeit von der Größe A_G der Grundfläche und der Höhe h.

Zylinder und Kegel haben eine gleich große Grundfläche und dieselbe Höhe.

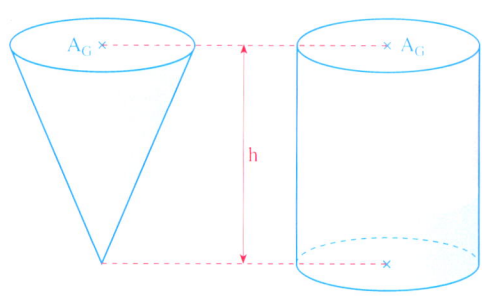

→ Stellt euch füllbare Modelle der beiden Körper her.
→ Wie oft kann man den Inhalt des Kegels in den Zylinder umfüllen?
→ Welche Vermutung kann man aus den Versuchen für eine Formel zur Berechnung des Volumens eines Kegels gewinnen?

Information

Für das **Volumen V einer Pyramide** mit dem Grundflächeninhalt A_G und der Höhe h gilt:

$V = \frac{1}{3} A_G \cdot h$ bzw. $V = \frac{A_G \cdot h}{3}$

Beispiel: rechteckige Grundfläche:
a = 3,0 cm, b = 4,0 cm
Körperhöhe: h = 3,5 cm
$V = \frac{1}{3} \cdot (3{,}0 \text{ cm} \cdot 4{,}0 \text{ cm}) \cdot 3{,}5 \text{ cm}$
$V = \frac{1}{3} \cdot 12{,}0 \text{ cm}^2 \cdot 3{,}5 \text{ cm} = 14{,}0 \text{ cm}^3$

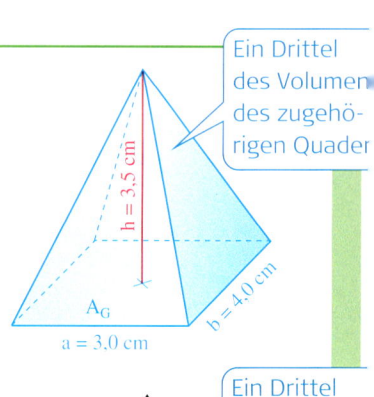

Ein Drittel des Volumens des zugehörigen Quaders

Für das **Volumen V eines Kegels** mit dem Grundflächeninhalt A_G und der Höhe h gilt:

$V = \frac{1}{3} A_G \cdot h$ bzw. $V = \frac{A_G \cdot h}{3}$

Insbesondere gilt mit dem Radius r des Grundkreises:

$V = \frac{1}{3} \pi r^2 \cdot h$ bzw. $V = \frac{\pi r^2 \cdot h}{3}$

Beispiel: r = 7 cm; h = 12 cm
$V = \frac{1}{3} \cdot \pi \cdot (7 \text{ cm})^2 \cdot 12 \text{ cm}$
$V = \pi \cdot 196 \text{ cm}^3 \approx 616 \text{ cm}^3$

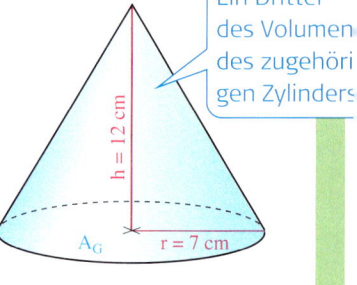

Ein Drittel des Volumens des zugehörigen Zylinders

Pyramide – Kegel – Kugel

KAPITEL 3

Zum Festigen und Weiterarbeiten

1. a) Berechne das Volumen der Pyramide.
   (1) Quadratische Grundfläche: a = 7,5 cm;   Körperhöhe: h = 6,4 cm
   (2) Rechteckige Grundfläche: a = 27 cm; b = 23 cm;   Körperhöhe: h = 39 cm

b) Stelle eine Formel auf, mit der man aus den gegebenen Größen das Volumen einer Pyramide berechnen kann.
   (1) Quadratische Grundfläche mit der Seitenlänge a; Körperhöhe h
   (2) Rechteckige Grundfläche mit den Seitenlängen a und b; Körperhöhe h

c) Löse die in Teilaufgabe b) aufgestellten Formeln nach jeder Variable auf.

2. *Berechnen von Höhe bzw. Kantenlänge (bei vorgegebenen Volumen)*

Leite zunächst aus $V = \frac{1}{3} A_G \cdot h$ eine Formel zur Berechnung der gesuchten Größe her.

a) Eine quadratische Pyramide hat ein Volumen von 25,1 cm³ und eine Körperhöhe von 6,7 cm. Wie lang ist die Grundkante der Pyramide?

b) Eine quadratische Pyramide hat eine Kantenlänge von 14,8 cm und ein Volumen von 453 cm³. Wie hoch ist die Pyramide?

c) Eine rechteckige Pyramide hat ein Volumen von 7 864,5 cm³ und eine Höhe von 3,21 cm. Die Grundkante a ist $1\frac{1}{2}$ mal länger als die Grundkante b.

3. Wie ändert sich das Volumen einer Pyramide, wenn
   a) die Größe der Grundfläche verdoppelt, verdreifacht, … wird;
   b) die Höhe verdoppelt, verdreifacht, … wird?

4. Berechne die Höhe und das Volumen eines *regelmäßigen Tetraeders* (siehe Aufgabe 15, Seite 89) mit der Kantenlänge a = 5 m.
Beachte Lösungshilfen im Bild.
Stelle zunächst eine Formel für das Volumen auf.

5. Berechne das Volumen des Kegels.

a) r = 3 cm h = 9 cm	**c)** r = 8,9 cm h = 4,3 cm	**e)** d = $3\frac{1}{2}$ m h = $4\frac{3}{4}$ m
b) r = 51 mm h = 12 cm	**d)** d = 8,4 dm h = 7,6 dm	**f)** d = 88 cm h = 3,15 m

Achte auf die Maßeinheiten.

6. Zeige: Für das Volumen eines Kegels gilt: $V = \frac{\pi d^2}{12} \cdot h$

7. *Berechnen von Höhe bzw. Radius (bei vorgegebenem Volumen)*
Leite zunächst aus $V = \frac{1}{3} A_G \cdot h$ eine Formel zur Berechnung der gesuchten Größe her.

a) Ein Kegel hat das Volumen V = 25,447 cm³ und den Radius r = 1,8 cm. Wie hoch ist der Kegel?

b) Ein Kegel hat das Volumen V = 207,844 cm³ und die Höhe h = 5,9 cm. Welchen Radius hat seine Grundfläche?

8. Wie ändert sich das Volumen eines Kegels, wenn man
   a) den Radius verdoppelt, verdreifacht, …;
   b) die Höhe verdoppelt, verdreifacht, …;
   c) den Radius und die Höhe verdoppelt, verdreifacht, …;
   d) den Radius verdoppelt und die Höhe halbiert?

Übungen

Pyramide

9. Die größte Pyramide ist die um 2600 v. Chr. erbaute Cheops-Pyramide. Sie war ursprünglich 146 m hoch, die Seitenlänge der quadratischen Grundfläche betrug ca. 233 m.

a) Berechne die ursprüngliche Größe der Grundfläche. Verwandle in ha.

b) Berechne das ursprüngliche Volumen der Cheops-Pyramide.

c) Heute beträgt die Länge der Grundseite nur noch ungefähr 227 m, die Höhe nur ungefähr 137 m.
Wie viel m³ Stein sind inzwischen verwittert?
Gib diesen Anteil auch in Prozent an.

10. Ein quadratischer Turm erhält ein pyramidenförmiges Dach mit der Grundkantenlänge a = 6,75 m und der Höhe h = 8,25 m.
Wie groß ist der Dachraum?
Zeichne ein Schrägbild des Daches. Wähle einen geeigneten Maßstab.

11. a) Eine quadratische Pyramide hat das Volumen 256 cm³ und die Grundkantenlänge 8 cm.
Wie hoch ist die Pyramide?

b) Eine quadratische Pyramide hat das Volumen 216 cm³ und die Höhe h = 8 cm.
Wie lang ist eine Grundkante der Pyramide?

c) Eine Rechteckpyramide hat das Volumen 384 cm³ und die Höhe h = 13 cm. Die Länge der Grundkante a verhält sich zur Länge der Grundkante b wie 3 : 2.
Berechne a und b.

12. Berechne das Volumen der Pyramide. Stelle zunächst eine Formel auf.
Entwickle ein Kalkulationstabellenblatt zur Berechnung des Volumens von Pyramiden mit regelmäßiger n-seitiger Grundfläche und führe Beispielrechnungen durch.

a) Quadratische Grundfläche: a = 6,75 m; Körperhöhe: h = 5,85 m
b) Gleichseitige dreieckige Grundfläche: a = 36 m; Körperhöhe: h = 32 m
c) Regelmäßige sechseckige Grundfläche: a = 3,5 dm; Körperhöhe: h = 3,5 dm
d) Regelmäßige siebenseitige Grundfläche: a = 6,84 cm; Körperhöhe: h = 4,9 cm
e) Regelmäßige achtseitige Pyramide: a = 4,7 dm; Seitenflächenhöhe: h_s = 9,4 dm
f) Regelmäßige elfseitige Pyramide: a = 47,3 mm; Körperhöhe: h = 5,8 cm

13. *Oktaeder*

Ein *Oktaeder* ist eine *Doppelpyramide*, deren 8 Seitenflächen gleichseitige Dreiecke sind.
Die Länge einer Seitenkante eines Oktaeders ist a = 8 cm.
Berechne das Volumen des Oktaeders.
Stelle für das Volumen zunächst eine Formel auf.
Anleitung: Zeichne zur Berechnung von h eine geeignete Schnittfläche.

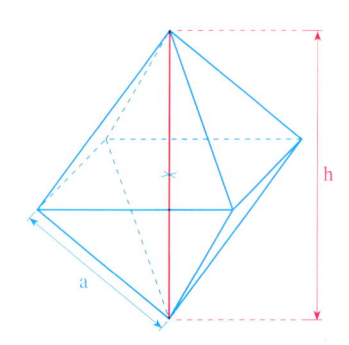

Pyramide – Kegel – Kugel

Kegel

14. Berechne das Volumen des Kegels.

    a) r = 4,9 cm   **b)** d = 7,68 m   **c)** d = 12,75 m   **d)** r = 342 mm   **e)** d = 627 mm
         h = 3,7 cm   h = 4,76 m   h = 13,45 m   s = 585 mm   s = 48,9 cm

15. Das kegelförmige Werkstück aus Stahl hat folgende Abmessungen:
Durchmesser d = 84 mm;
Länge einer Mantellinie s = 123 mm.
1 cm^3 des Stahls wiegt 7,8 g.
Wie viel wiegt das Werkstück?

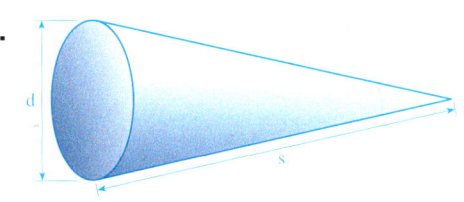

16. a) Ein Kegel hat das Volumen V = 261,8 cm^3 und den Radius r = 5 cm.
Wie hoch ist der Kegel?

    b) Ein Kegel hat das Volumen V = 339,3 cm^3 und die Höhe h = 9 cm.
Welchen Radius hat der Kegel?

    c) Ein Kegel hat das Volumen V = 804,248 cm^3. Seine Höhe verhält sich zum Radius wie 3 : 2.
Berechne h und r.

17. Zu wie viel Prozent ist das Sektglas ungefähr gefüllt, wenn der Sekt 6 cm [4 cm; 3 cm; 8 cm; 10 cm] hoch steht?
Äußere zunächst eine Vermutung.

18. Von einer Pyramide bzw. einem Kegel wird in halber Höhe das obere Stück abgeschnitten. Wie viel Prozent des Pyramidenvolumens bzw. des Kegelvolumens bleibt noch übrig?

Statt Masse sagt man im Alltag auch Gewicht.

19. Ein kegelförmig aufgeschütteter Sandberg ist 2,25 m hoch und hat den Durchmesser 3 m. Der Lkw, der den Sandberg abtransportieren soll, hat eine maximale Zuladung von 7,5 t (Dichte: $\varrho = 1,6 \frac{t}{m^3}$)?
Stelle selbst geeignete Fragen und beantworte diese.

20. Ein Zeichendreieck (Maße im Bild) rotiert
(1) um die kürzere Kathete;
(2) um die längere Kathete.

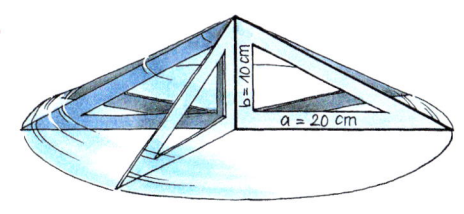

    a) Beschreibe die Körper, die bei der Rotation entstehen.

    b) Berechne die Volumina und vergleiche.

(b = 10 cm, a = 20 cm)

21. a) Entscheide, ob die Aussage wahr oder falsch ist. Begründe.
(1) Wird der Radius der Grundfläche verdoppelt und dafür die Mantellinie halbiert, so bleibt das Volumen gleich.
(2) Wird das Volumen eines Kegels verdoppelt, so wird auch die Höhe verdoppelt.
(3) Wird die Mantellinie eines Kegels um 10% verlängert und der Radius der Grundfläche bleibt unverändert, so nimmt das Volumen um 10% zu.

    b) Untersuche weitere Zusammenhänge.

VERMISCHTE ÜBUNGEN ZU PYRAMIDE UND KEGEL

1. Berechne das Volumen der Pyramide. Stelle zunächst eine Formel auf.
   a) Quadratische Grundfläche: $a = 37,5$ cm; Körperhöhe: $h = 42,5$ cm.
   b) Gleichseitige dreieckige Grundfläche: $a = 17,8$ cm; Körperhöhe: $h = 34,4$ cm.
   c) Regelmäßige sechseckige Grundfläche: $s = 8$ cm; Körperhöhe: $h = 12$ cm.

2. Berechne das Volumen und den Oberflächeninhalt des Kegels.
   a) $r = 15$ cm $h = 35$ cm
   b) $r = 27$ cm $h = 29$ cm
   c) $r = 17,4$ dm $h = 29,3$ dm
   d) $r = 27,75$ m $h = 54,35$ m
   e) $d = 348$ mm $h = 52,4$ cm

Brutto-Rauminhalt ≈ Volumen des Hauses einschließlich der Außenmauern

3. Der Pavillon mit quadratischer Grundfläche hat die Außenmaße $a = 6,5$ m, $h = 7,5$ m.
   Berechne den Brutto-Rauminhalt.

4. Bei einem Kegel ist r der Radius, h die Höhe, s die Länge einer Mantellinie, V das Volumen und O der Oberflächeninhalt. Berechne aus den angegebenen Größen alle anderen.
   a) $r = 8,5$ cm $V = 2\ l$
   b) $r = 0,45$ m $s = 117$ cm
   c) $h = 84$ cm $s = 9,1$ dm
   d) $h = 34$ cm $V = 1\,580$ ml

5. Bei einer quadratischen Pyramide ist a die Kantenlänge der Grundfläche, h die Körperhöhe, h_s die Höhe einer Seitenfläche, O der Oberflächeninhalt und V das Volumen. Berechne aus den gegebenen Größen alle anderen. Fertige zunächst eine Skizze an.
   a) $a = 14,3$ cm $h = 17,4$ cm
   b) $a = 7,3$ cm $h_s = 9,2$ cm
   c) $a = 15,5$ cm $V = 973,44$ cm³

6. Bei einem Kegel sollen Durchmesser der Grundfläche und Höhe des Kegels übereinstimmen. Berechne den Oberflächeninhalt und das Volumen des Kegels.

7. Berechne das Volumen und den Oberflächeninhalt eines Tetraeders, dessen Kanten
   a) 6 cm, b) 15 cm lang sind.

8. Das Dach eines Ausstellungspavillons hat die Form einer regelmäßigen sechseckigen Pyramide mit der Höhe $h = 5,75$ m und der Grundkantenlänge $a = 6,15$ m.
   Berechne den Dachraum.
   Stelle zunächst eine Formel auf.

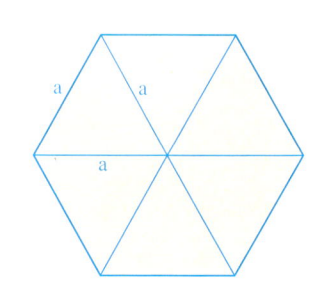

9. Die Schnittfläche eines Kegels mit einer Symmetrieebene (*Axialschnitt*) ist ein gleichseitiges Dreieck mit der Seitenlänge a.
   Berechne das Volumen V und den Oberflächeninhalt O in Abhängigkeit von a und als Vielfaches von π.

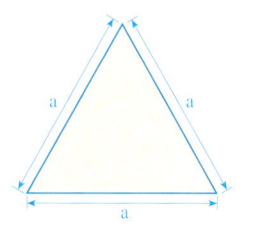

Pyramide – Kegel – Kugel

10. Ein Kegel ist einem Würfel mit der Kantenlänge a wie im Bild einbeschrieben.
 a) Berechne in Abhängigkeit von der Kantenlänge a das Volumen V und den Oberflächeninhalt des Kegels.
 b) Wie viel Prozent vom Würfelvolumen beträgt das Kegelvolumen?

11. Ein regelmäßiges Achteck ist die Grundfläche einer Pyramide. Der Umkreisradius des Achtecks ist r, die Körperhöhe der Pyramide h.
Zeige ohne Verwendung gerundeter Werte, dass für das Volumen der Pyramide die Formel $V = \frac{4}{3}\sqrt{2} \cdot r^3$ gilt.

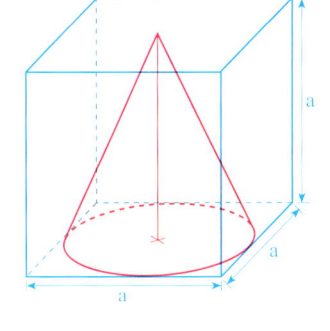

12. a) Berechne die Größe des Winkels α.
 b) Berechne das Volumen und der Oberflächeninhalt der quadratischen Pyramide.

13. Zeichne einen Kreis mit dem Radius 6,0 cm und zeichne einen Radius ein. Schneide den Kreis aus und schneide ihn entlang des Radius bis zur Mitte ein. Du kannst nun Kegelmäntel unterschiedlicher Form bilden.

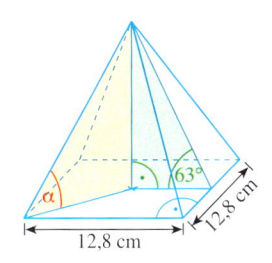

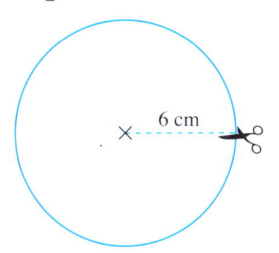

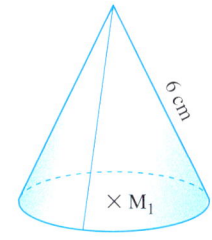

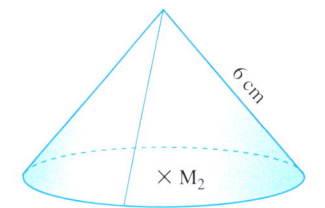

 a) Fixiere den Mantel mit einer Büroklammer, der deiner Meinung nach zum Kegel mit dem größten Volumen gehört.
 b) Überprüfe mithilfe eines Tabellenkalkulationsprogramms, in dem du die Kegelradien bei 1,0 cm beginnend in 1-cm-Schritten wachsen lässt.
 c) Verfeinere das Ergebnis im „interessanten Bereich" – Zehntel-Schritte, Hundertstel-Schritte.

14. Eine Biogasanlage besteht u.a. aus den abgebildeten kreisrunden Fermentern, in denen der Gärprozess stattfindet. Sie werden jeweils oben mit Folie abgedichtet.
Wie viel m² Folie ist insgesamt etwa für diese Biogasanlage erforderlich gewesen?

Pyramide – Kegel – Kugel

15. Der Kegel in Berlin ist der höchste Kletterturm der Bundeshauptstadt. Der Turm hat einen Umfang von 44 m. Der untere zylindrische Teil ist 10,70 m und der obere Kegel 8 m hoch.

  a) Wie viel m² Kletterfläche stehen ungefähr zur Verfügung?

  b) Welche Neigung hat das kegelförmige Dach?

16. In verschiedene Werkstücke werden kegelförmige Hohlräume gefräst. Dem Schrägbild kann man die Art der Bohrung und die Maße (in mm) entnehmen.
Skizziere einen *Axialschnitt* des Gesamtkörpers wie im Beispiel rechts zu Teilaufgabe a).
Berechne das Volumen des Restkörpers.

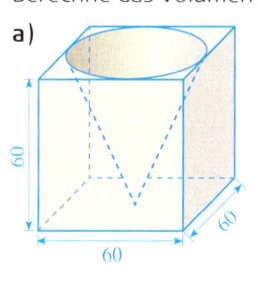

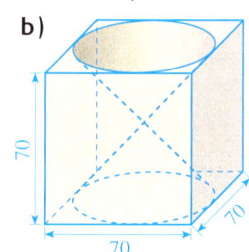

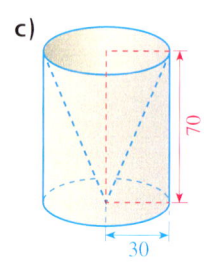

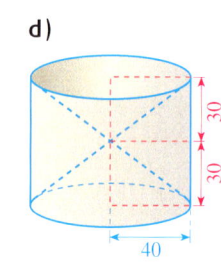

a) 60, 60, 60

b) 70, 70, 70

c) 70, 30

d) 40, 30, 30

17. a) Wie viel m² Blech wurden zur Herstellung eines der abgebildeten Doppelkegel benötigt? Schätze ab.

  b) Vergleiche die Fläche eines Kegelmantels mit der darunter liegenden (inneren) Kreisfläche.

  c) Unter welcher Bedingung sind die Fläche eines Kegelmantels und die darunter liegende (innere) Kreisfläche gleich groß?

18. Gegeben ist eine quadratische Pyramide.

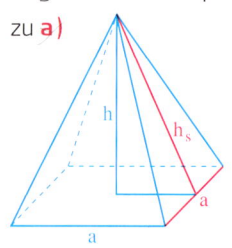

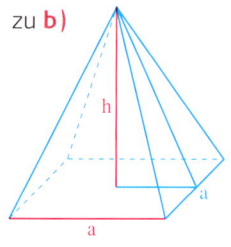

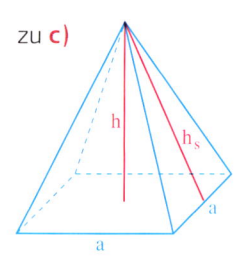

zu **a)**   zu **b)**   zu **c)**

  a) Gegeben ist $a = 6\,e$ und $h_s = 5\,e$. Gib das Volumen V ohne Verwendung gerundeter Werte in Abhängigkeit von e an.

  b) Gegeben ist $a = 2\,e$ und $h = 6\,e$. Gib den Oberflächeninhalt O in Abhängigkeit von e an.

  c) Gegeben ist $h = 3\,e$ und $h_s = 4\,e$. Gib das Volumen V in Abhängigkeit von e an.

Pyramide – Kegel – Kugel

KAPITEL 3

KUGEL – VOLUMEN UND OBERFLÄCHENINHALT
Volumen der Kugel

Einstieg

Im Bild siehst du einen zylinderförmigen Behälter und eine Schale in Form einer Halbkugel. Beide besitzen den gleichen Radius r. Der Zylinder ist doppelt so hoch wie die Schale, d. h. seine Höhe ist genau der Durchmesser der Halbkugel.

→ Schätze, wie oft man den Inhalt der halbkugelförmigen Schale in den zylinderförmigen Behälter füllen kann.

→ Nikolai vermutet, dass man den Inhalt der halbkugelförmigen Schale genau dreimal in den Zylinder füllen kann.
Welche Formel kannst du aus Nikolais Vermutung zur Berechnung des Volumens einer Kugel ableiten?

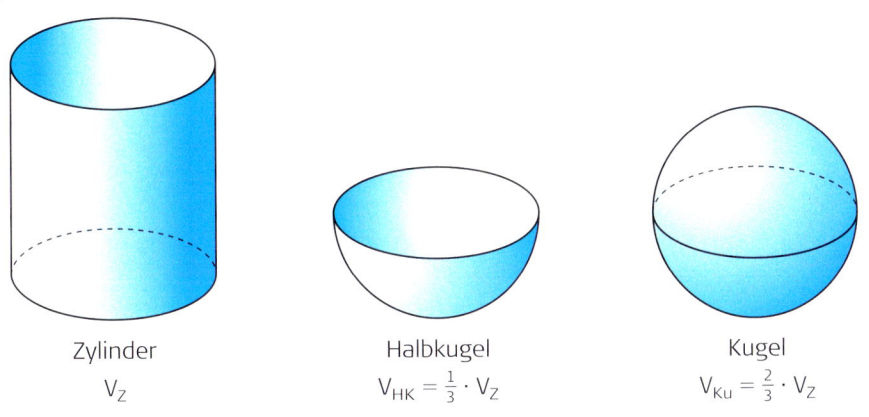

Zylinder
V_Z

Halbkugel
$V_{HK} = \frac{1}{3} \cdot V_Z$

Kugel
$V_{Ku} = \frac{2}{3} \cdot V_Z$

Information

Für das **Volumen V einer Kugel** mit dem Kugelradius r gilt:

$V = \frac{4}{3} \pi r^3$

Beispiel: r = 5 cm
$V = \frac{4}{3} \pi r^3$
$V = \frac{4}{3} \cdot \pi \cdot (5 \text{ cm})^3$
$V \approx 524 \text{ cm}^3$

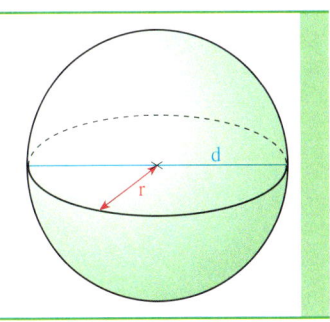

Zum Festigen und Weiterarbeiten

1. a) In der Technik wird häufig mit dem Durchmesser d gerechnet. Gib eine Formel für das Volumen der Kugel bei gegebenem Durchmesser d an.

b) Wie groß ist das Volumen einer Kugel mit dem Durchmesser 1 m?

2. a) Berechne das Volumen der Kugel.
   (1) r = 38 mm   (3) r = 7,8 cm   (5) d = 12,5 dm
   (2) r = 12,75 m   (4) d = 27 cm   (6) d = 19 mm

   b) Für ein Kugellager werden Stahlkugeln mit 12 mm Durchmesser benötigt. 1 cm³ des Stahls wiegt 7,9 g.
   Wie viel wiegt eine Kugel?

3. *Berechnen des Radius (bei gegebenem Volumen)*

   a) Das Volumen einer Kugel beträgt 904,78 cm³. Wie groß ist der Radius?

   b) Löse die Formel $V = \frac{4}{3}\pi r^3$ nach der Variablen r auf.

$$V = 250 \text{ cm}^3$$
$$V = \frac{4}{3}\pi r^3$$
$$250 \text{ cm}^3 = \frac{4}{3}\pi r^3$$
$$r^3 = \frac{3 \cdot 250 \text{ cm}^3}{4\pi}$$
$$r = \sqrt[3]{\frac{3 \cdot 250 \text{ cm}^3}{4\pi}}$$
$$r \approx 3,9 \text{ cm}$$

4. Wie verändert sich das Volumen einer Kugel, wenn man
   (1) den Radius,
   (2) den Durchmesser
   verdoppelt, verdreifacht ... ?

▲ **5.** *Sinnvolle Genauigkeit*

   Der Radius einer Kugel ist in einer Technikzeitschrift mit 236 mm ± 0,5 mm angegeben.

   a) Berechne den möglichen Höchstwert und den möglichen Mindestwert für das Volumen der Kugel.

   b) Berechne das Volumen einer Kugel mit dem Radius r = 236 mm.
   Vergleiche mit den Ergebnissen in Teilaufgabe a). Runde dann sinnvoll.

Übungen

6. Die abgebildeten Körper sind annäherungsweise Kugeln.
   Berechne das Volumen der Kugel.

   d = 22 cm   d = 34 m   d = 12 700 km

1 dm³ = 1 l

7. Berechne das Volumen der Kugel. Gib das Volumen auch in *l* an.
   a) r = 5,5 cm   **c)** d = 68 m   **e)** r = 2,75 m   **g)** r = 536 mm   **i)** d = 1,35 m
   b) r = 47 mm   **d)** d = 1,47 m   **f)** r = 25,7 dm   **h)** d = 33 mm   **j)** r = 7,26 m

8. a) Wie groß ist das Volumen einer Kugel mit dem Radius 1 m?

   b) Wie groß ist das Volumen einer Kugel mit dem Durchmesser 1 m?

   c) Wie groß ist das Volumen einer Kugel mit dem Umfang 1 m?

   d) Wie groß ist das Volumen einer Kugel, deren Querschnitt durch den Mittelpunkt (Großkreis) den Flächeninhalt 1 m² hat?

   e) Wie groß ist der Radius einer Kugel mit dem Volumen 1 m³?

Pyramide – Kegel – Kugel

KAPITEL 3

9. Auf dem Foto siehst du einen Brunnen, in dessen Mitte sich eine Kugel aus Granit befindet. Die Kugel hat einen Durchmesser von 1,20 m.
1 cm³ Granit wiegt 2,8 g.
Wie viel wiegt die Kugel?

Stoff	Dichte
Aluminium	2,7 $\frac{g}{cm^3}$
Granit	2,8 $\frac{g}{cm^3}$
Gusseisen	7,4 $\frac{g}{cm^3}$
Silber	10,5 $\frac{g}{cm^3}$
Stahl	7,8 $\frac{g}{cm^3}$
Zinn	7,3 $\frac{g}{cm^3}$
Gold	19,3 $\frac{g}{cm^3}$
Kupfer	8,96 $\frac{g}{cm^3}$

10. Drei gleich große Metallkugeln haben den Durchmesser d = 4,5 cm, aber unterschiedliche Massen.
Kugel 1: $m_1 \approx 350$ g
Kugel 2: $m_2 \approx 500$ g
Kugel 3: $m_3 \approx 130$ g
Aus welchen Metallen könnten die Kugeln bestehen? Verwende die Dichtetabelle links.

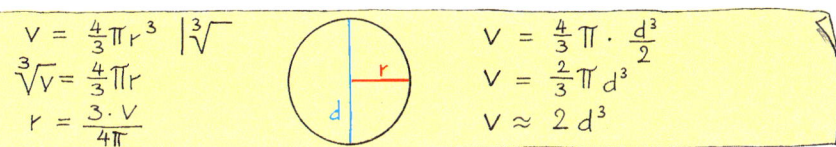

11. „Hans im Glück" bekam für treue Dienste einen Goldklumpen, der etwa so groß wie sein Kopf war. Nimm an, der Klumpen hätte die Form einer Kugel.
Welche Masse hatte Hans etwa an der Goldkugel zu tragen?

12. Kontrolliere Leonards Hausaufgaben.

$V = \frac{4}{3}\pi r^3 \quad | \sqrt[3]{}$
$\sqrt[3]{V} = \frac{4}{3}\pi r$
$r = \frac{3 \cdot V}{4\pi}$

$V = \frac{4}{3}\pi \cdot \frac{d^3}{2}$
$V = \frac{2}{3}\pi d^3$
$V \approx 2 d^3$

13. Um wie viel Prozent nimmt die Masse einer Kugel (r = 3,5 cm) ab, wenn sie statt aus Kupfer aus Stahl hergestellt wird? Wähle auch andere Radien.

14. In der Nähe von Göttingen diente die abgebildete Stahlkugel Ludger Mintrop ab 1908 zur Erzeugung künstlicher Erdbeben. Er ließ sie von einem 14 m hohen Gerüst auf die Erde fallen. Die dadurch ausgelösten Erdbewegungen wurden ausgewertet.
Stelle Vermutungen über das Gewicht der Stahlkugel an und begründe sie.

15. Welche Masse hat eine Hohlkugel aus Gusseisen (Radius des Hohlraumes: r_i = 8 cm; äußerer Radius: r_a = 10 cm; 1 cm³ Gusseisen wiegt 7,3 g)?
Leite zunächst eine Formel für das Volumen der Hohlkugel her.

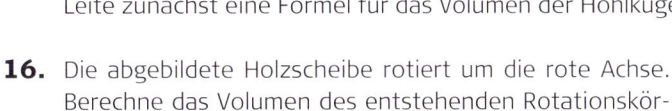

16. Die abgebildete Holzscheibe rotiert um die rote Achse. Berechne das Volumen des entstehenden Rotationskörpers.
Stelle zunächst eine Formel auf.

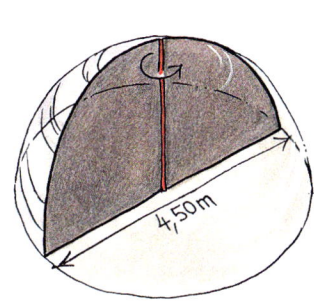

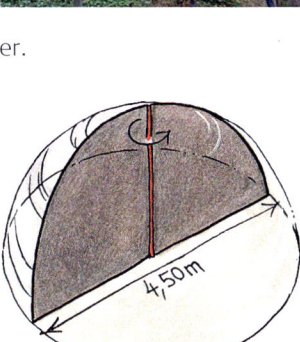

17. Vier große Kugeln aus Gold mit je 4 cm Durchmesser werden zu einer Kugel umgeschmolzen.
Stelle selbst geeignete Fragen und beantworte sie.

Oberflächeninhalt der Kugel

Einstieg

Die Oberfläche einer Kugel ist eine gekrümmte Fläche, die man nicht in die Ebene abwickeln kann. Die Formel für den Oberflächeninhalt kann man aber folgendermaßen veranschaulichen: Zerschneidet eine Kugel (z. B. aus Styropor) in zwei Halbkugeln.
Umwickelt die halbe Kugeloberfläche mit einer Schnur, bis die Oberfläche vollkommen bedeckt ist. Bedeckt die Schnittfläche der Halbkugel ebenso mit einer Schnur gleicher Dicke.

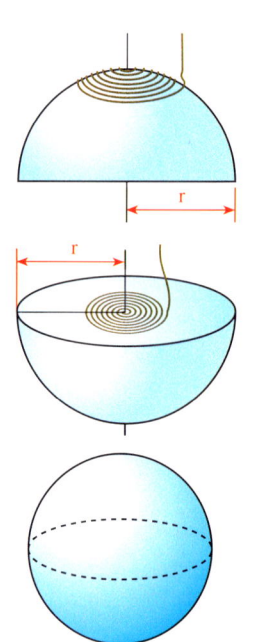

→ Vergleicht die Länge der beiden Schnüre.
→ Welche Formel kannst du für den Oberflächeninhalt einer Kugel herleiten, wenn die erste Schnur genau doppelt so lang wie die zweite Schnur ist?

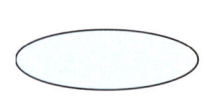

Kreisfläche	Halbe Kugeloberfläche	Kugeloberfläche
A_{Kreis}	$O_{HK} = 2 \cdot A_{Kreis}$	$O_{Ku} = 4 \cdot A_{Kreis}$

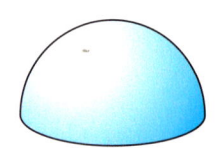

Information

Für den **Oberflächeninhalt O der Kugel** mit dem Kugelradius r gilt:

$O = 4\pi r^2$

Beispiel: r = 5 cm
$O = 4 \cdot \pi \cdot (5\,cm)^2$
$O \approx 314\,cm^2$

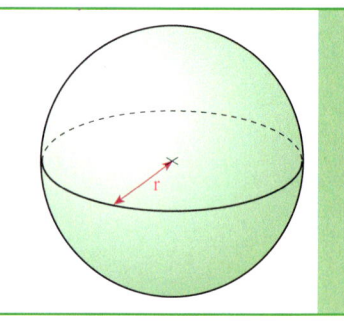

Begründung: Die Kugeloberfläche ist eine gekrümmte Fläche. Man kann sie nicht in die Ebene abwickeln. Es ist deshalb nicht möglich, die Kugeloberfläche – wie z. B. den Mantel des Zylinders oder des Kegels – als ebene Fläche anzugeben.

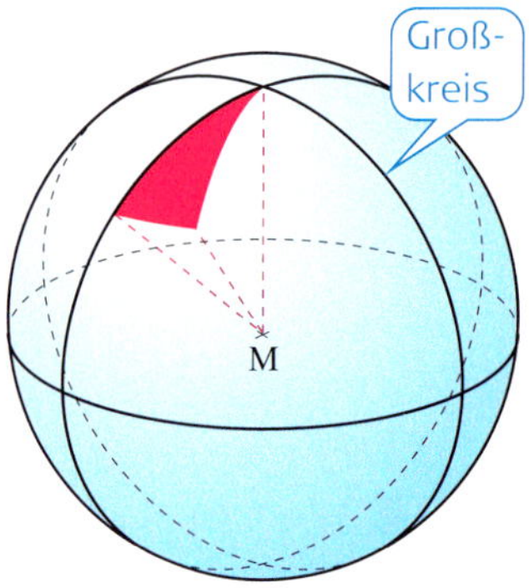

(1) Man zerlegt die Oberfläche der Kugel in kleine Flächen („gekrümmte Dreiecke") und verbindet die Randpunkte jeder Fläche mit dem Kugelmittelpunkt. So erhält man Teilkörper $K_1, K_2, \ldots, K_n$ der Kugel, die angenähert Pyramiden mit der Höhe r sind.

(2) $V_{Ku} = V_{K_1} + V_{K_2} + \ldots + V_{K_n}$
Unter Benutzung der Formel für das Volumen der Pyramide erhält man:
$V_{Ku} \approx \frac{1}{3} G_1 \cdot r + \frac{1}{3} G_2 \cdot r + \ldots + \frac{1}{3} G_n \cdot r$
$V_{Ku} \approx \frac{1}{3} r \cdot [G_1 + G_2 + \ldots + G_n]$

(3) Der Term in der Klammer bezeichnet den Oberflächeninhalt O der Kugel, also gilt: $V_{Ku} \approx \frac{1}{3} r \cdot O$

Pyramide – Kegel – Kugel

KAPITEL 3

(4) Zerlegt man die Kugeloberfläche in immer kleinere Flächen, so unterscheiden sich die „gekrümmten" Dreiecke immer weniger von ebenen Dreiecken; das Volumen der Teilkörper $K_1, K_2, \ldots, K_n$ unterscheidet sich immer weniger vom Volumen der entsprechenden Pyramiden, sodass wir berechtigt sind zu setzen:

$V_{Ku} = \frac{1}{3} r \cdot O$

(5) Wegen $V_{Ku} = \frac{4}{3} \pi r^3$ gilt:

$\frac{4}{3} \pi r^3 = \frac{1}{3} r \cdot O$

Wir isolieren die Variable O:

$O = \frac{4}{3} \pi r^3 \cdot \frac{3}{r}$, also $O = 4 \pi r^2$

Beachte: Die Oberfläche der Kugel ist also 4-mal so groß wie ein Großkreis. Ein Großkreis ist eine Schnittfläche durch den Kugelmittelpunkt.

Zum Festigen und Weiterarbeiten

1. In der Technik wird häufig mit dem Durchmesser d gerechnet.
   Begründe: Für den Oberflächeninhalt O der Kugel gilt $O = \pi d^2$.

2. Berechne den Oberflächeninhalt der Kugel.
   a) r = 26 mm
   b) r = 5,74 m
   c) r = 8,27 m
   d) r = 245 mm
   e) d = 26 mm
   f) d = 3,7 cm
   g) $d = \frac{3}{4}$ cm
   h) $d = \frac{4}{5}$ cm

3. *Berechnen des Radius (bei gegebenem Oberflächeninhalt)*
   Der Oberflächeninhalt einer Kugel beträgt 803,84 cm².
   Wie groß ist der Radius?

4. Wie ändert sich der Oberflächeninhalt der Kugel, wenn man
   (1) den Radius,   (2) den Durchmesser   verdoppelt, verdreifacht, vervierfacht … ?

Übungen

5. Berechne den Oberflächeninhalt der Kugel.
   a) r = 7,5 cm
   b) r = 35 mm
   c) d = 12 m
   d) d = 1,35 m
   e) r = 4,75 m
   f) r = 25,3 dm
   g) r = 315 mm
   h) r = 7,13 m
   i) d = 1,85 m
   j) d = 35,4 cm

6. O ist der Oberflächeninhalt einer Kugel. Berechne den Radius.
   a) O = 746 cm²
   b) O = 1846 m²
   c) O = 9,08 cm²
   d) $O = 8,4 \cdot 10^6$ km²
   e) $O = 5,3 \cdot 10^8$ m²
   f) $O = 7,2 \cdot 10^9$ m²

7. Die Größe eines Handballs gibt man durch den Umfang u an.
   Jugendhandball: u = 54 cm
   Männerhandball: u = 59 cm
   Wie viel cm² Leder werden pro Ball verarbeitet?
   Rechne zum Oberflächeninhalt 25 % für Verschnitt hinzu.

8. Die Lunge eines Menschen enthält ungefähr 400 000 000 (kugelförmige) Lungenbläschen. Ein Lungenbläschen hat einen Durchmesser von 0,2 mm.
   Wie groß ist der Oberflächeninhalt aller Lungenbläschen eines Menschen?
   Gib das Ergebnis in einer geeigneten Maßeinheit an.
   Vergleiche das Ergebnis mit der Größe eines Fußballfeldes.

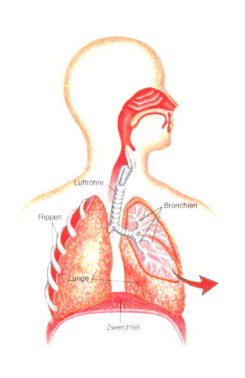

Vermischte Übungen zur Kugel

1. Bei einer Kugel ist r der Radius, V das Volumen und O der Oberflächeninhalt.
Berechne die fehlenden Größen.

a) r = 27 cm
b) O = 260 cm²
c) V = π · 36 cm³
d) r = 6,7 cm
e) V = 904,32 m³
f) r = 43 cm
g) V = 114,04 m³
h) O = 1670,48 cm²
i) r = 27,4 dm
j) O = 3000 cm²
k) V = 1 m³
l) O = 1 m²

2. a) Wie groß ist die Oberfläche einer Kugel mit dem Radius 1 m?
b) Wie groß ist die Oberfläche einer Kugel mit dem Umfang 1 m?
c) Wie groß ist der Radius einer Kugel mit dem Oberflächeninhalt 1 m²?

3. Vier Metallkugeln (d = 50 mm) werden zu einer einzigen Kugel umgeschmolzen.
a) Welchen Radius hat dann die große Kugel?
b) Berechne den Oberflächeninhalt der vier einzelnen Kugeln (zusammen) und vergleiche mit dem Oberflächeninhalt der großen Kugel.

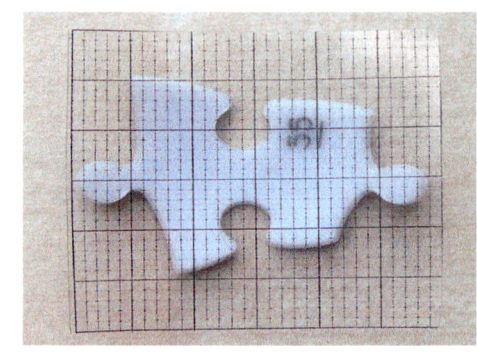

4. Besorgt euch einen Puzzle-Ball.
Stellt selbst Fragen und beantwortet diese.
Präsentiert eure Ergebnisse.

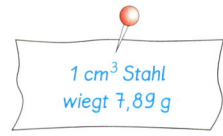

1 cm³ Stahl wiegt 7,89 g

5. Kann man 10 Mio. Stahlkugeln mit einem Durchmesser von 1 mm für Kugellager auf einem Fahrrad transportieren? Begründe.

6. Berechne die Größe der Oberfläche der Himmelskörper.

Pluto:	r = 1200 km	Mars:	r = 3400 km	Saturn:	r = 59700 km
Mond:	r = 1740 km	Merkur:	r = 2400 km	Uranus:	r = 25900 km
Sonne:	r = 700000 km	Venus:	r = 6100 km	Neptun:	r = 24750 km

7. a) Der Radius einer Kugel (r = 5 cm) wird um 10% verlängert.
Um wie viel Prozent nehmen das Volumen V und der Oberflächeninhalt O zu?
b) Der Radius einer Kugel (r = 5 cm) wird um 10% verkürzt.
Um wie viel Prozent nehmen das Volumen V und der Oberflächeninhalt O ab?
c) Rechne die Teilaufgaben a) und b) auch mit anderen Radien und vergleiche.

8. Der Oberflächeninhalt einer Kugel beträgt $64 \cdot \pi \cdot a^2$.
Berechne ihr Volumen in Abhängigkeit von a und als Vielfaches von π.

Pyramide – Kegel – Kugel

KAPITEL 3 — 107

9. a) Welcher Teil einer Gesamtkugel ist bei den abgebildeten Skulpturen von Max Bill jeweils erkennbar?

b) Stelle jeweils eine Formel zur Berechnung der Oberfläche auf.

10. Die Kugel des Berliner Fernsehturms wurde für die Dauer der Fußballweltmeisterschaft 2006 vollständig mit Folien beklebt, sodass der Eindruck eines überdimensionalen Fußballs entstand.
Wie viel m² Folie musste etwa verwendet werden? Schätzt ab.
Hinweis: Die roten und weißen Markierungsstreifen des Sendemastes haben jeweils eine Länge von 5 m

11. Eine zylinderförmige Vase mit einem Innendurchmesser von 6,0 cm ist zum Teil mit Wasser gefüllt. Acht gleich große farbige Zierkugeln aus Glas $\left(\varrho = 2{,}5 \, \frac{g}{cm^3}\right)$ jeweils mit dem Radius 0,9 cm werden in die Vase gegeben.

a) Um wie viel cm steigt der Wasserspiegel im Zylinder?

b) Um wie viel g nimmt die Masse des Inhaltes zu?

12. Der Weltrekord für ein zusammenhängendes Stück Apfelschale liegt bei 52 Metern und 51 Zentimetern. Der geschälte Apfel wog 567 Gramm und er hatte einen Umfang von 47 cm. Es dauerte 11,5 Stunden, ihn zu schälen.
Welche durchschnittliche Breite hatte der geschälte Streifen?

13. Die abgebildete Teekanne hält durch eine doppelwandige Isolierschicht den Tee länger warm. Die Kanne fasst 1,35 Liter. Der äußere Umfang beträgt 50 cm.
Wie dick ist die doppelwandige Isolierschicht der Kanne?

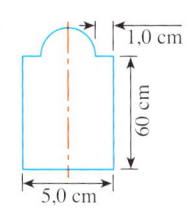

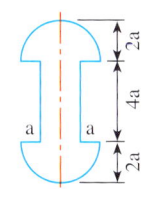

14. a) b) Die Flächen links rotieren um die rote Achse. Berechne das Volumen und den Oberflächeninhalt des Rotationskörpers.

BERECHNUNGEN AN ZUSAMMENGESETZTEN KÖRPERN

Einstieg

Der abgebildete Pokal wurde aus Glas hergestellt.
→ Beschreibe den Pokal.
→ Das verwendete Glas hat eine Dichte von 2,3 $\frac{g}{cm^3}$.
  Berechne das Gewicht (die Masse) des Pokals.
→ Für den ersten Platz soll die Kugel vergoldet werden.
  Wie viel cm² Goldfolie wird benötigt?

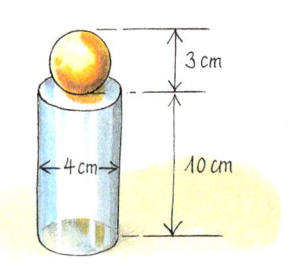

Aufgabe

1. Für den zusammengesetzten Körper ist r = 5,0 cm und h = 6,0 cm.

   a) Beschreibe den Körper.
   b) Berechne sein Volumen.
   c) Der Körper hat ein Gewicht von 472 g. Bestimme seine Dichte.
   d) Berechne den Oberflächeninhalt.

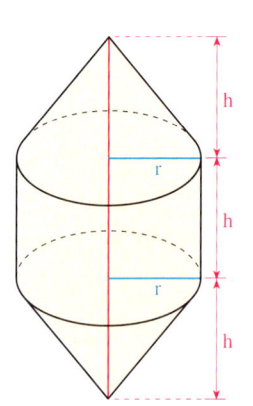

   Lösung

   a) Der Körper ist zusammengesetzt aus einem Zylinder und zwei aufgesetzten Kegeln.

   b) *Schrittweises Berechnen des Volumens*
   Der Zylinder hat den Radius r und die Höhe h. Die beiden Kegel haben denselben Grundkreisradius und dieselbe Höhe h; das Volumen beider Kegel ist daher gleich groß.

Volumen des Zylinders	*Volumen des Kegels*
$V_Z = \pi r^2 \cdot h$	$V_K = \frac{1}{3}\pi r^2 \cdot h$
$V_Z = \pi \cdot (5\,cm)^2 \cdot 6\,cm$	$V_K = \frac{1}{3}\pi \cdot (5\,cm)^2 \cdot 6\,cm$
$V_Z \approx 471{,}2\,cm^3$	$V_K \approx 157{,}1\,cm^3$

   Volumen des zusammengesetzten Körpers
   $V = V_Z + 2 \cdot V_K$
   $V \approx 471{,}2\,cm^3 + 2 \cdot 157{,}1\,cm^3$
   $V \approx 785{,}4\,cm^3$

   c) *Dichte des Körpers*
   $\varrho = \frac{m}{V}$
   $\varrho \approx \frac{472\,g}{785{,}4\,cm^3}$, also: $\varrho \approx 0{,}60\,\frac{g}{cm^3}$

   d) Die Oberfläche des Körpers setzt sich aus der Mantelfläche des Zylinders und der Mantelfläche der beiden aufgesetzten Kegel zusammen.

Mantelflächeninhalt des Zylinders	*Mantelflächeninhalt eines Kegels*
$O_Z = 2\pi r \cdot h$	$O_K = \pi \cdot r \cdot s$, wobei $s = \sqrt{r^2 + h^2}$
$O_Z = 2\pi \cdot 5\,cm \cdot 6\,cm$	$O_K = \pi \cdot 5\,cm \cdot \sqrt{(5\,cm)^2 + (6\,cm)^2}$
$O_Z \approx 188{,}5\,cm^2$	$O_K \approx 122{,}7\,cm^2$

   Oberflächeninhalt des zusammengesetzten Körpers
   $O = O_Z + 2 \cdot O_K$
   $O \approx 188{,}5\,cm^2 + 2 \cdot 122{,}7\,cm^2$, also $O \approx 433{,}9\,cm^2$

Pyramide – Kegel – Kugel

KAPITEL 3

Information

Strategie zur Berechnung des Volumens zusammengesetzter Körper

1. Möglichkeit:
Zerlege den Körper in geeignete Teilkörper. Berechne die Volumen dieser Teilkörper und addiere sie.

$V = V_{HKu} + V_{Zy} + V_{Ke}$

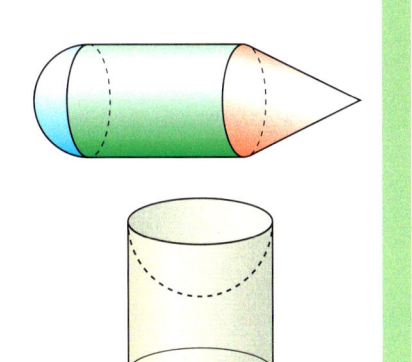

2. Möglichkeit:
Ergänze den Körper geeignet und berechne das Volumen des gesamten Körpers. Subtrahiere das Volumen des ergänzten Körpers.

$V = V_{Zy} - V_{HKu}$

Zum Festigen und Weiterarbeiten

2. Berechne das Volumen und den Oberflächeninhalt des zusammengesetzten Körpers.

(1) $r = 2$ cm; $h = 5$ cm (2) $r = 3$ cm 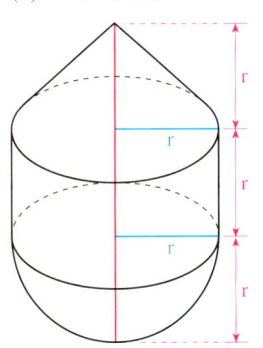 (3) $r = 3{,}5$ cm

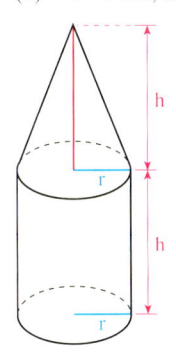

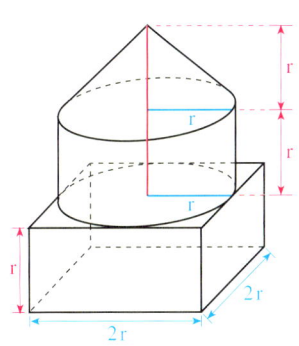

3. Berechne das Volumen mit dem Oberflächeninhalt der Restkörper (Maße in mm).

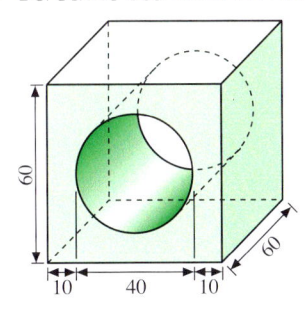

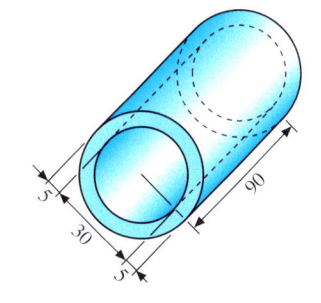

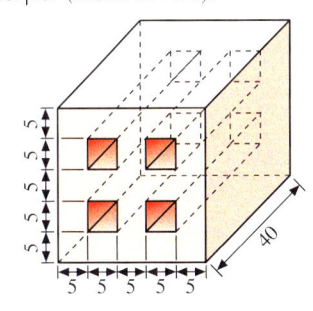

Übungen

4. Berechne das Volumen und den Oberflächeninhalt des Körpers (Maße in m).

a)   b) 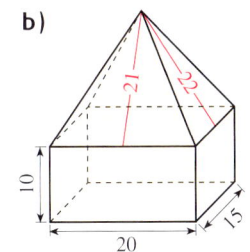   c) 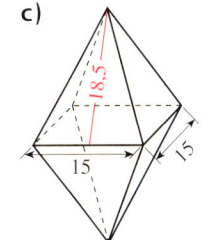   d)

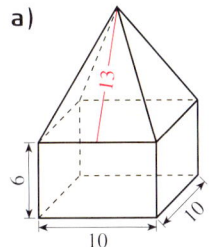

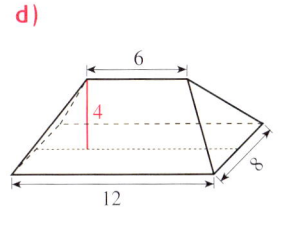

Pyramide – Kegel – Kugel

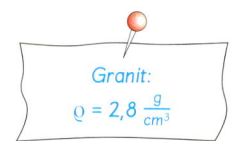

Granit:
$\varrho = 2{,}8\ \frac{g}{cm^3}$

5. Wie viel wiegt das Dekorationsstück aus Granit (Maße in mm)?

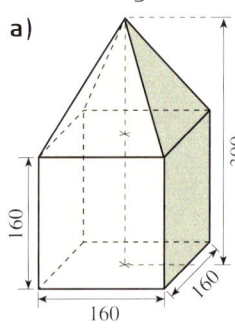

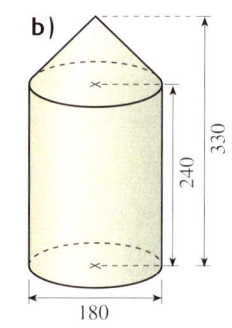

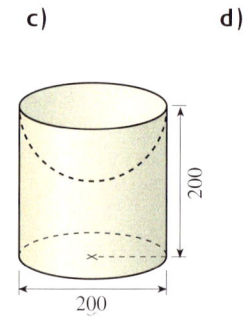

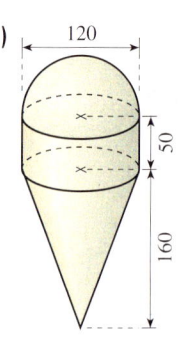

a) (Haus-förmig: Quader 160×160×160 mit aufgesetzter Pyramide, Gesamthöhe 300)

b) (Zylinder mit Durchmesser 180, Höhe 240, aufgesetzter Kegel, Gesamthöhe 330)

c) (Zylinder, Durchmesser 200, Höhe 200)

d) (Zylinder Durchmesser 120, Höhe 50, darunter Kegel Höhe 160)

6. Welche Masse hat der abgebildete Stahlbolzen mit sechseckigem Kopf $\left(\text{Maße in mm};\ \varrho = 7{,}9\ \frac{g}{cm^3}\right)$?

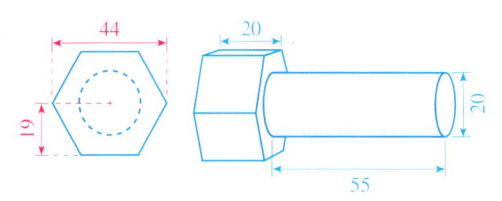

(Sechskantkopf: Schlüsselweite 44, Eckenmaß 19, Kopfhöhe 20; Schaft Durchmesser 20, Länge 55)

7. Kristalle haben oft die Form eines regelmäßigen sechsseitigen Prismas mit aufgesetzten Pyramiden.
Berechne das Volumen und die Größe der Oberfläche des Kristalls.

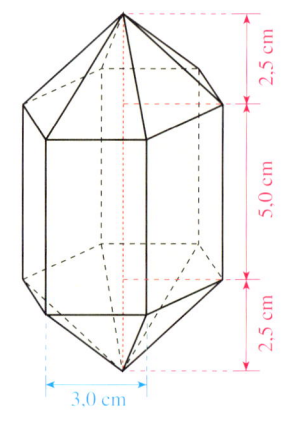

(Maße: Pyramidenhöhe je 2,5 cm, Prismahöhe 5,0 cm, Durchmesser 3,0 cm)

8. Auf einen Zylinder mit dem Radius r und der Höhe 2 r wird ein Kegel mit dem Radius r der Grundfläche und der Höhe 2 r aufgesetzt.
Stelle eine Formel zur Berechnung des Volumens und des Oberflächeninhalts O auf.

9. Ein Körper mit quadratischer Grundfläche und den Maßen h = 42 cm und h_1 = 37 cm besitzt ein Gesamtvolumen von 1 392 cm³.
Berechne jeweils das Volumen der Teilkörper (Prisma und Pyramide) und bestimme die Seitenlänge a der quadratischen Grundfläche.

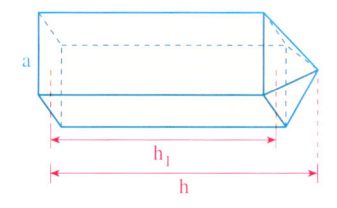

10. 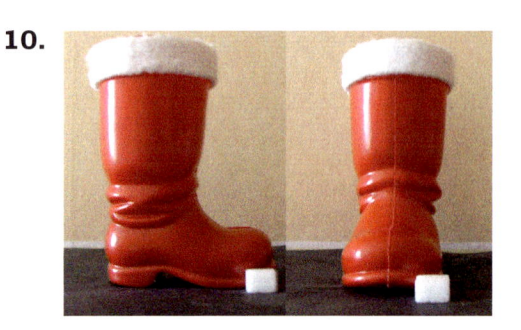 Schätzt zunächst das Volumen des Nikolausstiefels.
Überlegt euch dann geeignete mathematische Körper, mit deren Hilfe ihr das Volumen berechnen könnt.
Vergleicht.

Pyramide – Kegel – Kugel

VERMISCHTE UND KOMPLEXE ÜBUNGEN

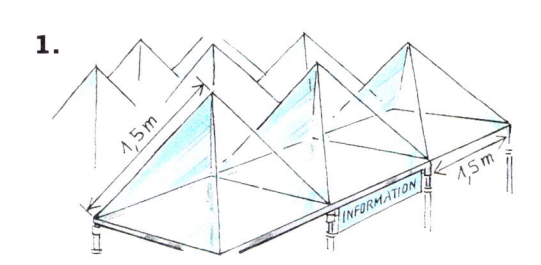

1. Die Überdachung eines Informationsstandes besteht aus 9 quadratischen Glaspyramiden ohne Boden. Diese sind aus Fensterglas von 1 cm Dicke hergestellt worden, das 2,5 g pro cm^3 wiegt.
Wie viel wiegt das Glasdach?

2. a) Berechne das Volumen einer Schöpfkelle (Halbkugel).
Der Öffnungsdurchmesser beträgt:
(1) 8 cm (2) 10 cm (3) 12 cm (4) 16 cm (5) 24 cm

b) Stelle die Funktion *Durchmesser der Schöpfkelle → Volumen der Schöpfkelle* grafisch dar. Beschreibe den Graphen.

3. Für ein Kugellager werden Stahlkugeln mit 12 mm Durchmesser benötigt. 1 cm^3 des Stahls wiegt 7,8 g.

4. Für ein Spiel werden 100 halbkugelförmige Holzsteine hergestellt. Sie haben einen Durchmesser von 4 cm. Damit sie länger halten, werden sie lackiert. Eine kleine Dose Klarlack reicht für 0,3 m^2.

5. Der Turm hat ein annähernd kegelförmiges Dach, das neu gedeckt werden soll. Das Turmdach ist 13,80 m hoch und sein Umfang beträgt 27,75 m.
Pro Quadratmeter werden 93 € gerechnet; dazu kommt noch die Mehrwertsteuer.
Wie teuer wird das Decken des Daches?

6. Die Mantelfläche eines Zylinders und der Oberflächeninhalt einer Kugel sind gleich groß.
Es gilt: $h_z = 8{,}4$ cm; $M = 394{,}1$ cm^2
Um wie viel Prozent unterscheiden sich die Volumen der beiden Körper?

7. Bei einer Kugel soll r der Radius, V das Volumen und O der Oberflächeninhalt sein. Berechne die fehlenden Größen.
a) r = 1,6 cm **b)** O = 16 dm^2 **c)** V = 27 *l* **d)** O = 8 m^2 **e)** V = 100 cm^3

8. Von einer quadratischen Pyramide ist bekannt:
Länge der Grundkante a = 12 cm, Größe des Winkels einer Seitenkante mit der Grundfläche α = 78°.

a) Berechne die Höhe und die Länge der Seitenkante der Pyramide.

b) Berechne das Volumen und den Oberflächeninhalt der Pyramide.

c) Wie verändert sich das Volumen der Pyramide, wenn die Größe des Winkels α
(1) halbiert, (2) auf ein Drittel verkürzt wird?

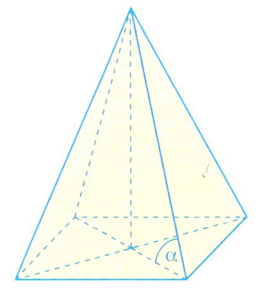

Pyramide – Kegel – Kugel

9. a) Berechne die Größe der Dachfläche eines Kugelzeltes mit dem Radius r = 60 m.

b) Überlege, ob die in der Werbeanzeige angegebene Behauptung für jede Halbkugel gilt.

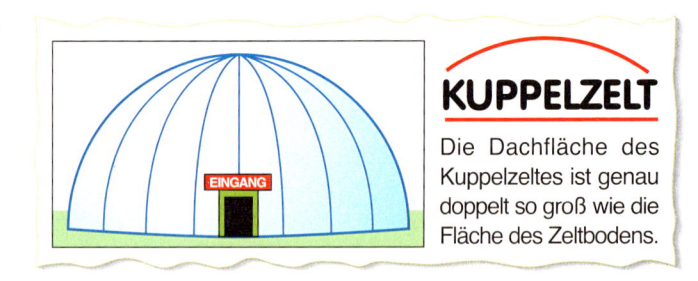

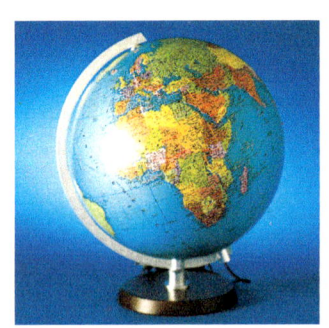

KUPPELZELT
Die Dachfläche des Kuppelzeltes ist genau doppelt so groß wie die Fläche des Zeltbodens.

10. Der Erdradius beträgt 6 370 km.

a) Berechne die Länge des Äquators.

b) 70,8 % der Erdoberfläche sind mit Wasser bedeckt. Wie viel Liter sind das bei einer durchschnittlichen Meerestiefe von 3 500 m?

c) Die durchschnittliche Dichte der Erde beträgt 5,56 $\frac{g}{cm^3}$.
Wie groß ist die Masse der Erde?

d) Vergleiche mit den Werten von Mond und Sonne.

△ **11.** Berechne das Volumen des Kegelstumpfes bzw. des Pyramidenstumpfes (Maße in mm).

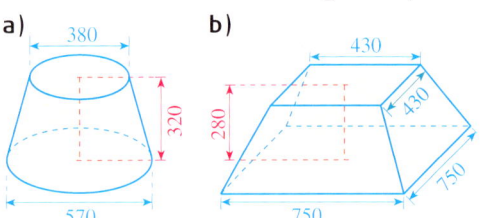

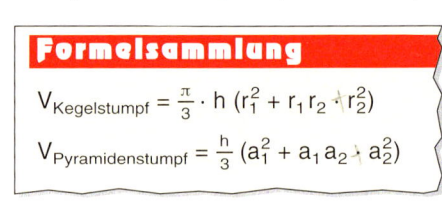

a) 380; 320; 570
b) 430; 280; 430; 750; 750

Formelsammlung

$V_{Kegelstumpf} = \frac{\pi}{3} \cdot h \cdot (r_1^2 + r_1 r_2 + r_2^2)$

$V_{Pyramidenstumpf} = \frac{h}{3} (a_1^2 + a_1 a_2 + a_2^2)$

▲ **12.** Der untere Durchmesser des abgebildeten Messbechers beträgt 3 cm, der obere Durchmesser 10 cm. Er hat eine maximale Füllmenge von 0,5 Liter.

a) In welcher Höhe muss der Eichstrich für eine Füllmenge von 0,25 Litern angebracht werden?

b) Ist das Verhältnis von Füllhöhe 0,25 Liter zu Füllhöhe 0,5 Liter bei allen Messbechern dieser Form gleich? Begründe.

c) Warum sind Messbecher kegelförmig und nicht zylindrisch? Begründe.

13. Berechne das Volumen und den Oberflächeninhalt eines Tetraeders mit der Kantenlänge

a) 6 cm;
b) 15 cm.

14. Eine Boje hat die Form eines Doppelkegels. Sie ragt mit einem Drittel ihrer Gesamthöhe aus dem Wasser.
Ihre Maße sind: α = 78°; h_1 = 38 cm; h = 69 cm.
Berechne die Größe der Fläche, die sich im Wasser befindet.

Pyramide – Kegel – Kugel   KAPITEL 3

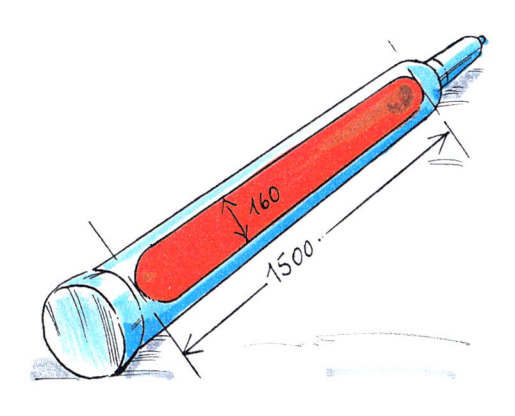

15. Der Innenraum einer Sauerstoffflasche besteht aus einem Zylinder, auf dessen Grundfläche je eine Halbkugel aufgesetzt ist (Bild rechts; Maße in mm).
Berechne das Fassungsvermögen der Flasche.

16. In einen zylindrischen Messbecher (r = 5 cm), der zum Teil mit Wasser gefüllt ist, wird eine Metallkugel geworfen. Die Kugel geht vollständig unter; dabei steigt der Wasserspiegel um 4 cm an.
Welchen Radius hat die Kugel?

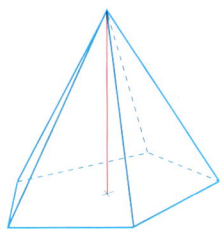

17. a) Gegeben ist eine regelmäßige fünfseitige Pyramide mit a = 5,25 cm und h = 6,75 cm.
Berechne α, h_a, h_s und den Oberflächeninhalt der Pyramide.
b) Zeichne das Netz der Pyramide.

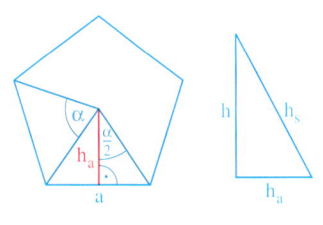

18. Das Bild zeigt das abgewickelte Verpackungspapier einer Eistüte.
Berechne den Flächeninhalt und bestimme den Anteil des Klebefalzes.

19. Bei einem Kegel ist die Länge der Mantellinie gleich dem Grundkreisradius r. Ein Zylinder hat denselben Grundkreisradius r und die Höhe r.
In welchem Verhältnis stehen die Oberflächeninhalte von Kegel und Zylinder zueinander?

20. Das Dach eines Ausstellungspavillons hat die Form einer regelmäßigen achtseitigen Pyramide mit der Höhe h = 5,75 m und der Grundkantenlänge a = 6,20 m.
a) Zeichne ein Schrägbild in einem geeigneten Maßstab.
b) Berechne den Brutto-Rauminhalt des Pavillondaches. Stelle zuerst eine Formel auf.
c) Wie teuer wird das Decken des Daches, wenn 1 m² Dachziegel 105 € kostet und die Mehrwertsteuer noch dazukommt?

21. Ein Zylinder mit d = 10,8 cm und h = 23,0 cm ist zu vier Fünfteln mit Wasser gefüllt. Das Wasser wird in eine halbkugelförmige Schale geschüttet. Die Schale ist randvoll. Beim Umschütten sind 3% des Volumens verloren gegangen.
Wie groß ist der Durchmesser der Schale?

22. Schätze das Volumen der Pyramide auf dem Karlsruher Marktplatz.

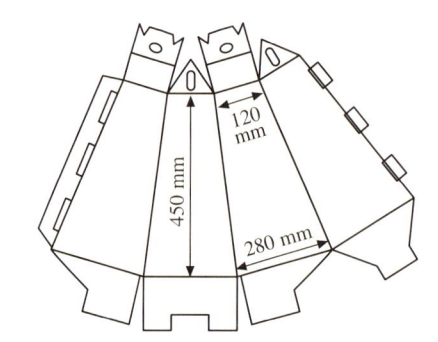

△ **23.** Ein Hersteller für Verpackungen bietet einen Faltkarton mit den im Bild rechts angegebenen Abmessungen an.

a) Wie viel bedruckbare Werbefläche steht dem Kunden zur Verfügung?

b) Welches Volumen hat der zusammengesteckte Karton?

24. Einem Zylinder $\left(r = \frac{h}{2} = 5 \text{ cm}\right)$ sind ein Kegel und eine Kugel einbeschrieben (vgl. Axialschnitt).

a) Bestimme das Volumen jedes Körpers.

b) Archimedes (287 bis 212 v. Chr.) erkannte, dass die Volumina von Kegel, Kugel und Zylinder in einem ganzzahligen Verhältnis zueinander stehen. Er fand das Ergebnis so schön, dass er die Figur rechts auf seinem Grabstein haben wollte.
Berechne die Verhältnisse der Volumina.

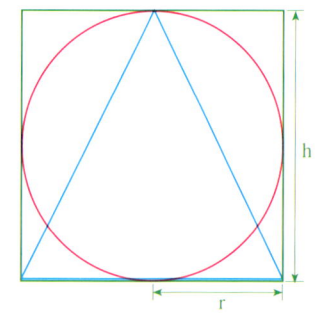

c) Bestimme den Oberflächeninhalt der Kugel und des Zylindermantels. Vergleiche; begründe deine Aussage.

25. *Wetten, dass ... ?*

Klaus behauptet, dass er in zwei Stunden mit der abgebildeten Schöpfkelle eine 100 cm hohe zylinderförmige Tonne (d = 60 cm) mit dem Wasser aus seinem Gartenteich füllen kann. Die Tonne steht zehn Meter entfernt vom Teich.
Wird er dieses Vorhaben in der vorgegebenen Zeit realisieren, wenn wir annehmen, dass er bei sehr vorsichtigem Gehen kein Wasser verschüttet und deshalb insgesamt für den Hin- und Rückweg 15 Sekunden benötigt?
Sein Vorhaben beginnt er am leeren Fass. Zwischendurch legt er viermal jeweils zehn Minuten Pause ein.

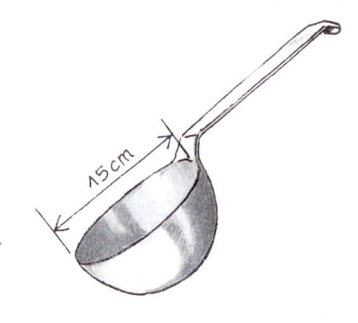

26. Das Stehaufmännchen besteht aus verschiedenen mathematischen Körpern. Überlegt euch für das Stehaufmännchen (h = 18 cm) eine geschickte Zerlegung und berechnet das Volumen.
Vergleicht eure Ergebnisse.

Pyramide – Kegel – Kugel

BIST DU FIT?

1. Berechne das Volumen und den Oberflächeninhalt der quadratischen Pyramide.
   a) a = 12 cm; h = 17 cm
   b) a = 23,5 cm; h = 34,7 cm

2. Berechne das Volumen und den Oberflächeninhalt des Kegels.
   a) r = 15 cm
   h = 35 cm
   b) r = 274 cm
   h = 29 cm
   c) r = 17,4 dm
   h = 29,3 cm
   d) r = 27,75 m
   h = 54,35 m
   e) d = 348 mm
   h = 52,4 cm

3. Berechne die Größe der Dachfläche und die Größe des Dachraumes.
   a) Satteldach (10,3 m; 15 m; 10 m)
   b) Turmdach (h = 9 m; 6 m; 6 m)
   c) Kegeldach (s = 32 m; d = 38 m)
   d) Kuppeldach (8 m)

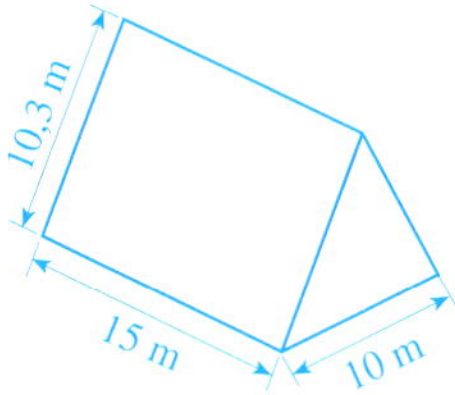

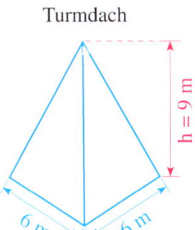

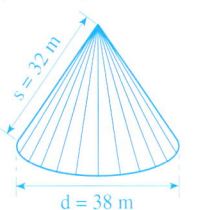

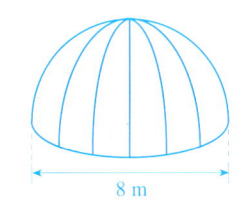

4. Berechne den Radius der Grundfläche bzw. der Kugel.
   a) Kegel: h = 12 cm; V = 2 412,7 cm³
   b) Zylinder: h = 17,5 cm; V = 8 867,381 cm³
   c) Kugel: O = 530,93 m²
   d) Kegel: h = 15 cm; M = 1 602 cm²
   e) Zylinder: h = 23 cm; M = 2 456,73 cm²
   f) Kugel: V = 4 188,790 m³

5. a) Körper (1) besteht aus einem Hohlzylinder und einer Halbkugel. Die Höhe h beträgt 1,082 m.
   Der Körper ist aus Eisen gefertigt ($\varrho = 7{,}86\ \frac{g}{cm^3}$). Berechne das Gewicht.
   b) Berechne das Volumen V und den Oberflächeninhalt O des skizzierten Körpers (2).

   (1) 6 cm; 12,4 cm
   (2) 4,0 cm; 2,5 cm

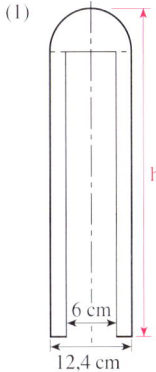

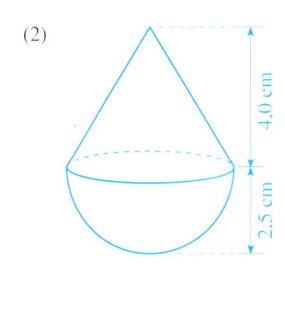

6. Ein Körper besteht aus einem Zylinder mit zwei aufgesetzten Kegeln (siehe Axialschnitt rechts; Maße in cm).
   a) Berechne das Volumen des Körpers.
   b) Der Körper soll gestrichen werden. Wie groß ist die zu streichende Fläche?
   c) Wie viel wiegt der Körper, wenn er aus Messing ($\varrho = 8{,}5\ \frac{g}{cm^3}$) hergestellt wurde?

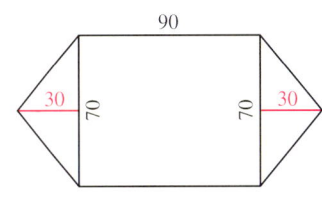

   (90; 30; 70; 70; 30)

7. Ein Flüssigkeitsbehälter ist aus einem Zylinder und zwei Halbkugeln zusammengesetzt (Maße in cm).
   a) Der Behälter wird gefüllt. Wie viel Liter Flüssigkeit fasst er?
   b) Der Behälter wird aus Blech hergestellt. Wie viel m² Blech werden ohne Verschnitt benötigt?

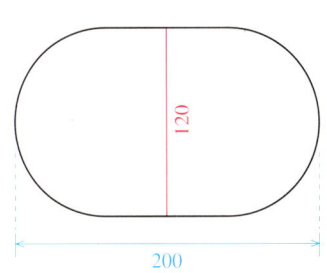

   (120; 200)

IM BLICKPUNKT: PINGUINE – VERHÄLTNIS ZWISCHEN OBERFLÄCHENINHALT UND VOLUMEN

Kaiserpinguin   Königspinguin   Magellanpinguin   Humboldtpinguin   Galapagospinguin

Pinguine sind flugunfähige Vögel, die an das Leben im Wasser angepasst sind und die frei lebend nur auf der Südhalbkugel unserer Erde vorkommen. Um in den zum Teil eisigen Temperaturen überleben zu können, müssen Pinguine optimal an ihre Umgebung angepasst sein. Ein wichtiger Faktor dabei ist es, den eigenen Wärmehaushalt ausgeglichen zu halten und so für eine gleich bleibende Körpertemperatur von fast 40 °C zu sorgen. Da die Körperwärme über die Körperoberfläche abgegeben wird, liegt die Vermutung nahe, dass die kleinen Pinguinarten mit einer kleinen Körperoberfläche in den kälteren Regionen leben müssten. Das Gegenteil ist aber der Fall: Vom Äquator, wo beispielsweise die Galapagospinguine leben, bis zur Antarktis, dem Lebensraum der Kaiserpinguine, nimmt die Körpergröße der Pinguinarten und damit die Körperoberfläche zu.

Größere Pinguinarten können also offensichtlich die lebenswichtige Wärmeenergie besser speichern. Dazu ist eine gute Wärmeisolation notwendig und es muss viel Speichermasse, also ein großes Volumen, vorhanden sein.

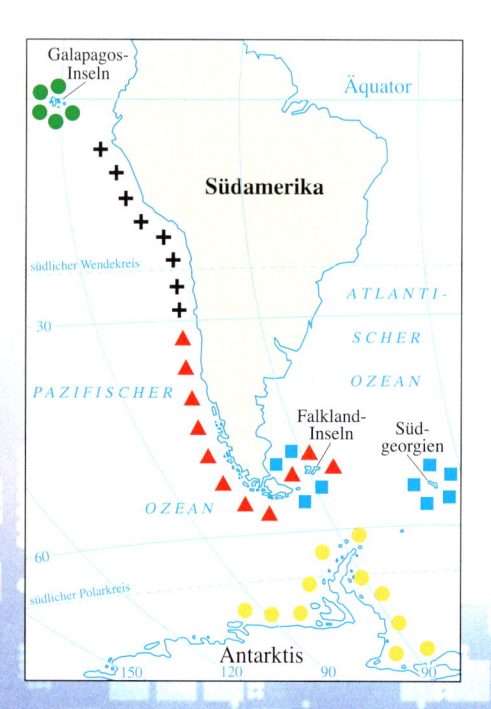

	Pinguinart	Länge	Gewicht
●	Galapagos-pinguin	53 cm	2 kg
+	Humboldt-pinguin	65 cm	4,5 kg
▲	Magellan-pinguin	71 cm	5 kg
■	Königs-pinguin	95 cm	15 kg
●	Kaiser-pinguin	120 cm	30 kg

1. Berechnet näherungsweise das Volumen und den Oberflächeninhalt der drei abgebildeten Pinguinarten.
Stellt euch dabei vor, die Pinguine wären aus einzelnen Körpern zusammengesetzt. Beschreibt euer Vorgehen.

Pyramide – Kegel – Kugel

KAPITEL 3

Die drei Pinguinarten sind im Maßstab (1 : 10) abgebildet. Benötigte Maße könnt ihr den Zeichnungen selbst entnehmen.

Kaiserpinguin   *Magellanpinguin*   *Galapagospinguin*

2. Vergleicht die Verhältnisse zwischen Oberflächeninhalt und Volumen der einzelnen Pinguinarten miteinander. Was fällt euch dabei auf?

3. a) Ordnet die gebildeten Verhältnisse den Lebensräumen der Pinguine zu. Findet ihr eine Regelmäßigkeit? Formuliert sie.

b) Informiert euch im Internet oder in Biologiebüchern über die *Bergmannsche Regel*.

c) Vergleicht eure Ergebnisse mit der Bergmannschen Regel. Wenn Abweichungen auftreten, so sucht nach den Ursachen hierfür.

4. Warum stellen sich Kaiserpinguine zusammen?

5. Präsentiert eure Ergebnisse.

4 Darstellen und Auswerten statistischer Daten

GIB AIDS KEINE CHANCE
Qualität der AIDS-Tests verbessert

Gegenüber den frühen 90er Jahren gelten die heute benutzten Schnelltestverfahren zur Testdiagnostik als relativ sicher; nur bei 0,1 % der HIV-Erkrankten versagt der Test.
Probleme bereitet allerdings die Tatsache, dass auch bei 0,2 % der Nicht-Infizierten ein zunächst positives Testergebnis für Aufregung sorgt; diese Probanden müssen dann ein weiteres Mal getestet werden.

Flugangst bei Männern und Frauen gleich groß

	Flugangst	keine Flugangst
Männer	27	310
Frauen	16	188

SPD bei den Frauen stärkste Partei

Bei der Bundestagswahl 2005 erreichte die CDU/CSU bei den Zweitstimmen insgesamt einen Stimmenanteil von 35,2 % und die SPD von 34,2 %. Betrachtet man nur das Wahlverhalten der Wählerinnen, so liegt die SPD vorn. 53,9 % der für die SPD abgegebenen Zweitstimmen kamen von Frauen, bei der CDU/CSU betrug dieser Anteil nur 52,5 %. Insgesamt nahmen 47,2 Mio. Personen an der Wahl teil; davon waren 52,1 % Frauen.

→ Welche Informationen kannst du den Zeitungsmeldungen direkt entnehmen?
→ Erschließe weitere Daten durch Rechnungen.
→ Stimmen die Schlagzeilen?

In diesem Kapitel lernst du ...
... neue Methoden, wie man Daten erfassen, auswerten, darstellen, interpretieren und bewerten kann.

Darstellen und Auswerten statistischer Daten   KAPITEL 4   119

TABELLEN, SCHAUBILDER UND DIAGRAMME

Zum Wiederholen

1. Zusammensetzung der häuslichen Abfälle (2008):

Haus- und Sperrmüll 16 200 t
Grün- und Bioabfall 7 900 t
Wertstoffe 11 500 t

Das Schaubild links gibt Auskunft über die in einer Stadt angefallenen häuslichen Abfälle.

a) Werden die Müllmengen angemessen dargestellt? Begründe.

b) Stelle die einzelnen Müllmengen in einem Säulendiagramm dar.
Welche Vorteile hat diese Darstellung?

c) Wie viel Prozent des gesamten häuslichen Abfalls entfällt auf Haus- und Sperrmüll, wie viel Prozent auf Grün- und Bioabfall, wie viel Prozent auf Wertstoffe? Runde auf volle Prozent.

d) Veranschauliche die Anteile
(1) in einem Streifendiagramm;   (2) in einem Kreisdiagramm.
Was zeigen diese Diagramme auf einen Blick?

Lösung

a) Die Müllmengen werden nicht angemessen dargestellt. Bei körperhaften Darstellungen achten wir unbewusst auf das Volumen. Die Kantenlängen des zweiten Würfels sind halb so lang wie die des ersten Würfels. Wir haben somit die Vorstellung, dass der kleine Würfel 8mal in den großen Würfel passt. Tatsächlich gibt es aber nur ca. doppelt soviel Haus- und Sperrmüll wie Biomüll.
Die folgende Darstellung wäre angemessen:

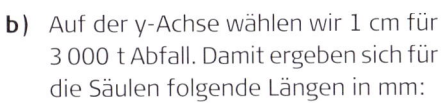

b) Auf der y-Achse wählen wir 1 cm für 3 000 t Abfall. Damit ergeben sich für die Säulen folgende Längen in mm:

Haus- und Sperrmüll:
16 200 : 3 000 ≈ 5,4

Grün- und Bioabfälle:
7 900 : 3 000 ≈ 2,6

Wertstoffe:
11 500 : 3 000 ≈ 3,8

In dem Säulendiagramm kann man *auf einen Blick* die einzelnen Müllmengen gut miteinander vergleichen und in eine Rangfolge bringen.
Wir sehen auch, dass mehr als doppelt so viel Haus- und Sperrmüll wie Grün- und Bioabfälle angefallen sind.

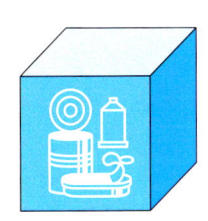

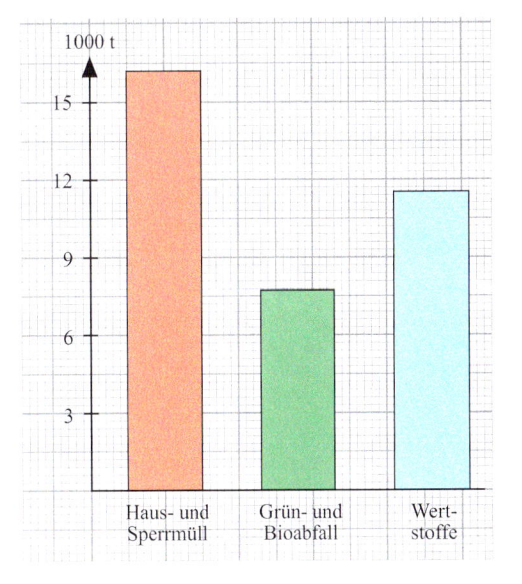

c) Das gesamte Müllaufkommen beträgt:
16 200 t + 7 900 t + 11 500 t = 35 600 t

Damit lassen sich die Anteile (relative Häufigkeiten) der einzelnen Abfallsorten am gesamten Müllaufkommen berechnen.

16 200 t von 35 600 t sind Haus- und Sperrmüll, also $\frac{16\,200\,t}{35\,600\,t} \approx 0{,}46 = 46\,\%$

7 900 t von 35 600 t sind Grün- und Bioabfälle, also $\frac{7\,900\,t}{35\,600\,t} \approx 0{,}22 = 22\,\%$

11 500 t von 35 600 t sind Wertstoffe, also $\frac{11\,500\,t}{35\,600\,t} \approx 0{,}32 = 32\,\%$

Ergebnis: Der häusliche Abfall bestand ungefähr zu 46% aus Haus- und Sperrmüll, zu 22% aus Grün- und Bioabfällen und zu 32% aus Wertstoffen.

d) (1) *Streifendiagramm:*
Der ganze Streifen steht für das gesamte Müllaufkommen (100%). Wir wählen für die Länge des Streifens zweckmäßig 10 cm (= 100 mm). Dann entspricht 1 mm dem Anteil 1%. Damit ergeben sich für die Streifen folgende Längen:

Haus- und Sperrmüll: 46 mm
Grün- und Bioabfälle: 22 mm
Wertstoffe: 32 mm

Haus- und Sperrmüll 46 %	Grün- und Bioabfall 22 %	Wertstoffe 32 %

(2) *Kreisdiagramm:*
Nun steht der Vollkreis (360°) für das gesamte Müllaufkommen (100%). Ein Winkel von 3,6° entspricht dann dem Anteil 1%. Damit ergeben sich für die Kreissektoren folgende Mittelpunktswinkel:

Haus- und Sperrmüll: 3,6° · 46 = 165,6°
Grün- und Bioabfälle: 3,6° · 22 = 79,2°
Wertstoffe: 3,6° · 32 = 115,2°

Das Streifendiagramm und das Kreisdiagramm zeigen *auf einen Blick,* woraus sich der gesamte Müll zusammensetzt und wie sich die einzelnen Müllanteile auf den gesamten Müll verteilen.
So sieht man im Streifen- und Kreisdiagramm sofort, dass fast die Hälfte des Mülls aus Haus- und Sperrmüll besteht, dass die Wertstoffe ca. ein Drittel und der Grün- und Bioabfall weniger als ein Viertel des Müllaufkommens ausmachen.

Übungen

2. In der Aufgabe 1 auf Seite 119 wurde der häusliche Abfall einer deutschen Stadt grafisch dargestellt. Hier seht ihr die entsprechenden Angaben aus dem Jahr 1990.

Müllart	Haus- und Sperrmüll	Grün- und Bioabfall	Wertstoffe
Müllmenge (in t)	21 400	3 800	7 200

Zeichnet verschiedene Diagramme und vergleicht sie mit denen aus Aufgabe 1. Ihr könnt die Diagramme auch mit einem Tabellenkalkulationsprogramm zeichnen.
Welche Veränderungen stellt ihr fest? Woran könnte das liegen?
Gebt die Veränderungen für die einzelnen Müllarten auch in Prozent an.

Darstellen und Auswerten statistischer Daten — KAPITEL 4

3. *Straßenverkehrs-Unfälle mit Personenschaden (Stand 2006):*

Überhöhte Geschwindigkeit	17%	Alkohol	6%
Nichtbeachten der Vorfahrt	15%	Fehlverhalten gegenüber Fußgängern	4%
Unzureichender Sicherheitsabstand	12%	Überholen	4%
Fehler beim Abbiegen, Wenden	14%	Sonstige Ursachen	28%

a) Zeichne ein Säulendiagramm und ein Kreisdiagramm.

b) Die Anzahl der Straßenverkehrsunfälle mit Personenschaden betrug 327 590. Wie viele dieser Unfälle wurden durch überhöhte Geschwindigkeit verursacht, wie viele Unfälle durch Nichtbeachten der Vorfahrt usw.?

4. Rechts siehst du ein Liniendiagramm. Es zeigt die Entwicklung einer Aktie. Die Punkte geben jeweils den Aktienkurs am Ende eines Jahres an.

a) Wieso sind Liniendiagramme besonders gut geeignet, zeitliche Entwicklungen von Größen (z. B. Aktienkurse oder Preise) zu beschreiben?

b) Schreibe zur Entwicklung des Aktienkurses einen Zeitungsartikel; denke dir auch eine passende Schlagzeile aus.

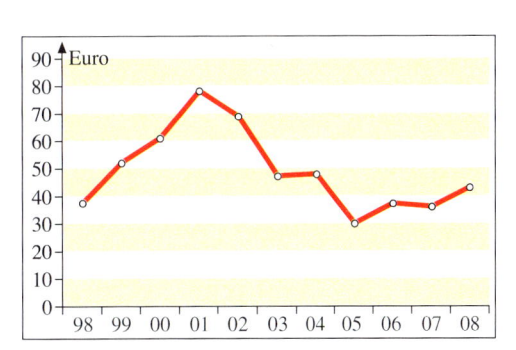

c) Stelle dir selbst Sachfragen, die du mithilfe der Daten des Diagramms beantworten kannst.

d) Sucht in Zeitungen, Zeitschriften oder im Internet nach Liniendiagrammen und stellt sie eurer Klasse vor.

5. In der Tabelle ist die zeitliche Entwicklung der Anzahl der Übernachtungen ausländischer Gäste im Gastgewerbe Rheinland-Pfalz dargestellt.

Jahr	1998	1999	2000	2001	2002	2003	2004	2005	2006	2007
Übernachtungen (in Mio.)	3,77	3,99	4,40	4,09	4,09	4,16	4,16	4,38	4,57	4,59

a) Stelle die zeitliche Entwicklung der Übernachtungszahlen in vier verschiedenen Koordinatensystemen auf Millimeterpapier jeweils durch ein Liniendiagramm dar.
Beachte: Du musst die folgenden Diagramme noch geeignet ergänzen.

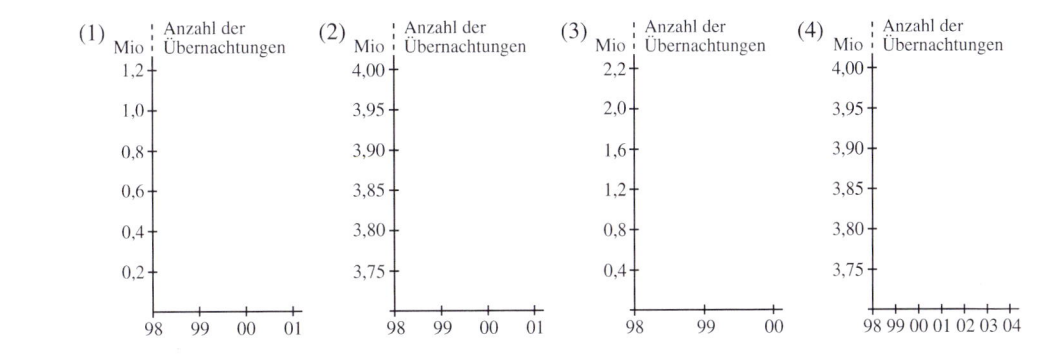

b) Beschreibe wie die unterschiedliche Achseneinteilung den optischen Eindruck verändern.

6. a) Was zeigen die Darstellungen? Welche Nachteile, welche Vorteile hat jede?

Bundestagswahl 2005 – Ergebnis der Zweitstimmen					
CDU/CSU	SPD	FDP	Die Linke	Grüne	Sonstige
35,2 %	34,2 %	9,8 %	8,7 %	8,1 %	4,0 %

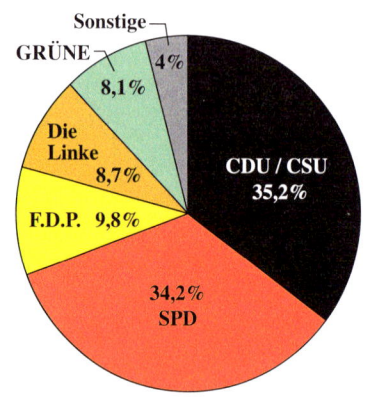

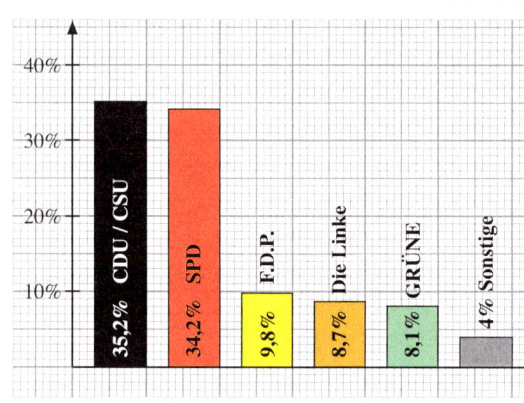

b) Für die Bundestagswahl 2005 waren 61,9 Mio. Personen wahlberechtigt. Die Wahlbeteiligung betrug 77,7 %. Insgesamt wurden 47,3 Mio. gültige Erststimmen und 47,2 Mio. gültige Zweitstimmen abgegeben.
  (1) Erkundige dich, worin sich Erst- und Zweitstimme unterscheiden.
  (2) Wie viele gültige Zweitstimmen erhielten die einzelnen Parteien?
  (3) Wie viele ungültige Erststimmen [Zweitstimmen] gab es?

7.

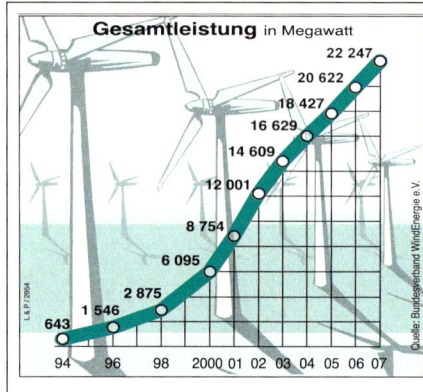

Wind-Nutzung flacht ab

Deutschland, dem größten Windenergiemarkt, geht beim Bau der Windräder langsam die Puste aus. 2005 wurden nur 1 049, 2007 sogar nur noch 883 neue Anlagen gebaut im Vergleich zu 2 328 Anlagen im Rekordjahr 2002. Insgesamt betrug Ende 2007 die installierte Windkraftleistung 22 250 Megawatt.

Die angegebene Leistung der Windkraftanlagen bezieht sich in dem Liniendiagramm immer auf die am Jahresende installierte Gesamtleistung.

a) Was kannst du *auf einen Blick* am Graphen ablesen?

b) Welche Zuordnung beschreibt der Graph? Wird diese Zuordnung im Text unter dem Graphen erklärt?

c) Wie beurteilst du die Schlagzeile „Windnutzung flacht ab"? Begründe deine Meinung.

d) Wie viele Windräder wurden 2005 [2007] neu gebaut? Wie viel Megawatt leistet im Durchschnitt jedes dieser Windräder?

e) Vergleiche die Zunahme der Windkraftleistung in den Jahren 1994/95, 1996/97, ..., 2006/07.
In welchem Zweijahreszeitraum war die relative, in welchem die absolute Zunahme der Leistung am größten?

f) Erkundige dich im Internet, z. B. beim Bundesverband Windenergie e.V. nach der weiteren Entwicklung des Windenergiemarktes und stelle sie der Klasse vor.

Darstellen und Auswerten statistischer Daten — KAPITEL 4

8. In einer repräsentativen Befragung von 1 217 erwachsenen Deutschen wurde untersucht, wie sich das *Online-Shopping* in den letzten Jahren verändert hat. Die Tabelle gibt an, wie viele der befragten Personen zumindest gelegentlich Online-Einkäufe in dem angegebenen Jahr im World Wide Web getätigt haben.

Jahr	2000	2001	2002	2003	2004	2005	2006
Anzahl der Online-Shopper	97	182	268	340	413	479	536

a) Veranschauliche die Daten durch ein Liniendiagramm. Was siehst du am Diagramm *auf einen Blick*?
b) Bestimme die relativen Häufigkeiten. Was geben sie an?
c) Schätze ab, wie viele Erwachsene in Deutschland 2006 zumindest gelegentlich Online-Einkäufe erledigt haben. Beschreibe deine Überlegungen.
d) Um wie viel Prozent ist das Einkaufen per Internet von 2000 bis 2006 angestiegen?

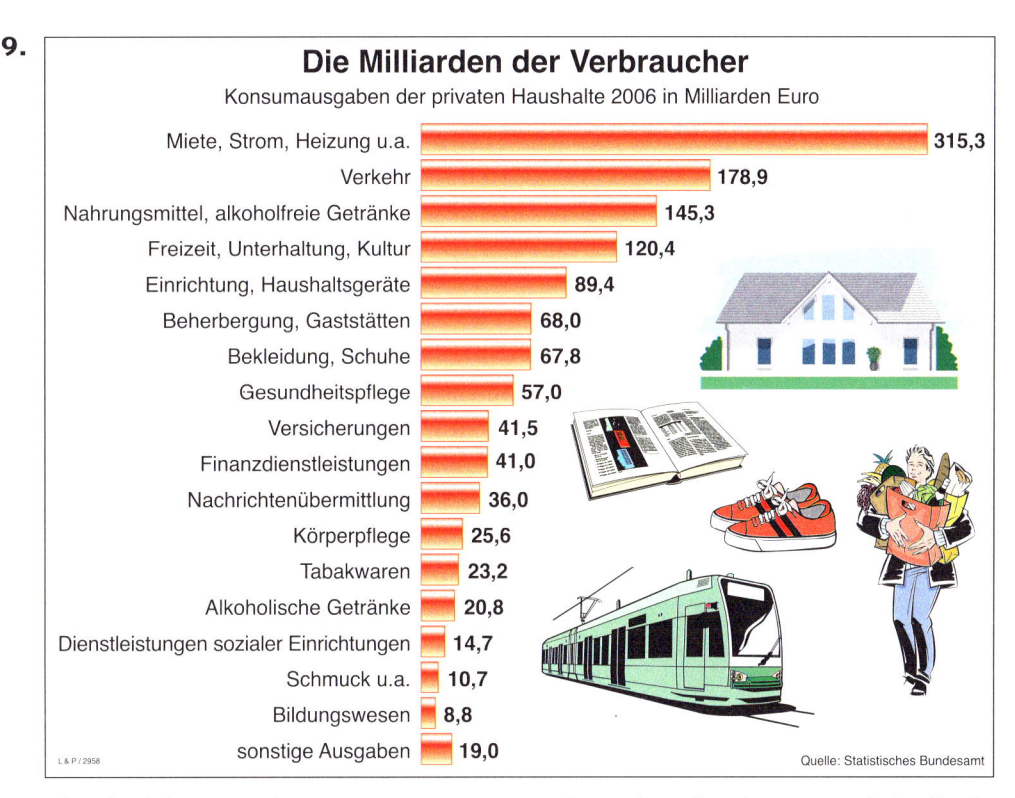

9.

Die Milliarden der Verbraucher
Konsumausgaben der privaten Haushalte 2006 in Milliarden Euro

Kategorie	Milliarden Euro
Miete, Strom, Heizung u.a.	315,3
Verkehr	178,9
Nahrungsmittel, alkoholfreie Getränke	145,3
Freizeit, Unterhaltung, Kultur	120,4
Einrichtung, Haushaltsgeräte	89,4
Beherbergung, Gaststätten	68,0
Bekleidung, Schuhe	67,8
Gesundheitspflege	57,0
Versicherungen	41,5
Finanzdienstleistungen	41,0
Nachrichtenübermittlung	36,0
Körperpflege	25,6
Tabakwaren	23,2
Alkoholische Getränke	20,8
Dienstleistungen sozialer Einrichtungen	14,7
Schmuck u.a.	10,7
Bildungswesen	8,8
sonstige Ausgaben	19,0

Quelle: Statistisches Bundesamt

a) Wie viel Prozent der gesamten Konsumausgaben gaben die privaten Haushalte für die Wohnung, wie viel Prozent für die Bildung aus?
b) Wie viel Prozent gaben sie für Verkehr mehr aus als für Nahrungsmittel?
c) Stelle die Konsumausgaben in einem Kreisdiagramm dar. Fasse dazu die letzten sieben Ausgabenblöcke (ab Körperpflege) unter *sonstige Ausgaben* zusammen.
d) Suche z. B. im Internet oder in Zeitschriften vergleichbare Diagramme, stelle selbst dazu Fragen und beantworte sie.

10. Erkundige dich im Internet beim statistischen Landesamt von Rheinland-Pfalz, wie sich seit 1980 die Anzahl der Schülerinnen und Schüler an den weiterführenden Schulen in RLP entwickelt hat.
Erstelle dazu Diagramme und schreibe einen Zeitungsartikel.

VIERFELDERTAFELN
Vierfeldertafeln mit absoluten Häufigkeiten

Einstieg

Mädchen machen in der Bildung das Rennen

Mainz. Obwohl mehr Jungen als Mädchen eine weiterführende Schule in Rheinland-Pfalz besuchen (157 400 von 311 000), haben die Mädchen an der Schulform Gymnasium einen deutlichen Vorsprung: 70 800 Schülerinnen besuchen Schulen dieses Typs und nur 60 200 Schüler.

→ Wie viele Mädchen besuchen eine weiterführende Schule? Wie viele davon besuchen ein Gymnasium?
→ Wie viele Schülerinnen und Schüler besuchen insgesamt ein Gymnasium?
→ Wie viele Schülerinnen und Schüler besuchen eine andere Schulform? Wie viele davon sind Jungen?
→ Versucht die gegebenen und gewonnenen Daten übersichtlich darzustellen.
→ Wie viel Prozent aller Schülerinnen besucht ein Gymnasium, wie viel eine andere Schulform? Vergleicht diese Anteile mit den entsprechenden Anteilen für die Jungen.

Aufgabe

1. Am 1. Januar 2007 waren in Deutschland 36,9 Millionen Pkw zugelassen, die in Deutschland auch hergestellt wurden. Davon hatten 31,8 Millionen einen Benzinmotor. Insgesamt gab es zu diesem Zeitpunkt in Deutschland 47,9 Mio. zugelassene Pkw mit einem Benzinmotor und 7,6 Mio. mit einem Dieselmotor.

a) Erschließe aus dem Text weitere Daten und stelle sie übersichtlich dar.
b) Ist für die Wahl der Motorart (Diesel- oder Benzinmotor) das Herkunftsland von Bedeutung?

Lösung

a) Da die Angabe der Daten unübersichtlich ist, bietet es sich an, in einem ersten Schritt die gegebenen Daten (blaue Zahlen) in einer Tabelle übersichtlich darzustellen.
Die Autos werden nach den beiden Beurteilungsmerkmalen *Herstellungsland* und *Motorart* unterschieden. Für das Merkmal Herstellungsland gibt es die beiden Auswahlmöglichkeiten *Deutschland* oder *Ausland*, für das Merkmal Motorart die Möglichkeiten *Benzinmotor* oder *Dieselmotor*.
In einem zweiten Schritt werden dann durch Addition und Subtraktion weitere Daten (rote Zahlen) berechnet.
Somit erhalten wir folgende Tabelle:

	Deutschland	Ausland	gesamt
Benzinmotor	31,8 Mio.	16,1 Mio.	47,9 Mio.
Dieselmotor	5,1 Mio.	2,5 Mio.	7,6 Mio.
gesamt	36,9 Mio.	18,6 Mio.	55,5 Mio.

Der Tabelle entnehmen wir:
- 5,1 Mio. Autos haben einen Dieselmotor und wurden in Deutschland hergestellt.
- Von den im Ausland hergestellten Autos haben 2,5 Mio. einen Dieselmotor.
- 16,1 Mio. Autos haben einen Benzinmotor und wurden im Ausland hergestellt.
- Insgesamt gab es am 1.1.2007 in Deutschland 55,5 Mio. Autos, davon wurden 18,6 Mio. im Ausland hergestellt.

b) (1) 31,8 Mio. von insgesamt 47,9 Mio. Autos mit einem Benzinmotor kommen aus Deutschland; das sind 66,4 %.
(2) 5,1 Mio. von insgesamt 7,6 Mio. Autos mit einem Dieselmotor kommen aus Deutschland; das sind 67,1 %.
Da sich beide Anteile kaum unterscheiden, spielt das Herkunftsland offensichtlich für die Wahl der Motorart keine Bedeutung. Unabhängig von der Motorart wurden ca. zwei Drittel der Autos in Deutschland hergestellt.

Information

(1) Vierfeldertafel

Im Einstieg und in Aufgabe 1 haben wir statistische Daten von Objekten nach zwei *Merkmalen* unterschieden. Für jedes Merkmal gab es zwei *Auswahlmöglichkeiten*. Die Daten konnten damit übersichtlich in einer Tabelle dargestellt werden.

Beispiel (Befragung von Fluggästen):

Merkmale: 1. *Geschlecht* 2. *Gefühl beim Fliegen*

Auswahlkriterien: *Männer   Frauen   Flugangst   keine Flugangst*

	Flugangst	keine Flugangst	gesamt
Männer	23	372	395
Frauen	14	169	183
gesamt	37	541	578

Die so entstandene Tabelle heißt **Vierfeldertafel**, da die Gesamtzahl der befragten 578 Personen auf die vier inneren, rot gefärbten Felder verteilt werden. In den blau gefärbten Randfeldern stehen dann jeweils die zugehörigen Summen.

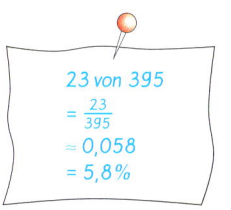

(2) Auswertung einer Vierfeldertafel

Mithilfe dieser Tabelle können wir z. B. merkmalspezifische Anteile berechnen und Bewertungen vornehmen.

Beispiel:
23 von 395 befragten männlichen Fluggästen gaben an, beim Fliegen Angst zu haben, das sind 5,8 %. Bei den weiblichen Fluggästen sind dies 14 von 183, also 7,7 %.
Die obige Befragung ergab somit, dass Frauen beim Fliegen eher unter Flugangst leiden als Männer.

23 von 395
$= \frac{23}{395}$
$\approx 0,058$
$= 5,8\%$

Zum Festigen und Weiterarbeiten

2. Die Jahrgangsstufen 9 und 10 einer Realschule besuchen 152 Schülerinnen und Schüler. 26 Schüler besitzen einen Mofaführerschein. 54 der insgesamt 73 Schülerinnen besitzen keinen Mofaführerschein.

a) Erstelle eine Vierfeldertafel.
b) Wie viel Prozent der Schüler besitzen einen Mofaführerschein?
c) Bestimme weitere Anteile und vergleiche.

3. Die Schülerinnen und Schüler einer Realschule wurden danach befragt, ob sie ein Musikinstrument spielen. Die folgende Vierfeldertafel enthält geschlechtsspezifische Informationen zu dieser Befragung.

	Mädchen	Junge	gesamt
Musikinstrument		48	
kein Musikinstrument	167		
gesamt		286	542

a) Vervollständige die Vierfeldertafel.

b) Werte die Tabelle aus und schreibe einen kurzen Zeitungsartikel. Denke dir auch eine passende Schlagzeile aus.

Übungen

4. Zu Schuljahresbeginn werden in einer Schule statistische Daten erhoben. Von den 333 Mädchen wohnen 167 im Schulort, von den 378 Jungen wohnen 159 im Schulort.
Welche weiteren Angaben lassen sich erschließen?
Stelle die Daten in Form einer Tabelle zusammen.
Wohnen relativ mehr Mädchen oder mehr Jungen im Schulort?

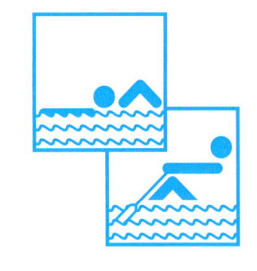

5. Die folgenden Vierfeldertafeln enthalten Informationen zur Zusammensetzung verschiedener Abteilungen eines Sportvereins nach Geschlecht (**m**ännlich, **w**eiblich) und Altersgruppe (**J**ugendliche, **E**rwachsene).

(1)

Schwimmen	m	w	gesamt
J		12	
E			34
gesamt	17		63

(2)

Rudern	m	w	gesamt
J		14	45
E		21	
gesamt	38		

a) Vervollständige die Vierfeldertafeln.

b) Ist der Anteil der weiblichen Mitglieder in den Abteilungen bei den Jugendlichen oder bei den Erwachsenen größer?
Begründe mit Rechnungen.

6. Eine Firma stellt Isolierglasscheiben sowohl mit einer Silberbeschichtung als auch mit einer Goldbeschichtung her. Diese Metallbeschichtung erhöht die Wärmereflektion und führt somit zu einer besseren Isolation.
Im Rahmen einer Qualitätskontrolle wurde festgestellt, dass 15 von 232 Glasscheiben mit Silberbeschichtung nicht in Ordnung waren. Bei den 167 mit Gold beschichteten Scheiben waren 9 fehlerhaft.

a) Erstelle mit diesen Daten eine Vierfeldertafel.

b) Untersuche, ob die Häufigkeit der Beschädigungen von der Art der Beschichtung abhängt.

Darstellen und Auswerten statistischer Daten — KAPITEL 4

Vierfeldertafeln mit relativen Häufigkeiten

Einstieg

Mädchen haben in der Bildung die Nase vorn

Mainz. Obwohl der Jungenanteil an den weiterführenden Schulen in Rheinland-Pfalz mit 50,6 % insgesamt etwas größer ist als der Anteil der Mädchen, gehen mehr Mädchen als Jungen zum Gymnasium. 54 % aller Schülerinnen und Schüler an den Gymnasien sind Mädchen. Insgesamt besuchen 42,1 % aller Schülerinnen und Schüler ein Gymnasium.

→ Der obige Zeitungsbericht stand in einer anderen Zeitung als der Bericht auf der Seite 124. Überprüft, ob beide Berichte übereinstimmen.

→ Statt der absoluten Häufigkeiten werden häufig relative Häufigkeiten (Anteile) in Vierfeldertafeln veröffentlicht. Erstellt solch eine Vierfeldertafel.

→ Stellt eure Überlegungen und Ergebnisse der Klasse vor.

Aufgabe

1. An der Albert-Einstein-Realschule haben genauso viele Schüler wie Schülerinnen eine Empfehlung für die gymnasiale Oberstufe erhalten. Insgesamt sind es 40 % aller Schulabgänger(innen). 54 % der Schulabgänger(innen) sind Jungen.

a) Trage die angegebenen relativen Häufigkeiten (Anteile) in eine Vierfeldertafel ein und vervollständige sie.

b) 23 Jungen haben eine Empfehlung für die gymnasiale Oberstufe erhalten. Wie viele Schulabgänger(innen) gibt es insgesamt?

c) Wie viel Prozent der Jungen und wie viel Prozent der Mädchen haben eine Empfehlung für die gymnasiale Oberstufe erhalten? Vergleiche.

Lösung

a) Die gegebenen Anteile tragen wir in die Vierfeldertafel ein (blau). Der Grundwert aller Prozentangaben in der Vierfeldertafel ist die Gesamtzahl aller Schulabgänger(innen). Da genauso viele Schülerinnen wie Schüler eine Empfehlung für die gymnasiale Oberstufe erhalten haben, wird der Anteil von 40 % zu gleichen Teilen auf Jungen und Mädchen aufgeteilt.

Die anderen relativen Häufigkeiten erhalten wir wieder durch Addition und Subtraktion:

	Empfehlung	keine Empfehlung	gesamt
Jungen	20 %	34 %	54 %
Mädchen	20 %	26 %	46 %
gesamt	40 %	60 %	100 %

b) 23 Schüler haben eine Empfehlung für die gymnasiale Oberstufe erhalten, das sind 20 % aller Schulabgänger.

Pfeilbild: $G \xrightarrow[:0,20]{\cdot 0,20} 23$ Rechnung: 23 : 0,20 = 115

Ergebnis: Es gibt insgesamt 115 Schulabgänger(innen).

c) Es gibt zwei Möglichkeiten, die Anteile zu berechnen.

1. Möglichkeit (mithilfe der absoluten Häufigkeiten):

54 % von insgesamt 115 Schulabgänger(innen) sind Jungen.

54 % von 115 = 115 · 0,54 = 62

In der Jahrgangsstufe gibt es somit 62 Jungen und 53 Mädchen.
23 von 62 Jungen und 23 von 53 Mädchen haben eine Empfehlung erhalten.
Das sind $\frac{23}{62} \approx 37\,\%$ in der Jungengruppe und $\frac{23}{53} \approx 43\,\%$ in der Mädchengruppe.

2. Möglichkeit (mithilfe der relativen Häufigkeiten):

- 54 % aller Schulabgänger(innen) sind Jungen [Grundwert].
- 20 % aller Schulabgänger(innen) sind Jungen mit einer Empfehlung [Prozentwert].
  Bei den Schulabgänger(innen) haben 20 % von 54 % Jungen eine Empfehlung.
  Das ist ein Anteil von $\frac{20\,\%}{54\,\%} \approx 0{,}37 = 37\,\%$.
  20 % von 46 % Mädchen haben eine Empfehlung.
  Das ist ein Anteil von $\frac{20\,\%}{46\,\%} \approx 0{,}43 = 43\,\%$.

Ergebnis: 37 % der Jungen und 43 % der Mädchen haben eine Empfehlung für die gymnasiale Oberstufe erhalten. Anteilmäßig erhalten mehr Mädchen als Jungen eine Empfehlung für die gymnasiale Oberstufe.

Information

> Statt der absoluten Häufigkeiten kann man auch relative Häufigkeiten (Anteile) in Vierfeldertafeln eintragen (vgl. Aufgabe 1 Lösung a)).
> Der Grundwert aller in der Vierfeldertafel angegebenen Anteile (Prozentsätze) ist immer die Gesamtzahl aller untersuchten Objekte oder befragten Personen.

Zum Festigen und Weiterarbeiten

2. Erstelle mit den Daten des Zeitungsausschnittes rechts zum Verkehrsverhalten von Autofahrern eine Vierfeldertafel mit

a) absoluten Häufigkeiten;

b) relativen Häufigkeiten.

Raser unterwegs

Bei der gestrigen Geschwindigkeitskontrolle an der Willy-Brandt-Allee wurde festgestellt, dass 14 der 101 überprüften Männer die Geschwindigkeit überschritten, bei den Frauen waren es 3 von 26.

3. Die folgende Tabelle beschreibt die Anteile der Mitglieder eines Sportvereins, getrennt nach Geschlecht und Altersgruppe:

	männlich	weiblich	gesamt
Jugendabteilung	23 %		42 %
Erwachsenenabteilung	16 %		
Gesamt			100 %

a) Vervollständige die Vierfeldertafel.

b) In der Erwachsenenabteilung sind insgesamt 146 Frauen.
Wie viele Mitglieder hat der Sportverein insgesamt?

c) Wie viel Prozent der Mitglieder in der Jugendabteilung sind Jungen?

d) Wie viel Prozent der weiblichen Mitglieder sind in der Erwachsenenabteilung?

Darstellen und Auswerten statistischer Daten

KAPITEL 4

Übungen

4. Erstelle für die Daten aus Aufgabe 1 auf Seite 127 eine Vierfeldertafel mit absoluten Häufigkeiten.

5.
> Von 52 Schülerinnen der Jahrgangsstufe 10 kommen 32 mit dem Bus zur Schule, von 44 Schülern sind dies 29.

a) Übertrage die Daten in eine Vierfeldertafel.
Berechne die fehlenden Daten und ergänze die Tabelle.
b) Erstelle eine Vierfeldertafel mit den relativen Häufigkeiten.
c) Kommen relativ mehr Schülerinnen oder mehr Schüler mit dem Bus zur Schule? Begründe.

6. Im Auftrag einer Zeitschrift wurden 850 Männer und Frauen befragt, ob sie regelmäßig rauchen. Die Vierfeldertafel enthält Ergebnisse dieser Befragung.

Rauchverhalten	Raucher	Nichtraucher	gesamt
Männer	9 %		58 %
Frauen			
gesamt	17 %		100 %

a) Vervollständige die Vierfeldertafel.
b) Wie viele Männer nahmen an der Befragung teil?
c) Wie viel Prozent der Frauen sind Nichtraucher?
d) In der Zeitschrift steht anschließend folgender Kommentar:

> Der Anteil der Raucher bei den Männern beträgt 9 %, bei den Frauen dagegen nur 8 %. Hiermit ist die allgemeine Vermutung, dass mehr Frauen als Männer rauchen, widerlegt.

7.
> **Berlin:** Bei der Bundestagswahl 2005 entfielen auf die SPD 34,20 % aller Zweitstimmen. Dabei fällt auf, dass sich dieser Stimmanteil nicht gleichmäßig auf Frauen und Männer aufteilt: Der Frauenanteil aller Zweitstimmen für die SPD betrug 18,43 %, der Männeranteil dagegen nur 15,77 %. Insgesamt waren bei der Bundestagswahl 52,1 % aller Wählerinnen und Wähler Frauen.

a) Wie viel Prozent der Zweitstimmen entfielen bei der Bundestagswahl insgesamt auf die anderen Parteien?
b) Berechne mithilfe einer Vierfeldertafel weitere Daten.
c) Wie viel Prozent der SPD-Wähler waren Frauen?
d) Insgesamt erhielt die SPD 16,45 Mio. Zweitstimmen.
Wie viele Männer und wie viele Frauen haben die SPD gewählt?

VIERFELDERTAFELN UND BAUMDIAGRAMME

Einstieg

Im Flensburger Verkehrszentralregister sind 6,7 Mio. Personen registriert. 1,2 Mio. der registrierten Personen sind Frauen. Wegen der Schwere der Verkehrsvergehen wurden 0,17 Mio. Frauen und 1,37 Mio. Männern sogar die Führerscheine entzogen.

→ Absolute Häufigkeiten können auch in einem Baumdiagramm dargestellt werden. Vervollständigt das Baumdiagramm und stellt die Daten auch in einer Vierfeldertafel dar.

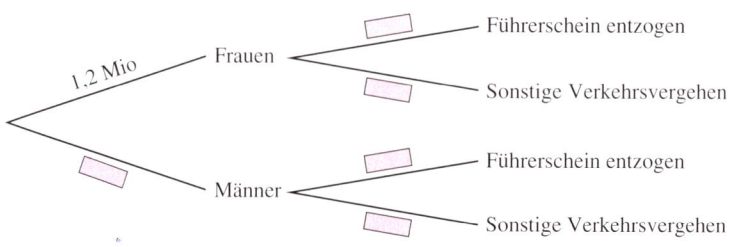

→ Berechnet die relativen Häufigkeiten und stellt sie entsprechend dar.

→ Vergleicht die verschiedenen Darstellungen. Benennt Vor- und Nachteile.

Aufgabe

1. Mit medizinischen Tests kann überprüft werden, ob ein Patient z. B. an einer bestimmten, ansteckenden Krankheit leidet. Diese Tests weisen erfahrungsgemäß geringe Fehlerquoten auf.
   Statistische Erhebungen ergaben bei einem bestimmten Testverfahren folgende Fehler:
   - 0,5 % aller Gesunden wurden positiv getestet, d. h. als krank eingestuft.
   - 2 % der Kranken wurden negativ getestet, also als gesund eingestuft.
   Aus Erfahrung weiß man, dass 0,2 % der Bevölkerung an dieser Krankheit leiden.

   a) Eine Person, die sich diesem Test unterzieht, wird positiv getestet. Natürlich hat sie nun große Sorgen, dass sie an dieser ansteckenden Krankheit erkrankt ist.
   Wie groß ist die Wahrscheinlichkeit, dass sie wirklich krank ist?

   b) Eine andere Person wird negativ getestet.
   Wie groß ist die Wahrscheinlichkeit, dass sie trotzdem krank ist?

   Lösung

   a) Wir verwenden folgende Abkürzungen:
   - **g**: Der Patient ist gesund.
   - **k**: Der Patient ist krank.
   - **p**: Der Patient wird positiv getestet.
   - **n**: Der Patient wird negativ getestet.

   Mit den gegebenen Daten erhalten wir das *Baumdiagramm* rechts.

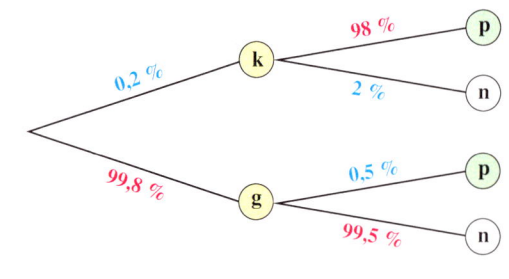

Positiv bedeutet: Der Patient wird aufgrund des Tests als krank eingestuft.

Darstellen und Auswerten statistischer Daten — KAPITEL 4

Bei der Lösung dieser Aufgabe ist es hilfreich, mit absoluten Zahlen zu rechnen, da die Größenunterschiede dann deutlicher werden. Die Zahlen können wir dann sowohl in einem Baumdiagramm als auch in einer Vierfeldertafel darstellen.
Im Folgenden gehen wir von insgesamt 100 000 Personen aus.

Baumdiagramm:

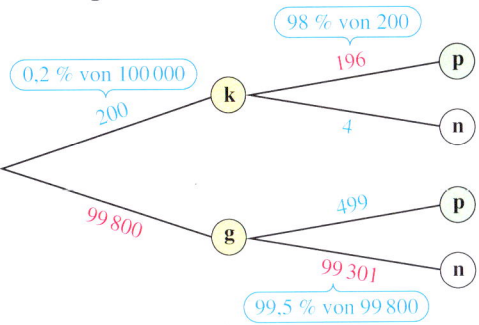

```
              98 % von 200
0,2 % von 100 000      196
              ──── k ────── p
              200 \
                   \─── n
   ─┤                 4
    \         
     \99 800       499
      \─── g ────── p
              \
               \── n
              99 301
        99,5 % von 99 800
```

Vierfeldertafel:

	krank k	gesund g	Summe
Test positiv p	196	499	695
Test negativ n	4	99 301	99 305
Summe	200	99 800	100 000

Der Vierfeldertafel entnehmen wir:
196 von insgesamt 695 positiv getesteten Personen sind krank.
Dies ist ein Anteil von $\frac{196}{695} \approx 0{,}28 = 28\,\%$.
Eine positiv getestete Person ist also nur mit einer Wahrscheinlichkeit von 28 % tatsächlich an dieser Krankheit erkrankt.

b) Der Vierfeldertafel entnehmen wir:
Von insgesamt 99 305 negativ getesteten Personen sind 4 Personen krank.
Dies ist ein Anteil von $\frac{4}{99\,305} \approx 0{,}00004 = 0{,}004\,\%$.
Eine Person, die negativ getestet wird, ist bei diesem Test mit der sehr geringen Wahrscheinlichkeit von 0,004 % trotzdem an der Krankheit erkrankt.

Zum Festigen und Weiterarbeiten

2. 24 % der Belegschaft eines Konzerns rauchen regelmäßig. Davon sind 67 % Männer. Bei den Nichtrauchern beträgt der Anteil der Männer sogar 72 %.

   a) Erstelle wie in Aufgabe 1 Baumdiagramme und eine Vierfeldertafel. Gehe dabei von einer geeigneten Anzahl von Beschäftigten aus.

   b) (1) Wie viel Prozent der männlichen Beschäftigten sind Raucher?
      (2) Wie viel Prozent der weiblichen Belegschaft rauchen?

3. Immer mehr Berufstätige in Deutschland haben einen Teilzeitjob. Das Diagramm rechts zeigt, dass Teilzeitarbeit nach wie vor eine Frauendomäne ist.

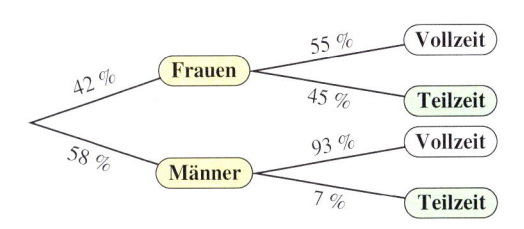

   a) Erstelle zu dem Baumdiagramm eine geeignete Vierfeldertafel.

   b) Wie viel Prozent aller Teilzeitbeschäftigten [Vollzeitbeschäftigten] sind Frauen?

```
           42 %       55 %  Vollzeit
         ┌─── Frauen ──┤
         │             45 %  Teilzeit
    ─────┤
         │             93 %  Vollzeit
         └─── Männer ──┤
           58 %        7 %   Teilzeit
```

Information

(1) Baumdiagramm – Vierfeldertafel

Statistische Daten, die man nach zwei *Merkmalen* mit jeweils zwei Wahlmöglichkeiten unterscheiden kann, können in Baumdiagrammen oder Vierfeldertafeln dargestellt werden.

Beispiel: Kommunalwahl

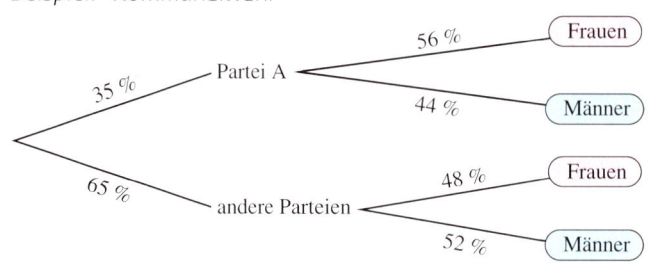

- Partei A (35 %)
  - Frauen: 56 %
  - Männer: 44 %
- andere Parteien (65 %)
  - Frauen: 48 %
  - Männer: 52 %

Ist die Anzahl der Personen, die zur Wahl gegangen sind, bekannt, so können wir die absoluten Zahlen berechnen.
Ist die Anzahl unbekannt, so kann man eine geeignete Anzahl (100, 1 000, 10 000, ...) annehmen.
Dies macht man häufig, damit die Zahlenverhältnisse deutlicher werden.
In unserem Beispiel gehen wir von 10 000 Wahlbeteiligten aus.

Baumdiagramm:

- Partei A: 3 500 (35 % von 10 000)
  - Frauen: 1 960 (56 % von 3 500)
  - Männer: 1 540
- andere Parteien: 6 500
  - Frauen: 3 120
  - Männer: 3 380

Vierfeldertafel:

	Frauen	Männer	gesamt
Partei A	1 960	1 540	3 500
andere Parteien	3 120	3 380	6 500
gesamt	5 080	4 920	10 000

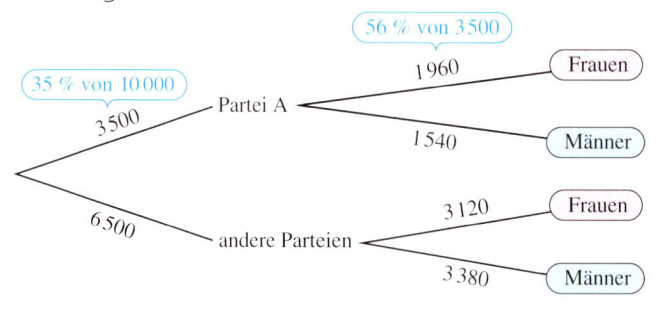

> Du musst selbst entscheiden, welches Merkmal in der Vierfeldertafel oben und welches links stehen soll.

(2) Merkmalspezifische Auswertung

Mithilfe der Vierfeldertafel können merkmalspezifische Bewertungen vorgenommen werden.

Beispiel: Kommunalwahl
Wie viel Prozent aller zur Wahl gegangenen Frauen haben die Partei A gewählt?
Der Vierfeldertafel entnehmen wir:
1 960 von insgesamt 5 080 Wählerinnen haben die Partei A gewählt.

Wir erhalten den Anteil:

$p\% = \frac{1960}{5080} \approx 0{,}386 = 38{,}6\%$

Dies bedeutet:
Wären nur Frauen zur Wahl gegangen, hätte die Partei A statt 35 % ein Wahlergebnis von 38,6 % erreicht.

Darstellen und Auswerten statistischer Daten — KAPITEL 4

Übungen

Positiv bedeutet: Der Patient wird aufgrund des Tests als krank eingestuft.

4. Mit einem medizinischen Schnelltest kann überprüft werden, ob ein Patient an einer bestimmten Krankheit leidet. Aus statistischen Erhebungen weiß man:
- Insgesamt sind 0,3 % der Bevölkerung an dieser Krankheit erkrankt.
- 1,5 % der gesunden Patienten werden positiv getestet.
- 4 % der kranken Patienten werden negativ getestet.

a) Wie viel Prozent der positiv getesteten Patienten sind demnach tatsächlich krank?
b) Wie viel Prozent der negativ getesteten Patienten sind demnach trotzdem krank?

5. Bei der Warenausgabe einer Fabrik, die Elektronikbauteile herstellt, werden Kontrollmessungen durchgeführt.
Aus Erfahrung weiß man:
- 94 % aller produzierten Bauteile sind in Ordnung.
- 3 % der Bauteile, die in Ordnung sind, werden bei der Kontrolle als nicht funktionstüchtig eingestuft.
- 5 % der Bauteile, die nicht in Ordnung sind, werden als funktionstüchtig eingestuft.

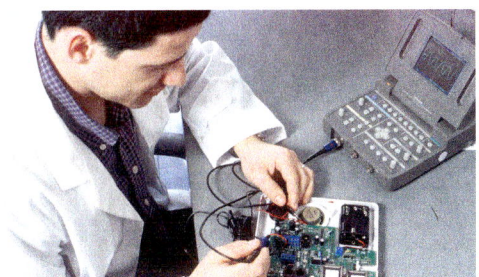

a) Stelle die Angaben in einem Baumdiagramm dar.
b) Erstelle eine geeignete Vierfeldertafel.
c) Wie viel Prozent der als nicht funktionstüchtig eingestuften Bauteile sind erfahrungsgemäß tatsächlich nicht in Ordnung?

6. Das Baumdiagramm gibt dir Informationen über die Marktanteile und das Vertriebssystem zweier Lokalzeitungen A und B.

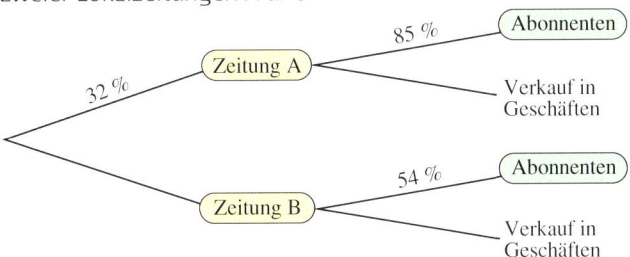

```
              85 %  Abonnenten
      Zeitung A
 32 %         Verkauf in
              Geschäften

              54 %  Abonnenten
      Zeitung B
              Verkauf in
              Geschäften
```

a) Vervollständige das Baumdiagramm.
b) Wie viel Prozent aller verkauften Zeitungen werden an Abonnenten geliefert?
c) Wie groß ist unter den Abonnenten der Anteil der Zeitung A [der Zeitung B]?

7. Bei einer Wahl erhielt die Partei A 45 % aller Stimmen. Ein Drittel ihrer Stimmen bekam sie von den über 50jährigen Wählerinnen und Wählern. Die übrigen Parteien bekamen 25 % ihrer Stimmen aus dieser Altersgruppe.

a) (1) Wie viel Prozent aller Wähler war älter als 50 Jahre?
(2) Wie viel Prozent der Wähler bis 50 Jahre hat die Partei A gewählt?

b) Sind die folgenden Zeitungsmeldungen richtig? Begründe.
Korrigiere gegebenenfalls eine falsche Meldung.

(1) Die Partei A verdankt ihr gutes Abschneiden den älteren Wählern.
(2) Jeder dritte Wähler über 50 hat Partei A gewählt.
(3) Jeder dritte Wähler der Partei A ist über 50 Jahre alt.

BERECHNEN RELATIVER HÄUFIGKEITEN MIT BAUMDIAGRAMMEN

Einstieg

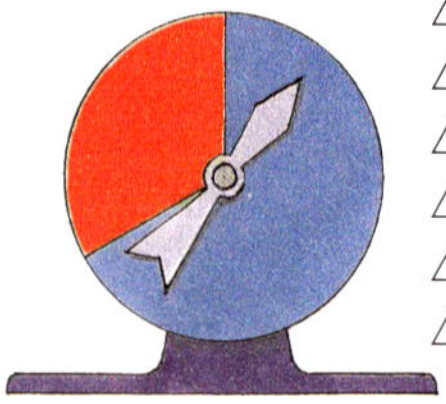

Ein Glücksrad hat einen blauen und einen kleineren, roten Sektor. P ist die Wahrscheinlichkeit, beim Drehen blau zu erzielen. Das Rad wird zweimal gedreht. Die Wahrscheinlichkeit, bei diesem Zufallsversuch zweimal die gleiche Farbe zu erzielen, beträgt 54,5%.

→ Vervollständigt das Baumdiagramm.
→ Berechnet die Wahrscheinlichkeit P für blau. Stellt mithilfe der Pfadregel eine Gleichung auf.
→ Wie groß sind die Sektoren des Glücksrads?
→ Stellt eure Überlegungen und Ergebnisse der Klasse vor.

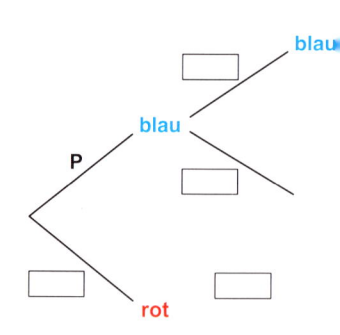

Wiederholung

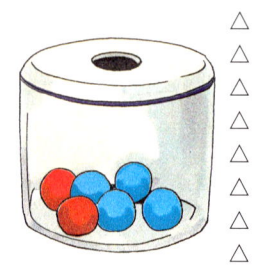

Regeln zur Berechnung von Wahrscheinlichkeiten bei zwei- und mehrstufigen Zufallsversuchen

Beispiel:
Aus einem Behälter mit 4 blauen und 2 roten Kugeln werden nacheinander zwei Kugeln gezogen, ohne sie zurückzulegen.

(1) *Multiplikationsregel*
Man erhält die Wahrscheinlichkeit für ein Ergebnis, indem man die Wahrscheinlichkeiten entlang dem zugehörigen Pfad multipliziert.
P (**rot**|**blau**) = $\frac{2}{6} \cdot \frac{4}{5} = \frac{4}{15}$

(2) *Additionsregel*
Besteht ein Ereignis aus mehreren Ergebnissen, so berechnet man für jedes zugehörige Ergebnis die Wahrscheinlichkeit nach der Pfadregel und addiert diese Wahrscheinlichkeiten.
P (zwei gleichfarbige Kugeln) = $\frac{2}{5} + \frac{1}{15} = \frac{7}{15}$

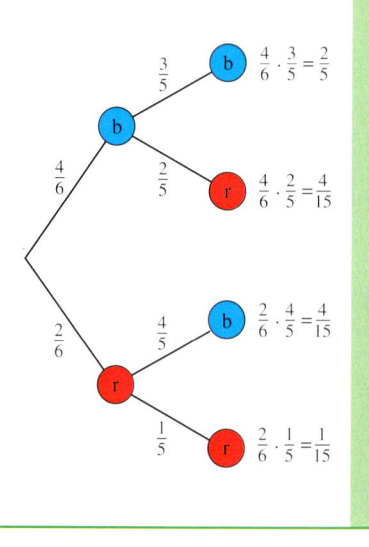

Da wir die Wahrscheinlichkeit eines Ereignisses als zu erwartende relative Häufigkeit in einer langen Versuchsreihe interpretieren, können wir diese Regeln auch zur Berechnung von relativen Häufigkeiten anwenden.

Aufgabe

1. An einer Schule sind 55% aller Schülerinnen und Schüler Jungen. 35% der Jungen kommen mit dem Fahrrad zur Schule. Insgesamt fahren 37% aller Schülerinnen und Schüler mit dem Fahrrad zur Schule.
Stelle die Angaben in einem Baumdiagramm dar.
Berechne, wie viel Prozent der Mädchen mit dem Fahrrad zur Schule fahren.

Darstellen und Auswerten statistischer Daten

KAPITEL 4

Lösung

55 % aller Schülerinnen und Schüler sind Jungen (J), somit beträgt der Anteil der Mädchen (M) 45 %.

35 % der Jungen fahren mit dem Fahrrad zur Schule (F), d. h. 65 % der Jungen kommen nicht mit dem Fahrrad zur Schule (nF).

Da wir den Anteil der Mädchen, die mit dem Fahrrad zur Schule kommen, nicht kennen, nennen wir ihn x.

Der Anteil der Mädchen, die nicht mit dem Fahrrad zur Schule fahren, beträgt dann 1 − x.

Wir erhalten folgendes Baumdiagramm:

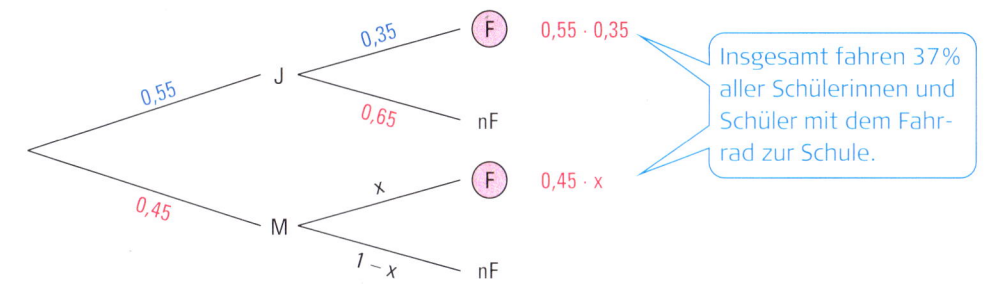

Insgesamt fahren 37 % aller Schülerinnen und Schüler mit dem Fahrrad zur Schule.

Wir interpretieren die Wahrscheinlichkeit eines Ereignisses als seine relative Häufigkeit in einer langen Versuchsreihe. Deshalb können wir die aus der Wahrscheinlichkeitsrechnung bekannten Regeln auch hier zur Berechnung der relativen Häufigkeiten anwenden.

Wir erhalten:

$0{,}55 \cdot 0{,}35 + 0{,}45 \cdot x = 0{,}37$

$\quad 0{,}1925 + 0{,}45\,x = 0{,}37 \quad | -0{,}1925$

$\quad\quad\quad\quad 0{,}45\,x = 0{,}1775 \quad | :0{,}45$

$\quad\quad\quad\quad\quad\quad x = 0{,}3944\ldots$

$\quad\quad\quad\quad\quad\quad x \approx 39{,}4\,\%$

39,4 % der Mädchen fahren mit dem Fahrrad zur Schule.

Zum Festigen und Weiterarbeiten

2. In der Jahrgangsstufe 10 einer Realschule sind 53 % Mädchen. Von den Mädchen haben 48 % und von den Jungen 32 % Französisch als 2. Fremdsprache gewählt.

a) Stelle den Sachverhalt in einem Baumdiagramm dar.

b) Wie viel Prozent aller Schülerinnen und Schüler haben Französisch als 2. Fremdsprache gewählt?

c) Insgesamt haben 45 Schülerinnen und Schüler der Jahrgangsstufe Französisch als 2. Fremdsprache gewählt.
   (1) Wie groß ist die Jahrgangsstufe insgesamt?
   (2) Wie viele Jungen sind in der Jahrgangsstufe?
   (3) Wie viele Jungen haben Französisch gewählt?
   (4) Wie groß ist der Jungenanteil in der Französischgruppe?

△ **3.** Ein Glücksrad besteht aus 3 Sektoren mit den Farben blau, rot und grün. Es wird zweimal gedreht. Die Wahrscheinlichkeit für zweimal rot beträgt 9%. Die Wahrscheinlichkeit für rot und gelb in beliebiger Reihenfolge beträgt 15%.

a) Stelle den Zufallsversuch in einem Baumdiagramm dar.
b) Wie groß sind die drei Farbsektoren?
c) Wie groß ist die Wahrscheinlichkeit, dass beim zweimaligen Drehen das Glücksrad auf verschiedenen Farben stehen bleibt?

Übungen

△ **4.** 54% der Schulabgänger der Goethe-Realschule sind Jungen, von denen 24% in die Oberstufe eines Gymnasiums wechseln. Insgesamt wechseln sogar 27% aller Schülerinnen und Schüler der Jahrgangsstufe in die Oberstufe eines Gymnasiums.

a) Stelle die Angaben in einem Baumdiagramm dar.
b) Wie viel Prozent der Mädchen wechseln in die Oberstufe eines Gymnasiums?

△ **5.** In einem Behälter sind insgesamt 25 blaue und gelbe Kugeln. Es werden nacheinander zwei Kugeln gezogen, wobei nach dem ersten Zug die gezogene Kugel wieder in den Behälter zurückgelegt wird. Die Wahrscheinlichkeit, zwei blaue Kugeln zu ziehen, beträgt 36%.

a) Stelle den zweistufigen Zufallsversuch in einem Baumdiagramm dar.
b) Wie viele blaue und wie viele gelbe Kugeln sind in dem Behälter?
c) Wie groß ist die Wahrscheinlichkeit, zwei Kugeln mit verschiedenen Farben zu ziehen?

△ **6.** In einer Fahrschule wurde eine theoretische Führerscheinprüfung durchgeführt. 75% der Anmeldungen zur Prüfung erfolgten als Erstmeldungen. Von diesen Prüfungen gingen 85% erfolgreich aus. Dagegen bestanden nur 65% der Kandidaten, die zur Wiederholungsprüfung antraten.

a) Stelle die Angaben in einem Baumdiagramm dar.
b) Wie viel Prozent aller Kandidaten haben die theoretische Prüfung bestanden?
c) Insgesamt haben 35 Personen die Prüfung bestanden.
 (1) Wie viele Kandidaten haben an der Prüfung teilgenommen?
 (2) Wie viele Wiederholungskandidaten gab es?

△ **7.** Aus einer Schülerzeitung:

> *Die Befragung von 15- und 16jährigen Schülerinnen und Schüler an unserer Schule ergab, dass insgesamt 44% der Befragten regelmäßig am Computer spielen. Während bei den Mädchen dieser Anteil nur 26% betrug, lag er in der Jungengruppe bei 71%. Bei der Handy-Nutzung sah das Bild ganz anders aus. Hier verschickten 62% der befragten Mädchen regelmäßig mehrere SMS pro Tag, von den Jungen dagegen nur 18%.*

a) Wie viel Prozent der befragten Jugendlichen waren Jungen, wie viel Prozent Mädchen?
b) Wie viel Prozent der befragten Jugendlichen verschicken regelmäßig mehrere SMS pro Tag?

VERMISCHTE UND KOMPLEXE ÜBUNGEN

1. **Rechnung** für den Zeitraum 16. 10. 2007 bis 31. 12. 2008   Kunden-Nr. 0.3912.9781
Sehr geehrter Herr Meyer,
für den oben genannten Abrechnungszeitraum berechnen wir Ihnen folgende Lieferungen:

Sparte	letzte Abrechnung Verbrauch	lfd. Abrechnung				
		Verbrauch	Tage	Nettobetrag €	Umsatzsteuer %	€	Bruttobetrag €
Strom	7 308 kWh	9 131 kWh	442	1 050,76	19	199,64	1 250,40
Gas	30 062 kWh	40 286 kWh	442	1 407,23	19	267,38	1 674,61
Rechnungsbetrag				2 457,99		467,02	2 925,01

a) Was kannst du der Rechnung entnehmen?

b) Wie groß war der durchschnittliche Strom- bzw. Gasverbrauch pro Tag?

c) Bis zur nächsten Abrechnung in ca. einem Jahr muss jeden Monat ein Abschlag gezahlt werden. Zur Berechnung des monatlichen Abschlags werden die Verbrauchsdaten der letzten Rechnung zuzüglich einer Steigerungsrate von 2% beim Stromverbrauch zugrunde gelegt. Zusätzlich kalkulieren die Stadtwerke mit einer Preissteigerung von 5% beim Gaspreis und 3% beim Strompreis.
Wie hoch ist der monatliche Abschlag?

2. Statistisches Bundesamt Wiesbaden 2007

Jahr	Lebendgeborene	
	männlich	weiblich
1997	417 006	395 167
1998	402 865	382 169
1999	396 296	374 448
2000	393 323	373 676
2001	377 586	356 889
2002	369 277	349 973
2003	362 709	344 012
2004	362 017	343 605
2005	351 757	334 038
2006	345 816	326 908

a) Beschreibe die Entwicklung der Geburten in Deutschland von 1997 bis 2006.

b) Um wie viel Prozent sind die Geburten von 1997 bis 2006 zurückgegangen?

c) Erstelle ein Diagramm, das den Rückgang der Geburten angemessen veranschaulicht. Diagramme können eine Entwicklung auch übertrieben oder untertrieben darstellen.
Erstelle zu den folgenden Überschriften jeweils ein geeignetes Diagramm:
- *Dramatischer Rückgang bei den Geburten*
- *Leichter Rückgang bei den Geburten*

d) Bestimme mit den Daten des statistischen Bundesamts die Wahrscheinlichkeit für eine Jungen- bzw. Mädchengeburt in Deutschland.

e) Wie groß ist die Wahrscheinlichkeit, dass eine zufällig ausgesuchte Familie mit 2 Kindern
 (1) genau zwei Jungen hat,
 (2) mindestens 1 Mädchen hat.

f) In einer Stadt gibt es 2 573 Familien mit drei Kindern. Gib eine begründete Prognose dafür ab, wie viele dieser Familien nur Mädchen [höchstens einen Jungen] haben.

3. a) Das Diagramm rechts stand in einer Zeitung mit der Überschrift:
Die Anzahl der Unfälle auf dem Schulweg hat in unserer Stadt stark abgenommen.
Was meinst du dazu?
Begründe deine Antwort auch mit einer Rechnung.

b) Eine genaue Aufschlüsselung nach Jungen und Mädchen ergab folgendes Bild, wobei keiner in einem Jahr zwei oder mehr Unfälle hatte:

2007	Schulwegunfall	ohne Schulwegunfall
Jungen	61	2520
Mädchen	33	2473

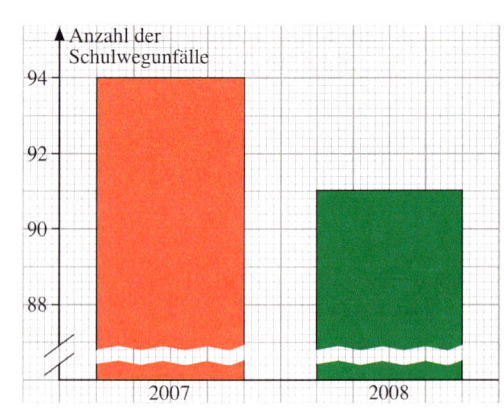

2008	Schulwegunfall	ohne Schulwegunfall
Jungen	55	2448
Mädchen	36	2395

(1) Vervollständige jeweils die Vierfeldertafel.
(2) Wie viel Prozent der Jungen [Mädchen] hatten 2007 bzw. 2008 einen Schulwegunfall?
(3) Wie viel Prozent aller Schülerinnen und Schüler hatte 2007 [2008] einen Schulwegunfall?
(4) Um wie viel Prozent hat die Unfallrate für alle Schülerinnen und Schüler von 2007 auf 2008 abgenommen.
Vergleiche diese Abnahmerate mit der Abnahmerate aus Teilaufgabe a).
Erkläre den Unterschied.

4. 42% aller Mitglieder eines Sportvereins sind weiblich. Davon spielen 15% Fußball. Insgesamt gehören 35% aller Mitglieder zur Fußballabteilung.

a) Erstelle eine Vierfeldertafel.
b) Wie viel Prozent der männlichen Vereinsmitglieder gehören zur Fußballabteilung?
c) Wie viel Prozent aller Mitglieder der Fußballabteilung sind männlich?

5.

In Deutschland gab es im vergangenen Jahr 380 000 Unfälle mit Personenschäden. Davon waren ca. 10% durch Alkohol verursacht. Es fällt auf, dass es meistens nachts zu Unfällen mit Alkoholeinfluss kommt. In der Zeit von 20.00 Uhr abends bis 5.00 Uhr morgens passierten insgesamt 112 000 Unfälle, 24% davon mit Alkoholeinfluss.

Links siehst du eine Zeitungsmeldung.

a) Erstelle für die absoluten Häufigkeiten eine Vierfeldertafel.
b) (1) Wie viel Prozent aller nächtlichen Unfällen waren Unfälle ohne Alkoholeinfluss?
(2) Wie hoch war dieser Anteil bei den Unfällen zwischen 6.00 Uhr und 20.00 Uhr?
c) Wie viel Prozent aller Unfälle mit Alkoholeinfluss passierten in der Nacht [am Tag]?

Darstellen und Auswerten statistischer Daten

BIST DU FIT?

1. (1) **Umfrage:** Wie lange dauerte Ihr Sommerurlaub im Ausland?

Dauer in Tagen	1–7	8–14	15–21	22–28	29–35
Relative Häufigkeit	34 %	41 %	17 %	6 %	2 %

(2) **Welt auf Reisen:** Zahl der Reisenden im grenzüberschreitenden Tourismus weltweit

Jahr	2003	2004	2005	2006	2007
Anzahl in Mio.	691	760	806	842	898

(3) **Tourismus 2004:** Verteilung des grenzüberschreitenden Tourismus 2004 weltweit

Kontinent/Region	Amerika	Europa	Nahost	Afrika	Asien/Pazifik
Anzahl in Mio.	124	414	35	33	153

a) Mache dich mit den Daten in den drei Tabellen vertraut und stelle sie in geeigneten Diagrammen dar. Finde jeweils Überschriften, die zu den Diagrammen passen.

b) Zu welchen Daten kann man relative Häufigkeiten berechnen? Was geben sie an? Stelle sie in einem Kreis- und in einem Streifendiagramm dar.

c) An der Umfrage (1) nahmen 518 *Sommerurlauber* teil. Bestimme die absoluten Häufigkeiten und stelle sie in einem Säulendiagramm dar.

d) Um wie viel Prozent ist der grenzüberschreitende Tourismus 2007 gegenüber 2000 gewachsen?

2. Die folgenden Vierfeldertafeln enthalten Informationen zur Zusammensetzung verschiedener Abteilungen eines Sportvereins nach Geschlecht (**m**ännlich, **w**eiblich) und Altersgruppe (**J**ugendliche, **E**rwachsene).

(1)
Tennis	m	w	gesamt
J		27	86
E			
gesamt	94		225

(2)
Fußball	m	w	gesamt
J	55 %		63 %
E		4 %	
gesamt			100 %

a) Vervollständige die Vierfeldertafeln.

b) Wie viel Prozent
   (1) aller Jugendlichen der Tennisabteilung sind weiblich;
   (2) aller Erwachsenen der Fußballabteilung sind Frauen;
   (3) aller männlichen Mitglieder der Fußballabteilung sind Jugendliche?

3. Mit einem medizinischen Testverfahren kann überprüft werden, ob jemand an einer bestimmten, ansteckenden Krankheit leidet. Insgesamt sind 0,16 % der Bevölkerung von dieser Krankheit befallen. Aus statistischen Erhebungen weiß man:
   • 1,8 % der gesunden Patienten werden positiv getestet.
   • 3,3 % der kranken Patienten werden negativ getestet.

a) Eine Person wird positiv getestet.
   Wie groß ist die Wahrscheinlichkeit, dass sie tatsächlich von dieser Krankheit befallen ist?

b) Eine andere Person wird negativ getestet.
   Wie groß ist die Wahrscheinlichkeit, dass sie trotzdem von dieser Krankheit befallen ist?

5 Potenzen – Potenzfunktionen

Vom Blatt einer Lotus-Pflanze perlt Regenwasser ab, da die Regentropfen aufgrund der Oberflächenstruktur des Blattes so gut wie keinen Kontakt zur Pflanze haben.
Wissenschaftlern und Technikern ist es gelungen, diesen Effekt durch sehr dünne Beschichtungen auf Auto- und Fensterscheiben zu übertragen. Solche Beschichtungen haben teilweise eine Dicke von nur einem Tausendstel oder Millionstel Millimeter, sind also unvorstellbar dünn.
Bei der Herstellung extrem dünner Schichten spricht man von einer Anwendung der Nanotechnologie.

nanos ⟨griech.⟩
Zwerg

Nanoteilchen bestehen aus nur wenigen bis einigen tausend Atomen oder Molekülen. Ihre Größe liegt im Bereich von 0,000000001 m bis 0,0000001 m.

Diese kleinen Längeneinheiten beschreiben wir durch Vorsilben oder mithilfe von Zehnerpotenzen.

Länge	Abkürzung	Dezimalschreibweise	Zehnerpotenz
1 Millimeter	1 mm	0,001 m	10^{-3} m
1 Mikrometer	1 µm	0,000001 m	10^{-6} m
1 Nanometer	1 nm	0,000000001 m	10^{-9} m

An der Bildleiste rechts werden diese Verhältnisse veranschaulicht von 1 nm bis 1 m. Jeder Skalenstrich markiert die 10fache Länge des vorhergehenden.

→ Vergleiche den Durchmesser eines Haares mit der Breite einer DNA.

→ Notiere dir die bekannten Vorsilben für große Zahlen und ihre Bedeutung.

→ Suche im Internet nach Anwendungen der Nanotechnologie.

Ameise mit Mikrozahnrad am Bein im Maßstab 30:1 vergrößert

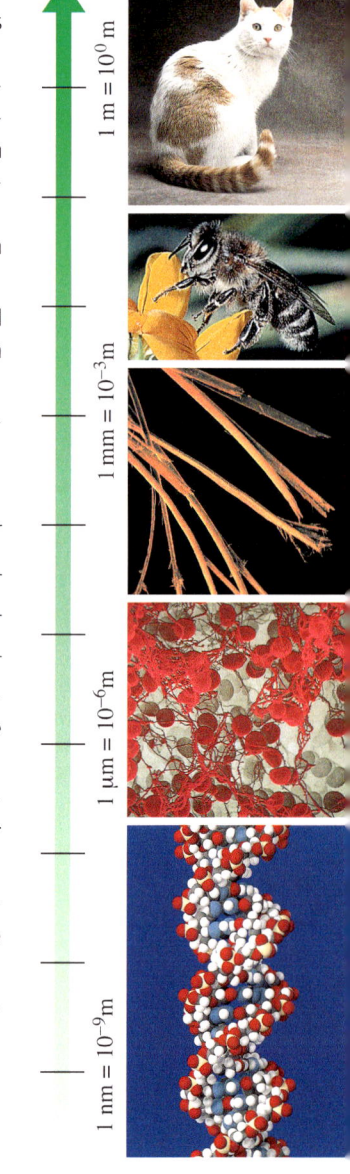

$1\,\text{m} = 10^0\,\text{m}$

$1\,\text{mm} = 10^{-3}\,\text{m}$

$1\,\text{µm} = 10^{-6}\,\text{m}$

$1\,\text{nm} = 10^{-9}\,\text{m}$

In diesem Kapitel lernst du ...
... was Potenzen mit negativen und positiven Exponenten bedeuten und wie man mit ihnen und Zehnerpotenzen sehr kleine und sehr große Größen beschreibt und berechnet.

POTENZEN MIT NATÜRLICHEN EXPONENTEN

Einstieg

Faltet einen DIN-A4-Papierbogen mehrmals nacheinander.

→ Notiert in einer Tabelle die Anzahl der Faltungen und die Anzahl der Papierlagen.

→ Wie viele Lagen würden entstehen, wenn man das Blatt 20-mal faltet? Schätzt, wie dick dann das gefaltete Papier wäre.

→ Wie realistisch sind diese Überlegungen?

→ Präsentiert eure Ergebnisse.

Aufgabe

1. Lies den Text rechts.

   a) Am Anfang sollen 1 Mio. Salmonellen vorhanden sein. Notiere das Wachstum der Salmonellen übersichtlich in einer Tabelle. Verwende dabei auch Potenzen.

   b) Gib eine Formel an, mit der man die Anzahl y der Salmonellen nach n Stunden berechnen kann.

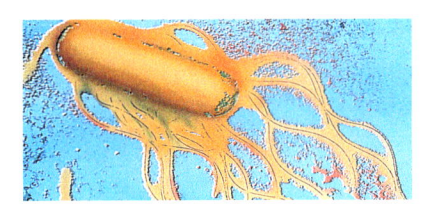

Bakterien als Krankheitserreger

Vormittags hatte Ilona in der Stadt ein Hackfleischbrötchen gegessen. Abends fühlte sie sich sehr schlapp. Am nächsten Morgen hatte sie Durchfall, Erbrechen und Fieber. Der herbeigerufene Arzt stellte eine Lebensmittelvergiftung fest. Das Hackfleisch war mit Bakterien verunreinigt gewesen. Es handelte sich um Salmonellen.

Salmonellen werden erst durch längeres Kochen oder Braten abgetötet. Daher besteht beim Verzehr von rohen oder nur kurz erhitzten Eiern und Fleischwaren die Gefahr einer Infektion. Besonders riskant wird es, wenn salmonellenhaltige Nahrungsmittel im warmen Raum stehen bleiben. Da sich die Anzahl der Bakterien jede Stunde verdoppelt, können aus zehn Bakterien in einigen Stunden zehn Millionen Bakterien werden, eine Menge, die tödlich wirken kann.

Lösung

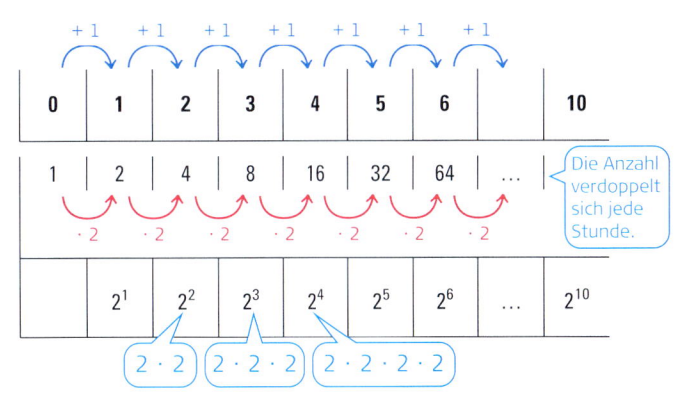

a)

Zeitpunkt n der Beobachtung (in Stunden)		0	1	2	3	4	5	6	...	10
Anzahl y der Salmonellen (in Mio.)	berechnet	1	2	4	8	16	32	64	...	
	als Potenz geschrieben		2^1	2^2	2^3	2^4	2^5	2^6	...	2^{10}

Die Anzahl verdoppelt sich jede Stunde.

b) Die Anzahl der Salmonellen verdoppelt sich in jeder Stunde. 2 nennen wir deshalb den stündlichen *Zunahmefaktor*. Das Pfeilbild verdeutlicht den Zunahmeprozess:

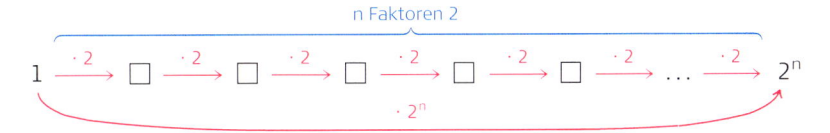

n Faktoren 2

$$1 \xrightarrow{\cdot 2} \square \xrightarrow{\cdot 2} \square \xrightarrow{\cdot 2} \square \xrightarrow{\cdot 2} \square \xrightarrow{\cdot 2} \square \xrightarrow{\cdot 2} \dots \xrightarrow{\cdot 2} 2^n$$

$\cdot 2^n$

Die Berechnungsformel lautet $y = 2^n$, wobei n eine natürliche Zahl ist.
Um die Formel auch für n = 0 verwenden zu können, legen wir $2^0 = 1$ fest.

KAPITEL 5 — Potenzen – Potenzfunktionen

Wiederholung

Potenzen mit natürlichen Exponenten

Beispiele:

$3^7 = \underbrace{3 \cdot 3 \cdot 3 \cdot 3 \cdot 3 \cdot 3 \cdot 3}_{7 \text{ Faktoren } 3} = 2\,187$

$(-5)^3 = \underbrace{(-5) \cdot (-5) \cdot (-5)}_{3 \text{ Faktoren } (-5)} = -125$

$\left(\frac{2}{3}\right)^4 = \underbrace{\left(\frac{2}{3}\right) \cdot \left(\frac{2}{3}\right) \cdot \left(\frac{2}{3}\right) \cdot \left(\frac{2}{3}\right)}_{4 \text{ Faktoren } \left(\frac{2}{3}\right)} = \frac{16}{81}$

$(\sqrt{2})^5 = \underbrace{(\sqrt{2}) \cdot (\sqrt{2}) \cdot (\sqrt{2}) \cdot (\sqrt{2}) \cdot (\sqrt{2})}_{5 \text{ Faktoren } \sqrt{2}} = 4 \cdot \sqrt{2}$

3^7 ist eine Potenz mit der *Basis* 3 und dem *Exponenten* 7.
2 187 ist die 7. Potenz von 3; man nennt 2 187 auch den *Wert der Potenz* 3^7.

Information

Potenzen mit natürlichen Exponenten einschließlich Exponent 0

Um in der Aufgabe 1 auch zu Beginn der Beobachtung die Anzahl der Salmonellen mit der Gleichung $y = 2^n$ beschreiben zu können, haben wir $2^0 = 1$ festgelegt.
Im Einstieg auf Seite 141 bedeutet $2^0 = 1$: Keinmal Falten ergibt ein Blatt.
Diese Festlegung soll auch für andere Basen gelten, z. B. $3^0 = 1$; $1{,}5^0 = 1$; $(-5)^0 = 1$.

Potenz ⟨lat. »Macht«⟩
Math.: Produkt aus gleichen Faktoren

Basis ⟨griech. »Grundlage«⟩ Math.: Grundzahl

Exponent ⟨lat. »der Hervorgehobene«⟩
Math.: Hochzahl

Potenzen mit natürlichen Exponenten

$a^0 = 1$
$a^1 = a$
$a^2 = a \cdot a$
$a^3 = a \cdot a \cdot a$
$a^4 = a \cdot a \cdot a \cdot a$
$\vdots$
$a^n = \underbrace{a \cdot a \cdot \ldots \cdot a}_{n \text{ Faktoren } a}$
(für natürliche Zahlen n)

$3^5 = 3 \cdot 3 \cdot 3 \cdot 3 \cdot 3 = 243$

↑ Basis   ↑ Exponent   ↑ Wert der Potenz

Zum Festigen und Weiterarbeiten

2. Berechne und vergleiche. Unterscheide insbesondere Potenz und Produkt.

a) $2 \cdot 5$ 2^5
b) $5 \cdot 2$ 5^2
c) $(-3) \cdot 3$ $(-3)^3$
d) $(-2) \cdot 2$ $(-2)^2$
e) $\frac{1}{3} \cdot 4$ $\left(\frac{1}{3}\right)^4$
f) $7 \cdot 0$ 7^0

3. Schreibe als Potenz.

a) $2^4 \cdot 2$
b) $3^5 \cdot 3$
c) $7 \cdot 7^8$
d) $(-5)^9 \cdot (-5)$
e) $a^3 \cdot a^4$
f) $3^n \cdot 3$

4. Berechne und vergleiche; achte auf das Vorzeichen.

a) $(-3)^4$ -3^4
b) $(-4)^5$ -4^5
c) $(-7)^2$ -7^2
d) $(-2)^6$ -2^6
e) $(-5)^3$ -5^3
f) $(-2)^0$ -2^0

5. Berechne und vergleiche.
2^6 und $(-2)^6$; 2^5 und $(-2)^5$; $1{,}5^2$ und $(-1{,}5)^2$; $\left(\frac{2}{3}\right)^3$ und $\left(-\frac{2}{3}\right)^3$; $\left(\frac{4}{3}\right)^3$ und $\left(-\frac{4}{3}\right)^3$.
Wann ist eine Potenz positiv, wann ist sie negativ?

6. Berechne mit dem Taschenrechner.

a) 4^8
b) $0{,}4^7$
c) $(-23)^7$
d) $\left(\frac{2}{3}\right)^4$
e) $\left(-\frac{3}{4}\right)^7$

7. a) $(\sqrt{2})^6$
b) $(\sqrt{4})^3$
c) $(-\sqrt{5})^4$
d) $(\sqrt{3})^0$
e) $(-\sqrt{3})^7$

Potenzen – Potenzfunktionen
KAPITEL 5

Übungen

Potenzen, die du wissen solltest
$2^2 = 4$
$2^3 = 8$
⋮
$2^{10} = 1024$
$11^2 = 121$
$12^2 = 144$
⋮
$20^2 = 400$
$25^2 = 625$
$3^2 = 9$
$3^3 = 27$
$3^4 = 81$
$3^5 = 243$
$4^2 = 16$
$4^3 = 64$
$5^2 = 25$
$5^3 = 125$
$5^4 = 625$

8. Berechne ohne Taschenrechner.
a) 4^3 b) 5^3 c) $\left(\frac{2}{5}\right)^4$ d) $\left(-\frac{3}{7}\right)^3$ e) $(-1)^9$ f) $0{,}2^5$ g) $(-\sqrt{3})^4$

9. Berechne und vergleiche.
a) $\frac{1}{2} \cdot 4$ b) $0{,}7 \cdot 5$ c) $(-5)^4$ d) 2^2 e) $(-2)^3$ f) $(-5)^3$ g) $(\sqrt{3})^4$
   $\left(\frac{1}{2}\right)^4$ $0{,}7^5$ -5^4 $(-2)^2$ -2^3 5^3 $(-\sqrt{3})^4$

10. Berechne und vergleiche.
a) 2^3 b) $(-2)^0$ c) -2^3 d) $(-4)^5$ e) $(2^2)^3$ f) $(3^3)^2$ g) $(3^2)^3$
   3^2 $(-3)^0$ -3^2 -4^5 $2^{(2^3)}$ $3^{(3^2)}$ $3^{(2^3)}$

11. Schreibe ins Heft und setze passend ein. Vielleicht findest du mehrere Möglichkeiten.
a) $2^\square = 1024$ c) $5^\square = 625$ e) $\square^3 = -64$ g) $3^\square = 27$
b) $19^\square = 361$ d) $\square^4 = 81$ f) $\square^2 = 5$ h) $\square^3 = -0{,}027$

12. Schreibe jeweils als Potenz. Kannst du mehrere Möglichkeiten finden?
a) 27   d) 256   g) 10 000   j) $-\frac{64}{343}$ m) $-0{,}00001$
b) -125 e) 1   h) $\frac{1}{256}$ k) 0,01   n) 0,125
c) 196   f) 900   i) $\frac{32}{243}$ l) 3,24   o) 0,0256

13. Berechne mit dem Taschenrechner.
a) $7{,}4^3$ c) $0{,}14^3$ e) $(-0{,}1)^8$ g) $\left(-\frac{2}{3}\right)^3$ i) $\left(\frac{0{,}3}{0{,}4}\right)^6$
b) $0{,}2^7$ d) $(-5{,}2)^4$ f) $\left(\frac{3}{5}\right)^5$ h) $\left(-\frac{1}{2{,}5}\right)^3$ j) $\left(-\frac{\sqrt{8}}{\sqrt{12}}\right)^3$

14. Setze im Heft das passende Zeichen $<$, $>$ oder $=$.
a) $2^4 \; \square \; 2^5$ b) $2^4 \; \square \; 3^4$ c) $\left(\frac{1}{2}\right)^3 \; \square \; \left(\frac{1}{2}\right)^4$ d) $\left(\frac{1}{2}\right)^3 \; \square \; \left(\frac{1}{3}\right)^3$ e) $(\sqrt{2})^4 \; \square \; (\sqrt{4})^2$

15. Finde den größtmöglichen Exponenten bzw. die größtmögliche Basis.
a) $3^x < 1000$ b) $y^{17} < 500\,000$ c) $1{,}2^a < 5000$ d) $0{,}2^y < 0{,}00001$

16. Welches ist die größte Zahl, die man als Potenz mit drei Ziffern schreiben kann?

Beachte: Potenzieren vor Multiplizieren

17. Berechne: a) $7 \cdot 5^2$ b) $10 \cdot 2^{10}$ c) $5 \cdot (-2)^4$ d) $9 \cdot 3^4 + 2 \cdot 3^3$ e) $8 \cdot 0{,}3^0 - 5 \cdot 0{,}2^4$

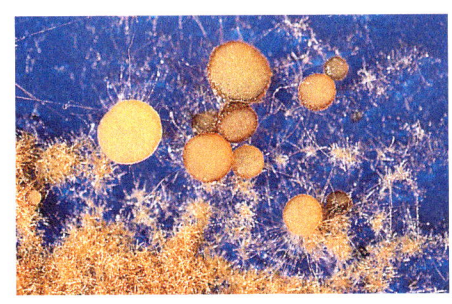

18.
a) Zum Zeitpunkt t = 0 ist eine Hefekultur V = 3 cm³ groß. Jede Stunde verdreifacht sich ihre Größe. Beschreibe den Wachstumsvorgang durch eine Tabelle.
b) Gib eine Formel an, welche das Volumen V der Hefekultur in Abhängigkeit von der Zeit t beschreibt.

19. Ein Forscherteam beobachtet, dass sich eine Algenart pro Monat mit dem Faktor 1,4 vermehrt. Zu Beginn der Beobachtung bedecken die Algen eine Fläche von etwa 2,5 m². Wie groß ist die von Algen bedeckte Fläche nach einem Jahr [nach zwei Jahren]? Gib auch eine Formel zur Berechnung der Algenfläche an.

WURZELN
Quadratwurzel und Kubikwurzel

Zum Wiederholen

1. Für eine Präsentation sollen verschiedene Würfel hergestellt werden.
   a) Berechne die Kantenlänge eines Würfels mit dem Volumen 250 cm³.
   b) Der Oberflächeninhalt eines zweiten Würfels soll 250 cm² betragen. Berechne die Kantenlänge des Würfels.

Lösung

a) Für das Volumen eines Würfels mit der Kantenlänge a gilt:

$$V = a^3$$
$$a^3 = 250 \text{ cm}^3$$
$$a = \sqrt[3]{250 \text{ cm}^3}$$
$$a \approx 6{,}30 \text{ cm}$$

Ergebnis: Die Kantenlänge eines Würfels mit dem Volumen 250 cm³ beträgt ca. 6,30 cm.

b) Für den Oberflächeninhalt eines Würfels mit der Kantenlänge a gilt:

$$A_O = 6a^2$$
$$6a^2 = 250 \text{ cm}^2$$
$$a^2 = \frac{250 \text{ cm}^2}{6}$$
$$a = \sqrt{\frac{250 \text{ cm}^2}{6}}$$
$$a \approx 6{,}45 \text{ cm}$$

Ergebnis: Die Kantenlänge eines Würfels mit dem Oberflächeninhalt 250 cm² beträgt ca. 6,45 cm.

Für die Quadratwurzel $\sqrt[2]{a}$ schreibt man einfacher nur $\sqrt{a}$.

Wiederholung

> Unter der **Quadratwurzel** aus einer positiven Zahl a versteht man diejenige positive Zahl, die mit sich selbst multipliziert a ergibt.
>
> Für die Quadratwurzel aus a schreibt man kurz:
> $\sqrt{a}$, gelesen: *Quadratwurzel aus a*, kurz: *Wurzel aus a*.
>
> Unter der **3. Wurzel** (*Kubikwurzel*) aus einer positiven Zahl a versteht man diejenige positive Zahl, die mit 3 potenziert die Zahl a ergibt.
> Für 3. Wurzel aus a schreibt man kurz: $\sqrt[3]{a}$
>
> Die Zahl a, aus der man die Wurzel zieht, heißt *Radikand*.
> Für den Sonderfall a = 0 gilt: $\sqrt{0} = 0$ und $\sqrt[3]{0} = 0$

$$\sqrt[3]{125} = 5$$

Wurzelexponent — Radikand — Wert der 3. Wurzel

2. Bestimme die Kantenlänge eines Würfels mit dem Volumen
   a) 125 cm³;   b) 8 000 l;   c) 2 m³;   d) 614,125 dm³.

3. Bestimme die Kantenlänge eines Würfels mit dem Oberflächeninhalt
   a) 144 cm²;   b) 37,5 cm²;   c) 2 m²;   d) 8,64 dm².

4. a) Wie groß ist der Radius einer Kugel mit dem Oberflächeninhalt 2 m²?
   b) Bestimme den Radius einer Kugel mit dem Volumen 0,81 m³.

5. Es sollen Kugeln mit dem Volumen 250 dm³ und 500 dm³ hergestellt werden. Berechne jeweils den Radius der Kugel. Vergleiche.

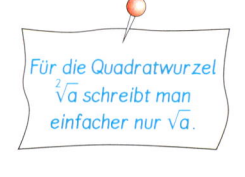

Potenzen – Potenzfunktionen

n-te Wurzeln

Einstieg

Jannik hat sich auf seinem Taschenrechner vertippt und sein Rechenergebnis versehentlich mit 6 potenziert.

→ Mit welchem Rechenschritt kann er den Fehler beheben?

Aufgabe

1. Die Algenfläche auf einem Dorfteich ist innerhalb von fünf Wochen von 1,5 m² auf 48 m² angewachsen.
Stelle eine Formel auf, mit der die Größe A der Algenfläche n Wochen nach Beobachtungsbeginn berechnet werden kann.
Nimm an, dass die Algenfläche wöchentlich um denselben Faktor q wächst.

Lösung

Wir stellen den Wachstumsvorgang in einem Pfeilbild dar:

$$1{,}5 \text{ m}^2 \xrightarrow{\cdot q} \square \xrightarrow{\cdot q} \square \xrightarrow{\cdot q} \square \xrightarrow{\cdot q} \square \xrightarrow{\cdot q} 48 \text{ m}^2$$

(· q⁵)

Dem Pfeilbild entnehmen wir die Gleichung:

$1{,}5 \cdot q^5 = 48 \quad | : 1{,}5$
$\phantom{1{,}5 \cdot } q^5 = 32$

Wir suchen eine Zahl, deren 5. Potenz 32 ist.
Durch Probieren erhalten wir die Zahl 2.

Diese Zahl nennen wir in Anlehnung an die zweite und dritte Wurzel auch *fünfte Wurzel aus 32* und schreiben $2 = \sqrt[5]{32}$.

Die Algenfläche verdoppelt sich jede Woche.

Die Berechnungsformel lautet somit: $A = 1{,}5 \cdot 2^n$.

Information

(1) 4. Wurzel

Die Zahl 81 ist die 4. Potenz von 3.
Die Zahl 3 heißt die 4. Wurzel aus 81, geschrieben: $\sqrt[4]{81} = 3$
4 heißt der *Wurzelexponent*.

$\sqrt[4]{81} = 3$

Wurzelexponent ↙ ↗ *Wert der Wurzel*
Radikand

Suche eine Zahl, deren 4. Potenz 81 ist.

(2) 5. Wurzel

Die Zahl 32 ist die 5. Potenz von 2.
Die Zahl 2 heißt die 5. Wurzel aus 32, geschrieben: $\sqrt[5]{32} = 2$
5 heißt der *Wurzelexponent*.

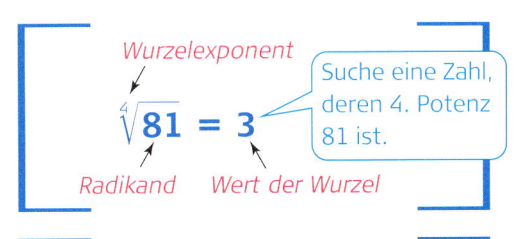

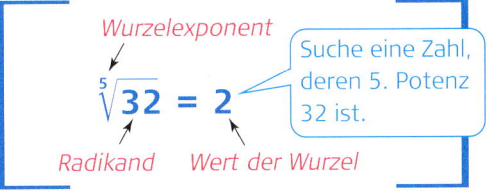

$\sqrt[5]{32} = 2$

Wurzelexponent ↙ ↗ *Wert der Wurzel*
Radikand

Suche eine Zahl, deren 5. Potenz 32 ist.

(3) n-te Wurzel

Für die Quadratwurzel $\sqrt[2]{a}$ schreibt man einfacher nur $\sqrt{a}$.

Unter der *n-ten Wurzel* aus einer positiven Zahl a versteht man diejenige positive Zahl, die mit n potenziert die Zahl a ergibt.
Für die n-te Wurzel aus a schreibt man kurz: $\sqrt[n]{a}$
Eine n-te Wurzel ist nur definiert, wenn der Radikand positiv oder null ist.
Für den Sonderfall a = 0 gilt: $\sqrt[n]{0} = 0$

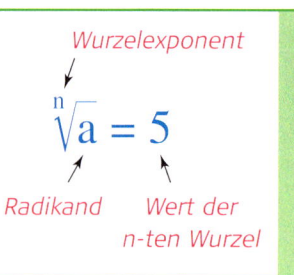

$$\sqrt[n]{a} = 5$$
Wurzelexponent, Radikand, Wert der n-ten Wurzel

Zum Festigen und Weiterarbeiten

2. Berechne:
a) $\sqrt[4]{16}$; $\sqrt[4]{625}$; $\sqrt[5]{1024}$
b) $\sqrt[4]{0{,}0081}$; $\sqrt[5]{243}$; $\sqrt[5]{0{,}00001}$
c) $\sqrt[6]{64}$; $\sqrt[7]{1}$; $\sqrt[8]{0}$

3. Welche positive Zahl ist Lösung der Gleichung?
a) $x^4 = 256$ b) $x^4 = 10\,000$ c) $x^5 = 32$ d) $x^5 = 0{,}00032$ e) $x^6 = 729$

4. Berechne. Was fällt dir auf?
a) $\left(\sqrt[5]{1024}\right)^5$; $\left(\sqrt[6]{15\,625}\right)^6$
b) $\sqrt[4]{7^4}$; $\left(\sqrt[5]{17}\right)^5$
c) $\sqrt[8]{11^8}$; $\left(\sqrt[7]{125}\right)^7$

5. Prüfe durch Potenzieren, ob die Aussage wahr ist.

a) $\sqrt{125} = 15$ b) $\sqrt[3]{64} = 4$ c) $\sqrt[4]{81} = 3$ d) $\sqrt[5]{0{,}0032} = 0{,}2$

6. Berechne die Wurzeln mit dem Taschenrechner.
a) $\sqrt[6]{15{,}5}$; $\sqrt[8]{27{,}1}$; $\sqrt[4]{8{,}25}$; $\sqrt[5]{17{,}125}$
b) $\sqrt[4]{0{,}568}$; $\sqrt[6]{0{,}0857}$; $\sqrt[7]{0{,}255}$; $\sqrt[8]{0{,}189}$

7. Im Schulteich werden Wasserpflanzen eingesetzt. Der Biologielehrer erläutert, dass sich die Pflanzen pro Woche immer um denselben Faktor vermehren. Anfangs bedecken die Pflanzen etwa 0,5 m². Nach 8 Wochen sind 2 m² von den Pflanzen bedeckt.
a) Mit welchem Faktor vermehren sich die Pflanzen pro Woche?
b) Wie groß ist die von den Pflanzen bedeckte Fläche nach 12 Wochen, 16 Wochen, 20 Wochen? Stelle auch eine Berechnungsformel auf.
c) Bestimme den Faktor, mit dem sich die Pflanzen pro Tag vermehren.

Information

Für alle *positiven* Zahlen gilt:
(1) Das Ziehen der n-ten Wurzel wird durch das Potenzieren mit n rückgängig gemacht.
$$\left(\sqrt[n]{a}\right)^n = a$$
Beispiel: $\left(\sqrt[4]{7}\right)^4 = 7$

$128 \xrightarrow[\text{hoch 7}]{\text{7. Wurzel aus}} 2$

(2) Das Potenzieren mit n wird durch das Ziehen der n-ten Wurzel rückgängig gemacht.
$$\sqrt[n]{a^n} = a$$
Beispiel: $\sqrt[3]{5^3} = 5$

$2 \xrightarrow[\text{7. Wurzel aus}]{\text{hoch 7}} 128$

Potenzen – Potenzfunktionen

KAPITEL 5

Übungen

8. Gib den Wert der Wurzel an.

a) $\sqrt[4]{10\,000}$ e) $\sqrt[7]{10\,000\,000}$ i) $\sqrt[5]{\frac{243}{32}}$ m) $\sqrt[5]{\frac{1\,024}{32}}$ q) $\sqrt[6]{4\,096}$

b) $\sqrt[5]{32}$ f) $\sqrt[8]{0{,}00000001}$ j) $\sqrt[8]{\frac{256}{100\,000\,000}}$ n) $\sqrt{4\,096}$ r) $\sqrt[12]{4\,096}$

c) $\sqrt[6]{1}$ g) $\sqrt[4]{\frac{625}{1\,296}}$ k) $\sqrt[10]{\frac{1}{1\,024}}$ o) $\sqrt[3]{4\,096}$ s) $\sqrt[4]{0{,}0016}$

d) $\sqrt[5]{3\,125}$ h) $\sqrt[8]{\frac{1}{256}}$ l) $\sqrt[6]{\frac{64}{729}}$ p) $\sqrt[4]{4\,096}$ t) $\sqrt[4]{0{,}0625}$

9. Welche positive Zahl ist Lösung der Gleichung?

a) $x^4 = 81$ b) $x^5 = 1\,024$ c) $x^6 = 64$ d) $x^5 = 100\,000$ e) $x^4 = 0{,}0001$

10. Prüfe durch Potenzieren, ob die Aussage wahr ist.

a) $\sqrt[3]{343} = 7$ c) $\sqrt[3]{320\,000} = 20$ e) $\sqrt[7]{0{,}0000128} = 0{,}2$

b) $\sqrt[3]{14\,461} = 11$ d) $\sqrt[6]{0{,}00001} = 0{,}1$ f) $\sqrt[5]{0{,}00243} = 0{,}3$

11. Vereinfache.

a) $\left(\sqrt[6]{64}\right)^6$ b) $\left(\sqrt[4]{81}\right)^4$ c) $\left(\sqrt[9]{2}\right)^9$ d) $\left(\sqrt[14]{37}\right)^{14}$ e) $\sqrt[8]{5^8}$ f) $\sqrt[12]{1{,}2^{12}}$ g) $\sqrt[7]{1}$ h) $\sqrt[20]{0}$

12. Fülle die Tabelle aus.

Radikand	512	625			14 641	100 000	0,001	13^{11}
Wurzelexponent	9	4	3	7				
Wert der Wurzel			8	1	11	10	0,1	13

13. In einer Speise befinden sich 150 Salmonellen, nach 12 Minuten sind es 300.
Bestimme den Faktor, mit dem die Anzahl der Salmonellen pro Minute steigt.
Wie viele Salmonellen sind es nach 30 Minuten [2 Stunden]?

14. Im Labor wird eine Bakterienkultur gezüchtet. Die Anzahl der Bakterien verdoppelt sich alle 5 Stunden. Zu Beginn sind 150 Bakterien vorhanden.
Wie viele Bakterien sind nach 24 Stunden vorhanden? Beschreibe dein Vorgehen.

15. a) Für $\sqrt[4]{20}$ findest du keinen abbrechenden Dezimalbruch, dessen 4. Potenz *genau* 20 ergibt. Wir wollen den Wert für $\sqrt[4]{20}$ näherungsweise bestimmen.
Setze dazu die Tabelle fort, bis die untere Näherungszahl und die obere Näherungszahl in den ersten zwei Stellen hinter dem Komma übereinstimmen.
Notiere dann den Wert für $\sqrt[4]{20}$ auf zwei Stellen nach dem Komma genau.

Nachkomma-Stellenzahl	untere Näherungs-zahl	hoch 4 Probe hoch 4		obere Näherungs-zahl
0	2	16	< 20 < 81	3
1	2,1	19,4481	< 20 < 23,4256	2,2
2	2,11	19,82119441	< 20 < 20,19963136	2,12

b) Verfahre entsprechend mit $\sqrt[5]{17}$.

ERWEITERUNG DES POTENZBEGRIFFS FÜR NEGATIVE UND RATIONALE EXPONENTEN
Potenzen mit negativen ganzzahligen Exponenten

Einstieg

→ Setzt fort.

$$2^3 = 8$$
$$2^2 = 4$$
$$2^1 = \Box$$
$$2^\Box = \Box$$
$$2^\Box = \Box$$
$$2^\Box = \Box$$

(jeweils -1 beim Exponenten, $:2$ beim Ergebnis)

$$3^3 = 27$$
$$3^2 = 9$$
$$3^1 = \Box$$
$$3^\Box = \Box$$
$$3^\Box = \Box$$
$$3^\Box = \Box$$

(jeweils -1 beim Exponenten, $:3$ beim Ergebnis)

→ Was könnten 4^{-3} und $\left(\frac{1}{2}\right)^{-2}$ bedeuten?
Beschreibt eure Überlegungen.

Aufgabe

1. In der Aufgabe 1 (Seite 141) haben wir eine Salmonellenvermehrung betrachtet, bei der sich die Anzahl y der Salmonellen jede Stunde verdoppelt. Die Vermehrung der Salmonellen wurde in einer Tabelle beschrieben und konnte mit der Formel $y = 2^n$ berechnet werden.

Wie viele Salmonellen waren *vor* Beginn der Beobachtungen, also zu den Zeitpunkten -1 h, -2 h, ... vorhanden?
Ergänze die Tabelle geeignet.
Beachte: Zeitpunkt -2 h bedeutet: 2 Stunden *vor* dem Beginn der Beobachtung.

Lösung

Die Anzahl der Salmonellen verdoppelt sich jede Stunde.
Zum Zeitpunkt 0 h waren 1 Mio. vorhanden.
Zum Zeitpunkt -1 h waren halb so viele vorhanden, also $\frac{1}{2}$ Mio., zum Zeitpunkt -2 h waren wieder halb so viele wie zum Zeitpunkt -1 h vorhanden, also $\frac{1}{4}$ Mio., zum Zeitpunkt -3 h waren $\frac{1}{8}$ Mio. vorhanden, usw.

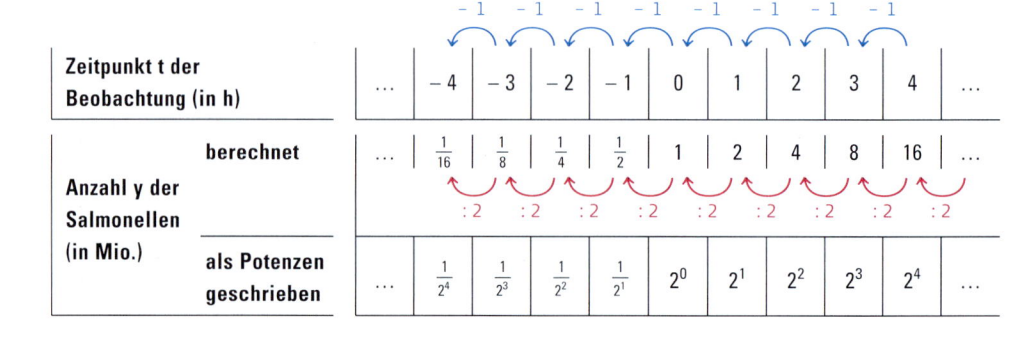

Zeitpunkt t der Beobachtung (in h)		...	-4	-3	-2	-1	0	1	2	3	4	...
Anzahl y der Salmonellen (in Mio.)	berechnet	...	$\frac{1}{16}$	$\frac{1}{8}$	$\frac{1}{4}$	$\frac{1}{2}$	1	2	4	8	16	...
	als Potenzen geschrieben	...	$\frac{1}{2^4}$	$\frac{1}{2^3}$	$\frac{1}{2^2}$	$\frac{1}{2^1}$	2^0	2^1	2^2	2^3	2^4	...

Potenzen – Potenzfunktionen

KAPITEL 5

Information

Ganze Zahlen
... −3; −2; −1; 0; 1; 2; ...

Potenzen mit negativen ganzen Exponenten

Bisher traten in den Potenzen nur natürliche Zahlen wie 0, 1, 2, 3, 4, ... als Exponenten auf. Die Aufgabe 1 legt die Erweiterung des Potenzbegriffs auf negative ganze Zahlen nahe.

> Wir legen fest: $a^{-n} = \dfrac{1}{a^n}$ (für $a \neq 0$ und für natürliche Zahlen n)
>
> Beispiele: $5^{-2} = \dfrac{1}{5^2} = \dfrac{1}{25}$ | $(-4)^{-3} = \dfrac{1}{(-4)^3} = -\dfrac{1}{64}$ | $\left(\dfrac{2}{5}\right)^{-3} = \dfrac{1}{\left(\dfrac{2}{5}\right)^3} = \dfrac{1}{\frac{8}{125}} = \dfrac{125}{8}$

Mit dieser Festsetzung ist eine Erweiterung des Potenzbegriffs auf *ganzzahlige Exponenten* erfolgt. Die Potenz 0^{-n}, z. B. 0^{-1}, ist nicht erklärt, weil $\dfrac{1}{0^1}$, d. h. $\dfrac{1}{0}$ nicht definiert ist.

Zum Festigen und Weiterarbeiten

2. Berechne nacheinander folgende Potenzen.
 a) 6^5; 6^4; 6^3; 6^2; 6^1; 6^0; 6^{-1}; 6^{-2}; 6^{-3}; 6^{-4}; 6^{-5}
 b) $(-3)^3$; $(-3)^2$; $(-3)^1$; $(-3)^0$; $(-3)^{-1}$; $(-3)^{-2}$; $(-3)^{-3}$
 c) $\left(\dfrac{2}{3}\right)^4$; $\left(\dfrac{2}{3}\right)^3$; $\left(\dfrac{2}{3}\right)^2$; $\left(\dfrac{2}{3}\right)^1$; $\left(\dfrac{2}{3}\right)^0$; $\left(\dfrac{2}{3}\right)^{-1}$; $\left(\dfrac{2}{3}\right)^{-2}$; $\left(\dfrac{2}{3}\right)^{-3}$; $\left(\dfrac{2}{3}\right)^{-4}$
 d) $\left(-\dfrac{1}{2}\right)^4$; $\left(-\dfrac{1}{2}\right)^3$; $\left(-\dfrac{1}{2}\right)^2$; $\left(-\dfrac{1}{2}\right)^1$; $\left(-\dfrac{1}{2}\right)^0$; $\left(-\dfrac{1}{2}\right)^{-1}$; $\left(-\dfrac{1}{2}\right)^{-2}$; $\left(-\dfrac{1}{2}\right)^{-3}$; $\left(-\dfrac{1}{2}\right)^{-4}$

3. Fülle die Lücken aus.
 a) $\dfrac{1}{25} = 5^\square$
 b) $\dfrac{1}{16} = 4^\square = 2^\square$
 c) $\dfrac{2}{27} = \square \cdot 3^\square$
 d) $\dfrac{8}{9} = 2^\square \cdot 3^\square$

4. Berechne und vergleiche den Wert der Potenz.
 Welche der Potenzen sind größer, welche sind kleiner als die Zahl 0?
 Beachte die Klammern und das Minuszeichen.
 a) 2^{-3}; -2^3; $(-2)^3$; $(-2)^{-3}$; -2^{-3}
 b) 5^{-2}; -5^2; $(-5)^2$; $(-5)^{-2}$; -5^{-2}

5. Berechne mit dem Taschenrechner.
 a) 4^{-12}
 b) 8^{-9}
 c) $2{,}7^{-7}$
 d) $0{,}16^{-7}$
 e) $\left(\dfrac{1}{2}\right)^{-4}$
 f) $\left(\dfrac{3}{7}\right)^{-7}$
 g) $(-3)^{-8}$
 h) $-(-3)^{-9}$
 i) $(-4{,}5)^{-6}$
 j) $(-0{,}31)^{-5}$
 k) $(\sqrt{5})^{-3}$
 l) $(-\sqrt{8})^{-4}$

6. Schreibe ohne negative Exponenten und berechne dann.
 a) 2^{-5}; $\dfrac{3}{5^{-3}}$
 b) $7^2 \cdot 3^{-4}$; $2^{-4} \cdot 9^5$
 c) $\dfrac{5^{-4}}{3^{-3}}$; $\dfrac{7^{-2}}{4^{-5}}$

7. Zeige: a) $\left(\dfrac{1}{a}\right)^{-4} = a^4$ b) $\left(\dfrac{a}{b}\right)^3 = \left(\dfrac{b}{a}\right)^{-3}$

8. In einem Biologiekurs wird eine Hefekultur beobachtet. Sie ist zu Beginn der Beobachtung 8 cm³ groß. Die Kultur wächst so, dass ihr Volumen jede Stunde mit dem Faktor 1,2 zunimmt.
 a) Wie groß ist die Hefekultur nach 1 Stunde, 5 Stunden, 10 Stunden?
 b) Stelle eine Formel auf, die das Wachstum der Hefekultur beschreibt.
 c) Wie groß war die Kultur 1 Stunde, 2 Stunden, 5 Stunden vor Beginn der Beobachtung?

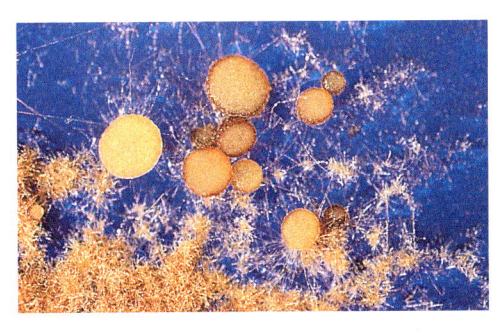

KAPITEL 5 — Potenzen – Potenzfunktionen

Übungen

9. Berechne.
a) 3^{-1} c) $(-8)^{-2}$ e) 2^{-5} g) $\left(\frac{3}{4}\right)^{-1}$ i) $\left(\frac{1}{2}\right)^{-2}$
b) 3^{-2} d) 4^{-3} f) $0{,}1^{-3}$ h) $0{,}2^{-4}$ j) $\left(-\frac{1}{3}\right)^{-3}$

10. Schreibe als Potenz mit negativem Exponenten. Suche mehrere Möglichkeiten.
a) $\frac{1}{16}$; $\frac{1}{25}$; $\frac{1}{64}$; $\frac{1}{625}$; $\frac{1}{256}$; $\frac{1}{27}$; $\frac{1}{10\,000}$
b) $\frac{1}{900}$; $\frac{1}{1\,600}$; $\frac{1}{40\,000}$; $\frac{1}{250\,000}$; $\frac{1}{16\,900}$; $\frac{1}{196\,000\,000}$

11. Schreibe ohne negative Exponenten.
a) x^{-3} c) $\frac{1}{x^{-4}}$ e) $(5x)^{-1}$ g) $\left(\frac{a}{b}\right)^{-4}$ i) $\frac{a^{-4}}{b^{-5}}$
b) $(-y)^{-4}$ d) $-\frac{1}{x^{-5}}$ f) $(3x^2y)^{-2}$ h) $\frac{y^5}{y^{-8}}$ j) $\frac{6x^{-3}}{5x^{-5}}$

12. Schreibe ohne Bruchstrich, verwende negative Exponenten.
a) $\frac{1}{x^7}$ b) $\frac{1}{7x}$ c) $\left(\frac{a}{b}\right)^2$ d) $\frac{a}{b}$ e) $\frac{a}{c^5}$ f) $\frac{x^3}{y^4}$ g) $\frac{1}{1+z}$

13. Schreibe ohne negativen Exponenten und berechne dann.
a) $\frac{1}{3^{-3}}$ b) $\frac{2}{(-3)^{-4}}$ c) $15^3 \cdot 5^{-2}$ d) $21^3 \cdot 7^{-5}$ e) $\frac{4^{-3}}{8^{-4}}$ f) $\frac{3^5}{9^{-4}}$

14. Fülle die Lücken aus.
a) $\frac{1}{9} = 3^{\square}$ b) $\frac{1}{81} = 9^{\square} = 3^{\square}$ c) $\frac{1}{64} = 2^{\square} = 4^{\square} = 8^{\square}$ d) $\frac{4}{25} = 2^{\square} \cdot 5^{\square}$

15. Schreibe wie im Beispiel rechts auf zwei Arten als Potenz.
a) $\frac{1}{9}$ c) $\frac{1}{8}$ e) $\frac{1}{1\,000}$ g) $\frac{1}{2\,500}$
b) $\frac{1}{16}$ d) $\frac{1}{27}$ f) $\frac{1}{32}$ h) $\frac{1}{8\,000}$

$$\frac{1}{49} = \frac{1}{7} \cdot \frac{1}{7} = \left(\frac{1}{7}\right)^2$$
$$\frac{1}{49} = \frac{1}{7^2} = 7^{-2}$$

16. Berechne und vergleiche. Welche Potenzen sind größer, welche sind kleiner als 1? Versuche eine Gesetzmäßigkeit zu entdecken.
(1) $0{,}5^3$ und $0{,}5^{-3}$; (2) 2^4 und 2^{-4}; (3) $1{,}5^{-2}$ und $1{,}5^2$; (4) $0{,}99^{-1}$ und $0{,}99^1$

17. Berechne.
a) $3 \cdot 2^{-3} - 4 \cdot 3^{-2}$ b) $6 \cdot 10^{-3} + 2^{-4} \cdot 4^{-2}$ c) $-(-1)^3 + (-1)^2 - (-1)^1 + (-1)^0 - (-1)^{-1}$

18. Berechne mit dem Taschenrechner.
a) 4^{-10} b) $0{,}7^{-8}$ c) $(-3{,}4)^{-7}$ d) $\left(\frac{2}{3}\right)^{-5}$ e) $(\sqrt{3})^{-9}$

19. Kontrolliere Kevins Hausaufgaben. Erläutere deine Anmerkungen.

a) $-5^{-2} = -25$ c) $0{,}1^{-2} = 100$ e) $(\sqrt{2})^{-6} = 2^{-3}$
b) $2^{-4} < 2^{-3}$ d) $\left(\frac{3}{4}\right)^{-2} = -\frac{16}{9}$ f) $(-\sqrt{2})^{-3} < 0$

20. In einer entsprechenden Nährlösung kann sich eine Pilzkultur in jeder Stunde mit dem Faktor 1,6 vermehren. Nachdem eine Kultur in diese Nährlösung eingebracht wurde, ist sie in 10 Stunden auf eine Größe von 21 cm² angewachsen.
a) Bestimme die von der Pilzkultur anfangs bedeckte Fläche. Beschreibe dein Vorgehen.
b) Berechne die Größe der Pilzkultur 1 Stunde, 5 Stunden, nachdem sie in die Nährlösung eingebracht wurde.

Potenzen mit gebrochenrationalen Exponenten

Einstieg

Untersuche mit deinem Taschenrechner Potenzen mit Brüchen im Exponenten.

→ Überprüfe die Berechnungen mit deinem Taschenrechner.

→ Notiere eine Vermutung über die Bedeutung des Exponenten $\frac{1}{2}$.

→ Untersuche entsprechend den Exponenten $\frac{1}{3}$.

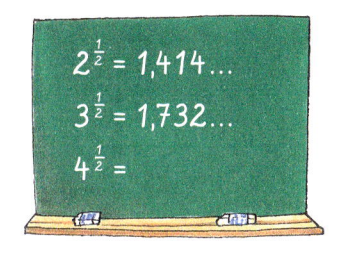

$2^{\frac{1}{2}} = 1{,}414\ldots$

$3^{\frac{1}{2}} = 1{,}732\ldots$

$4^{\frac{1}{2}} =$

Aufgabe

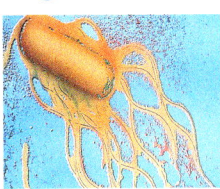

1. Salmonellen sind Bakterien, die beim Menschen Erkrankungen auslösen können. Sie vermehren sich unter günstigen Bedingungen so stark, dass sich ihre Anzahl in jeder Stunde verdoppelt. Für das Wachstum ergibt sich folgende Tabelle (vgl. Seite 109):

Zeitpunkt der Beobachtung (in h)	0	1	2	3	4	5	6	7
Anzahl der Salmonellen (in Mio.)	2^0	2^1	2^2	2^3	2^4	2^5	2^6	2^7

a) Wie vergrößert sich die Anzahl der Salmonellen in einem Zeitraum von 2, von n Stunden?

b) Bestimme die Anzahl der Salmonellen zu den Zeitpunkten $\frac{1}{2}$ h und $\frac{3}{2}$ h nach Beobachtungsbeginn.

Lösung

a)

Zeitpunkt der Beobachtung (in h)	0	1	2	3	4	5	6	7
Anzahl der Salmonellen (in Mio.)	2^0	2^1	2^2	2^3	2^4	2^5	2^6	2^7

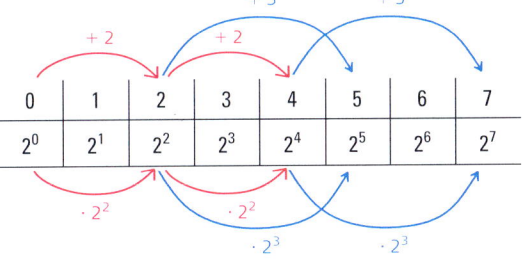

Alle 2 Stunden wird die Anzahl der Salmonellen mit dem Faktor 2^2 vervielfacht, einerlei, wie viele Salmonellen schon vorhanden waren und zwischen welchen Zeitpunkten der Zeitraum von 2 Stunden liegt.

In n Stunden vergrößert sich die Anzahl der Salmonellen mit dem Faktor 2^n.

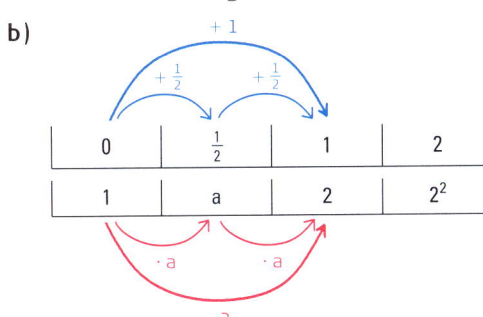

b)

0	$\frac{1}{2}$	1	2
1	a	2	2^2

0	$\frac{3}{2}$	3	4
1	b	2^3	2^4

In $\frac{1}{2}$ Stunde werde die Anzahl der Salmonellen mit dem Faktor a vervielfacht. Dann gilt:

$1 \cdot a \cdot a = 2$, also $a^2 = 2$,

d. h. $a = \sqrt[2]{2}$.

Nach $\frac{1}{2}$ Stunde sind $\sqrt[2]{2}$ Mio. Salmonellen vorhanden.

In $\frac{3}{2}$ Stunden werde die Anzahl der Salmonellen mit dem Faktor b vervielfacht. Dann gilt:

$1 \cdot b \cdot b = 2^3$, also $b^2 = 2^3$,

d. h. $b = \sqrt[2]{2^3}$.

Beachte: $\sqrt[2]{2^3} = \sqrt{2^3}$

Nach $\frac{3}{2}$ Stunden sind $\sqrt[2]{2^3}$ Mio. Salmonellen vorhanden.

Information

Erklärung von $a^{\frac{m}{n}}$

Wir wollen das Anwachsen der Anzahl der Salmonellen einheitlich mit der Formel $y = 2^x$ beschreiben, auch für $x = \frac{1}{2}$ und für $x = \frac{3}{2}$ (vgl. Seite 141 und 148).
Dann liegt folgende Erklärung nahe:
$$2^{\frac{1}{2}} = \sqrt[2]{2}; \quad 2^{\frac{3}{2}} = \sqrt[2]{2^3}$$

Dieser Gedanke lässt sich übertragen auf andere Beispiele:
$$3^{\frac{4}{5}} = \sqrt[5]{3^4}; \quad 7^{\frac{2}{3}} = \sqrt[3]{7^2}; \quad 4^{-\frac{3}{5}} = 4^{\frac{-3}{5}} = \sqrt[5]{4^{-3}} = \sqrt[5]{\frac{1}{4^3}}$$

> $a^{\frac{m}{n}} = \sqrt[n]{a^m}$ (für $a > 0$ und für natürliche Zahlen $n > 0$ und ganze Zahlen m)
> Der Nenner des Bruches ergibt den Wurzelexponenten, der Zähler den Exponenten des Radikanden.
>
> *Beispiele:* $\quad 5^{\frac{4}{3}} = \sqrt[3]{5^4}; \quad 8^{-\frac{5}{6}} = 8^{\frac{-5}{6}} = \sqrt[6]{8^{-5}}$
>
> Als Spezialfall für $m = 1$ erhalten wir:
>
> $a^{\frac{1}{n}} = \sqrt[n]{a} \quad$ *Beispiel:* $7^{\frac{1}{3}} = \sqrt[3]{7}$

Geschicktes Vorgehen erspart Rechenarbeit.

So kannst du diese Erklärung sogar ohne Taschenrechner überprüfen:
$$5^{\frac{4}{2}} = 5^2 = 25$$
$$5^{\frac{4}{2}} = \sqrt[2]{5^4} = \sqrt[2]{625} = 25$$

Damit ist der Potenzbegriff erneut erweitert worden, und zwar auf beliebige *rationale* Zahlen als Exponenten.
Als Basis kommen nur *positive* Zahlen in Frage.
Beachte: Die Wurzel aus einer negativen Zahl ist nicht erlaubt.

△ *Begründung:* Es müsste gelten: $(-8)^{\frac{1}{3}} = (-8)^{\frac{2}{6}}$,
△ $\quad (-8)^{\frac{1}{3}} = \sqrt[3]{(-8)^1} = \sqrt[3]{-8}$ könnte nur, falls erklärt, -2 ergeben, denn $(-2)^3 = -8$;
△ aber: $(-8)^{\frac{2}{6}} = \sqrt[6]{(-8)^2} = \sqrt[6]{64} = 2$.
△ Außerdem darf bei negativen Exponenten die Basis nicht 0 sein.
△ *Begründung:* Setzt man 0 für x in $x^{-2} = \frac{1}{x^2}$ ein, so wird der Nenner 0, was aber ausgeschlossen werden muss.

Zum Festigen und Weiterarbeiten

2. Schreibe jeweils mit Wurzelzeichen.
  a) $5^{\frac{1}{2}}; \; 4^{\frac{1}{3}}; \; 8^{\frac{1}{4}}$
  b) $2^{\frac{3}{4}}; \; 2^{\frac{4}{3}}; \; 3^{\frac{1}{2}}$
  c) $4^{-\frac{1}{2}}; \; 5^{-\frac{3}{2}}; \; 2^{-\frac{2}{5}}$
  d) $2^{0,5}; \; 3^{1,5}; \; 5^{3,2}$

3. Schreibe jeweils als Potenz und berechne. Runde auf Hundertstel.
  a) $\sqrt{8}$
  b) $\sqrt[3]{5}$
  c) $\sqrt[5]{7}$
  d) $\sqrt[3]{2^2}$
  e) $\sqrt[4]{3^5}$
  f) $\sqrt[6]{5^2}$
  g) $\sqrt[4]{7}$
  h) $\sqrt[3]{3^{-2}}$
  i) $\sqrt[4]{\frac{1}{5^2}}$
  j) $\sqrt[7]{\left(\frac{1}{3}\right)^{-4}}$

4. Bestimme mit dem Taschenrechner. Runde jeweils auf Tausendstel.
  a) $5^{\frac{1}{9}}$
  b) $3{,}8^{\frac{1}{6}}$
  c) $0{,}4^{5,28}$
  d) $2{,}7^{\frac{3}{4}}$
  e) $0{,}27^{-4,7}$
  f) $3{,}4^{-0,5}$
  g) $7{,}55^{-2,4}$
  h) $0{,}56^{-0,1}$
  i) $\sqrt[7]{4}$
  j) $\sqrt[8]{9}$
  k) $\sqrt[6]{3^5}$
  l) $\sqrt[11]{0{,}8^7}$

Potenzen – Potenzfunktionen

KAPITEL 5

5. Berechne und vergleiche: a) $\sqrt[2]{4^3}$ und $(\sqrt[2]{4})^3$; b) $\sqrt[4]{16^{-2}}$ und $(\sqrt[4]{16})^{-2}$.

6. Eine Hefekultur wächst so, dass die bedeckte Fläche jede Stunde um den Faktor 1,4 zunimmt. Zu Beginn der Beobachtung ist sie 5 cm² groß.
   - **a)** Stelle eine Formel auf, die die Vergrößerung der Hefekultur beschreibt. Beschreibe, was die Variablen in der Formel angeben.
   - **b)** Berechne die Größe der Kultur nach 0,5 Stunden, 1 Stunde, 1,5 Stunden, 2 Stunden, 2,5 Stunden.
   - **c)** Um welchen Faktor wächst die Größe der Kultur jede halbe Stunde?

Übungen

7. Schreibe als Wurzel.
- a) $x^{\frac{2}{3}}$
- b) $y^{\frac{3}{4}}$
- c) $z^{\frac{1}{2}}$
- d) $a^{\frac{1}{3}}$
- e) $b^{-\frac{3}{4}}$
- f) $c^{-\frac{2}{5}}$
- g) $d^{0,5}$
- h) $e^{0,8}$
- i) $f^{-2,4}$
- j) $u^{-0,05}$

8. Berechne ohne Taschenrechner.
- a) $27^{\frac{1}{3}}$
- b) $16^{\frac{1}{4}}$
- c) $27^{\frac{5}{3}}$
- d) $36^{-\frac{1}{2}}$
- e) $8^{\frac{4}{3}}$
- f) $64^{-\frac{1}{6}}$
- g) $32^{-\frac{4}{5}}$
- h) $81^{\frac{3}{4}}$
- i) $0,25^{-\frac{1}{2}}$
- j) $0,008^{\frac{2}{3}}$
- k) $0,0081^{-\frac{3}{4}}$
- l) $32^{0,2}$
- m) $256^{0,5}$
- n) $81^{0,75}$
- o) $\left(\frac{1}{64}\right)^{\frac{1}{2}}$
- p) $\left(\frac{9}{16}\right)^{-1,5}$

$$16,5^{0,75} = 16^{\frac{3}{4}}$$
$$= \sqrt[4]{16^3}$$
$$= (\sqrt[4]{16})^3$$
$$= 2^3$$
$$= 8$$

9. Schreibe als Potenz mit einer rationalen Zahl als Exponent. Beschreibe gegebenenfalls die einschränkende Bedingung für die Variablen.
- a) $\sqrt[3]{x^2}$
- b) $\sqrt[4]{y^3}$
- c) $\sqrt[4]{z^5}$
- d) $\sqrt[5]{a^2}$
- e) $\sqrt{a \cdot b}$

10. Berechne mit dem Taschenrechner. Runde auf Tausendstel.
- a) $0,75^{3,4}$
- b) $2,5^{0,49}$
- c) $3,7^{-4,2}$
- d) $2,49^{-3,6}$
- e) $\sqrt[4]{28}$
- f) $\sqrt[5]{2,4}$
- g) $\sqrt[6]{0,45}$
- h) $\sqrt[10]{0,5^{13}}$

11. Berechne. Runde auf drei Stellen nach dem Komma.
- a) $5^{\frac{1}{2}} + 3^{\frac{1}{3}}$
- b) $4^{\frac{2}{5}} - 6^{\frac{3}{4}}$
- c) $8^{\frac{4}{5}} \cdot 7^{\frac{1}{4}}$
- d) $2^{\frac{4}{3}} + 1^{\frac{2}{5}}$
- e) $-5^{\frac{1}{2}} - 8^{\frac{4}{7}}$
- f) $9^{\frac{2}{3}} \cdot 10^0$
- g) $4^{\frac{1}{4}} + 3^{\frac{1}{3}}$
- h) $6^{\frac{3}{2}} - 5^{\frac{1}{7}}$
- i) $2^{\frac{1}{4}} \cdot 8^{\frac{2}{3}}$

12. Die Basis ist ausgewischt worden. Versuche sie zu finden.
- a) $\square^{\frac{3}{2}} = 8$
- b) $\square^{\frac{3}{2}} = 125$
- c) $\square^{\frac{5}{2}} = 343$
- d) $\square^{\frac{7}{3}} = 128$
- e) $\square^{\frac{5}{3}} = 243$
- f) $\square^{\frac{3}{4}} = 512$
- g) $\square^{\frac{3}{5}} = 8$
- h) $\square^{\frac{3}{4}} = 27$

13. Unter günstigen Bedingungen vermehrt sich eine Algenkultur wöchentlich mit dem Faktor 1,2. Anfangs bedecken die Algen eine Fläche von 24 m².
   - **a)** Berechne die Größe der von den Algen bedeckten Fläche nach $\frac{1}{2}$ Woche, 2,5 Wochen.
   - **b)** Wie groß ist die Fläche, die von den Algen nach 1 Tag, 2 Tagen, 3 Tagen, 4 Tagen, ..., 7 Tagen bedeckt wird?

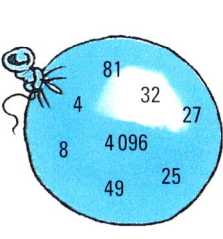

ZEHNERPOTENZEN
Abgetrennte Zehnerpotenzen mit natürlichen Exponenten

Einstieg

Berechne mit deinem Taschenrechner:

(1) 9999^2 (2) 9999^3 (3) 9999^4 usw.

→ Was fällt dir auf? Versuche zu erklären.

Aufgabe

1. Berechne zunächst ohne und dann mit dem Taschenrechner: $4785{,}3 \cdot 1\,000\,000\,000$
Vergleiche die Ergebnisse miteinander.

Lösung

$4785{,}3 \cdot 1\,000\,000\,000 = 4\,785\,300\,000\,000$

Dein Taschenrechner zeigt vermutlich eines der Ergebnisse unten an.

In allen Fällen wird die Zahl $4\,785\,300\,000\,000$ dargestellt.

$4\,785\,300\,000\,000 = 4{,}7853 \cdot 10^{12}$ — Multiplizieren mit 10^{12} bedeutet: Verschieben des Kommas um 12 Stellen nach rechts.

scientific notation ⟨engl.⟩
Wissenschaftliche Schreibweise; sie wird insbesondere in den Naturwissenschaften verwendet; siehe auch Taste für SCI beim Taschenrechner.

Die Zahl $4\,785\,300\,000\,000$ wurde als Produkt einer Zahl a und einer Zehnerpotenz geschrieben, wobei die Zahl a zwischen 1 und 10 liegt. Das ist manchmal übersichtlicher. Solche Zahldarstellungen heißen **Schreibweise mit abgetrennter Zehnerpotenz** oder *Exponentendarstellung* oder *scientific notation*.
Bei dieser Zahldarstellung benötigt man die Zehnerpotenzen (Potenzen mit der Basis 10).

Information

Große Zahlen lassen sich übersichtlich mit abgetrennten Zehnerpotenzen oder gewissen Vorsilben (bei Maßeinheiten) schreiben.

Beispiel: $1500\text{ m} = 1{,}5 \cdot 10^3\text{ m} = 1{,}5\text{ km}$

Gewisse Vorsilben bei Maßeinheiten bedeuten Zehnerpotenzen:

Potenz	Vorsilbe	Abkürzung	Beispiel		
10^2	Hekto	h	Hektoliter:	1 hl	$= 10^2\ l$
10^3	Kilo	k	Kilometer:	1 km	$= 10^3$ m
10^6	Mega	M	Megawatt:	1 MW	$= 10^6$ W
10^9	Giga	G	Gigahertz:	1 GHz	$= 10^9$ Hz
10^{12}	Tera	T	Terajoule:	1 TJ	$= 10^{12}$ J

Bei der Speicherung von Information im Computer verwendet man die Maßeinheit Byte (1 Byte = 8 bit):

Kilobyte: 1 KB = 2^{10} Byte = 1.024 Byte ≈ 10^3 Byte
Megabyte: 1 MB = 2^{20} Byte = 1.048576 Byte ≈ 10^6 Byte
Gigabyte: 1 GB = 2^{30} Byte = 1.073741824 Byte ≈ 10^9 Byte

Die Abkürzungen K, M und G bedeuten hier nur näherungsweise 10^3, 10^6 bzw. 10^9.

Potenzen – Potenzfunktionen

KAPITEL 5 — 155

Zum Festigen und Weiterarbeiten

2. Schreibe mit abgetrennter Zehnerpotenz.
   a) 78 500   b) 28 433   c) 9 245 682   d) 2 435

   $34\,785 = 3{,}4785 \cdot 10^4$

3. Schreibe ohne Zehnerpotenzen.
   a) $3{,}2 \cdot 10^5$ b) $7{,}82 \cdot 10^3$ c) $2{,}85 \cdot 10^3$ d) $7{,}25 \cdot 10^2$

   $4{,}32 \cdot 10^3 = 4320$

Übungen

4. Berechne mit dem Taschenrechner.
   a) 4^{12} b) 7^9 c) $(-3)^{10}$ d) $(-3)^{11}$ e) $2{,}1^6$ f) $0{,}98^{55}$ g) $(-2{,}5)^7$ h) $(-1{,}3)^{12}$

5. Schreibe mit abgetrennter Zehnerpotenz.
   a) 27   d) 607   g) 3 507   j) 48,5   m) 112,304   p) 7 548,04
   b) 419   e) 4 126   h) 7 053   k) 12,67   n) 4 198,3   q) 87 543,4195
   c) 810   f) 8 540   i) 85 644   l) 841,23   o) 8 412,36   r) 48 235,004

6. Schreibe ohne Zehnerpotenz.
   a) $4{,}3 \cdot 10^2$ c) $8{,}357 \cdot 10^3$ e) $7{,}2 \cdot 10^5$ g) $2{,}85 \cdot 10^8$
   b) $7{,}45 \cdot 10^2$ d) $6{,}54 \cdot 10^4$ f) $8{,}249 \cdot 10^6$ h) $3{,}75421 \cdot 10^4$

7. Schreibe mit abgetrennter Zehnerpotenz; runde die Zahl vor der abgetrennten Zehnerpotenz auf Hundertstel.

   $314\,896 \approx 3{,}15 \cdot 10^5$

   a) 857 352   b) 21 048   c) 2 136 547   d) 8 607 435   e) 948 376 542

8. Schreibe ausführlich und lies.
   a) Volumen der Erde: $1 \cdot 10^{12}$ km³
   b) Größe von Afrika: $3{,}03 \cdot 10^7$ km²
   c) Entfernung Erde – Sonne: $1{,}5 \cdot 10^8$ km
   d) Umfang der Erdbahn: $9{,}4 \cdot 10^8$ km

9. Schreibe mit abgetrennter Zehnerpotenz (scientific notation).
   a) Lichtgeschwindigkeit: 300 000 $\frac{km}{s}$
   b) Durchmesser der Sonne: 1 390 000 km
   c) Entfernung Erde – Mond: 384 000 km
   d) Größe von Asien: 41 600 000 km²
   e) Entfernung Sonne – Neptun: 4 500 Mio. km
   f) Ältester Stein der Erde: 3,962 Mrd. Jahre

10. Berechne.
   a) $2{,}1 \cdot 10^3 + 3{,}4 \cdot 10^2$ b) $8{,}6 \cdot 10^2 \cdot 1{,}5 \cdot 10^2$ c) $6{,}5 \cdot 10^3 : (5 \cdot 10^2)$

11. a) Große Entfernungen im Weltraum gibt man in Lichtjahren an. Eine Strecke hat die Länge 1 Lichtjahr, wenn ein Lichtblitz zum Durchlaufen 1 Jahr benötigt.
   Gib 1 Lichtjahr in km an (Lichtgeschwindigkeit: $3 \cdot 10^5 \frac{km}{s}$).
   b) Die Entfernung Sonne – Erde beträgt $149{,}6 \cdot 10^6$ km.
   Wie lange braucht ein Lichtblitz, um von der Sonne zur Erde zu gelangen?

1 Lichtjahr ist eine Längeneinheit, keine Zeiteinheit.

Abgetrennte Zehnerpotenzen mit negativen ganzzahligen Exponenten

Einstieg

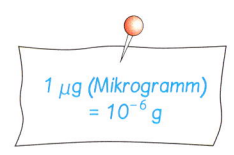

Hausmilben ernähren sich von abgefallenen Hautschuppen. In 8 Stunden verliert ein Mensch ca. 0,5 g an Hautschuppen. Eine Hausmilbe benötigt täglich 4,2 µg Hautschuppen.

→ Wie viele Milben können mit 0,5 g Hautschuppen täglich ernährt werden?

1 µg (Mikrogramm) = 10^{-6} g

Aufgabe

1. Berechne zunächst ohne und dann mit dem Taschenrechner:
0,47853 · 0,000000001
Vergleiche die Ergebnisse miteinander.

Lösung

0,47853 · 0,000000001 = 0,00000000047853

Dein Taschenrechner zeigt vermutlich eines der Ergebnisse an:

4.7853×10^{-10} 4.7853^{-10} $4.7853\text{E}{-10}$

Es sind drei Darstellungen derselben Zahl, nämlich 0,00000000047853.

0,00000000047853 = 4,7853 · 10^{-10}

Multiplizieren mit 10^{-10} bedeutet: Verschieben des Kommas um 10 Stellen nach links.

Information

Auch kleine Zahlen lassen sich übersichtlich mit abgetrennten Zehnerpotenzen oder gewissen Vorsilben (bei Maßeinheiten) schreiben.

Beispiel: 0,015 m = 1,5 · 10^{-2} m = 1,5 cm

Gewisse Vorsilben bei Maßeinheiten bedeuten eine Zehnerpotenz mit negativem Exponenten:

Potenz	Vorsilbe	Abkürzung	Beispiel		
10^{-1}	Dezi	d	Dezitonne:	1 dt	= $\frac{1}{10^1}$ t = 0,1 t
10^{-2}	Zenti	c	Zentimeter:	1 cm	= $\frac{1}{10^2}$ m = 0,01 m
10^{-3}	Milli	m	Milliliter:	1 ml	= $\frac{1}{10^3}$ l = 0,001 l
10^{-6}	Mikro	µ	Mikrogramm:	1 µg	= $\frac{1}{10^6}$ g = 0,000001 g
10^{-9}	Nano	n	Nanosekunde:	1 ns	= $\frac{1}{10^9}$ s = 0,000000001 s
10^{-12}	Piko	p	Pikofarad:	1 pF	= $\frac{1}{10^{12}}$ F = 0,000000000001 F

1 Farad ist die Einheit für die Kapazität von Kondensatoren in der Elektronik.

Potenzen – Potenzfunktionen

KAPITEL 5

Zum Festigen und Weiterarbeiten

2. Schreibe mit abgetrennter Zehnerpotenz.
a) 0,0023 b) 0,00042 c) 0,00407 d) 0,010003

$\boxed{0{,}0078 = 7{,}8 \cdot 10^{-3}}$

3. Schreibe ohne Zehnerpotenz.
a) $3{,}2 \cdot 10^{-5}$ b) $7{,}85 \cdot 10^{-3}$ c) $8{,}475 \cdot 10^{-2}$

$\boxed{3{,}45 \cdot 10^{-4} = 0{,}000345}$

Übungen

4. Schreibe die Zahl mit abgetrennter Zehnerpotenz.
a) 0,01   d) 0,0085   g) 0,0000081
b) 0,68   e) 0,0049   h) 0,00000000807
c) 0,0048   f) 0,000073   i) 0,0000000001

$\boxed{0{,}08 = \frac{8}{100} = \frac{8}{10^2} = 8 \cdot 10^{-2}}$

5. Schreibe mit abgetrennter Zehnerpotenz; runde die Zahl vor der abgetrennten Zehnerpotenz auf Hundertstel.
a) 0,314   b) 0,00213752   c) 0,00084765   d) 0,000004214

$\boxed{0{,}007286 \approx 7{,}29 \cdot 10^{-3}}$

6. Schreibe als Dezimalbruch.
a) $3 \cdot 10^{-2}$ c) $7{,}5 \cdot 10^{-6}$ e) $3{,}7 \cdot 10^{-8}$
b) $8 \cdot 10^{-3}$ d) $4{,}5 \cdot 10^{-5}$ f) $3{,}14 \cdot 10^{-6}$ g) $2{,}859 \cdot 10^{-4}$ h) $0{,}215 \cdot 10^{-5}$

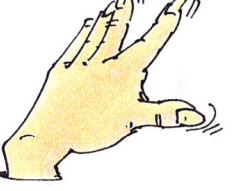

$\boxed{4{,}72 \cdot 10^{-5} = 0{,}0000472}$

7. a) Schreibe mit einem Dezimalbruch als Maßzahl.

(1) Masse des Elektrons: $9 \cdot 10^{-28}$ g

(2) Durchmesser des Wasserstoffatoms: ca. 10^{-8} cm

(3) Durchmesser eines roten Blutkörperchens: $7 \cdot 10^{-4}$ cm

(4) Tägliches Wachstum beim Kopfhaar: $2{,}5 \cdot 10^{-4}$ m

(5) Täglicher Längenzuwachs eines Fingernagels: $8{,}6 \cdot 10^{-5}$ m

(6) Der Mensch schmeckt in 1 cm³ Wasser ca. 10^{-5} g Salzsäure.

b) Gib die Längenangaben in Teilaufgabe a) zu (2) und (3) auch in der Einheit m an.

8. Schreibe in der Maßeinheit, die in Klammern steht.
a) $3 \cdot 10^{-3}$ kg (g)   b) $5 \cdot 10^{-10}$ m (mm)   c) $1{,}48 \cdot 10^{-6}$ mm (m)
   $2 \cdot 10^{-2}$ g (kg) $3{,}2 \cdot 10^{-4}$ cm (m) $3{,}69 \cdot 10^{-9}$ g (kg)

9. a) Schreibe die folgenden Längenangaben in der Maßeinheit m, und zwar einmal mit einer Zehnerpotenz und zum anderen mit einer Vorsilbe wie Piko, Nano usw.
(1) $\frac{1}{1000}$ mm   (2) $\frac{1}{100\,000}$ cm   (3) $\frac{1}{1\,000\,000}$ mm   (4) $\frac{1}{1\,000\,000}$ cm   (5) $\frac{1}{10\,000}$ µm

▲ **b)** Schreibe die Maßeinheit als Quotient:
(1) $m \cdot s^{-1}$;   (2) $km \cdot h^{-1}$;   (3) $g \cdot cm^{-3}$;   (4) $m \cdot s^{-2}$
Welche physikalische Größe wird jeweils in der Maßeinheit angegeben?

10. Berechne mit dem Taschenrechner. Überprüfe dein Ergebnis.
a) $5 \cdot 10^{-3} \cdot 10^{-2} \cdot 10 \cdot 10^{-1}$ b) $\dfrac{2 \cdot 10^{4}}{10^{-3}}$

11. Gib die kleinste Zahl an, die dein Taschenrechner in abgetrennter Zehnerpotenz anzeigen kann.

POTENZGESETZE
Multiplizieren und Dividieren von Potenzen mit gleicher Basis

Einstieg

Petra hat ihre Rechenwege nicht aufgeschrieben.

$$10^3 \cdot 10^2 = 10^5 \qquad \frac{10^7}{10^4} = 10^3 \qquad 2^4 \cdot 2^5 = 2^9 \qquad a^5 \cdot a^3 = a^8$$

$$10^{-4} \cdot 10^3 = 10^{-1} \qquad \frac{10^2}{10^{-3}} = 10^5 \qquad 2^{-3} : 2^5 = 2^{-8} \qquad \frac{a^3}{a^5} = a^{-2}$$

→ Kontrolliert Petras Hausaufgaben.
→ Versucht Regeln zu entdecken. Formuliert sie.
→ Überprüft die Regeln durch weitere Beispiele.
→ Präsentiert eure Ergebnisse.

Aufgabe

1. a) Forme um in *eine* Potenz.
(1) $3^2 \cdot 3^4$ (2) $a^3 \cdot a^2$ (3) $\frac{5^7}{5^4}$ (4) $\frac{x^3}{x^5}$

b) Formuliere aus den Rechenwegen aus Teilaufgabe a) Regeln für das Multiplizieren und Dividieren von Potenzen mit *gleicher Basis*.

c) Überprüfe anhand folgender Beispiele, ob diese Regeln auch für Potenzen mit negativen Exponenten gelten:
(1) $5^4 \cdot 5^{-2}$ (2) $x^{-5} \cdot x^2$ (3) $3^2 : 3^{-4}$ (4) $\frac{a^{-2}}{a^{-6}}$

Lösung

a) (1) $3^2 \cdot 3^4 = \underbrace{3 \cdot 3}_{2 \text{ Faktoren}} \cdot \underbrace{3 \cdot 3 \cdot 3 \cdot 3}_{4 \text{ Faktoren}}$
$= 3^{2+4}$
$= 3^6$

(2) $a^3 \cdot a^2 = \underbrace{a \cdot a \cdot a}_{3 \text{ Faktoren}} \cdot \underbrace{a \cdot a}_{2 \text{ Faktoren}}$
$= a^{3+2}$
$= a^5$

(3) $\frac{5^7}{5^4} = \frac{5 \cdot 5 \cdot 5 \cdot \cancel{5} \cdot \cancel{5} \cdot \cancel{5} \cdot \cancel{5}}{\cancel{5} \cdot \cancel{5} \cdot \cancel{5} \cdot \cancel{5}\,_1}$ *(kürzen)*
$= 5^{7-4}$
$= 5^3$

(4) $\frac{x^3}{x^5} = \frac{\cancel{x} \cdot \cancel{x} \cdot \cancel{x}\,_1}{x \cdot x \cdot \cancel{x} \cdot \cancel{x} \cdot \cancel{x}}$ $(x \neq 0)$ *(kürzen)*
$= \frac{1}{x^2}$
$= x^{-2}$ $\quad \boxed{3 - 5 = -2}$

b) (1) Man multipliziert Potenzen mit gleicher Basis, indem man die Exponenten addiert und die Basis beibehält.
(2) Man dividiert Potenzen mit gleicher Basis, indem man die Exponenten subtrahiert und die Basis beibehält.

c) Falls die Regel (1) aus Teilaufgabe b) auch für negative Exponenten gilt, erhalten wir:
(1) $5^4 \cdot 5^{-2} = 5^{4+(-2)} = 5^2$ (2) $x^{-5} \cdot x^2 = x^{-5+2} = x^{-3}$

Wir rechnen nach:
(1) $5^4 \cdot 5^{-2} = 5^4 \cdot \frac{1}{5^2}$
$= \frac{5^4}{5^2}$
$= 5^{4-2} = 5^2$

(2) $x^{-5} \cdot x^2 = \frac{1}{x^5} \cdot x^2$ $(x \neq 0)$
$= \frac{x^2}{x^5}$
$= \frac{\cancel{x} \cdot \cancel{x}\,_1}{\cancel{x} \cdot \cancel{x} \cdot x \cdot x \cdot x} = \frac{1}{x^3} = x^{-3}$

Man kann nicht durch Null dividieren.

Potenzen – Potenzfunktionen

Falls die Regel (2) aus Teilaufgabe b) auch für negative Exponenten gilt, erhalten wir:

(3) $3^2 : 3^{-4} = 3^{2-(-4)} = 3^6$
(4) $\dfrac{a^{-2}}{a^{-6}} = a^{-2-(-6)} = a^{-2+6} = a^4$

Wir rechnen nach:

(3) $3^2 : 3^{-4} = 3^2 : \dfrac{1}{3^4}$ *(mit dem Kehrwert multiplizieren)*
$= 3^2 \cdot 3^4$
$= 3^{2+4}$
$= 3^6$

(4) $\dfrac{a^{-2}}{a^{-6}} = \dfrac{1}{a^2} : \dfrac{1}{a^6}$ $(a \ne 0)$
$= \dfrac{1}{a^2} \cdot a^6$
$= \dfrac{a^6}{a^2}$
$= \dfrac{\cancel{a} \cdot \cancel{a} \cdot a \cdot a \cdot a \cdot a}{\cancel{a} \cdot \cancel{a} \cdot 1} = a^4$

Information

Potenzgesetz für die Multiplikation von Potenzen mit gleicher Basis

(P1): $a^m \cdot a^n = a^{m+n}$ (für ganze Zahlen m und n sowie $a \ne 0$)

Man multipliziert Potenzen mit gleicher Basis, indem man die Exponenten addiert. Die gemeinsame Basis bleibt erhalten.

Beispiele: (1) $2^5 \cdot 2^3 = 2^{5+3} = 2^8$ (2) $x^{-5} \cdot x^2 = x^{-5+2} = x^{-3}$ $(x \ne 0)$

Potenzgesetz für die Division von Potenzen mit gleicher Basis

(P1*): $\dfrac{a^m}{a^n} = a^m : a^n = a^{m-n}$ (für ganze Zahlen m und n sowie $a \ne 0$)

Man dividiert Potenzen mit gleicher Basis, indem man die Exponenten subtrahiert. Die gemeinsame Basis bleibt erhalten.

Beispiele: (1) $\dfrac{2^6}{2^4} = 2^{6-4} = 2^2$ (2) $\dfrac{r^2}{r^{-3}} = r^{2-(-3)} = r^{2+3} = r^5$ $(r \ne 0)$

Zum Festigen und Weiterarbeiten

2. Wende, wenn möglich, das Potenzgesetz (P1) an. *Beachte: $3 = 3^1$*

a) $3^2 \cdot 3^5$ b) $0{,}4^{-8} \cdot 0{,}4^5$ c) $\sqrt{9}^2 \cdot 3^{-3}$ d) $\left(\tfrac{1}{2}\right)^5 \cdot \left(\tfrac{1}{2}\right)^{-5}$ e) $3^4 \cdot 3$

3. a) Erkläre am Beispiel rechts die einschränkende Bedingung ($a \ne 0$). $a^3 \cdot a^{-7} = a^{3+(-7)} = a^{-4}$ (für $a \ne 0$)

b) Vereinfache. Gib gegebenenfalls die einschränkende Bedingung an.

(1) $b^{-2} \cdot b^3$ (2) $x^0 \cdot x^{-7}$ (3) $(2x)^4 \cdot 2x$ (4) $(uv)^8 \cdot (vu)^{-3}$ (5) $2x^3 \cdot x^{-3}$

4. Berechne und vergleiche: a) $2^3 + 2^4$ und 2^7 b) $2^3 \cdot 3^2$ und 6^5

5. Schreibe als Produkt von zwei Faktoren. Gib mehrere Möglichkeiten an. Verwende auch negative Exponenten. Gib gegebenenfalls einschränkende Bedingungen an.

a) 2^6 b) $(-5)^3$ c) 7^{-2} d) a^8 e) x^{-10}

6. Wende, wenn möglich, das Potenzgesetz (P1*) an.

a) $3^5 : 3^2$ b) $\dfrac{(-4)^2}{(-4)^5}$ c) $\dfrac{7^0}{7^{-4}}$ d) $\dfrac{\sqrt{2}^{-5}}{\sqrt{2}^{-3}}$ e) $\dfrac{2^3}{\sqrt{4}^{-1}}$ f) $\dfrac{0{,}4}{0{,}4^6}$

KAPITEL 5 — Potenzen – Potenzfunktionen

7. a) Erkläre am Beispiel rechts die einschränkende Bedingung $a \neq 0$.

$$\frac{a^3}{a^{-1}} = a^{3-(-1)} = a^4 \quad (\text{für } a \neq 0)$$

b) Wende das Potenzgesetz (P1*) an und gib, falls erforderlich, einschränkende Bedingungen an.

(1) $\dfrac{x^4}{x^3}$ (2) $\dfrac{(-b)^{-2}}{(-b)^2}$ (3) $\dfrac{3 \cdot a^2}{3^{-2}}$ (4) $\dfrac{(xy)^2}{(xy)^{-3}}$ (5) $\dfrac{7^3}{7^{-1} \cdot a^2}$

8. Schreibe auf verschiedene Weisen als Quotient zweier Potenzen.

a) 7^4 b) $(-3)^2$ c) $\sqrt{5}^7$ d) 8^{-3} e) a^{-6}

9. Vereinfache. Gib gegebenenfalls einschränkende Bedingungen an.

a) $3p^2 \cdot 4p^5$ c) $4x \cdot 5x^2 y$ e) $7a^{-3} \cdot 5a^{-2}$ g) $2ab^{-3} \cdot 3a^{-4}b^2$

b) $\dfrac{8x^4}{2x^{-1}}$ d) $\dfrac{3x^{-7}}{6x^{-8}}$ f) $\dfrac{14y^2}{21xy^{-3}}$ h) $\dfrac{4xy^{-2}z^3}{2x^{-2}y^{-2}z}$

10. Ein Atom stellen wir uns im Modell so vor:

In der Mitte des Atoms befindet sich der positiv geladene Atomkern. Dieser Kern ist von einem Schwarm negativ geladener Elektronen, der sogenannten Elektronen-Hülle umgeben.
Der Durchmesser eines Atoms beträgt ca. $2 \cdot 10^{-10}$ m, der Durchmesser des Atomkerns annähernd 10^{-15} m.

a) Wie viel mal ist der Durchmesser der Hülle größer als der des Kerns?

b) Stelle dir den Durchmesser des Kerns wie in der Abbildung rechts vergrößert vor.
Wie groß würde dann der Durchmesser der Elektronenhülle sein?

11. Man kann zeigen, dass die Potenzgesetze (P1) und (P1*) auch für gebrochen rationale Exponenten gelten.
Rechne wie im Beispiel und gib einschränkende Bedingungen an.

$$\sqrt{a} \cdot \sqrt[4]{a} = a^{\frac{1}{2}} \cdot a^{\frac{1}{4}} = a^{\frac{1}{2} + \frac{1}{4}} = a^{\frac{3}{4}} = \sqrt[4]{a^3} \quad (\text{für } a \geq 0)$$

Der Radikand darf nicht negativ sein.

a) $0{,}3^{\frac{1}{2}} \cdot 0{,}3^{\frac{1}{5}}$ b) $\sqrt[3]{5} \cdot \sqrt{5}$ c) $\sqrt[5]{x^3} \cdot \sqrt[5]{x^2}$ d) $\dfrac{\sqrt[4]{3^3}}{\sqrt{3}}$ e) $\dfrac{y}{\sqrt{y}}$

Übungen

12. Wende, falls möglich, das Potenzgesetz (P1) an.

a) $2^3 \cdot 2^5$ b) $4^0 \cdot 4^{-7}$ c) $(-3)^{-2} \cdot (-3)^{-5}$ d) $0^9 \cdot 0^7$ e) $\sqrt{3}^2 \cdot \sqrt{3}^5$ f) $1{,}6^7 \cdot 7$

13. Wende das Potenzgesetz (P1) an. Gib ggf. einschränkende Bedingungen an.

a) $(-x) \cdot (-x)^4$ c) $x^3 \cdot x^{11}$ e) $3x^{-3} \cdot x^{-2}$ g) $a \cdot a^3 \cdot a^2$ i) $2x^0 \cdot x^{-4} \cdot x$

b) $(-x) \cdot (-x)^{-4}$ d) $(2x)^6 \cdot 2x$ f) $-2a^4 \cdot 6a$ h) $y^{-1} \cdot y^3 \cdot 4y^{-2}$ j) $b^{-1} \cdot 3b^{-2} \cdot b^{-3}$

14. Wende, falls möglich, das Potenzgesetz (P1*) an.

a) $\dfrac{2^{-4}}{2^{-4}}$ b) $\dfrac{2^5}{2^3}$ c) $\dfrac{(-4)^7}{(-4)}$ d) $\dfrac{5^4}{5^7}$ e) $\dfrac{\sqrt{49}^4}{\sqrt{7}^3}$

Potenzen – Potenzfunktionen   KAPITEL 5

15. Wende das Potenzgesetz (P1*) an. Denke an einschränkende Bedingungen.

a) $\dfrac{x^4}{y^4}$ c) $\dfrac{(-x)^3}{(-x)^7}$ e) $\dfrac{2x^2}{x^{-4}}$ g) $\dfrac{a^3 \cdot b^{-2}}{a^{-2} \cdot b^3}$ i) $\dfrac{2xy^2z^5}{xyz}$

b) $\dfrac{a^{-6}}{a^5}$ d) $\dfrac{(-x)^{-3}}{(-x)^{-7}}$ f) $\dfrac{x^{-2}}{-4x^3}$ h) $\dfrac{4a^2b}{-2ab^{-2}}$ j) $\dfrac{x^2y^{-1}z^3}{4x^{-1}yz^{-2}}$

16. Forme in *eine* Zehnerpotenz um.

a) $10^3 \cdot 10^5$ b) $\dfrac{10^2}{10^7}$ c) $10^{-4} \cdot 10^5$ d) $\dfrac{10}{10^{-6}}$ e) $\dfrac{10^{-4}}{10^{-3}}$ f) $10^{-2} \cdot 10^{-5}$

17. Vereinfache. Gib gegebenenfalls einschränkende Bedingungen an.

a) $4x^3 \cdot 1{,}5x$ c) $5r^{-2} \cdot 7rs$ e) $\dfrac{2}{5}y^{-2} \cdot 10y^{-3}$ g) $4xy^{-2} \cdot 5x^{-5}y^5$

b) $\dfrac{12a^5}{6a^{-3}}$ d) $\dfrac{0{,}2u^{-6}}{0{,}1u^{-9}}$ f) $\dfrac{10b^3}{15ab^{-3}}$ h) $\dfrac{6a^2bc^{-4}}{3a^{-1}b^2c^{-3}}$

18. Wo steckt der Fehler? Berichtige.

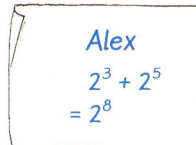

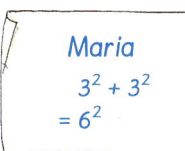

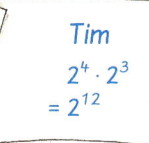

Alex: $2^3 + 2^5 = 2^8$

Maria: $3^2 + 3^2 = 6^2$

Tim: $2^4 \cdot 2^3 = 2^{12}$

Anne: $2^6 : 2^3 = 2^2$

19. Schreibe als Produkt und als Quotient (verschiedene Möglichkeiten):

a) 2^4 b) 3^6 c) 7^{-8} d) a^{15} e) x^{-3}

$4^5 = 4 \cdot 4^4$
$4^5 = 4^2 \cdot 4^3$

20. Setze einen passenden Term ein.

a) $7a^3 \cdot \square = 28a^5$ b) $12z^{-2} \cdot \square = 60z^6$ c) $\square \cdot 24y^5 = 120y^{-3}$

21. Schreibe die Wurzeln als Potenzen und vereinfache. Welche Zahlen dürfen für die Variable eingesetzt werden?

a) $\sqrt[4]{5^3} \cdot \sqrt[4]{5}$ b) $\sqrt[5]{x^3} \cdot \sqrt{x}$ c) $\dfrac{a^2}{\sqrt{a}}$ d) $\dfrac{\sqrt[3]{x}}{\sqrt[3]{x^4}}$ e) $\dfrac{u^{-1}}{\sqrt{u^{-3}}}$

22. Vereinfache. Gib auch die einschränkende Bedingung an.

a) $3x \cdot x^7 + 11x^3 \cdot x^5$ b) $12x^9 - 8x^{-2} \cdot x^{11}$ c) $\dfrac{5a^8}{a^4} + \dfrac{4a}{2a^{-3}}$

23. Löse die Klammern auf und vereinfache.

a) $(x^4 + x^2) \cdot x^3$ c) $(y^4 - 3y^{-3}) \cdot y^2$ e) $(5uv^2 - u^3v) \cdot u^2v^4$

b) $(a^2 - a + a^5) \cdot a^4$ d) $(2b + b^{-4} - b^2) \cdot b^{-3}$ f) $(u^{-1}v + 3u^2v^{-4}) \cdot 4u^2v^{-2}$

24. Berechne ohne Taschenrechner; schreibe das Ergebnis mit abgetrennter Zehnerpotenz.

a) $2{,}7 \cdot 10^8 + 8{,}9 \cdot 10^8$ b) $6 \cdot 10^{11} + 3 \cdot 10^{12}$ c) $(3{,}5 \cdot 10^{-13}) \cdot (2 \cdot 10^8)$

$24 \cdot 10^{-7} - 5 \cdot 10^{-7}$ $7 \cdot 10^{-5} - 9 \cdot 10^{-6}$ $\dfrac{4{,}2 \cdot 10^{-7}}{7 \cdot 10^3}$

$2 \cdot 10^4 + 3 \cdot 10^5$
$= 0{,}2 \cdot 10^5 + 3 \cdot 10^5$
$= 3{,}2 \cdot 10^5$

25. Ein Lichtjahr ist die Länge der Strecke, die das Licht in einem Jahr zurücklegt. Die Lichtgeschwindigkeit ist unvorstellbar groß; sie beträgt $3 \cdot 10^8 \frac{m}{s}$.
Der Fixstern Sirius ist 7 Lichtjahre von der Erde entfernt.
Wie viel Jahre wäre ein Raumschiff unterwegs, das mit dreifacher Schallgeschwindigkeit $(10^3 \frac{m}{s})$ von der Erde zum Sirius fliegen würde?

Multiplizieren und Dividieren von Potenzen mit gleichen Exponenten

Einstieg

Ulf hat im Kopf gerechnet und die Ergebnisse aufgeschrieben.

$$3^4 \cdot 2^4 = 6^4 \qquad 5^{-2} \cdot 2^{-2} = 10^{-2} \qquad \frac{16^3}{4^3} = 4^3 \qquad \frac{3^{-1}}{6^{-1}} = \left(\frac{1}{2}\right)^{-1}$$

→ Kontrolliert Ulfs Hausaufgaben.
→ Versucht Regeln zu entdecken. Formuliert sie.
→ Überprüft die Regeln durch weitere Beispiele.
→ Präsentiert eure Ergebnisse.

Aufgabe

1. a) Forme um in *eine* Potenz: (1) $2^4 \cdot 5^4$ (2) $\frac{20^3}{4^3}$

b) Formuliere aus den Rechenwegen in Teilaufgabe a) Regeln für das Multiplizieren und Dividieren von Potenzen mit *gleichen Exponenten*.

c) Überprüfe anhand folgender Beispiele, ob diese Regeln auch für Potenzen mit negativen Exponenten gelten: (1) $x^{-3} \cdot y^{-3}$ (2) $\frac{a^{-2}}{b^{-2}}$

Lösung

Wende das Vertauschungsgesetz an.

Schreibe als Produkt von Brüchen.

a) (1) $2^4 \cdot 5^4 = \underbrace{2 \cdot 2 \cdot 2 \cdot 2}_{\text{4 Faktoren 2}} \cdot \underbrace{5 \cdot 5 \cdot 5 \cdot 5}_{\text{4 Faktoren 5}}$

$= \underbrace{(2 \cdot 5) \cdot (2 \cdot 5) \cdot (2 \cdot 5) \cdot (2 \cdot 5)}_{\text{4 Faktoren (2 · 5)}}$

$= (2 \cdot 5)^4$

$= 10^4$

(2) $\frac{20^3}{4^3} = \frac{20 \cdot 20 \cdot 20}{4 \cdot 4 \cdot 4}$

$= \frac{20}{4} \cdot \frac{20}{4} \cdot \frac{20}{4}$

$= \left(\frac{20}{4}\right)^3$

$= 5^3$

b) Man multipliziert bzw. dividiert Potenzen mit gleichen Exponenten, indem man die Basen multipliziert bzw. dividiert und den gemeinsamen Exponenten beibehält.

c) Falls die Regeln aus Teilaufgabe b) auch für negative Exponenten gelten, erhalten wir:

(1) $x^{-3} \cdot y^{-3} = (x \cdot y)^{-3}$ (2) $\frac{a^{-2}}{b^{-2}} = \left(\frac{a}{b}\right)^{-2}$

Wir rechnen nach:

(1) $x^{-3} \cdot y^{-3} = \frac{1}{x^3} \cdot \frac{1}{y^3}$ ($x \neq 0$, $y \neq 0$)

$= \frac{1}{x \cdot x \cdot x \cdot y \cdot y \cdot y}$

$= \frac{1}{(x \cdot y) \cdot (x \cdot y) \cdot (x \cdot y)}$

$= \frac{1}{(x \cdot y)^3} = (x \cdot y)^{-3}$

(2) $\frac{a^{-2}}{b^{-2}} = \frac{1}{a^2} : \frac{1}{b^2}$ ($a \neq 0$, $b \neq 0$)

$= \frac{1}{a^2} \cdot \frac{b^2}{1}$

$= \frac{b \cdot b}{a \cdot a}$

$= \left(\frac{b}{a}\right)^2 = \left(\frac{a}{b}\right)^{-2}$

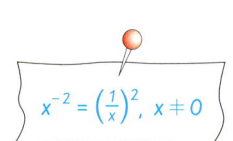

$x^{-2} = \left(\frac{1}{x}\right)^2, x \neq 0$

Potenzen – Potenzfunktionen

Information

Potenzgesetz für die Multiplikation von Potenzen mit gleichen Exponenten

(P2): $a^n \cdot b^n = (a \cdot b)^n$ (für ganze Zahlen n sowie a ≠ 0 und b ≠ 0)

Man multipliziert Potenzen mit gleichen Exponenten, indem man die Basen multipliziert. Der gemeinsame Exponent bleibt erhalten.

Beispiele: (1) $4^3 \cdot 5^3 = (4 \cdot 5)^3 = 20^3$ (2) $4^{-2} \cdot 3^{-2} = (4 \cdot 3)^{-2} = 12^{-2}$

Potenzgesetz für die Division von Potenzen mit gleichen Exponenten

(P2*): $\dfrac{a^n}{b^n} = a^n : b^n = \left(\dfrac{a}{b}\right)^n$ (für ganze Zahlen n sowie a ≠ 0 und b ≠ 0)

Man dividiert Potenzen mit gleichen Exponenten, indem man die Basen dividiert. Der gemeinsame Exponent bleibt erhalten.

Beispiele: (1) $\dfrac{12^5}{4^5} = \left(\dfrac{12}{4}\right)^5 = 3^5$ (2) $\dfrac{(xy)^{-3}}{x^{-3}} = \left(\dfrac{xy}{x}\right)^{-3} = y^{-3}$ (für x ≠ 0, y ≠ 0)

Zum Festigen und Weiterarbeiten

2. Wende die Potenzgesetze (P2) und (P2*) an.

a) $2^3 \cdot 50^3$ b) $8^{-4} \cdot 1{,}25^{-4}$ c) $\left(\tfrac{1}{2}\right)^{-3} \cdot 4^{-3}$ d) $\dfrac{9^4}{3^4}$ e) $\dfrac{2}{0{,}2^{-5}}$

3. Wende Potenzgesetze an. Notiere einschränkende Bedingungen.

a) $x^4 \cdot y^4$ b) $x^{-4} \cdot y^{-4}$ c) $a^{-3} \cdot \left(\tfrac{1}{a}\right)^{-3}$ d) $(2x)^3 : x^3$ e) $\dfrac{(ab)^{-2}}{b^{-2}}$

4. Wende die Potenzgesetze (P2) und (P2*) von rechts nach links an. Gib einschränkende Bedingungen an.

a) $(2x)^3$ c) $(3a \cdot 2b)^5$ e) $(10x)^{-3}$

b) $\left(\dfrac{2x}{3y}\right)^4$ d) $\left(\dfrac{-8xy}{5z}\right)^2$ f) $\left(\dfrac{\sqrt{10}}{b^3}\right)^{-2}$

$$\left(\dfrac{5x}{y}\right)^2 = \dfrac{(5x)^2}{y^2} \quad (y \neq 0)$$
$$= \dfrac{5^2 \cdot x^2}{y^2}$$
$$= \dfrac{25x^2}{y^2}$$

5. Man kann zeigen, dass die Potenzgesetze (P2) und (P2*) auch für gebrochen rationale Exponenten gelten. Rechne wie im Beispiel.

a) $\sqrt[5]{16} \cdot \sqrt[5]{2}$ c) $\sqrt[4]{\tfrac{1}{8}} \cdot \sqrt[4]{\tfrac{1}{2}}$

b) $\dfrac{\sqrt{27}}{\sqrt{3}}$ d) $\sqrt[3]{\tfrac{1}{9}} : \sqrt[3]{3}$

$$\sqrt[3]{9} \cdot \sqrt[3]{3} = 9^{\tfrac{1}{3}} \cdot 3^{\tfrac{1}{3}} = (9 \cdot 3)^{\tfrac{1}{3}}$$
$$= 27^{\tfrac{1}{3}} = \sqrt[3]{27} = 3$$

Übungen

6. Wende das Potenzgesetz (P2) oder das Potenzgesetz (P2*) an.

a) $2^6 \cdot 5^6$ c) $8^{-2} \cdot 1{,}25^{-2}$ e) $\dfrac{1\,000^{-1}}{250^{-1}}$ g) $(\sqrt{3})^6 \cdot (\sqrt{2})^6$

b) $24^5 : 12^5$ d) $7^{-5} \cdot \left(\tfrac{1}{14}\right)^{-5}$ f) $(-5)^8 \cdot (-0{,}4)^8$ h) $\left(\tfrac{2}{3}\right)^{-7} \cdot \left(\tfrac{15}{8}\right)^{-7} \cdot \left(-\tfrac{4}{5}\right)^{-7}$

7. Wende Potenzgesetze an. Notiere einschränkende Bedingungen.

a) $m^3 \cdot n^3$ c) $(-a)^8 \cdot (-b)^8$ e) $(4x)^6 \cdot \left(\tfrac{1}{2}y\right)^6$ g) $\dfrac{a^6 b^8}{(2ab)^6}$

b) $(-x)^{-4} \cdot y^{-4}$ d) $(ab)^{-6} \cdot \left(\tfrac{1}{a}\right)^{-6}$ f) $\dfrac{(xy)^{-5}}{x^{-5}}$ h) $\dfrac{-(4xy)^8}{(-2x)^8}$

8. Wo steckt der Fehler? Berichtige.

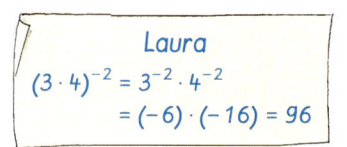

Leon	Murat	Laura	Marie
$(2+4)^3 = 2^3 + 4^3$	$18^4 : 9^4 = 2^1$	$(3 \cdot 4)^{-2} = 3^{-2} \cdot 4^{-2}$ $= (-6) \cdot (-16) = 96$	$2^3 \cdot 3^3 = 6^9$

9. Setze im Heft einen passenden Term ein.

a) $x^5 \cdot \square = (xy)^5$ c) $\square \cdot (4a)^{-3} = 512 a^{-3}$ e) $\square \cdot (\sqrt{2} \cdot y)^5 = 32(xy)^5$

b) $(2x)^2 \cdot \square = (6xy)^2$ d) $1296 x^4 y^4 = (3x)^4 \cdot \square$ f) $(12a)^{-4} : \square = \frac{1}{81}$

10. Vereinfache. Gib einschränkende Bedingungen an.

a) $\frac{(8a)^2}{4}$ b) $\left(\frac{a}{\sqrt{3}}\right)^2$ c) $\frac{(6xy)^3}{(2x)^2}$ d) $\left(\frac{\sqrt{8}}{xy}\right)^{-2}$ e) $(3ab)^{-4} \cdot \frac{1}{9} ab^{-5}$

11. Forme die Wurzeln in Potenzen um und vereinfache. Gib auch einschränkende Bedingungen an.

a) $\frac{\sqrt{5}}{\sqrt{125}}$ b) $\frac{\sqrt[3]{a^2}}{\sqrt[3]{a}}$ c) $\sqrt{2x} \cdot \sqrt{18x}$ d) $\sqrt[4]{8b^7} \cdot \sqrt[4]{2b^{-3}}$ e) $\frac{\sqrt[3]{x^{-1} \cdot z^4}}{\sqrt[3]{x^{-4} \cdot z^{-2}}}$

Potenzieren einer Potenz

Einstieg

$(2^3)^4 = 2^{12}$ $(5^{-1})^3 = 5^{-3}$ $(3^{-2})^{-4} = 3^8$ $((-4)^3)^3 = (-4)^9$

→ Kontrolliert die Ergebnisse und formuliert eine Regel.
→ Überprüft die Regel durch weitere Beispiele.

Aufgabe

1. a) Vereinfache: (1) $(2^5)^2$ (2) $(a^4)^3$

b) Formuliere eine Regel für das Potenzieren einer Potenz.

c) Überprüfe anhand folgender Beispiele, ob diese Regel auch für Potenzen mit negativen Exponenten gilt: (1) $(3^{-2})^4$ (2) $(a^3)^{-2}$

Lösung

a) (1) $(2^5)^2 = 2^5 \cdot 2^5$ (2) $(a^4)^3 = a^4 \cdot a^4 \cdot a^4$
$ = 2^{5+5}$ $ = a^{4+4+4}$
$ = 2^{5 \cdot 2} = 2^{10}$ $ = a^{4 \cdot 3} = a^{12}$

b) Man potenziert eine Potenz, indem man die Exponenten multipliziert und die Basis beibehält.

c) Falls die Regel aus Teilaufgabe b) auch für negative Exponenten gilt, erhalten wir:
(1) $(3^{-2})^4 = 3^{-2 \cdot 4} = 3^{-8}$ (2) $(a^3)^{-2} = a^{3 \cdot (-2)} = a^{-6}$
Wir rechnen nach:
(1) $(3^{-2})^4 = \left(\frac{1}{3^2}\right)^4$ (2) $(a^3)^{-2} = \frac{1}{(a^3)^2}$ $(a \neq 0)$
$\phantom{(1) (3^{-2})^4} = \frac{1}{3^2} \cdot \frac{1}{3^2} \cdot \frac{1}{3^2} \cdot \frac{1}{3^2}$ $\phantom{(2) (a^3)^{-2}} = \frac{1}{a^3 \cdot a^3}$
$\phantom{(1) (3^{-2})^4} = \frac{1}{3^8} = 3^{-8}$ $\phantom{(2) (a^3)^{-2}} = \frac{1}{a^6} = a^{-6}$

Potenzen – Potenzfunktionen

KAPITEL 5

Information

Potenzgesetz für das Potenzieren einer Potenz

(P3): $(a^m)^n = a^{m \cdot n}$ (für ganze Zahlen m und n sowie $a \neq 0$)

Man potenziert eine Potenz, indem man die Exponenten multipliziert. Die Basis bleibt erhalten.

Beispiele: (1) $(3^4)^2 = 3^{4 \cdot 2} = 3^8$ (2) $\left((\sqrt{2})^{-3}\right)^{-4} = (\sqrt{2})^{(-3) \cdot (-4)} = (\sqrt{2})^{12} = 2^6$

Zum Festigen und Weiterarbeiten

2. Wende das Potenzgesetz (P3) an. Denke an einschränkende Bedingungen.
   a) $(2^3)^2$ b) $((-3)^3)^2$ c) $\left(\left(\frac{1}{2}\right)^4\right)^{-3}$ d) $-(1^5)^7$ e) $(x^3)^4$ f) $((2x)^{-4})^{-2}$

3. Beseitige die Wurzeln.
   a) $\left((\sqrt{3})^3\right)^2$ b) $\left((\sqrt{5})^5\right)^4$ c) $\left((-\sqrt{3})^3\right)^4$ d) $\left(\left(\frac{\sqrt{2}}{\sqrt{5}}\right)^4\right)^0$ e) $\left(\left(-\sqrt{\frac{3}{4}}\right)^3\right)^2$

Übungen

4. Wende das Potenzgesetz (P3) an. Notiere einschränkende Bedingungen.
   a) $(2^5)^2$ b) $\left(\left(\frac{1}{2}\right)^2\right)^{-3}$ c) $(0^9)^4$ d) $((3a)^{-1})^{-5}$ e) $\left(\left(\sqrt{\frac{1}{2}}a\right)^{-3}\right)^{-2}$ f) $\left(\left(\frac{\sqrt{2x}}{\sqrt{2}}\right)^3\right)^4$

5. Berechne. Überprüfe jeweils, ob man das Potenzgesetz (P3) anwenden kann.
   a) $((-3)^2)^2$ b) $(-3^2)^2$ c) $-(3^2)^2$ d) $((-1)^5)^7$ e) $(-1^5)^7$ f) $-(-1^5)^7$

6. Schreibe als Potenz mit möglichst kleiner Basis.
   a) 36^5 b) 625^4 c) 256^2 d) 64^5

   $\boxed{16^5 = (2^4)^5 = 2^{20}}$

7. Man kann zeigen, dass das Potenzgesetz (P3) auch für gebrochen rationale Exponenten gilt. Rechne wie im Beispiel. Gib auch einschränkende Bedingungen an.
   a) $\left(\sqrt[6]{5^2}\right)^9$ c) $\left(\sqrt[3]{a^{-2}}\right)^{-6}$
   b) $\left(\sqrt[4]{a^2}\right)^2$ d) $\left(\sqrt{2x^{-3}}\right)^{-4}$

   $\boxed{\left(\sqrt[6]{a^3}\right)^4 = \left(a^{\frac{3}{6}}\right)^4 = a^{\frac{12}{6}} = a^2 \quad (a \geq 0)}$

Vermischte Übungen

8. a) $(a^3)^{-2}$ b) $((-x)^2)^6$ c) $(-x^2)^6$ d) $(a^2b)^3$ e) $(-x^2y^3)^4$ f) $(a^3b^{-2})^{-2}$

9. Forme in eine Zehnerpotenz um; wende dabei die Potenzgesetze an.
   a) $10^2 \cdot 10^7$ b) $10^{-7} \cdot 10^4$ c) $(10^5)^2$ d) $10^{-5} \cdot 10^{11}$ e) $10^{-6} \cdot 10^{-1}$ f) $(10^{-2})^{-7}$
   $\frac{10^8}{10^5}$ $\frac{10^4}{10^{-3}}$ $(10^3)^{-4}$ $\frac{10^2}{10^6}$ $\frac{10^{-7}}{10^{-5}}$ $\frac{10^{-5}}{10^2}$

10. a) Der Umfang der fast kreisförmigen Erdbahn um die Sonne beträgt $9{,}4 \cdot 10^8$ km. Berechne den Radius.
   b) Der Äquator hat einen Umfang von $4 \cdot 10^7$ m. Berechne das Volumen und den Oberflächeninhalt der Erde. Gib die Ergebnisse in verschiedenen Einheiten an.

11. Wende Potenzgesetze an. Notiere gegebenenfalls auch die einschränkende Bedingung.
   a) $x^{-4} \cdot x^8$ d) $a^{-3} \cdot a^7$ g) $(y \cdot y)^0$ j) $7(x^3)^{-2}$ m) $5r^{-4} \cdot s^{-4}$
   b) $b^3 \cdot b^{-5}$ e) $(y \cdot x)^{-2}$ h) $(z^{-2})^3$ k) $(p^{-2})^{-3}$ n) $(3(x \cdot y)^{-2})^3$
   c) $\dfrac{a^3}{a^{-5}}$ f) $\dfrac{b^{-3}}{b^5}$ i) $\dfrac{c^{-5}}{c^{-6}}$ l) $\dfrac{y^0}{y^{-3}}$ o) $\left(\dfrac{5a}{-3b}\right)^{-3}$

POTENZFUNKTIONEN UND IHRE EIGENSCHAFTEN
Funktionen mit Gleichungen der Form $y = x^n$

Einstieg

Mit einem Kalkulationsprogramm kannst du die Graphen von Funktionen mit der Gleichung $y = x^n$ untersuchen.
Erstelle dazu eine Wertetabelle und zeichne den Graphen der Funktion. Gestalte die Tabelle so, dass du den Wert für den Exponenten n verändern kannst.

→ Wähle für n die Werte 1, 2 und 3. Notiere jeweils die Eigenschaften der Funktion.

→ Vergleiche die Graphen, nenne Gemeinsamkeiten und Unterschiede. Untersuche auch die Symmetrie der Graphen.

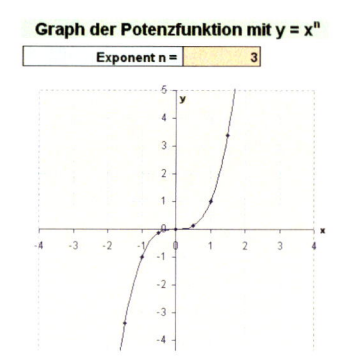

Aufgabe

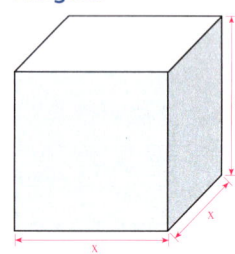

1. a) Welches Volumen haben Würfel mit den Kantenlängen 0,2 dm, 0,5 dm, 1 dm, 1,2 dm bzw. 1,5 dm?
Lege für die Funktion *Kantenlänge eines Würfels (in dm)* → *Volumen des Würfels (in dm³)* eine Wertetabelle an. Zeichne den Graphen.

b) Zeichne mithilfe einer Wertetabelle den Graphen der Funktion mit $y = x^3$, wobei für x beliebige reelle Zahlen eingesetzt werden können.
Beschreibe Lage und Verlauf des Graphen; achte auch auf Symmetrie.

Lösung

a) *Wertetabelle:*

Kantenlänge x (in dm)	Volumen y (in dm³)
0,2	0,008
0,5	0,125
1	1
1,2	1,728
1,5	3,375

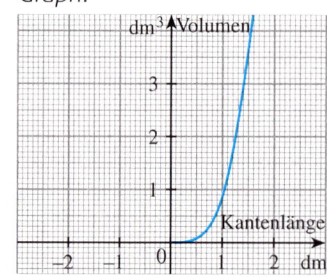

b) *Wertetabelle:*

x	x³
−1,5	−3,375
−1,2	−1,728
−1	−1
−0,5	−0,125
−0,2	−0,008
0	0
0,2	0,008
0,5	0,125
1	1
1,2	1,728
1,5	3,375

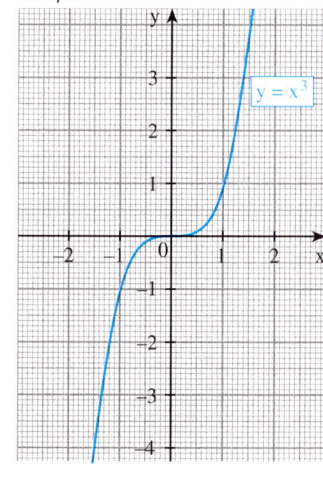

Potenzen – Potenzfunktionen

KAPITEL 5

Lage und Verlauf des Graphen:
(1) Der Graph der Funktion mit $y = x^3$ steigt immer an.
(2) Er verläuft vom 3. Quadranten durch den Koordinatenursprung O(0|0) in den 1. Quadranten. Zur Wertemenge der Funktion gehören alle reellen Zahlen.
(3) Der Graph ist punktsymmetrisch zum Koordinatenursprung O.
(4) Er nähert sich in der Umgebung des Koordinatenursprungs O der x-Achse an.

Aufgabe

2. a) Zeichne in jeweils ein Koordinatensystem den Graphen der Potenzfunktion mit der Definitionsmenge $\mathbb{R}$ und der Gleichung:
  (1) $y = x^2$ (2) $y = x^1$ (3) $y = x^3$

b) Vergleiche diese Funktionen sowie ihre Graphen hinsichtlich
  (1) Wertemenge;
  (2) Nullstellen;
  (3) Schnittpunkt mit der y-Achse;
  (4) Symmetrien;
  (5) Steigen/Fallen des Graphen;
  (6) kleinste/größte Funktionswerte;
  (7) gemeinsame markante Punkte.

Lösung

a)

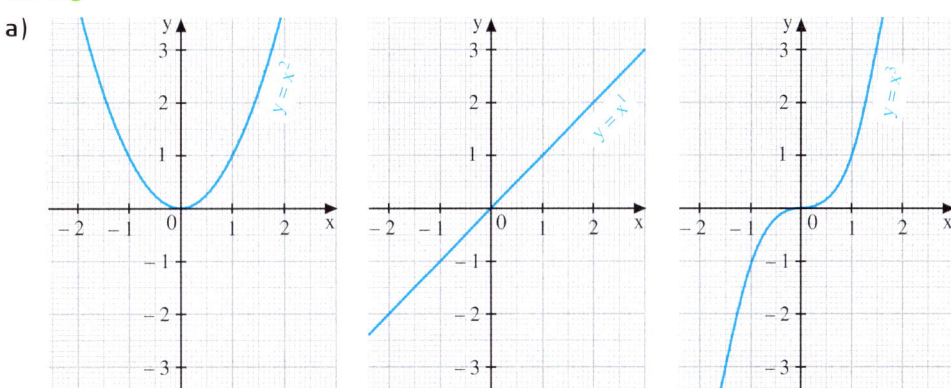

b) (1) Zur *Wertemenge* der Funktion mit $y = x^2$ gehören alle positiven reellen Zahlen und null.
Zur *Wertemenge* der Funktion mit $y = x^1$ und $y = x^3$ gehören alle reellen Zahlen.

(2) Alle drei Funktionen haben die *Nullstelle* $x_0 = 0$.

(3) Der einzige Schnittpunkt mit der y-Achse ist jeweils O(0|0).

(4) Der Graph der Funktion mit $y = x^2$ ist *achsensymmetrisch zur y-Achse*.
Die Graphen der Funktionen mit $y = x^1$ und $y = x^3$ sind *punktsymmetrisch zum Koordinatenursprung*.

(5) Der Graph zu $y = x^2$ fällt von links nach rechts bis zum Ursprung und steigt dann an.
Die Graphen zu $y = x^1$ und $y = x^3$ steigen von links nach rechts.

(6) Die Funktion mit $y = x^2$ hat am Scheitelpunkt S(0|0) ihren kleinsten Funktionswert. Einen größten Funktionswert gibt es nicht.
Die Funktionen mit $y = x^1$ und $y = x^3$ haben weder einen kleinsten noch einen größten Funktionswert.

(7) O(0|0) und P(1|1) sind *markante Punkte*. Durch diese beiden Punkte verlaufen alle drei Graphen.

Zum Festigen und Weiterarbeiten

3. Lies am Graphen zu (1) $y = x^2$, (2) $y = x^3$ ab:
   a) die Funktionswerte an den Stellen 0,8; 1,3; −1,3;
   b) die Stellen x, für die die Funktion die Werte 2 und 3 annimmt.

4. Prüfe, ob der Punkt P zum Graphen der Funktion gehört.
   a) $y = x^1$; P(−4 | −4) b) $y = x^2$; P(4 | 2) c) $y = x^3$; P(1,4 | 2,744)

5. Die Punkte gehören zum Graphen der Funktion. Bestimme die fehlende Koordinate.
   a) $y = x^3$ P(3 | □) b) $y = x^1$ P($\frac{2}{3}$ | □) c) $y = x^2$ P($\sqrt{2}$ | □)
   Q(□ | 8) Q(□ | −1,7) Q(□ | 6,25)
   R(−1 | □) R(−$\frac{2}{5}$ | □) R(−$\sqrt{3}$ | □)

> f(2) ist der Wert der Funktion f an der Stelle 2

6. Häufig gibt man einer Funktion den Namen f. Mit f(2) bezeichnet man den Wert der Funktion an der Stelle 2. Ist f die Funktion mit $y = x^3$, so ist $f(2) = 2^3 = 8$.
Berechne die Funktionswerte für die Funktion f mit $y = x^3$.
   a) f(7) b) f(−4) c) f(0,5) d) f($-\frac{2}{3}$) e) f(−1,3)

7. *Verschieben und Strecken der Normalparabel (Wiederholung)*

Die dargestellten Parabeln sind aus dem Graphen der Potenzfunktion zu $y = x^2$ (Normalparabel) entstanden. Gib zu jedem Graphen die Funktionsgleichung an.

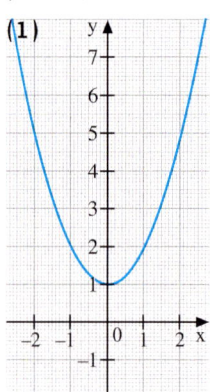

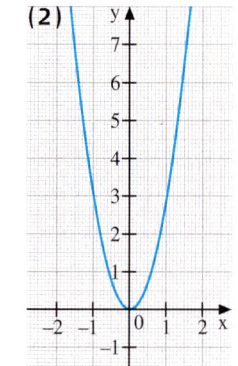

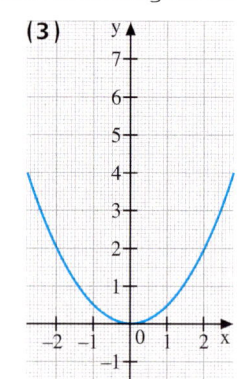

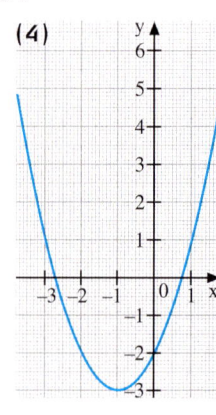

8. Beschreibe, wie aus dem Graphen der Funktion zu $y = x^3$ die Graphen der folgenden Funktionen hervorgehen:
   (1) $y = 2x^3$ (3) $y = x^3 + 2$ (5) $y = (x − 2)^3$ (7) $y = 3(x + 4)^3 − 1$
   (2) $y = \frac{1}{2}x^3$ (4) $y = x^3 − 2$ (6) $y = (x + 2)^3$ (8) $y = −2(x + 4)^3 − 1$

Zeichne auch die Graphen der Funktionen und beschreibe ihr Steigungs- und Symmetrieverhalten.

9. Zeichne die Graphen der Funktionen jeweils in ein Koordinatensystem und vergleiche die Funktionsgraphen hinsichtlich Definitionsmenge, Steigungsverhalten, Symmetrie, Nullstellen, Wertemenge und gemeinsamer Punkte.
   (1) $y = x^2$; $y = x^4$; $y = x^6$; $y = x^8$ (2) $y = x^1$; $y = x^3$; $y = x^5$; $y = x^7$

Wähle für x vom Nullpunkt aus Werte in zehntel Schritten nach links und nach rechts. Du kannst auch ein Tabellenkalkulationsprogramm benutzen.

Potenzen – Potenzfunktionen

KAPITEL 5

Information

Potenzfunktionen mit natürlichen Exponenten

Die Funktionen mit den Gleichungen $y = x^1$, $y = x^2$, $y = x^3$, $y = x^4$ usw. und der Definitionsmenge $\mathbb{R}$ heißen **Potenzfunktionen**.

Wir unterscheiden zwei Grundtypen von Potenzfunktionen.

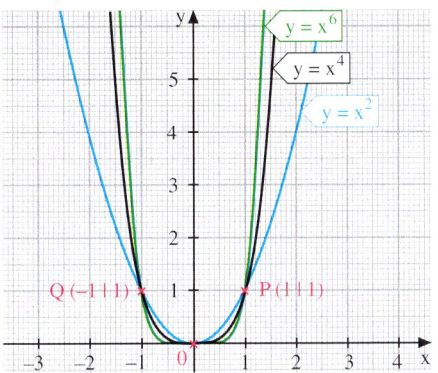

(1) Die Graphen der Potenzfunktionen mit *geradem* Exponenten n ($y = x^2$, $y = x^4$, $y = x^6$ usw.) sind *symmetrisch zur y-Achse*.

(2) Sie haben die gemeinsamen Punkte $O(0|0)$, $P(1|1)$, $Q(-1|1)$.

(3) Die einzige Nullstelle ist $x_0 = 0$.

(4) Sie fallen bis $O(0|0)$ und steigen dann an.

(5) Zur Wertemenge gehören alle reellen Zahlen mit $y \geq 0$.

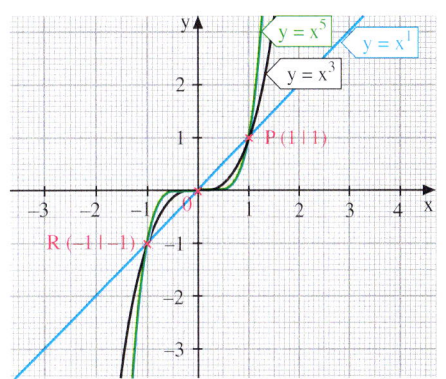

(1) Die Graphen der Potenzfunktionen mit *ungeradem* Exponenten n ($y = x^1$, $y = x^3$, $y = x^5$ usw.) sind *symmetrisch zum Ursprung O*.

(2) Sie haben die gemeinsamen Punkte $O(0|0)$, $P(1|1)$, $R(-1|-1)$.

(3) Die einzige Nullstelle ist $x_0 = 0$.

(4) Sie steigen überall an.

(5) Zur Wertemenge gehören alle reellen Zahlen.

Übungen

10. Lies an dem Graphen der Funktion mit $y = x^3$ ab:
  a) die Funktionswerte für die Stellen 1,3; 0,8; −0,8; −1,3;
  b) die Stellen x, an denen die Funktion die Werte −3; −2; 2; 3 annimmt.

11. Gegeben ist die Funktion mit der Gleichung
  (1) $y = x^1$, (2) $y = x^2$, (3) $y = x^5$.
  Berechne jeweils den Funktionswert für die Stelle: 2; $-\sqrt{7}$; −4; $\sqrt{0{,}5}$; $-\frac{2}{3}$; −1,3.

12. Gegeben ist die Funktion mit der Gleichung $y = x^3$.
  Berechne den Funktionswert für:
  a) $x = 3{,}5$ b) $x = 0{,}7$ c) $x = -0{,}7$ d) $x = -3{,}5$ e) $x = \frac{1}{2}$ f) $x = -\frac{1}{3}$

13. Die Funktion hat die Gleichung:
  a) $y = x^2$ b) $y = x^3$ c) $y = x^4$

  Stelle fest, welche der Punkte zum Graphen der Funktion gehören.
  $P_1(2|4)$, $P_4(-2|-4)$, $P_7(1|1)$, $P_{10}(-1|-1)$,
  $P_2(2|8)$, $P_5(-2|8)$, $P_8(1|-1)$, $P_{11}(0|1)$,
  $P_3(-2|4)$, $P_6(-2|-8)$, $P_9(-1|1)$, $P_{12}(0|0)$

14. Ordne der Größe nach ohne zu rechnen. Beginne mit dem kleinsten Potenzwert.
  a) $(-2{,}4)^3$; $4{,}1^3$; $(-1{,}8)^3$; $3{,}6^3$; $(-3{,}2)^3$; 0^3
  b) $(-2{,}4)^2$; $4{,}1^2$; $(-1{,}8)^2$; $3{,}6^2$; $(-3{,}2)^2$; 0^2

15. Die Punkte gehören zum Graphen der Funktion. Bestimme die fehlende Koordinate.
  a) $y = x^3$; $P_1(4\,|\,\square)$, $P_2(\square\,|\,27)$, $P_3(\square\,|\,-27)$, $P_4(\square\,|\,0{,}125)$
  b) $y = x^2$; $P_1(-2\,|\,\square)$, $P_2(0{,}2\,|\,\square)$, $P_3(-0{,}2\,|\,\square)$, $P_4(\square\,|\,0)$

16. Fülle im Heft die Lücken aus, ohne einen Taschenrechner zu verwenden oder zu rechnen. Beachte Symmetrieeigenschaften.

a)
x	x^3
1,2	1,728
1,7	
−1,2	
−1,7	−4,913

b)
x	x^2
0,9	0,81
1,3	1,69
−0,9	
−1,3	

c)
x	x^1
4,3	
0,9	
−4,3	
−0,9	

17. Zeichne den Graphen der Funktion mit der Gleichung:
  a) $y = x^4$ b) $y = x^5$ c) $y = x^6$ d) $y = x^7$

Vergleiche die Eigenschaften dieser Funktionen mit den Eigenschaften der Funktionen mit $y = x^1$, $y = x^2$ und $y = x^3$.

18. Die dargestellten Graphen sind aus dem Graphen der Potenzfunktion mit der Gleichung $y = x^5$ entstanden.
Gib zu jedem Graphen die Funktionsgleichung an.

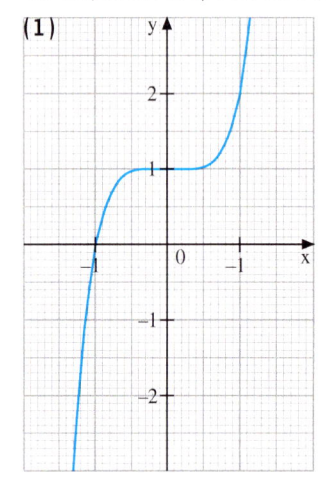

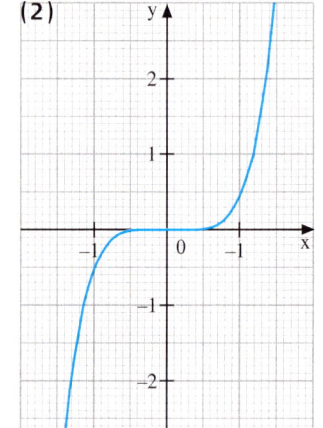

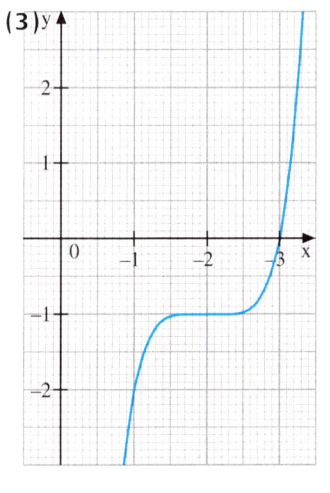

19. Beschreibe, wie aus dem Graphen der Funktion zu $y = x^6$ die Graphen der folgenden Funktionen hervorgehen:
  (1) $y = 1{,}5 x^6$ (2) $y = x^6 + 4$ (3) $y = (x-3)^6$ (4) $y = (x+2)^6 - 3$

Zeichne dazu die Graphen der Funktionen. Du kannst auch ein Tabellenkalkulationsprogramm benutzen.
Beschreibe auch das Symmetrie- und Steigungsverhalten der Graphen und gib die Wertemengen an.

Potenzen – Potenzfunktionen

KAPITEL 5

Funktionen mit Gleichungen der Form $y = x^{-n}$

Einstieg

Untersuche mit deinem Kalkulationsprogramm die Graphen von Funktionen mit der Gleichung $y = x^{-1}$ und $y = x^{-2}$.
Beachte bei der Erstellung der Wertetabelle, dass die Funktion für $x = 0$ nicht definiert ist.

→ Wähle für n die Werte -1 und -2. Notiere jeweils die Eigenschaften der Funktion.

→ Vergleiche die Graphen, nenne Gemeinsamkeiten und Unterschiede. Untersuche auch die Symmetrie der Graphen.

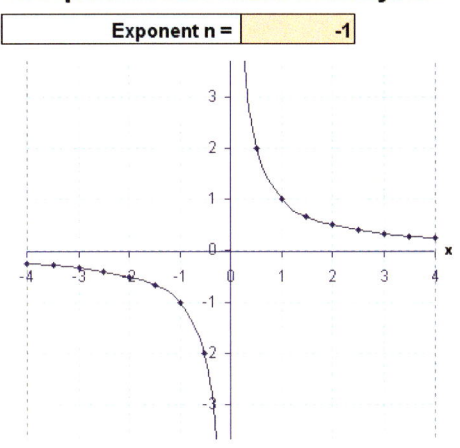

Graph der Potenzfunktion mit $y = x^n$

Exponent n = -1

Aufgabe

1. a) Ein Quadrat mit dem Flächeninhalt 1 dm² soll in ein flächeninhaltsgleiches Rechteck verwandelt werden. Diese Aufgabe hat unendlich viele Lösungen, denn zu *jeder* Länge der einen Seite gehört eine ganz bestimmte Länge der anderen Seite.
Gib Funktionsgleichung, Wertetabelle und Graph der folgenden Funktion an:
Länge x der einen Seite → Länge y der anderen Seite

$A = 1$ dm²

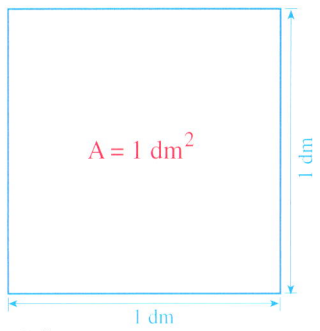

b) Zeichne die Graphen der folgenden Funktionen und vergleiche sie:
(1) $y = x^{-1}$,   (2) $y = x^{-2}$.

Lösung

a) Es gilt: $x \cdot y = 1$. Somit lautet die *Funktionsgleichung*: $y = \frac{1}{x}$, also $y = x^{-1}$.
Zur Definitionsmenge gehören alle positiven reellen Zahlen, weil es nur positive Längen gibt.

Wertetabelle:

Länge x der einen Seite (in dm)	Länge y der anderen Seite (in dm)
1	1
2	$\frac{1}{2}$
3	$\frac{1}{3}$
4	$\frac{1}{4}$
$\frac{1}{2}$	2
$\frac{1}{3}$	3
$\frac{1}{4}$	4

Graph:

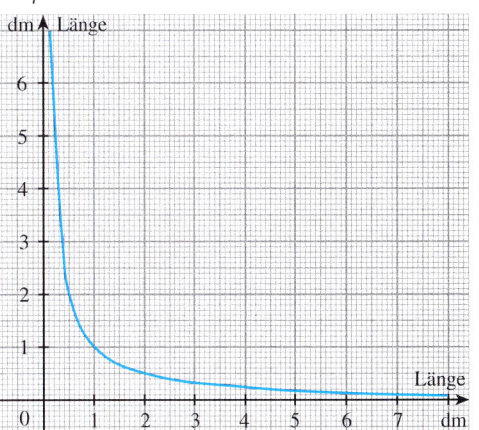

b) (1) $y = x^{-1}$

Zur *Definitionsmenge* gehören alle reellen Zahlen außer 0.

Für $x = 0$ ist $\frac{1}{x}$ nicht definiert.

x	−2	−1	$-\frac{1}{2}$	$-\frac{1}{3}$	$\frac{1}{3}$	$\frac{1}{2}$	1	2
x^{-1}	$-\frac{1}{2}$	−1	−2	−3	3	2	1	$\frac{1}{2}$

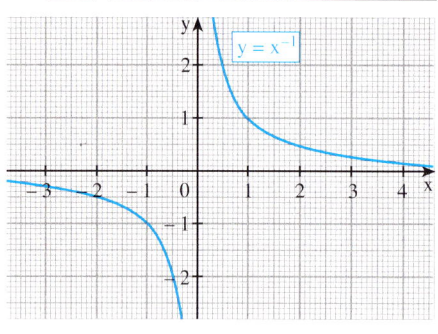

(2) $y = x^{-2}$

Zur *Definitionsmenge* gehören alle reellen Zahlen außer 0.

Für $x = 0$ ist $\frac{1}{x^2}$ nicht definiert.

x	−2	−1	$-\frac{1}{2}$	$\frac{1}{2}$	1	2
x^{-2}	$\frac{1}{4}$	1	4	4	1	$\frac{1}{2}$

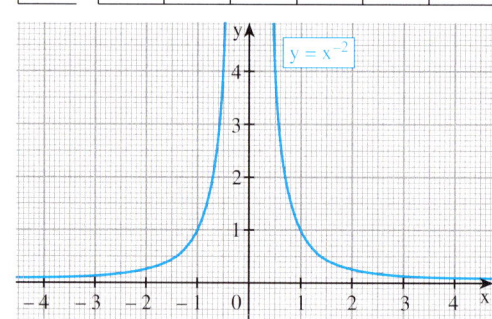

Der Vergleich beider Graphen zeigt:

(1) Jeder Graph besteht aus zwei Teilgraphen.

(2) Beide Teilgraphen zu $y = x^{-1}$ sind fallend.

Der Graph zu $y = x^{-2}$ ist steigend für $x < 0$ und fallend für $x > 0$.

(3) Der Graph zu $y = x^{-1}$ ist *punktsymmetrisch* zu O(0|0).

Der Graph zu $y = x^{-2}$ ist *achsensymmetrisch* zur y-Achse.

(4) Für negative Werte von x, die nahe bei 0 liegen, nähert sich der Graph dem negativen Teil der y-Achse an. Für positive Werte von x, die nahe bei 0 liegen, nähert sich der Graph dem positiven Teil der y-Achse an.

Für negative und positive Werte von x, die nahe bei 0 liegen, nähert sich der Graph dem positiven Teil der y-Achse an.

(5) Zur Wertemenge gehören alle reellen Zahlen außer Null.

Zur Wertemenge gehören alle positiven reellen Zahlen.

Zum Festigen und Weiterarbeiten

2. Prüfe, ob der Punkt P zum Graphen der Funktion gehört.

a) $y = x^{-1}$; $P\left(4 \middle| \frac{1}{4}\right)$ b) $y = x^{-2}$; $P(-2|4)$ c) $y = x^{-1}$; $P(-4|-0{,}25)$

3. Beschreibe, wie aus dem Graphen der Funktion zu $y = x^{-1}$ die Graphen folgender Funktionen hervorgehen:

(1) $y = x^{-1} + 2$ (2) $y = (x + 3)^{-1}$ (3) $y = (x - 2)^{-1} - 3$ (4) $y = 2x^{-1}$ (5) $y = -x^{-1}$

Zeichne die Graphen auch in ein Koordinatensystem.

4. Zeichne die Graphen der folgenden Funktionen jeweils in ein Koordinatensystem und vergleiche sie hinsichtlich Definitionsmenge, Steigungsverhalten, Symmetrie, Nullstellen, Wertemenge und gemeinsamer Punkte:

(1) $y = x^{-1}$; $y = x^{-3}$; $y = x^{-5}$ (2) $y = x^{-2}$; $y = x^{-4}$; x^{-6}

Potenzen – Potenzfunktionen

KAPITEL 5

Information

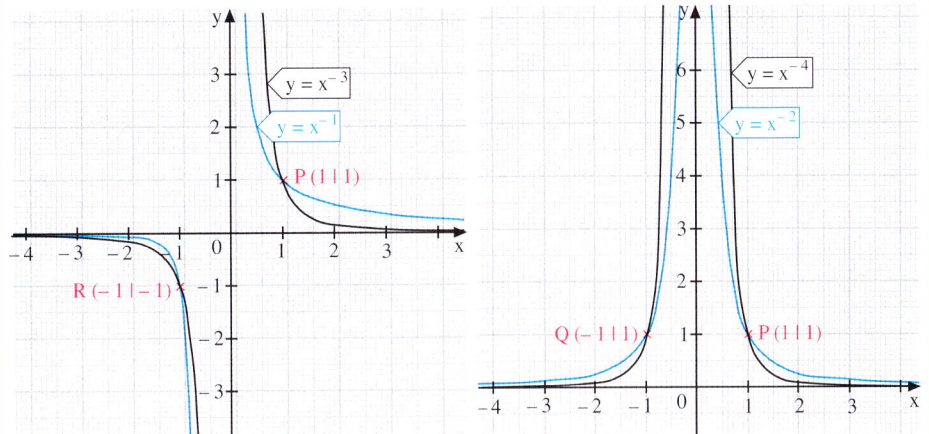

Graphen der Potenzfunktionen mit $y = x^{-1}$, $y = x^{-2}$, $y = x^{-3}$ usw.

Für die Graphen der Potenzfunktionen mit $y = x^{-1}$; $y = x^{-2}$; $y = x^{-3}$ usw. und der Definitionsmenge $\mathbb{R}\setminus\{0\}$ gilt:

(1) Die Graphen sind *Hyperbeln*. Sie bestehen aus zwei Teilen, den Hyperbelästen.

(2) Für sehr große und für sehr kleine Werte für x nähern sich die Graphen immer mehr der x-Achse an, ohne sie jemals zu erreichen.

(3) Je näher der Wert für x bei 0 liegt, um so größer ist der Betrag des Funktionswertes. Hier nähern sich die Graphen der y-Achse an.

(4) Alle Graphen verlaufen durch den Punkt $P(1|1)$.

(5) Alle Funktionen haben keine Nullstelle.

(6) Die Graphen der Potenzfunktionen mit ungeraden negativen Exponenten ($y = x^{-1}$, $y = x^{-3}$, $y = x^{-5}$ usw.)
 – sind punktsymmetrisch zum Koordinatenursprung,
 – fallen für $x < 0$ und für $x > 0$.

Die Graphen der Potenzfunktionen mit geraden negativen Exponenten ($y = x^{-2}$, $y = x^{-4}$, $y = x^{-6}$ usw.)
 – sind achsensymmetrisch zur y-Achse
 – steigen für $x < 0$ und fallen für $x > 0$.

(7) Die Wertemenge der Funktionen zu $y = x^{-1}$, $y = x^{-3}$, $y = x^{-5}$ usw. ist $\mathbb{R}\setminus\{0\}$.

Die Wertemenge der Funktionen zu $y = x^{-2}$, $y = x^{-4}$, $y = x^{-6}$ usw. ist $\mathbb{R}^+$.

> $\mathbb{R}\setminus\{0\}$ ist die Menge aller reellen Zahlen außer 0.

> $\mathbb{R}^+$ ist die Menge aller positiven reellen Zahlen.

Übungen

5. Lies an dem Graphen der Funktion mit $y = x^{-2}$ ab:
 a) die Funktionswerte für die Stellen -2; $0,5$; $1,5$; $-0,25$;
 b) die Stellen x, für die die Funktion die Werte $-0,5$; -2; 4 und $0,2$ annimmt.

6. Welche der angegebenen Punkte gehören zu (1) $y = x^{-1}$ oder zu (2) $y = x^{-2}$?
$P_1(2|\frac{1}{2})$; $P_2(2|\frac{1}{4})$; $P_3(1|-1)$; $P_4(0|0)$; $P_5(0,1|0,01)$; $P_6(\frac{2}{3}|-\frac{3}{2})$; $P_7(-\frac{5}{6}|-\frac{36}{25})$

7. Der Punkt P soll zum Graphen der Funktion gehören:
 (1) $P(1|\square)$; (2) $P(\square|8)$; (3) $P(-\frac{1}{6}|\square)$; (4) $P(\square|\frac{1}{16})$.
 Bestimme jeweils die fehlende Koordinate.
 a) $y = x^{-1}$ **b)** $y = x^{-2}$ **c)** $y = x^{-3}$ **d)** $y = x^{-4}$

8. Fülle im Heft die Lücken aus, ohne einen Taschenrechner zu verwenden oder zu rechnen. Begründe.

a)
x	x^{-1}
0,5	2
1,5	$0,\overline{6}$
−0,5	
−1,5	

c)
x	x^{-3}
1	
5	0,008
−1	−1
−5	

e)
x	x^{-5}
0,1	
10	0,00001
−0,1	−100 000
−10	

b)
x	x^{-2}
1,5	
2	
−1,5	$0,\overline{4}$
−2	0,25

d)
x	x^{-4}
0,5	
5	0,00032
−0,5	16
−5	

f)
x	x^{-8}
0,25	65 536
0,5	
−0,25	
−0,5	256

9. Beschreibe, wie aus dem Graphen der Funktion zu $y = x^{-2}$ die Graphen der folgenden Funktionen hervorgehen:
(1) $y = x^{-2} - 3$ (2) $y = (x - 2)^{-2}$ (3) $y = 2x^{-2}$ (4) $y = -x^{-2}$ (5) $y \stackrel{\frown}{=} (x + 3)^{-2} + 1$

Zeichne die Graphen auch in ein Koordinatensystem. Du kannst dazu ein Tabellenkalkulationsprogramm verwenden.
Beschreibe die Eigenschaften der Graphen (vgl. Information auf Seite 173).
Gib auch zu jeder Funktion die Definitionsmenge und die Wertemenge an.

10. Aus welcher Potenzfunktion kann man den Graphen der gegebenen Funktion durch Verschieben, Strecken oder Spiegeln erhalten?
Beschreibe den Vorgang schrittweise.

a) $y = -4(x - 1)^5 - 5$ b) $y = \frac{3}{4}(x + 4)^{-2} + 1$ c) $y = -1,6(x + 3)^6 - 8$

11. Der abgebildete Graph ist durch Verschieben und ggf. Spiegeln aus dem Graphen zu $y = x^{-3}$ hervorgegangen.
Gib die Funktionsgleichung an.

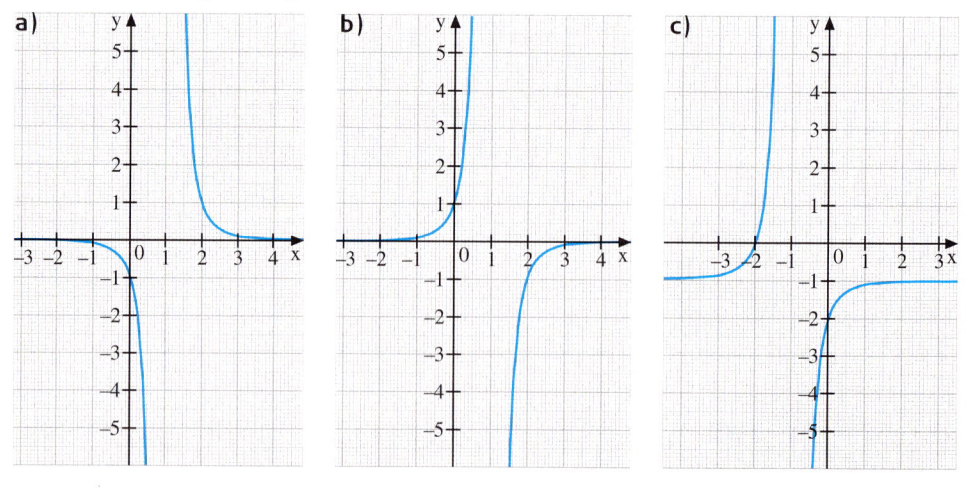

a) b) c)

12. Der Graph einer Funktion mit $y = ax^{-2}$ verläuft durch den angegebenen Punkt. Bestimme die Funktionsgleichung.

a) P(1|4)   b) P(−1|2,5)   c) P(4|0,125)   d) P(−5|0,4)

VERMISCHTE UND KOMPLEXE ÜBUNGEN

1. Berechne ohne Taschenrechner.
   a) $(\sqrt{3})^4$
   b) -5^2
   c) $-(\sqrt{7})^0$
   d) $0{,}2^{-1}$
   e) $(-0{,}5)^{-3}$
   f) $-\left(\frac{2}{3}\right)^{-2}$
   g) $\sqrt[4]{81}$
   h) $\left(\sqrt[5]{32}\right)^{-1}$
   i) $\left(\sqrt[3]{\frac{1}{64}}\right)^{-2}$
   j) $3^{-2} \cdot 18$
   k) $7^2 \cdot 10^{-2}$
   l) $0{,}4^3 \cdot 10^4$
   m) $64^{\frac{2}{3}}$
   n) $25^{-\frac{1}{2}}$
   o) $81^{0{,}75}$

2. Berechne mit dem Taschenrechner.
   a) $(-3)^8$
   b) -7^6
   c) $\left(2\frac{1}{4}\right)^{-4}$
   d) $(\sqrt{19})^5$
   e) $\sqrt[4]{2\,473}$
   f) $\left(\sqrt[7]{95\,000}\right)^3$
   g) $-(-2)^{-6}$
   h) $(\sqrt{5})^{1{,}4}$
   i) $\left(\frac{3}{4}\right)^{-0{,}7} : 0{,}8^{3{,}5}$
   j) $2 \cdot 3^{-4} - 5 : 4^{-3}$

3. Suche die Fehler und rechne richtig.

   (1) $-5^4 = (-5) \cdot (-5) \cdot (-5) \cdot (-5) = 625$
   (2) $0{,}5^{-2} = \frac{1}{0{,}5^2} = \frac{1}{0{,}25} = 4$
   (3) $0{,}3^3 \cdot 10^4 = 0{,}27 \cdot 10^4 = 2\,700$
   (4) $64^{\frac{3}{2}} = \left(\sqrt[3]{64}\right)^2 = 4^2 = 16$
   (5) $81^{-0{,}5} = -81^{\frac{1}{2}} = -\sqrt{81} = -9$
   (6) $3^5 \cdot 10^{-2} = 243 \cdot 10^{-2} = 2{,}43$

4. In einem verseuchten Gewässer nehmen die Cholerabakterien in jeder Stunde um denselben Faktor zu. Bei Messbeginn waren es ca. 10 Mio. Cholerabakterien. 3 Stunden später sind es schon ca. 25 Mio. Bakterien.
   a) Mit welchem Faktor vermehren sich die Bakterien pro Stunde?
   b) Wie viele Cholerabakterien waren in dem Gewässer
      (1) 2,5 Stunden nach Messbeginn, (2) 5 Stunden vor Messbeginn?

5. Forme in eine Zehnerpotenz um; wende dabei die Potenzgesetze an.
   a) $10^3 \cdot 10^{11}$ b) $10^2 \cdot 10^{-6}$ c) $10^{-13} \cdot 10^{-4}$ d) $(10^5)^{-6}$ e) $10^{-8} \cdot 10$ f) $(10^{-4})^{-9}$
   $(10^6)^3$ $\frac{10^4}{10^9}$ $\frac{10^3}{10^{-7}}$ $\frac{10^{-1}}{10^{-5}}$ $(10^0)^6$ $\frac{10^{-9}}{10}$

6. Schreibe mit abgetrennter Zehnerpotenz (ohne Taschenrechner).
   a) $3{,}8 \cdot 10^{-9} - 3{,}3 \cdot 10^{-9}$ b) $8 \cdot 10^{17} + 9{,}6 \cdot 10^{18}$ c) $(4 \cdot 10^{-3}) \cdot (7 \cdot 10^{12})$
   $6{,}2 \cdot 10^{11} + 9{,}3 \cdot 10^{11}$ $2 \cdot 10^{-7} - 3 \cdot 10^{-8}$ $\frac{4 \cdot 10^{10}}{8 \cdot 10^{-7}}$

7. Viele Sterne im Weltall sind in spiralig aufgebauten sogenannten Galaxien angeordnet.
   Auch das Milchstraßensystem, zu dem unser Sonnensystem gehört, ist eine solche Galaxie.
   Astronomen schätzen, dass es ca. 100 Mrd. Galaxien mit jeweils 200 Mrd. Sternen gibt.
   Wie viele Sterne sind das insgesamt?

   Verwende abgetrennte Zehnerpotenzen.

8. Wende Potenzgesetze an.

a) $(a^2 \cdot b^2)^2$ c) $\left(\dfrac{r^{-2}}{s^{-2}}\right)^4$ e) $\left(\dfrac{1}{a^2} \cdot a^4\right)^{-2}$ g) $(3a^4 \cdot b^2)^{-4}$

b) $(x^2 \cdot x^{-2})^3$ d) $((a \cdot b)^2)^{-3}$ f) $\left(\dfrac{x^2}{x^{-2}}\right)^3$ h) $\sqrt{((3a)^4 \cdot (3a)^{-2})^2}$

9. a) $(a \cdot b)^3 \cdot (a \cdot c)^4 \cdot (b \cdot c)^2$ b) $(x \cdot y)^{-2} \cdot (x \cdot z)^3 \cdot (y \cdot z)^{-1}$ c) $a^5 \cdot (a^{-3} \cdot b^{-2})^4$

10. a) $\left(\dfrac{4a^2b}{3xy}\right)^4 \cdot \left(\dfrac{2xy}{7ab}\right)^4$ b) $\left(\dfrac{4pq}{3ab}\right)^5 \cdot \left(\dfrac{2ab}{7pq}\right)^5$ c) $\left(\dfrac{x^{-3}}{y^2}\right)^{-2}$ d) $\dfrac{a^{-3}}{b^2} \cdot \dfrac{a^{-1}}{b^{-3}}$

11. a) $2a^5 \cdot 0{,}3b^2 \cdot a^3$ b) $\dfrac{x^3y^7}{z^3} \cdot \dfrac{x^2y^9}{z^6}$ c) $10x^5y^4 : \dfrac{15x^2y^2}{16a^2b}$

12. a) $2x^3(5x + 7x^2)$ b) $(a^8 + 3a^7 - a^3) : a^2$ c) $(3a^4b^5 - 5b^4a^5)^2$ d) $(7x^5 - 5y^{-5})^2$

13. Ein Kopfhaar wächst täglich $2{,}5 \cdot 10^{-4}$ m. Ist das Haar 1,5 cm länger geworden, sollte man sich die Haare schneiden lassen.
In welchen Zeitabständen steht ein Frisörbesuch an?

14. Atome bestehen aus einem kleinen, schweren Atomkern und einer großen, leichten Atomhülle, in der sich die Elektronen befinden.
Der Durchmesser eines Atoms beträgt ungefähr 10^{-10} m, der eines Atomkerns ungefähr 10^{-13} m.
Die Masse des Kerns beträgt ungefähr 99,9% der Masse des gesamten Atoms.

a) Stelle dir diese – fast unvorstellbaren – Größenverhältnisse an einem Heißluftballon vor. Der Heißluftballon hat einen Durchmesser von 10 m. Er soll das ganze Atom darstellen.
Welchen Durchmesser hat im selben Maßstab der Atomkern?
Gib einen entsprechenden Gegenstand des Alltags an.

b) Der ganze Ballon wiegt – ohne Gondel – ungefähr 10 kg. Wie schwer muss die entsprechende Kugel für den Atomkern sein?

15. Prüfe, welche der Punkte P_1 bis P_{10} zu dem Graphen gehören.

$P_1\left(6 \mid \tfrac{1}{9}\right)$ $P_2(0 \mid -3)$ $P_3(4 \mid -12)$ $P_4(0 \mid 0)$ $P_5(-2 \mid -6)$
$P_6(1 \mid 8)$ $P_7(-2 \mid 1)$ $P_8\left(\tfrac{1}{2} \mid -1\tfrac{1}{2}\right)$ $P_9\left(-\tfrac{1}{3} \mid -27\right)$ $P_{10}(0{,}1 \mid 0{,}001)$

a) $y = x^3$ b) $y = 2x^3$ c) $y = -3x^{-1}$ d) $y = 1{,}5 \cdot x^{-2}$

16. Wie geht der Graph der zweiten Funktion aus dem Graphen der ersten hervor?

a) $y = x^3;\ y = 2x^3$ d) $y = x^{-1};\ y = -x^{-1} - 2$

b) $y = x^3;\ y = -0{,}5x^3$ e) $y = x^{-1};\ y = 2{,}5(x+1)^{-1}$

c) $y = x^2;\ y = -2x^2 + 3$ f) $y = x^{-2};\ y = -0{,}8(x-3)^{-2} + 4$

Potenzen – Potenzfunktionen

KAPITEL 5

BIST DU FIT?

1. Berechne.
   a) 3^5
   b) 3^{-5}
   c) $(-4)^4$
   d) $(-4)^{-4}$
   e) $\left(\frac{2}{3}\right)^3$
   f) $\left(-\frac{2}{3}\right)^3$
   g) $(-2{,}5)^{-2}$
   h) $(-2{,}5)^0$
   i) $64^{\frac{5}{6}}$
   j) $1000^{\frac{2}{3}}$

2. Schreibe als Potenz.
   a) 49
   b) 81
   c) $\frac{1}{81}$
   d) 32
   e) $\frac{1}{32}$
   f) 125
   g) 0,25
   h) 1,44
   i) 625
   j) 12 100
   k) $\frac{16}{169}$
   l) $\frac{64}{27}$

3. Berechne ohne Taschenrechner.
   a) $\left(\sqrt[4]{5}\right)^4$
   b) $\left(\frac{1}{4}\right)^{-2}$
   c) $8^{\frac{4}{3}}$
   d) $2^{-3} \cdot 2^4$
   e) $\left(\frac{1}{9}\right)^{-\frac{1}{2}}$
   f) $\frac{1}{16^{-2}}$

4. Schreibe mit abgetrennter Zehnerpotenz, rechne ohne Taschenrechner.
   a) 87 100
   b) 0,000015
   c) 10 000 000
   d) $4{,}9 \cdot 10^{-8} + 7{,}5 \cdot 10^{-8}$

5. Schreibe ohne abgetrennte Zehnerpotenz, rechne ohne Taschenrechner.
   a) $2{,}45 \cdot 10^7$
   b) $1{,}9 \cdot 10^{-4}$
   c) 10^{-6}
   d) $2{,}7 \cdot 10^{-2} - 5 \cdot 10^{-3}$

6. Das Licht legt in 1 Sekunde $3 \cdot 10^5$ km zurück. Der Mond ist ungefähr $3{,}84 \cdot 10^8$ m von der Erde entfernt und die Sonne $1{,}5 \cdot 10^{11}$ m.
Wie lange braucht das Licht, um
(1) vom Mond bis zur Erde,
(2) von der Sonne bis zur Erde
zu gelangen?

7. Das Volumen eines Würfels beträgt 42,875 cm³. Wie groß ist sein Oberflächeninhalt?

8. Die Salmonellen nehmen in einer Speise pro Minute um denselben Faktor zu.
In einer Speise befinden sich 150 Salmonellen, nach 12 Minuten sind es 300.
Bestimme de Zunahmefaktor, um den die Anzahl der Salmonellen pro Minute steigt.
Wie viele Salmonellen sind es nach 30 Minuten [2 Stunden]?

9. Vereinfache mithilfe der Potenzgesetze. Notiere auch einschränkende Bedingungen.
   a) $x^3 \cdot x^5$
   b) $\frac{a^2}{a^{-3}}$
   c) $(r^{-2})^4 \cdot r^{10}$
   d) $(a \cdot b)^3 \cdot (a \cdot c)^{-2} \cdot (b \cdot c)^4$
   e) $\left(\frac{x^2}{3y}\right)^4 \cdot \frac{x^{-8} \cdot 6y^2}{(2x)^{-1}}$
   f) $(a^{-2} \cdot b^3 \cdot c^{-1})^{-5}$
   g) $\sqrt{2x^3 \cdot 8x^7}$
   h) $\sqrt{(7x^{-2})^{-3} \cdot 7^5}$
   i) $\frac{1}{2}x^2(4x^3 - 2x^{-2})$

10. Wie geht der Graph der zweiten Funktion aus dem Graphen der ersten Funktion hervor? Zeichne die Graphen.
   a) $y = x^2$; $y = -(x+3)^2$
   b) $y = x^{-2}$; $y = 2x^{-2} + 5$
   c) $y = x^3$; $y = -0{,}5(x-2)^3 - 1$

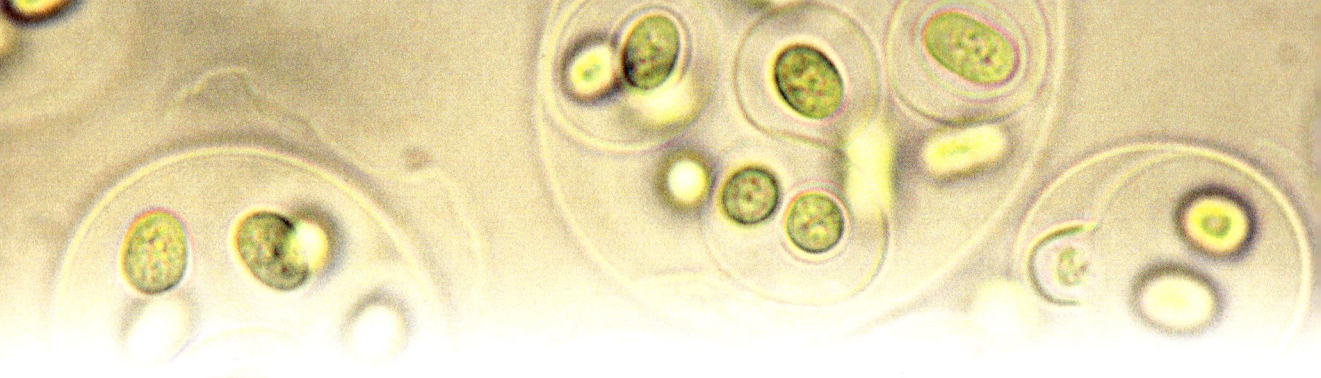

6 Wachstumsprozesse – Exponentialfunktionen

In den 800 Jahren von Christi Geburt bis zur Krönung Karls des Großen vermehrte sich die Weltbevölkerung um etwa 50 Millionen Menschen. Heute dauert es nur 8 Monate, bis die Menschheit um 50 Millionen Einwohner gewachsen ist.

Am Anfang des 20. Jahrhunderts lebten ungefähr 1,6 Milliarden Menschen auf der Erde, am Ende des 20. Jahrhunderts waren es bereits über 6 Milliarden Menschen.

→ Besorgt euch neueste Zahlen zum Stand der Weltbevölkerung. Ihr könnt an einer besonderen Uhr ablesen, der *World population clock* des U.S. Census Büros in Washington.

Population Clocks

World 6 756 532 693

08:26 GMT, Jan 27, 2009

Ihr findet die Uhr im Internet unter
www.census.gov/main/www/popclock.html
oder
www.dsw-online.de

Informiert euch:

→ Wie schnell wächst die Weltbevölkerung zurzeit?

Prozesse wie das Bevölkerungswachstum haben folgende Besonderheit:
Zunächst ist das Wachstum über einen langen Zeitraum kaum bemerkbar, dann aber wird es plötzlich in einer unvorstellbaren Dynamik sichtbar. Man sagt gelegentlich:
Das Wachstum *explodiert*.

In diesem Kapitel lernst du ...
... verschiedene Wachstums- und Zerfallsprozesse mathematisch zu beschreiben und durch Funktionen und ihre Graphen darzustellen.

WACHSTUMSPROZESSE
Lineare und exponentielle Wachstumsprozesse

Einstieg

Aus einer Zeitungsmeldung aus dem Jahr 2004:

Im Jahr 2003 lebten auf der Erde ungefähr 6,57 Milliarden Menschen, in Europa 736 Millionen.

Die Menschheit vermehrt sich um 1,2 % pro Jahr. Das heißt: Jedes Jahr kommen 78 Millionen Babys hinzu. In 50 Jahren werden 10 Milliarden Menschen die Erde bevölkern.
In Europa sinkt die Bevölkerungszahl jährlich um 0,1 %.

→ Überprüft die Zahlenangaben der Zeitungsmeldung. Wurde immer richtig gerundet?

→ Die Meldung enthält Denkfehler. Versucht, sie zu finden.

→ Welche „stillschweigende" Annahme liegt der Prognose für 2053 zugrunde? Ist diese Annahme gerechtfertigt?

→ Beschreibt das Wachstum durch die Funktion *Jahr → Anzahl der Weltbevölkerung* für folgende Annahmen jeweils mit einer Gleichung und vergleicht.
   (1) „Wachstum mit dem Faktor 1,012 pro Jahr"   (2) „Wachstum um 78 Mio. pro Jahr".

→ Wie viele Menschen werden nach der Prognose 2050 in Europa leben?

Aufgabe

1. In einer Flussniederung wird Kies ausgebaggert. An einem Baggersee, der später als Wassersportfläche genutzt werden soll, wird die Wasserqualität regelmäßig untersucht. Besonders genau wird eine Algenart beobachtet, die sich sehr schnell vermehrt.
Ein Wissenschaftler behauptet: „Bald ist der ganze See grün."
Bei den Beamten der Kommunalverwaltung erntet er nur ungläubiges Kopfschütteln. Wer hat recht?

Modellrechnung:
Wir stellen uns vor: Der anfangs 800 m² große See vergrößert sich durch die Baggerarbeiten jede Woche um 550 m². Die von den grünen Algen bedeckte Fläche ist zu Beginn der Baggerarbeiten 1,5 m² groß, sie verdoppelt sich jede Woche.

  a) Nach wie viel Wochen ist bei dieser Annahme die ganze Wasserfläche von den Algen bedeckt?

  b) Betrachte die beiden folgenden Funktionen
    (1) *Zeit x (in Wochen) → Größe y der Wasserfläche des Baggersees (in m²)*
    (2) *Zeit x (in Wochen) → Größe y der mit Algen bedeckten Fläche (in m²)*
    Die beiden Flächen wachsen unterschiedlich schnell an.
    Beschreibe das unterschiedliche Wachstum anhand von Graphen, Tabellen und Funktionsgleichungen.

Lösung

a) Wir legen für beide Funktionen jeweils eine Tabelle an:

(1) *Wachstum der Größe der Wasserfläche*

Anzahl x der Wochen	Größe y des Baggersees (in m²)
0	800
1	1 350
2	1 900
3	2 450
6	4 100
12	7 400
13	7 950

+1 → +550, +1 → +550, +1 → +550, +3 → +(3·550), +6 → +(6·550), +1 → +(1·550)

(2) *Wachstum der Größe der mit Algen bedeckten Fläche*

Anzahl x der Wochen	Größe y der mit Algen bedeckten Fläche (in m²)
0	1,5
1	3
2	6
3	12
6	96
12	6 144
13	12 288

+1 → ·2, +1 → ·2, +1 → ·2, +3 → ·2³, +6 → ·2⁶, +1 → ·2¹

Ergebnis: Im Laufe der 13. Woche bedecken die Algen die ganze Wasserfläche.

b) Wir zeichnen die Graphen beider Funktionen in dasselbe Koordinatensystem. An den Tabellen in Teilaufgabe a) und den Graphen erkennen wir:

Funktion (1) (Wasserfläche):
Die Fläche ist am Anfang 800 m² groß. Danach wächst sie gleichmäßig. Jedes Mal, wenn x um 1 wächst, erhöht sich der Funktionswert um 550 m². Der Graph steigt gleichmäßig an.
Wir sagen: Die Größe der Fläche wächst linear.

Der Tabelle oben entnehmen wir:

x	y
0	800
x	800 + x · 550

+x → +x · 550

Als Funktionsgleichung erhalten wir:
$$y = 800 + x \cdot 550$$

Funktion (2) (Algenfläche):
Die Fläche ist am Anfang sehr klein. Zunächst wächst sie sehr langsam, dann aber schnell. Der Graph steigt zunächst kaum, dann aber immer stärker an. Jedes Mal, wenn x um 1 wächst, verdoppelt sich der Funktionswert.
Wir sagen: Die Größe der Fläche wächst exponentiell.

Der Tabelle oben entnehmen wir:

x	y
0	1,5
x	1,5 · 2^x

+x → ·2^x

Als Funktionsgleichung erhalten wir:
$$y = 1{,}5 \cdot 2^x$$

Beim linearen Wachstum nimmt die Größe der Fläche in gleichen Zeitspannen um den gleichen Betrag zu. Beim exponentiellen Wachstum vervielfacht sich die Größe der Fläche in gleichen Zeitabschnitten mit dem gleichen Faktor.

Wachstumsprozesse – Exponentialfunktionen

KAPITEL 6

Information

Lineare und exponentielle Zunahme

Lineare Zunahme

Zu gleichen Zeitspannen gehört immer eine Zunahme um den gleichen *Betrag*.

Beispiel: Eine Straße erhält eine neue Asphaltdecke. 2,5 km sind bereits fertiggestellt, täglich werden 800 m neu asphaltiert.

Es gilt: $y = 2{,}5 + 0{,}8 \cdot x$ (Anfangswert)

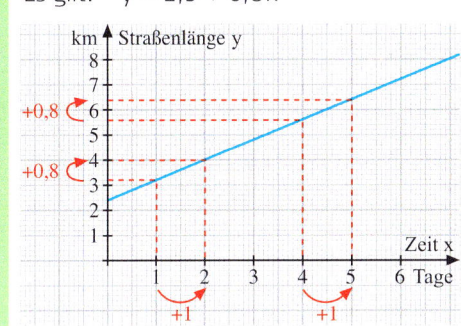

Exponentielle Zunahme

Zu gleichen Zeitspannen gehört immer eine Vervielfachung mit dem gleichen *Faktor* (*Zunahmefaktor*) größer 1.

Beispiel: In einer Speise sind 1 000 Salmonellen vorhanden. Im Magen verdreifacht sich die Anzahl der Salmonellen jede Stunde.

Es gilt: $y = 1\,000 \cdot 3^x$ (Anfangswert) (Zunahmefaktor)

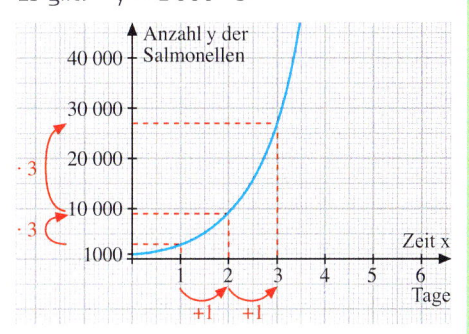

Aufgabe

Abschreibung: Wertverlust von Unternehmensvermögen

2. Eine Firma besitzt Maschinen, die durch Abnutzung jedes Jahr an Wert verlieren. Bei der Ermittlung des Vermögens der Firma wird auch der Wert der Maschinen berechnet. Dazu gibt es verschiedene Abschreibungsmethoden, zum Beispiel:
(1) Der Wert einer Maschine verliert jedes Jahr 10 % der Anschaffungskosten.
(2) Der Wert einer Maschine verliert jedes Jahr 30 % des Wertes vom Vorjahr, im 1. Jahr 30 % der Anschaffungskosten.

a) Eine Maschine kostet 40 000 €. Nach wie viel Jahren ist der Restwert 0 €?
Lege für beide Abschreibungsmethoden jeweils eine Tabelle an.

b) Beschreibe die beiden Abschreibungsmethoden anhand von Graphen und Funktionsgleichungen. Zeichne dazu für beide Abschreibungsmethoden die Graphen der Funktion *Zeit x (in Jahren)* → *Restwert y (in €)* in ein Koordinatensystem.

Lösung

a) (1)

Anzahl x der Jahre	Restwert y (in €)
0	40 000
1	36 000
2	32 000
5	20 000
10	0

(+1, +1, +3, +5) ; (−4 000, −4 000, −3·4 000, −5·4 000)

(2)

Anzahl x der Jahre	Restwert y (in €)
0	40 000
1	28 000
2	19 600
5	6 722,80
10	1 129,90
30	0,90

(+1, +1, +3, +5, +20) ; (·0,7, ·0,7, ·$0{,}7^3$, ·$0{,}7^5$, ·$0{,}7^{20}$)

Bei (1) ist die Maschine nach 10 Jahren abgeschrieben (Restwert 0 €), bei (2) selbst nach 30 Jahren noch nicht, obwohl der Restwert immer kleiner wird.

b) *Methode (1):*
Der Restwert nimmt linear ab: Jedes Mal, wenn x um 1 wächst, fällt der Funktionswert um 4 000 €.

x	y
0	40 000
x	40 000 − x · 4 000

+x ↻ ,) − x · 4 000

Funktionsgleichung:
$$y = 40\,000 - x \cdot 4\,000$$

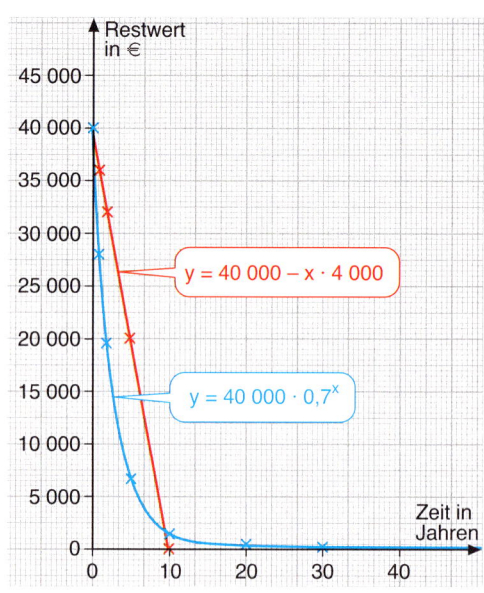

Methode (2):
Der Wert der Maschine nimmt anfangs sehr schnell ab, dann aber immer langsamer. Der Graph fällt anfangs steil ab und schmiegt sich schließlich an die x-Achse an, ohne sie zu berühren.
Jedes Mal, wenn x um 1 wächst, verringert sich der vorherige Funktionswert um 30 %, sinkt also auf das 0,7-fache des Vorjahreswertes. Der Restwert nimmt exponentiell ab.

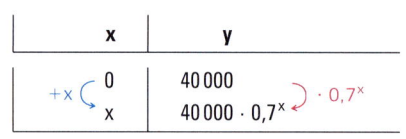

x	y
0	40 000
x	40 000 · 0,7^x

+x ↻ ,) · 0,7^x

Der Restwert 0 € wird nach der Abschreibungsmethode (2) nie erreicht.

Funktionsgleichung:
$$y = 40\,000 \cdot 0{,}7^x$$

Information

Lineare und exponentielle Abnahme (Zerfall)

Lineare Abnahme

Zu gleichen Zeiten gehört immer eine Abnahme um den gleichen Betrag.

Beispiel: Draußen ist es 8 °C kalt. Die Temperatur sinkt stündlich um 0,5 °C.

Funktionsgleichung: $y = 8 - 0{,}5\,x$

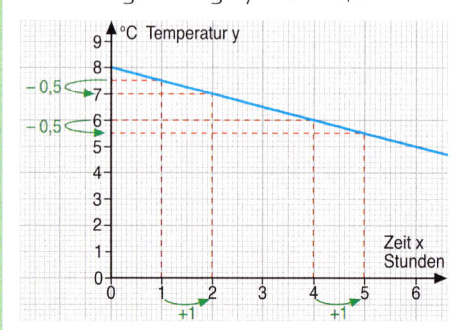

Exponentielle Abnahme (Zerfall)

Zu gleichen Zeiten gehört immer eine Multiplikation mit dem gleichen positiven Faktor, der kleiner als 1 ist (Abnahmefaktor).

Beispiel: In einer medizinischen Probe sind 1 000 Keime. Stündlich halbiert sich deren Anzahl.

Funktionsgleichung: $y = 1\,000 \cdot 0{,}5^x$

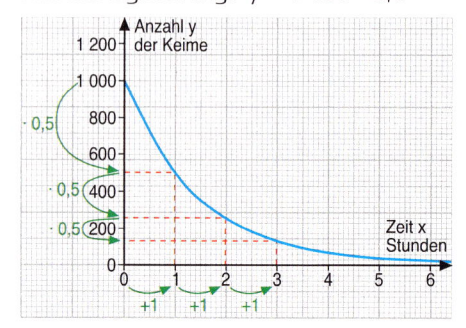

Wachstumsprozesse – Exponentialfunktionen

KAPITEL 6

Zum Festigen und Weiterarbeiten

3. a) Mit welchem Faktor vervielfacht sich die von Algen bedeckte Fläche des Baggersees (Aufgabe 1, Seite 179) jeweils nach (1) 2 Wochen; (2) 4 Wochen; (3) 6 Wochen?

b) Nach 10 Wochen hat sich die mit Algen bedeckte Fläche des Sees ungefähr vertausendfacht ($2^{10} \approx 1\,000$). Berechne mit diesem Näherungswert, wie groß die von Algen bedeckte Fläche nach 20 Wochen [30 Wochen; 40 Wochen] ist.

c) In wieweit sind die Berechnungen in Teilaufgabe b) realistisch? Begründe.

4. Eine Eigentumswohnung hat zurzeit (t = 0) einen Verkaufswert von 112 000 €. Der Wert der Wohnung soll in den nächsten 20 Jahren kontinuierlich zunehmen.
Vergleicht und diskutiert die beiden folgenden Prognosen für die Wertzunahme.
(1) Der Wert der Wohnung nimmt jedes Jahr um 2 000 € zu.
(2) Der Wert der Wohnung wächst jedes Jahr mit dem Faktor 1,017.
Gebt auch jeweils eine Funktionsgleichung an und stellt die Wachstumsprozesse grafisch dar. Stellt eure Überlegungen und Ergebnisse euren Mitschülern vor.

5. Eine Patientin nimmt einmalig 8 mg eines Medikaments zu sich. Im Körper wird im Laufe eines Tages $\frac{1}{4}$ des Medikaments abgebaut.

a) Stelle die Abnahme der Menge des Medikaments in einer Tabelle dar.

b) Zeichne den Graphen der Funktion *Zeit (in Tagen) → Masse des noch vorhandenen Medikaments (in mg)*. Gib auch die Funktionsgleichung an.

c) Nach welcher Zeitspanne ist das Medikament vollständig abgebaut? Begründe.

6. a) Beschreibe das Diagramm.

b) Der Restwert des Autos kann mit der Formel $R = 32\,000 \cdot 0{,}75^x$ berechnet werden. Was geben die Zahlen und Variablen in der Formel an? Überprüfe die Daten im Diagramm anhand der Formel.

c) Welchen Wert hat das Auto nach 7 Jahren?

d) Bestimme durch probeweises Einsetzen in die Formel, nach wie viel Jahren der Restwert des Autos weniger als 1 000 € betragen wird.

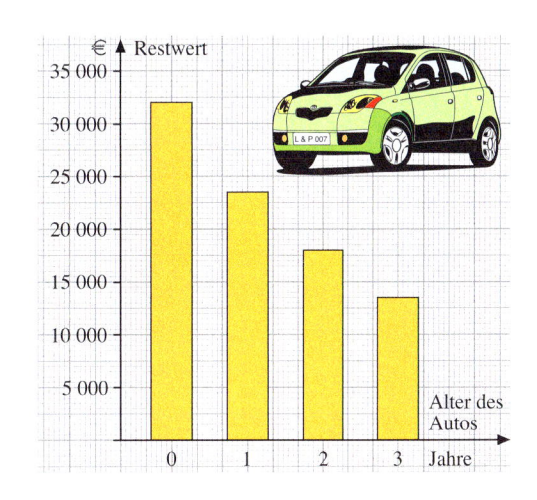

7. Erstelle zur Berechnung der Wachstumsvorgänge in den Aufgaben 1 und 2, Seite 179 bzw. 181 ein Tabellenblatt. Zeichne auch die Graphen.

Information

(1) Exponentielles Wachstum – Wachstumsfaktor

Verändert sich eine Anfangsgröße a in gleichen Schritten immer um den gleichen Faktor b, so sprechen wir von einem **exponentiellen Wachstum**. 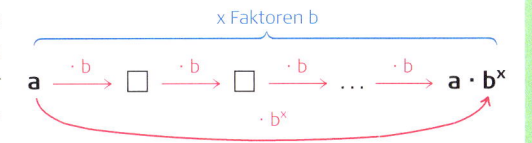
Nach x Schritten (z. B. Jahre oder Stunden) hat die Anfangsgröße a den Wert $a \cdot b^x$ (a > 0 und b > 0).
Der Faktor **b** heißt **Wachstumsfaktor**.

Information

(2) Lineares und exponentielles Wachstum

Wachstumsprozesse können sowohl eine Zunahme (*Wachstum*) als auch eine Abnahme (*Zerfall*) beschreiben.

Lineares Wachstum	**Exponentielles Wachstum**
Funktionsgleichung: $y = a + mx$	Funktionsgleichung: $y = a \cdot b^x$
a ist der Anfangswert.	a ist der Anfangswert.
Ist $m > 0$, so nimmt y in jeder für x festgelegten Zeiteinheit um den Betrag m zu.	Ist $b > 1$, so wächst y in jeder für x festgelegten Zeiteinheit mit dem Faktor b.
Ist $m < 0$, so nimmt y in jeder für x festgelegten Zeiteinheit um den Betrag m ab.	Ist $0 < b < 1$, so nimmt y in jeder für x festgelegten Zeiteinheit mit dem Faktor b ab.

Übungen

8. Ein Baggersee von 1 200 m² Größe wächst jede Woche um 700 m².
Eine Algenart bedeckt zu Beginn der Baggerarbeiten 1 m² Wasserfläche. Die mit Algen bedeckte Fläche verdreifacht sich jede Woche.

a) Lege für die Zunahme der Wasserfläche und für das Wachstum der Algen eine Tabelle an. Beschreibe das Wachstum.

b) Nach wie viel Wochen ist die ganze Wasserfläche mit Algen bedeckt?

c) Stelle die Funktionen in demselben Koordinatensystem dar.
(1) *Zeit x (in Wochen) → Größe y der Wasserfläche des Baggersees (in m²)*
(2) *Zeit x (in Wochen) → Größe y der mit Algen bedeckten Fläche (in m²)*
Gib zu den Funktionen jeweils die Funktionsgleichung an. Vergleiche.

9. Ein Vater will seiner Tochter Tanja einen Zuschuss für ein Mountain-Bike geben. Er macht zwei Angebote:
(1) 10 € sofort, am folgenden Tag 12 €, am nächsten 14 € usw.
Der Betrag wird 14 Tage lang täglich um 2 € erhöht.
(2) 3 Cent sofort, am folgenden Tag 6 Cent, am nächsten 12 Cent usw.
Der Betrag wird täglich verdoppelt, ebenfalls 14 Tage lang.

a) Für welches Angebot sollte Tanja sich entscheiden? Lege eine Tabelle an.

b) Gib jeweils eine Funktionsgleichung für die Funktion
Zeit x (in Tagen) → Geldbetrag g am x-ten Tag (in €) an.

c) Um was für eine Art von Wachstum handelt es sich bei den Angeboten (1) und (2)?

10. Bei einem Blutalkoholgehalt von 0,5‰ (*Promille*) und mehr werden Kraftfahrer mit einem Bußgeld oder mit Führerscheinentzug bestraft. Der Alkohol im Blut wird von der Leber abgebaut. Dabei nimmt man an, dass der Alkoholgehalt des Blutes um etwa 0,2 Promillepunkte pro Stunde (also jeweils um die gleiche Menge) abnimmt.
Ein Zecher geht um 3 Uhr nachts mit einem Blutalkoholgehalt von 2,3‰ schlafen.
Um wie viel Uhr ist der Blutalkoholgehalt (1) kleiner als 0,5‰; (2) gleich 0‰?
Liegt exponentielle Abnahme vor? Begründe. Du kannst auch zeichnen.

Wachstumsprozesse – Exponentialfunktionen

11. Für bestimmte Untersuchungen verwendet man in der Medizin radioaktives Jod, das schnell zerfällt, d. h. es wandelt sich in andere Stoffe um. Von 1 mg radioaktiven Jod ist nach 1 Stunde jeweils noch 0,75 mg im Körper vorhanden.

a) Zeichne den Graphen der Funktion *Zeit (in Stunden) → Jodmasse (in mg)*.

b) Nach wie viel Stunden ist zum ersten Mal weniger als (1) 0,5 mg, (2) 0,2 mg, (3) 0,1 mg vorhanden?

12. Familie Jürgens kauft für 200 000 € ein Reihenhaus. Der Wert des Hauses soll nach Auskunft des Maklers jährlich mit dem Wachstumsfaktor 1,03 steigen.

a) Wie viel Euro ist nach dieser Prognose das Haus nach 1 Jahr, nach 2 Jahren, nach 3 Jahren und wie viel nach 10 Jahren wert?

b) Stelle zur Berechnung des Hauswertes eine Formel auf.

c) Bestimme durch probeweises Einsetzen in die Formel, nach wie viel Jahren der Wert des Hauses nach dieser Prognose mehr als 300 000 € betragen wird.

d) Was hältst du von der Zuverlässigkeit solcher Prognosen? Begründe.

13. Franziska will eine Geburtstagsparty feiern und kocht für einen Salat Kartoffeln. Um die garen Kartoffeln möglichst schnell abkühlen zu lassen, stellt sie den Kochtopf mit den Kartoffeln auf ihren Balkon. Die Kartoffeln sind 80 °C heiß. Die Temperatur der Kartoffeln nimmt auf dem Balkon pro Minute mit dem Faktor 0,9 ab.

a) Gib eine Gleichung an, mit der die Temperatur T nach n Minuten berechnet werden kann.

b) Wie heiß sind die Kartoffeln nach 3 min, wie heiß nach 7 min?

c) Nach wie viel Minuten haben die Kartoffeln eine Temperatur von unter 20 °C? Stelle den Abkühlvorgang grafisch dar und lies die Zeit aus dem Graphen ab.

14. Wasserhyazinthen überwuchern den afrikanischen Victoriasee. Diese Hyazinthenart wächst jeden Monat auf das Dreifache. Am Anfang bedeckte sie eine Fläche von 2 m². Lege eine Tabelle an und zeichne den Graphen der Funktion *Zeit t (in Monaten) → Größe A der mit Hyazinthen bedeckten Fläche (in m²)*. Gib eine Funktionsgleichung an.

15. Entscheide, ob lineares oder exponentielles Wachstum vorliegt. Ergänze die Tabelle. Gib auch jeweils die Funktionsgleichung an.

Zeit (in h)	0	1	2	3	4	5	6	7	8
a) Größe einer Hefekultur (in cm³)	1	3		27		243			6561
b) Füllhöhe eines Wasserbeckens (in cm)				130	104		52	26	0
c) Erdaushub (in m³)	7,5	15		30	37,5	45			

Lösen von Exponentialgleichungen – Logarithmus

Einstieg

Ein hinreichend hoher Sauerstoffgehalt im Wasser ist für die Fische lebensnotwendig. Sinkt der Sauerstoffgehalt unter 4 mg pro Liter, ist das Überleben stark gefährdet. Die Wassertemperatur beeinflusst die Konzentration des Sauerstoffs.
Der Zusammenhang zwischen Wassertemperatur x (in °C) und Sauerstoffgehalt y (in mg pro Liter) lässt sich näherungsweise durch die Gleichung $y = 14{,}6 \cdot 0{,}9766^x$ beschreiben.

→ Bei welcher Wassertemperatur ist mit starkem Fischsterben zu rechnen?
→ Sucht mehrere Lösungsmöglichkeiten für die Antwort auf die Frage.

Aufgabe

1. *Lösen durch systematisches Probieren – Grafisches Lösen*

Bei den folgenden Gleichungen kommt die Variable im Exponenten einer Potenz vor. Man nennt sie *Exponentialgleichungen*. Mit welcher Zahl für x erhält man eine wahre Aussage?

a) $2^x = 8$ b) $\left(\frac{1}{2}\right)^x = \frac{1}{128}$ c) $2^x = \frac{1}{4}$ d) $-2 \cdot 7^x = -2$ e) $0{,}5 \cdot 1{,}2^x = 1{,}5$

Lösung

a) Wir finden durch Probieren: 3 ist Lösung von $2^x = 8$, denn $2^3 = 8$.

b) Entsprechend finden wir: 7 ist Lösung von $\left(\frac{1}{2}\right)^x = \frac{1}{128}$, denn $\left(\frac{1}{2}\right)^7 = \frac{1}{128}$.

c) -2 ist Lösung von $2^x = \frac{1}{4}$, denn $2^{-2} = \frac{1}{4}$.

d) Wir formen zunächst um: $-2 \cdot 7^x = -2 \quad | :(-2)$
$$7^x = 1$$
Also ist $x = 0$ Lösung, denn $7^0 = 1$.

e) Durch Probieren lässt sich hier ein genauer Wert für x nur sehr mühsam finden. Einfacher ist es, wenn wir jede Seite der Gleichung $0{,}5 \cdot 1{,}2^x = 1{,}6$ als Term einer Funktionsgleichung auffassen:
• die konstante Funktion $y = 1{,}6$
• die Exponentialfunktion $y = 0{,}5 \cdot 1{,}2^x$
Die Graphen der beiden Funktionen schneiden sich etwa an der Stelle $x = 6{,}4$.

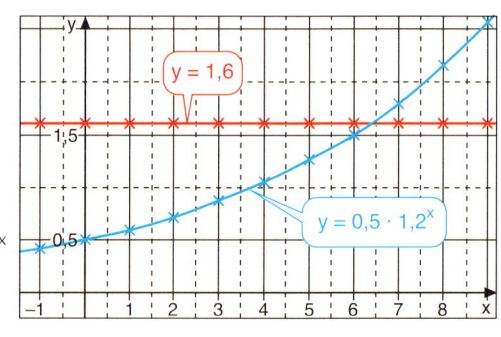

Information

(1) Der Logarithmus einer Zahl zur Basis b

In der Aufgabe 1 haben wir in einer Gleichung den Exponenten einer Potenz gesucht. Wir suchten zum Beispiel eine Zahl x, die die Gleichung $2^x = 8$ erfüllt.
Diese Zahl x nennt man den **Logarithmus von 8 zur Basis 2**, geschrieben $x = \log_2 8$.
Entsprechend gilt:
$\log_2 \frac{1}{4} = -2$, denn $2^{-2} = \frac{1}{4}$; $\log_7 1 = 0$, denn $7^0 = 1$

Logarithmen sind Exponenten

Beachte: Logarithmuswerte kann man nur von positiven Zahlen bestimmen, da Potenzen b^x für $b > 0$ stets positiv sind.

Wachstumsprozesse – Exponentialfunktionen

KAPITEL 6

> Unter dem **Logarithmus von c zur Basis b**, in Zeichen $\log_b c$, versteht man diejenige Zahl, mit der man die Basis b potenzieren muss, um c zu erhalten. Dabei sollen c und b positive Zahlen sein und $b \neq 1$.
> *Beispiel:* $8 = 2^3$; $3 = \log_2 8$ $c = b^x$; $x = \log_b c$

(2) Berechnen von Logarithmen mit dem Taschenrechner

Mithilfe des Taschenrechners werden die Logarithmen, also die gesuchten Exponenten, näherungsweise berechnet. Oft verwendet man dazu den Logarithmus zur Basis 10. Man schreibt für $\log_{10} y$ auch nur $\log y$ bzw. $\lg y$.

Die Berechnung von Logarithmen zu beliebigen Basen kann man auf die Berechnung von Zehnerlogarithmen zurückführen:

Gleichung: $2^x = 3$ Lösung: $x = \log_2 3 = \frac{\lg 3}{\lg 2} \approx \frac{0{,}48}{0{,}30} = 1{,}6$ Probe: $2^{1{,}6} \approx 3$

▲ *Begründung für* $\log_2 3 = \frac{\lg 3}{\lg 2}$:

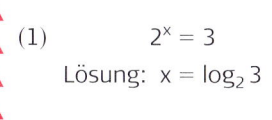

▲ (1) $2^x = 3$ (2) $2^x = 3$ | $2 = 10^{\lg 2}$ und $3 = 10^{\lg 3}$ einsetzen
▲   Lösung: $x = \log_2 3$ $(10^{\lg 2})^x = 10^{\lg 3}$ | Potenzgesetz anwenden
▲ $10^{x \cdot \lg 2} = 10^{\lg 3}$ | Vergleich der Exponenten
▲ $x \cdot \lg 2 = \lg 3$ | $: \lg 2$
▲ $x = \frac{\lg 3}{\lg 2}$

Notiz:
$10^x = 2$
$x = \lg 2$
also $10^{\lg 2} = 2$

▲ Der Vergleich von (1) und (2) zeigt den gewünschten Zusammenhang.

Aufgabe

2. *Rechnerische Lösung einer Exponentialgleichung – Verdopplungszeit*

a) Ein Kapital von 10 000 € wächst mit dem Faktor 1,04. Nach wie vielen Jahren ist es auf 12 000 € angewachsen?

b) Nach welchem Zeitraum verdoppelt sich das Kapital bei dem Wachstumsfaktor 1,04? Hängt die Verdopplungszeit von der Höhe des Kapitals ab?

Lösung

a) *Aufstellen der Gleichung*   *Bestimmen der Lösung*

Wachstumsfaktor 1,04 $12\,000 = 10\,000 \cdot 1{,}04^x$ | $: 10\,000$

Anfangswert 10 000 € $1{,}2 = 1{,}04^x$

12 000 € nach x Jahren: $x = \log_{1{,}04} 1{,}2 = \frac{\lg 1{,}2}{\lg 1{,}04} \approx 4{,}65$

$12\,000 = 10\,000 \cdot 1{,}04^x$

Ergebnis: Nach fast 5 Jahren ist das Kapital auf 12 000 € angewachsen.

b) Wir vergleichen zwei Lösungswege

(1) Nach welchem Zeitraum wachsen   (2) Nach welchem Zeitraum wächst
    10 000 € auf 20 000 € an?   ein Kapital K auf 2K an?

$20\,000 = 10\,000 \cdot 1{,}04^x$ | $: 10\,000$ $2K = K \cdot 1{,}04^x$ | $: K$

$2 = 1{,}04^x$ $2 = 1{,}04^x$

$x = \log_{1{,}04} 2 = \frac{\lg 2}{\lg 1{,}04} \approx 17{,}7$ $x = \log_{1{,}04} 2 = \frac{\lg 2}{\lg 1{,}04} \approx 17{,}7$

Ergebnis: In beiden Fällen ergibt sich eine Verdopplungszeit von fast 18 Jahren. Dieser Wert hängt nicht von dem eingesetzten Kapital, sondern nur vom Wachstumsfaktor ab.

Zum Festigen und Weiterarbeiten

3. Bestimme:
   a) $\log_2 32$
   b) $\log_2 \frac{1}{8}$
   c) $\log_{0,5} 0,25$
   d) $\log_{\frac{1}{3}} 1$

4. Bestimme die Zahl für y.
   a) $\log_2 y = 5$
   b) $\log_3 y = 4$
   c) $\lg y = -2$
   d) $\log_{0,5} y = 2$
   e) $\log_7 y = 2$
   f) $\log_{0,1} y = 5$

   > $\log_2 y = 3$ bedeutet $y = 2^3$, also $y = 8$

5. Für welche Basis b gilt:
   a) $\log_b 9 = 2$
   b) $\log_b \frac{1}{8} = -3$
   c) $\log_b \frac{1}{9} = -2$
   d) $\log_b 5 = 1$
   e) $\log_b 125 = 3$
   f) $\log_b 1 = 0$

   > $\log_b 64 = 3$ bedeutet $b^3 = 64$, also $b = \sqrt[3]{64} = 4$

6. a) Bestimme jeweils die Zahl für x bei (1) $2^x = 16$; (2) $\left(\frac{1}{2}\right)^x = 16$; (3) $3^x = 0$.
   b) Bestimme jeweils die Zahl für x bei (1) $x^2 = 16$; (2) $x^3 = \frac{1}{8}$; (3) $x^{-2} = 0,04$.
   Worin besteht der Unterschied dieser Aufgaben zu denen aus Teilaufgabe a)?

7. *Zusammenhang zwischen Logarithmieren und Potenzieren*
   a) Berechne und vergleiche.
   (1) $8 \xrightarrow{\log_2} \square \xrightarrow{2 \text{ hoch}} \square$
   (2) $4 \xrightarrow{2 \text{ hoch}} \square \xrightarrow{\log_2} \square$
   b) Suche selbst weitere Beispiele.

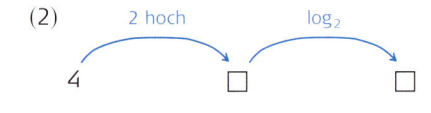

8. Löse die Exponentialgleichungen.
   a) $2^x = 3$
   b) $0,2^y = 2$
   c) $0,4^x = 0,15$
   d) $3 \cdot 0,5^x = 7$

9. a) Radioaktives Jod 131 zerfällt pro Tag mit dem Abnahmefaktor 0,917. Stelle den Zerfall von 1 g Jod 131 grafisch dar.
   b) Die Zerfallsgeschwindigkeit von radioaktiven Stoffen gibt man häufig in *Halbwertszeiten* an.
   Die Halbwertszeit ist die Zeit, in der sich die Hälfte der noch vorhandenen Masse in einen anderen Stoff umwandelt:
   Aus Jod wird Xenon.
   Berechne die Halbwertszeit von Jod 131.
   Vergleiche mit dem Graphen aus Teilaufgabe a).

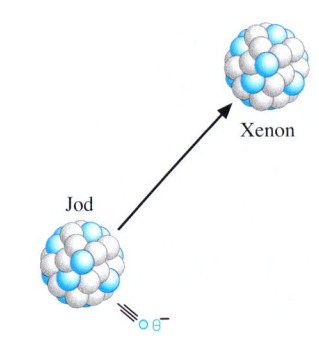

Übungen

10. Bestimme die Logarithmen. Prüfe durch Potenzieren.
   a) $\log_2 64$; $\log_2 1024$; $\log_2 1$
   b) $\log_5 5$; $\log_5 0,2$; $\log_5 \frac{1}{625}$
   c) $\lg 100$; $\lg 0,1$; $\lg 0,001$
   d) $\log_{0,5} 0,25$; $\log_{0,5} 32$; $\log_{0,5} \frac{1}{16}$

11. Berechne.
   a) $\log_2 512$; $\log_4 1024$; $\log_3 729$; $\log_6 36$; $\log_8 64$; $\log_{12} 12$; $\log_7 1$
   b) $\log_2 \frac{1}{256}$; $\log_2 0,125$; $\log_3 \frac{1}{243}$; $\log_7 \frac{1}{49}$; $\log_8 \frac{1}{8}$; $\log_8 \frac{1}{512}$; $\log_6 6^5$

Wachstumsprozesse – Exponentialfunktionen

KAPITEL 6

12. Bestimme die Zahl für x.
  a) $\log_2 x = 6$ b) $\log_2 x = -6$ c) $\log_3 x = -2$ d) $\log_3 x = -1$ e) $\lg x = 3$

13. Für welche Basis b gilt:
  a) $\log_b 4 = 2$;   b) $\log_b 2 = 4$;   c) $\log_b 17 = 1$;   d) $\log_b 10 = 0$;   e) $\log_b 1 = 0$?

14. a) Radioaktives Plutonium 239 wird bei Atombombenexplosionen freigesetzt. Es zerfällt pro Jahr mit dem Faktor 0,99997. Bestimme die Halbwertszeit.

  b) Ein Kapital wächst jährlich mit dem Faktor 1,05. Bestimme die Verdopplungszeit.

15. Löse die Exponentialgleichungen.
  a) $9^x = 1{,}4$ c) $\left(\frac{1}{2}\right)^x = \frac{1}{3}$ e) $17 = 3 \cdot 2{,}7^x$
  b) $0{,}3^x = 4{,}2$ d) $(\sqrt{2})^y = \sqrt{3}$ f) $4a = a \cdot 1{,}8^x$

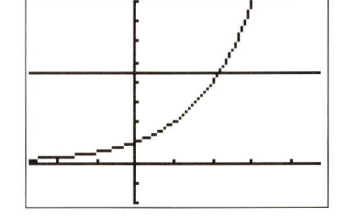

16. Begründe anhand der grafischen Darstellung rechts, dass eine Exponentialgleichung der Form $c = b^x$ mit $b > 0$, $b \neq 1$, und $c > 0$ genau eine Lösung besitzt.

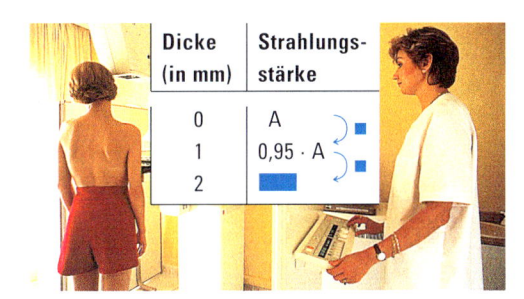

Dicke (in mm)	Strahlungsstärke
0	A
1	$0{,}95 \cdot A$
2	

17. Röntgenstrahlen werden durch Bleiplatten abgeschirmt. Die Strahlungsstärke nimmt pro mm mit dem Faktor 0,95 ab. Wie dick muss die Bleiplatte sein, damit die Strahlung auf die Hälfte [etwa $\frac{1}{10}$] der ursprünglichen Strahlungsstärke (= A) vermindert wird?
Erkläre und verwende die Tabelle.

1 013 hPa = 1 013 mbar

18. Der Luftdruck der Erdatmosphäre nimmt mit zunehmender Höhe exponentiell ab, und zwar mit dem Faktor 0,999875 pro Meter Höhe. Der Luftdruck wird in Pascal (Pa) bzw. Hektopascal (hPa) gemessen. Der normale Luftdruck beträgt in Meereshöhe 1 013 hPa.

  a) Lege eine Tabelle an und zeichne den Graphen der Funktion *Höhe x über dem Meeresspiegel → (normaler) Luftdruck y*.

  b) Wie hoch ist der normale Luftdruck auf dem Feldberg im Schwarzwald (ca. 900 m), auf dem Mont Blanc (ca. 4 800 m), auf dem Mount Everest (ca. 8 800 m)?

  c) In welcher Höhe beträgt der normale Luftdruck 500 hPa; 250 hPa; 100 hPa?

Feldberg im Schwarzwald    Mont Blanc    Mount Everest

Prozentuale Zunahmeraten – prozentuale Abnahmeraten

Einstieg

→ Macht euch mit den Angaben des Angebotes für eine Geldanlage vertraut.

→ Zeigt: Bei der versprochenen prozentualen Verzinsung des Kapitals liegt exponentielles Wachstum vor.

→ Prüft nach, ob sich das Kapital bei dieser Verzinsung wirklich nach 10 Jahren verdoppelt.

→ Stellt eure Überlegungen und Ergebnisse der Klasse vor.

> **Unser attraktiver Anlage-Tipp**
> Mit unserer erfolgreichen Anlagestrategie können wir eine durchschnittliche jährliche Verzinsung von **7%** garantieren.
> **Damit erzielen Sie:**
> **Eine Kapitalverdoppelung in 10 Jahren !!**
> **EUROBANK**

Aufgabe

1. Das Wachstum der Weltbevölkerung beträgt nach einer Prognose der Vereinten Nationen für die nächsten 50 Jahre 1,2% pro Jahr.
   In Afrika ist die Zunahmerate nach dieser Prognose mit 2,4% doppelt so hoch, für Europa wird eine Abnahme um 0,1% pro Jahr angenommen. Im Jahr 2005 lebten in Afrika 906 Mio. Menschen, in Europa 735 Mio. Menschen.

   a) Wie viele Menschen leben nach dieser Prognose voraussichtlich in den Jahren 2010, 2020, 2030, 2040 und 2050 in Afrika?
   Lege eine Tabelle an. Welche Art von Wachstum liegt vor? Begründe.

   b) Wie viele Menschen leben nach der Prognose voraussichtlich in den Jahren 2010, 2020, 2030, 2040 und 2050 in Europa?
   Lege eine Tabelle an. Welche Art von Wachstum liegt vor? Begründe.

   c) Gib für die Wachstumsraten in Teilaufgabe a) und b) die Funktionsgleichung der Funktion *Zeit (in Jahren) seit 2005 → Bevölkerungszahl y* an.
   Zeichne den Graphen beider Funktionen in dasselbe Koordinatensystem.

   d) Nach wie viel Jahren würde sich die Bevölkerung Afrikas bei einem Wachstum von 2,4% verdoppeln? Nach wie vielen Jahren ist die Bevölkerung Europas nach der Prognose auf 500 Mio. Menschen gesunken?

Lösung

a) Du weißt: Wächst eine Größe um die Zunahmerate 2,4% [1,2%], so wächst sie *auf* 102,4% [101,2%]. Die Größe wird mit dem Wachstumsfaktor 1,024 [1,012] multipliziert.

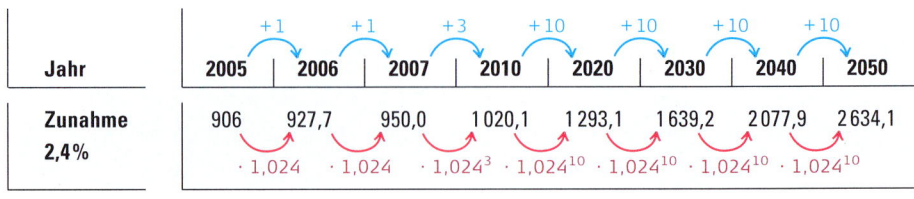

Jahr	2005	2006	2007	2010	2020	2030	2040	2050
Zunahme 2,4%	906	927,7	950,0	1020,1	1293,1	1639,2	2077,9	2634,1

$+1$, $+1$, $+3$, $+10$, $+10$, $+10$, $+10$

$\cdot 1{,}024$, $\cdot 1{,}024$, $\cdot 1{,}024^3$, $\cdot 1{,}024^{10}$, $\cdot 1{,}024^{10}$, $\cdot 1{,}024^{10}$, $\cdot 1{,}024^{10}$

Bei Zunahme um gleiche prozentuale Zunahmeraten gehört zu gleichen Zeitspannen eine Vervielfachung mit dem gleichen Faktor (*Wachstumsfaktor*). Es liegt also exponentielles Wachstum vor.

> *Die Zunahmerate 2,4% ist ein Durchschnittswert. Das tatsächliche Wachstum der Bevölkerung in Afrika unterliegt Schwankungen, es verläuft nur angenähert exponentiell.*

Wachstumsprozesse – Exponentialfunktionen

KAPITEL 6

b) Sinkt eine Größe um 0,1 %, so sinkt sie *auf* 99,9 %.
Die Größe wird mit dem Faktor 0,999 multipliziert.

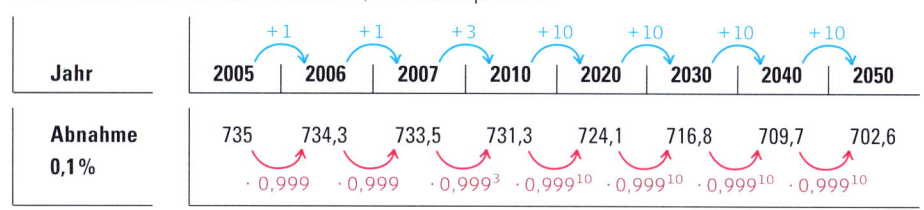

Jahr	2005	2006	2007	2010	2020	2030	2040	2050
Abnahme 0,1 %	735	734,3	733,5	731,3	724,1	716,8	709,7	702,6

Übergänge: +1, +1, +3, +10, +10, +10, +10
Faktoren: $\cdot 0{,}999$, $\cdot 0{,}999$, $\cdot 0{,}999^3$, $\cdot 0{,}999^{10}$, $\cdot 0{,}999^{10}$, $\cdot 0{,}999^{10}$, $\cdot 0{,}999^{10}$

Bei Abnahme um gleiche prozentuale Abnahmeraten gehört zu gleichen Zeitspannen eine Vervielfachung mit dem gleichen Faktor. Es liegt exponentielles Wachstum vor.

c) Anhand der obigen Tabellen erkennen wir:

Afrika

Zeit (in Jahren) seit 2005	Bevölkerungszahl y (in Mio.)
0	906
x	$906 \cdot 1{,}024^x$

+x ↓ ↑ $\cdot 1{,}024^x$

Funktionsgleichung:
$y = 906 \cdot 1{,}024^x$

Europa

Zeit (in Jahren) seit 2005	Bevölkerungszahl y (in Mio.)
0	735
x	$735 \cdot 0{,}999^x$

+x ↓ ↑ $\cdot 0{,}999^x$

Funktionsgleichung:
$y = 735 \cdot 0{,}999^x$

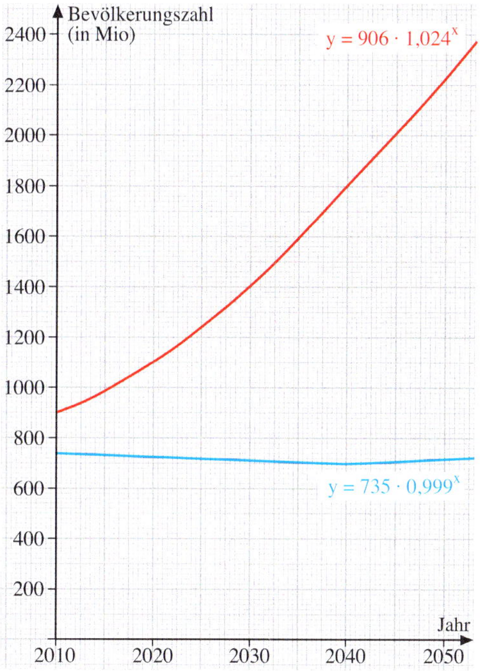

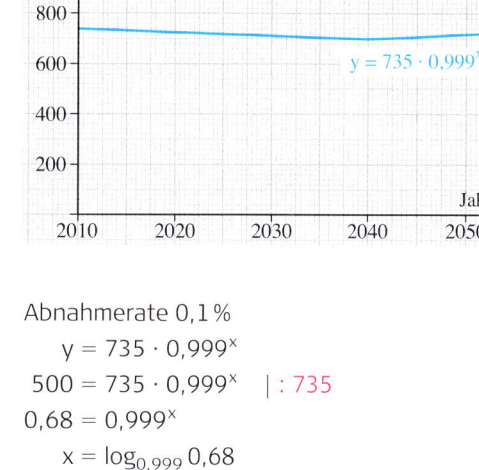

(Grafik: Bevölkerungszahl in Mio. vs. Jahr; rote Kurve $y = 906 \cdot 1{,}024^x$, blaue Kurve $y = 735 \cdot 0{,}999^x$)

$\log_{1{,}024} 2 = \dfrac{\lg 2}{\lg 1{,}024}$

d) Zunahmerate 2,4 %
$y = 906 \cdot 1{,}024^x$
$1812 = 906 \cdot 1{,}024^x \quad |:906$
$2 = 1{,}024^x$
$x = \log_{1{,}024} 2$
$x \approx 29{,}2$

Verdopplungszeit ca. 29 Jahre

Abnahmerate 0,1 %
$y = 735 \cdot 0{,}999^x$
$500 = 735 \cdot 0{,}999^x \quad |:735$
$0{,}68 = 0{,}999^x$
$x = \log_{0{,}999} 0{,}68$
$x \approx 385{,}1$

Abnahmezeit ca. 385 Jahre

Information

(1) Bei einer Zunahme um gleiche prozentuale Zunahmeraten liegt exponentielles Wachstum vor.
Zur Zunahmerate p % gehört der Zunahmefaktor $\left(1 + \dfrac{p}{100}\right)$; 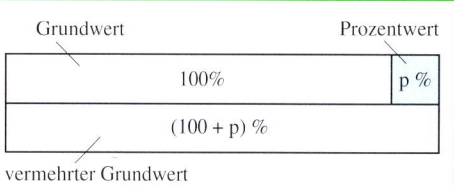
d.h.: *nimmt um p % zu* bedeutet *wird multipliziert mit dem Faktor* $\left(1 + \dfrac{p}{100}\right)$.

Grundwert 100 % | Prozentwert p %
(100 + p) %
vermehrter Grundwert

(2) Bei einer Abnahme um gleiche prozentuale Abnahmeraten liegt exponentielles Wachstum vor.
Zur Abnahmerate p% gehört der Abnahmefaktor $\left(1 - \frac{p}{100}\right)$;

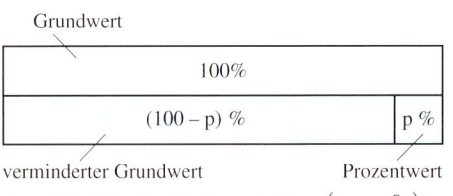

Grundwert: 100%
verminderter Grundwert: (100 – p) %
Prozentwert: p %

d.h.: *nimmt um p% ab* bedeutet *wird multipliziert mit dem Faktor* $\left(1 - \frac{p}{100}\right)$.

Zum Festigen und Weiterarbeiten

2. a) Bestimme den Zunahmefaktor zu folgenden Zunahmeraten:
   (1) 14%   (2) 39%   (3) 120%   (4) 12,5%   (5) 0,8%

b) Bestimme die Zunahmerate in Prozent zu folgenden Zunahmefaktoren:
   (1) 1,19   (2) 1,75   (3) 1,3   (4) 2,7   (5) 1,065

c) Bestimme für folgende Abnahmeraten den Abnahmefaktor:
   (1) 9%   (2) 28%   (3) 12,5%   (4) 1,2%   (5) 0,75%

d) Bestimme zu folgenden Abnahmefaktoren die Abnahmerate in Prozent:
   (1) 0,97   (2) 0,8   (3) 0,5   (4) 0,975   (5) 0,9915

3. Die Bevölkerungszahl von Deutschland betrug im Jahr 2005 ungefähr 82 Millionen Menschen. Wie würde die Bevölkerungszahl bei einer durchschnittlichen (1) Zunahme von 0,3% pro Jahr (2) Abnahme von 0,2% pro Jahr bis zum Jahr 2500 wachsen?

a) Rechne in 50-Jahres-Schritten. Stelle die Entwicklung im Koordinatensystem dar.

b) Wie realistisch ist eine solche Vorausberechnung?

4. *Zinseszins*

a) Bei der mehrjährigen Verzinsung eines Kapitals sollen die Zinsen am Ende eines jeden Jahres gutgeschrieben und mitverzinst werden (Zinseszins).
Auf wie viel Euro wachsen 1 000 € bei einer Verzinsung von 5% [4%; 6,5%] in 5 Jahren, in 10 Jahren, in 15 Jahren an?

b) Das Wachsen des Kapitals kann mit der Formel $K_n = K_0 \cdot q^n$ beschrieben werden. Welche Bedeutung haben die Variablen?

5. Die Bevölkerung eines Landes wird sich bei gleichmäßig prozentualem Wachstum nach einer Prognose A in 25 Jahren, nach einer Prognose B in 32 Jahren verdoppeln.
Von welchen prozentualen Wachstumsraten gehen die Prognosen aus?

Übungen

6. a) Gib den Zunahmefaktor zu folgenden Zunahmeraten an:
   (1) 19%   (2) 55%   (3) 140%   (4) 7,5%   (5) 0,75%

b) Gib zu den folgenden Zunahmefaktoren jeweils die Zunahmerate in Prozent an:
   (1) 1,25   (2) 2,15   (3) 3,1   (4) 1,055   (5) 1,007

c) Gib den Abnahmefaktor für die Abnahmeraten an:
   (1) 4%   (2) 7,5%   (3) 22,5%   (4) 1,8%   (5) 0,9%   (6) 2,5%

d) Gib für die Abnahmefaktoren die Abnahmerate in Prozent oder Promille an:
   (1) 0,84   (2) 0,97   (3) 0,575   (4) 0,982   (5) 0,994   (6) 0,9991

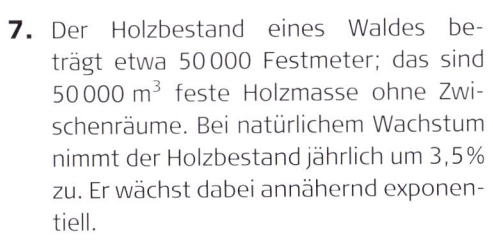

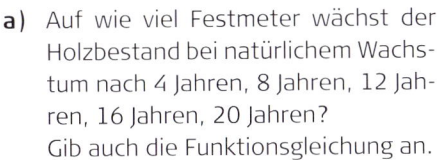

Wachstumsprozesse – Exponentialfunktionen

KAPITEL 6

7. Der Holzbestand eines Waldes beträgt etwa 50 000 Festmeter; das sind 50 000 m³ feste Holzmasse ohne Zwischenräume. Bei natürlichem Wachstum nimmt der Holzbestand jährlich um 3,5% zu. Er wächst dabei annähernd exponentiell.

  a) Auf wie viel Festmeter wächst der Holzbestand bei natürlichem Wachstum nach 4 Jahren, 8 Jahren, 12 Jahren, 16 Jahren, 20 Jahren?
  Gib auch die Funktionsgleichung an.

  b) Wie hoch war der Holzbestand vor 3 Jahren, 5 Jahren, 10 Jahren, 15 Jahren?

  c) Durch schädliche Umwelteinflüsse verlangsamt sich das Wachstum so, dass der Holzbestand jährlich nur um 2,5% zunimmt.
  Auf wie viel Festmeter wächst der Holzbestand des Waldes nach 4 Jahren, 8 Jahren, 12 Jahren, 16 Jahren, 20 Jahren?
  Gib auch die Funktionsgleichung an.

8. Die Oberfläche einer dünnen Hefekultur ist 18 cm² groß zum Zeitpunkt t = 0.
Sie nimmt pro Stunde um 30% zu.

  a) Wie groß ist die Oberfläche in 1 Stunde [in 5 Stunden]?

  b) Wie groß war die Oberfläche vor 1 Stunde [vor 5 Stunden]?

9. a) Sparkassen schenken Kindern oft zu Werbezwecken bei ihrer Geburt ein Sparguthaben von 5 €.
  Auf wie viel Euro würde dieses Guthaben anwachsen, wenn es sich bis zum 80. Geburtstag mit durchschnittlich 4% verzinst?

  b) Berechne die Verdoppelungszeit des Kapitals.

10. Ein Kapital von 50 000 € wird zu einem Zinssatz von 5% verzinst.

  a) Bei der Sparkasse bzw. der Bank werden die Zinsen am Ende eines jeden Jahres zum Kapital addiert und dann mitverzinst (Zinseszinsen).
  Auf wie viel Euro wächst das Kapital nach 1 Jahr, nach 2 Jahren, ..., nach 10 Jahren an?

  b) Nimm an: Für jedes Jahr werden nur 5% des Anfangskapitals (50 000 €) als Zinsen berechnet, die Zinsen werden also *nicht* mitverzinst.
  Auf wie viel Euro wächst das Kapital bei dieser Annahme nach 1 Jahr, nach 2 Jahren ..., nach 10 Jahren an?

  c) Welche Art von Wachstum liegt in Teilaufgabe a) und b) vor?
  Begründe.

11. Ein Lichtstrahl dringt in eine Flüssigkeit ein. Die Lichtintensität nimmt je 1 cm Eindringtiefe um 35% ab.

  a) Auf wie viel Prozent ist die Lichtintensität in 4 cm Tiefe gesunken?

  b) Gib den Abnahmefaktor je (1) 1 cm, (2) 5 cm, (3) 10 cm Flüssigkeitstiefe an.

  c) In welcher Tiefe beträgt die Lichtintensität nur noch 1% der ursprünglichen?

12. Aufgrund von Preissteigerungen nimmt die Kaufkraft des Geldes, also der Geldwert, ab. Diesen Prozess bezeichnet man als *Inflation*. Die prozentuale Abnahme des Geldwertes bezeichnet man als Inflationsrate.
Nimm an: Die Inflationsrate beträgt für die nächsten Jahre konstant 2%.
Nach wie viel Jahren ist bei dieser Annahme 1 Euro „nur noch die Hälfte" wert?

13. Ein radioaktiver Stoff zerfällt jährlich um 12% [2,5%; 0,32%].
Bestimme die Halbwertszeit.

14. Die Bevölkerung eines Landes wird sich bei gleichmäßigem prozentualem Wachstum nach einer Prognose in 28 Jahren verdoppeln.
Welche jährliche prozentuale Wachstumsrate wurde angenommen?

15. Herr Aumüller legt so viel Euro bei der Bank an, dass er seiner Tochter bei Vollendung ihres 19. Lebensjahres etwa 10 000 € (einschließlich Zinseszins) für die Ausbildung zur Verfügung stellen kann.

   a) Wie viel Euro müsste er bei ihrer Geburt einzahlen, wenn der Zinssatz 3,5% beträgt?

   b) Am 6. Geburtstag seines Sohnes zahlt er 5 000 € ein.
   Welchen Zinssatz müsste ihm die Bank gewähren, damit er an dessen 19. Geburtstag ebenfalls 10 000 € erhält?

16. Bei den bisherigen Rechnungen gingen wir von einer Wachstumsrate aus, die für den gesamten Zeitraum der Modellrechnung gleich bleibt. In Wirklichkeit ändern sich die Wachstumsprognosen jedoch.
Nach den derzeitigen Prognosen werden die Wachstumsraten für Deutschland in den nächsten Jahrzehnten fallen:

Jahr	2000	2010	2020	2030	2040
Wachstumsrate (in %)	+ 0,01	− 0,11	− 0,23	− 0,35	− 0,43

Nehmt an, dass sich die Wachstumsrate innerhalb der angegebenen 10 Jahre nicht ändert und führt mit einem Tabellenkalkulationsprogramm eine Modellrechnung bis zum Jahre 2050 durch. Im Jahr 2000 lebten in Deutschland rund 82 Millionen Menschen.

17. Bei manchen Geldanlagen ändern sich die Zinssätze von Zeit zu Zeit. Ein Kapital von 12 000 € wurde zwei Jahre lang mit 3,75%, danach zwei Jahre mit 4,00% und schließlich ein Jahr mit 4,15% verzinst.

   a) Berechne das Kapital nach 5 Jahren einschließlich Zinseszins.

   b) Zu welchem festen Zinssatz hätte man das Kapital für 5 Jahre anlegen müssen, um den gleichen Endbetrag zu erhalten?

18. In einem Werbeprospekt wurde die Wertentwicklung einer Geldanlage für verschiedene Zeiträumen abgedruckt. Bestimme das durchschnittliche jährliche prozentuale Wachstum der Wertentwicklung für 3 Jahre und für 5 Jahre. Vergleiche die Wertentwicklung für die in der Anzeige angegebenen Zeiträume.

HÜPERBANK

Wertentwicklung unserer Geldanlage

12 Monate	8,00 %
3 Jahre	24,23 %
5 Jahre	48,30 %

Proportionale und quadratische Wachstumsprozesse

Einstieg

Bei einem Quadrat wird die Seitenlänge x verdoppelt, verdreifacht, vervierfacht, ...

→ Wie ändert sich der Umfang des Quadrats?
→ Wie ändert sich sein Flächeninhalt?
→ Begründe.

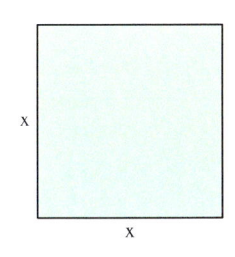

Aufgabe

1. Man kann in der Raumfahrt Geld sparen, indem man z. B. die Fallbewegung von Körpern im Vakuum untersucht. Für solche Experimente steht im Bremer Zentrum für angewandte Raumfahrttechnologie und Mikrogravitation (ZARM) ein 146 m hoher Fallturm (Bild rechts).
Bei einem Versuch wurden folgende Werte gemessen:

Fallzeit t (in s)	Fallgeschwindigkeit v $\left(\text{in } \frac{m}{s}\right)$	Fallweg s (in m)
0	0	0
0,5	4,9	1,225
1,0	9,8	4,900
1,5	14,7	11,025
2,0	19,6	19,600
2,5	24,5	30,625
3,0	29,4	44,100

Beschreibe anhand von Tabellen und Funktionsgraphen, wie sich die Fallgeschwindigkeit v und der Fallweg s ändern, wenn sich die Fallzeit t verdoppelt, verdreifacht, ...
Gib auch jeweils eine Funktionsgleichung an.

Lösung

(1) Wir betrachten die Funktion *Fallzeit t (in s)* → *Fallgeschwindigkeit v* $\left(\text{in } \frac{m}{s}\right)$.

Funktionstabelle:

t (in s)	v $\left(\text{in } \frac{m}{s}\right)$
0	0
0,5	4,9
1,0	9,8
1,5	14,7
2,0	19,6
2,5	24,5
3,0	29,4
t	9,8 · t

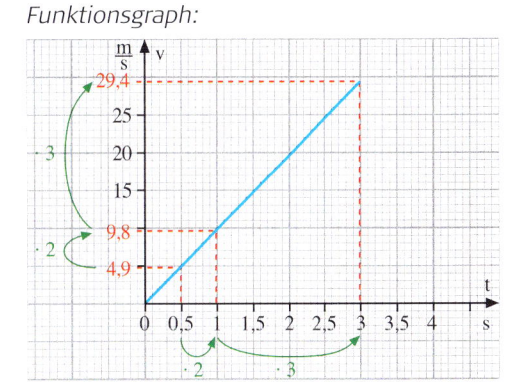

Wir erkennen an der Tabelle und am Graphen: Die Fallgeschwindigkeit nimmt gleichmäßig zu. Wenn sich die Fallzeit verdoppelt, verdreifacht, vervierfacht ..., dann verdoppelt, verdreifacht, vervierfacht ... sich auch die Fallgeschwindigkeit.
Wir sagen: Die Fallgeschwindigkeit v wächst proportional mit der Fallzeit t.
Als Funktionsgleichung erhalten wir: $v = 9{,}8 \cdot t$.

(2) Wir betrachten nun die Funktion *Fallzeit t (in s)* → *Fallweg s (in m)*.

Funktionstabelle:

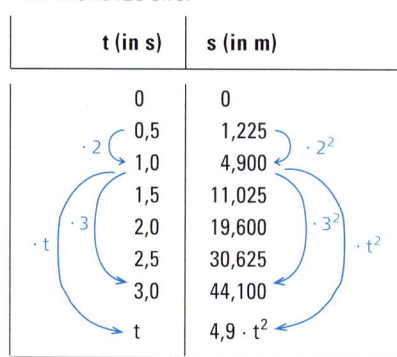

t (in s)	s (in m)
0	0
0,5	1,225
1,0	4,900
1,5	11,025
2,0	19,600
2,5	30,625
3,0	44,100
t	$4,9 \cdot t^2$

Funktionsgraph:

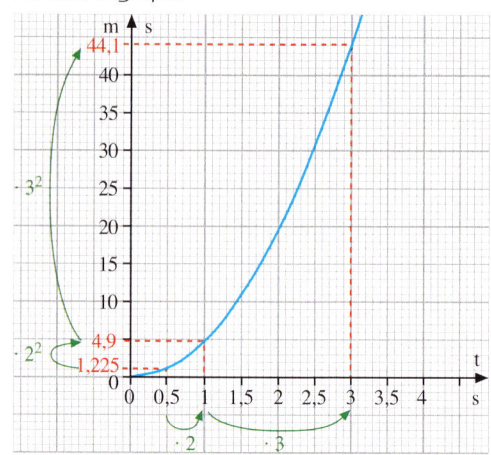

Wir erkennen an der Tabelle und am Graphen: Der Fallweg wächst immer stärker an. Wenn sich die Fallzeit verdoppelt, verdreifacht, vervierfacht ..., dann nimmt der Fallweg mit dem Faktor 2^2, 3^2, 4^2 ... zu, d. h. er vervierfacht, verneunfacht, versechzehnfacht ... sich.
Wir sagen: Der Fallweg s wächst quadratisch mit der Fallzeit t.
Als Funktionsgleichung erhalten wir: $s = 4,9 \cdot t^2$.

Zum Festigen und Weiterarbeiten

2. Die Kantenlängen x eines Würfels werden verdoppelt, verdreifacht, vervierfacht, ...
Beschreibe anhand von Tabellen und Funktionsgraphen, wie sich die Gesamtlänge aller Kanten und wie sich der Oberflächeninhalt des Würfels dann verändern.
Gib jeweils auch eine Funktionsgleichung an.

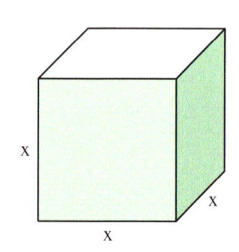

3. Die Länge *l* des Bremsweges eines Autos (in m) kann gut mit der Formel $l = a \cdot v^2$ abgeschätzt werden. v gibt die Geschwindigkeit $\left(\text{in } \frac{km}{h}\right)$ an.
Der Faktor a hängt von der Beschaffenheit der Straßenoberfläche und der Qualität der Reifen ab. Für eine trockene asphaltierte Straße und bei einer normalen Bereifung beträgt der Faktor a ungefähr 0,01.

a) Wie lang ist auf einer trockenen Straße ungefähr der Bremsweg eines Autos mit der Geschwindigkeit $50 \frac{km}{h}$ $\left[80 \frac{km}{h}\right]$?

b) Der Bremsweg eines Autos betrug auf einer trockenen Straße 50 m.
Wie schnell fuhr schätzungsweise das Auto?

c) Zeichnet für eine trockene Straße den Graphen der Funktion $v \left(\text{in } \frac{km}{h}\right) \to l$ (in m) und beschreibt möglichst genau, wie sich die Länge des Bremsweges bei zunehmender Geschwindigkeit ändert.

d) Ist für eine nasse Straße der Faktor a größer oder kleiner als für eine trockene Straße? Begründet.
Wie verändert sich dann der Graph? Erklärt.
Ihr könnt dazu auch verschiedene Graphen zeichnen.

e) Ein Lkw hat bei einer Geschwindigkeit von $30 \frac{km}{h}$ einen Bremsweg von 18 m.
Wie lang ist sein Bremsweg bei $60 \frac{km}{h}$, bei $90 \frac{km}{h}$? Begründet.

f) Entwerft einen Flyer, in dem die Zusammenhänge zwischen Geschwindigkeit und Bremsweg dargestellt werden.

Wachstumsprozesse – Exponentialfunktionen

KAPITEL 6

Information

> **(1) Proportionales Wachstum**
>
> Die Funktionsgleichung y = m · x beschreibt ein proportionales Wachstum.
> Verdoppelt, verdreifacht, vervierfacht, ... man den Ausgangswert x, so verdoppelt, verdreifacht, vervierfacht ... sich auch die zugeordnete Größe y.
>
> **(2) Quadratisches Wachstum**
>
> Die Funktionsgleichung y = a · x² beschreibt ein quadratisches Wachstum.
> Verdoppelt, verdreifacht, vervierfacht, ... man den Ausgangswert x, so wächst die zugeordnete Größe y mit dem Faktor 2², 3², 4² ..., d. h. sie vervierfacht, verneunfacht, versechzehnfacht ... sich.

Übungen

4. Bei einem Kreis wird der Radius r verdoppelt, verdreifacht, vervierfacht ...
Beschreibe anhand von Tabellen und Funktionsgraphen, wie sich der Umfang und der Flächeninhalt des Kreises verändern.
Gib jeweils auch eine Funktionsgleichung an.

5. Untersuche, was für ein Wachstumsprozess die Tabelle beschreibt.
Gib auch die Funktionsgleichung an.

a)
x	y
2	7
4	14
7	24,5

b)
x	y
1	0,5
3	4,5
5	12,5

c)
x	y
0,2	1,6
0,8	25,6
1,1	48,4

d)
x	y
1	2
2	1
3	0,5

e)
x	y
1	1,2
2	4,8
3	19,2

6. Je größer bei einem Verkehrsunfall die Bewegungsenergie ist, die die beteiligten Fahrzeuge besitzen, um so schwerwiegender sind in der Regel die Folgen des Unfalls.
Die Bewegungsenergie E eines Fahrzeugs hängt von seiner Masse m und der Geschwindigkeit v ab.
Es gilt: $E = 0,5 \cdot m \cdot v^2$.

Dabei wird die Energie E in Joule, die Masse m in kg und die Geschwindigkeit v in $\frac{m}{s}$ angegeben.

a) Wie groß ist die Energie, die ein 900 kg schweres Auto mit einer Geschwindigkeit von 20 $\frac{m}{s}$ besitzt?
Wie groß ist die Energie eines gleich schnellen Lkw, der 18 t wiegt?

b) Wie ändert sich die Bewegungsenergie E, wenn sich bei gleichbleibender Geschwindigkeit die Masse m verdoppelt, verdreifacht, vervierfacht ... ?
Begründe.

c) Wie ändert sich die Bewegungsenergie E, wenn sich bei gleichbleibender Masse die Geschwindigkeit v verdoppelt, verdreifacht, vervierfacht ... ?
Begründe anhand eines selbst gewählten Beispiels.
Zeichne auch den zugehörigen Graphen.

IM BLICKPUNKT: ENTWICKLUNG DER WELTBEVÖLKERUNG – GRENZEN DES WACHSTUMS

Nach Berechnungen von Experten bietet die Erde ausreichenden Platz für circa 11,5 Milliarden Menschen. Bei 20 Milliarden Menschen ist nach diesen Berechnungen die absolute Obergrenze erreicht.
Wie wird sich die Weltbevölkerung entwickeln, wenn sie weiterhin in dem gleichen Maße wächst wie in den letzten Jahren?
Was bedeutet das für die verschiedenen Länder und Erdteile?

1. Beim Einstieg auf Seite 179 sind wir von einer durchschnittlichen Wachstumsrate von 1,2% ausgegangen. Bei einer niedrigeren Wachstumsrate – z.B. bei 1,1% – bekommen wir andere Werte und andere Prognosen.
   Einen Überblick über die Entwicklungen bei verschiedenen Wachstumsraten kann man sich am besten mit einem Tabellenkalkulationsprogramm eines Computers verschaffen.

	A	B	C
1		Entwicklung der Weltbevölkerung	
2			
3			
4	Jahr	Weltbevölkerung (in Millionen)	Wachstumsfaktor
5	2000	6000	1,012
6	2010	6760	1,012
7	2020	7617	1,012
8	2030	8582	1,012
9	2040	9669	1,012
10	2050	10894	1,012
11	2060	12274	1,012
12	2070	13829	1,012
13	2080	15581	1,012
14	2090	17555	1,012
15	2100	19779	1,012
16			

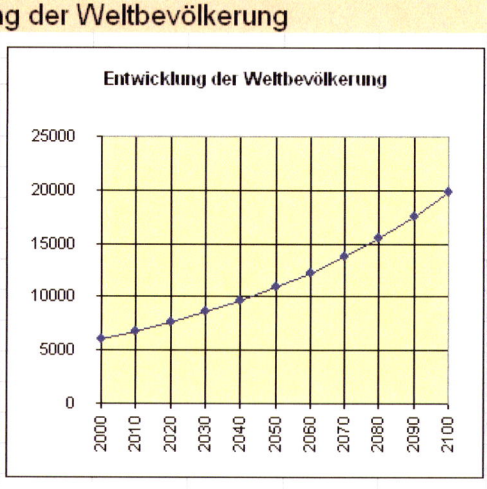

In unserem Beispiel ist die Entwicklung der Weltbevölkerung für die Kalenderjahre 2000 bis 2100 in Zehnjahresschritten dargestellt.

a) Erzeugt das oben angegebene Blatt auf einem Tabellenkalkulationsprogramm.
   Hinweis: Da die Tabelle in Zehnjahresschritten angelegt ist, erhält man den Wert des Feldes B6 auf folgende Weise: Man muss den Wert des Feldes B5 zehn mal mit dem Wachstumsfaktor (Feld C5) – d.h. mit (Wert von C5)^{10} – multiplizieren. Das Feld B6 hat daher die Formel B5*C5^10.
   Die Schreibweise ^10 bedeutet dabei *hoch 10*.

b) Untersucht, wie sich die Entwicklung der Weltbevölkerung ändert, wenn man andere Wachstumsraten einsetzt, beispielsweise 2,5%, 2,0%, 1,5%, 1,3%, 1%, 0,5%.
   Wann sind die Grenzen des Wachstums von 11,5 Milliarden [20 Milliarden] jeweils erreicht?

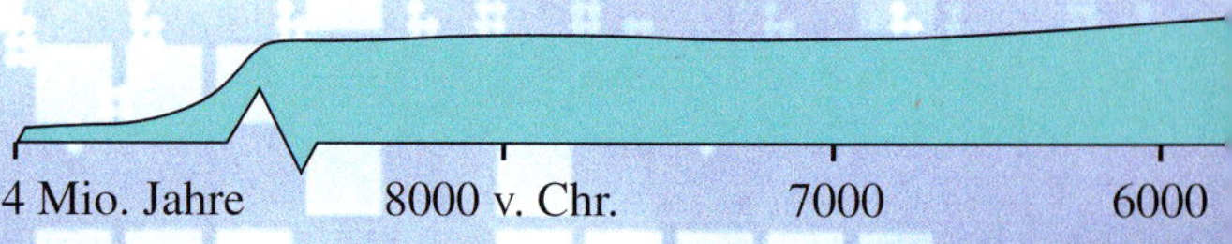

4 Mio. Jahre   8000 v. Chr.   7000   6000

Wachstumsprozesse – Exponentialfunktionen

KAPITEL 6

2. Bei den bisherigen Rechnungen gingen wir von einer Wachstumsrate aus, die für den gesamten Zeitraum der Modellrechnung gleich bleibt. In Wirklichkeit ändern sich die Wachstumsraten jedoch. Nach den derzeitigen Prognosen werden die Wachstumsraten in den nächsten Jahrzehnten weltweit fallen und zwar jedes Jahr um ca. 0,015 Prozentpunkte.

Jahr	2007	2008	2009	2010	2040	2050
Wachstumsrate (in %)	1,17	1,155	1,14	1,125		

− 0,015   − 0,015   − 0,015

a) Führt mit einem Tabellenkalkulationsprogramm eine Modellrechnung bis zum Jahre 2050 durch, bei der die Änderung der Wachstumsraten berücksichtigt wird. Auf diese Weise könnt ihr euch ein realistischeres Bild über die Entwicklung der Weltbevölkerung verschaffen als mit gleichbleibenden Wachstumsraten.

b) Ab wann würde nach dieser Prognose die Weltbevölkerung wieder abnehmen? Wie groß wäre sie dann?

3. Im Internet findet ihr unter der Adresse www.weltbevoelkerung.de eine Weltbevölkerungsuhr, die die aktuelle Bevölkerungszahl der Erde anzeigt.

a) Erkundigt euch, wie viele Menschen im Moment auf der Erde leben.

b) Um wie viele Menschen wächst die Weltbevölkerung zur Zeit
(1) in einer Stunde,
(2) in einem Tag,
(3) in einer Woche?

c) Versucht herauszufinden, nach welchem Wachstumsprinzip diese Weltbevölkerungsuhr rechnet. Berichtet darüber.

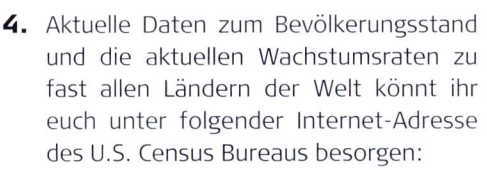

4. Aktuelle Daten zum Bevölkerungsstand und die aktuellen Wachstumsraten zu fast allen Ländern der Welt könnt ihr euch unter folgender Internet-Adresse des U.S. Census Bureaus besorgen:
www.census.gov/main/www/popclock.html
Teilt euch in Gruppen auf und untersucht unterschiedliche Länder bzw. Gebiete der Erde.
Ihr könnt die verschiedenen Informationen, Modellrechnungen und Graphen auch zu einer Ausstellung zusammenstellen.

Milliarden Menschen

5000   4000   3000   2000   1000 v. Chr.   Christi Geburt   1000 n. Chr.   heute

EXPONENTIALFUNKTIONEN UND IHRE EIGENSCHAFTEN
Die Exponentialfunktion y = 2ˣ

Einstieg

Untersuche mit einem Kalkulationsprogramm den Graphen der Exponentialfunktion $y = 2^x$.

→ Erstelle dazu eine Wertetabelle und zeichne den Graphen der Funktion.
→ Beschreibe den Verlauf des Graphen.
→ Welche Besonderheiten fallen dir auf?

Graph der Exponentialfunktion y = 2ˣ

Aufgabe

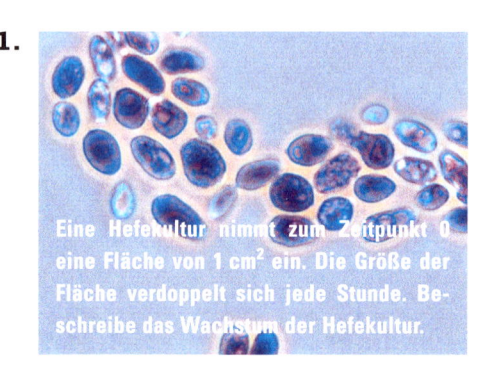

1. Eine Hefekultur nimmt zum Zeitpunkt 0 eine Fläche von 1 cm² ein. Die Größe der Fläche verdoppelt sich jede Stunde. Beschreibe das Wachstum der Hefekultur.

Betrachte das nebenstehende Beispiel.
(1) Die Hefekultur wächst *exponentiell*.
(2) Die Gleichung der Funktion
Zeit x (in Stunden) → Größe y der bedeckten Fläche (in cm²) lautet:
$y = 2^x$.

a) Zeichne den Graphen der Funktion $y = 2^x$. Benutze für die Wertetabelle einen Taschenrechner.

b) Gib Eigenschaften dieser Funktion an.

Lösung

a) Wir berechnen verschiedene Werte von 2^x und notieren sie in einer Tabelle.

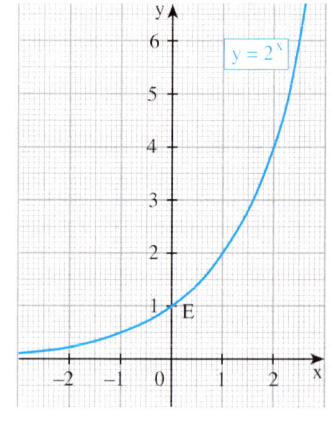

x	2^x	x	2^x
−3	0,125	$\frac{1}{3}$	1,259 …
$-\frac{5}{2}$	0,176 …	$\frac{1}{2}$	1,414 …
−2	0,25	$\frac{2}{3}$	1,587 …
$-\frac{3}{2}$	0,353	1	2
−1	0,5	$\frac{3}{2}$	2,828 …
$-\frac{1}{2}$	0,707	2	4
$-\frac{1}{3}$	0,793 …	$\frac{5}{2}$	5,656 …
0	1	3	8

b) Wir entnehmen dem Graphen zu $y = 2^x$ folgende Eigenschaften:
(1) Der Graph steigt von links nach rechts an, die Funktion ist also steigend:
Für wachsende x-Werte nehmen auch die zugehörigen Funktionswerte 2^x zu.
(2) Der Graph liegt nur oberhalb der x-Achse.
(3) Für sehr kleine (niedrige) x-Werte nähert sich der Graph immer mehr der x-Achse an.
(4) Die Funktion hat keine Nullstellen.
(5) Der Graph schneidet die y-Achse im Punkt E(0|1).

Wachstumsprozesse – Exponentialfunktionen

KAPITEL 6

(6) Wenn man x um 1 erhöht, dann wird der Funktionswert 2^x jedesmal *verdoppelt*.

Anhand der Tabelle erkennen wir: Wenn man x um 3 erhöht, dann wird der Funktionswert 2^x jedesmal *verachtfacht* ($2^3 = 8$).

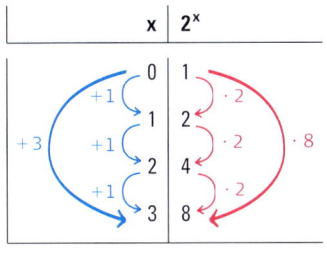

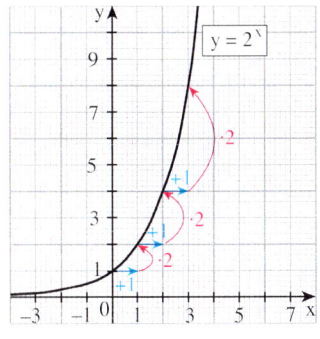

Information

Die Funktion mit der Gleichung $y = 2^x$ heißt **Exponentialfunktion zur Basis 2**. Die maximale Definitionsmenge ist die Menge $\mathbb{R}$ der reellen Zahlen
(1) Der Graph der Funktion ist steigend.
(2) Der Graph liegt oberhalb der x-Achse. Die Wertemenge enthält alle positiven reellen Zahlen.
(3) Der Graph nähert sich dem negativen Teil der x-Achse an.
(4) Die Funktion hat keine Nullstelle.
(5) Der Graph schneidet die y-Achse in $E(0|1)$.
(6) Jedes Mal, wenn x um 1 wächst, wird der Funktionswert 2^x mit 2 multipliziert (*Grundeigenschaft der Exponentialfunktion*).

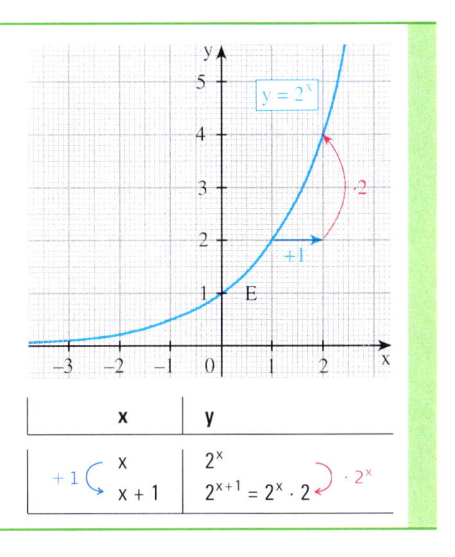

Zum Festigen und Weiterarbeiten

1024 ≈ 1000

2. a) Lies am Graphen zu $y = 2^x$ Näherungswerte ab für $2^{\frac{1}{4}}$; $2^{\frac{3}{4}}$; $2^{0,6}$; $2^{1,2}$; $2^{-0,8}$.

b) Lies am Graphen zu $y = 2^x$ Näherungswerte für die Stellen x ab, zu denen die folgenden Funktionswerte y gehören: $0,5$; $\frac{4}{5}$; $1,2$; $1,5$; 2; 3; $\frac{5}{2}$; $\frac{7}{3}$; $\frac{11}{2}$; $-\frac{1}{2}$.

3. Betrachte die Funktion mit $y = 2^x$. Der x-Wert wird (1) um 10 größer; (2) um 10 kleiner. Wie ändert sich der Funktionswert? Formuliere eine Faustregel.

4. Zeichne die Graphen der Funktionen mit $y = 2^x$ und $y = x^2$ in ein gemeinsames Koordinatensystem. Notiere Gemeinsamkeiten und Unterschiede der Funktionen.

Übungen

5. Wie verändert sich jedes Mal der Funktionswert der Funktion mit $y = 2^x$, wenn man x
a) (1) um 2, (2) um 3, (3) um 0,5 vergrößert,
b) (1) um 2, (2) um 3, (3) um 0,5 verkleinert,
c) verdoppelt, verdreifacht,
d) halbiert, viertelt?

6. Das Wachstum einer Hefekultur wird durch folgende Messwerte beschrieben:

Zeit (in h)	0	0,5	0,75	1	1,4	−0,5	−1
Flächeninhalt (in cm²)	1	1,4	1,7	2	2,65	0,7	0,5

a) Bestätige: Nach x Stunden wird eine Fläche von ungefähr 2^x cm² bedeckt.
b) Welche Fläche ist nach 2 Stunden; nach 5 Stunden; nach 10 Stunden bedeckt?

Exponentialfunktionen mit $y = b^x$ ($b > 0$, $b \neq 1$) – Eigenschaften

Einstieg

Untersuche mit deinem Kalkulationsprogramm den Graphen der Exponentialfunktion $y = b^x$ mit $b = 2,5$.
Erstelle eine Wertetabelle und zeichne den Graphen der Funktion. Gestalte die Tabelle so, dass du den Wert für b verändern kannst.

→ Wähle jetzt andere Werte für b mit $b > 1$. Notiere die Eigenschaften der Funktionen.
→ Wähle nun Werte für b mit $0 < b < 1$. Notiere die Eigenschaften der Funktionen.
→ Untersuche den Zusammenhang zwischen den Graphen der Funktionen mit $y = 2^x$ und $y = \left(\frac{1}{2}\right)^x$.
Überprüfe an weiteren Beispielen.

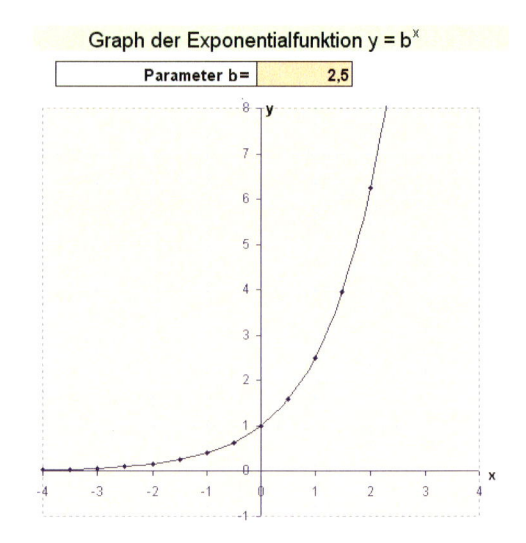

Graph der Exponentialfunktion $y = b^x$
Parameter b = 2,5

Aufgabe

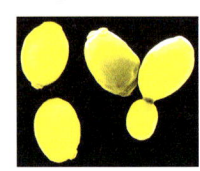

1.
(1) Die Fläche einer Hefekultur (Größe am Anfang 1 cm²) verdreifacht sich täglich.

(2) Ein radioaktiver Stoff (vorhandene Masse 1 g) zerfällt exponentiell. Täglich geht die Masse auf ein Drittel zurück.

a) Notiere für die beiden beschriebenen Prozesse jeweils eine Funktionsgleichung und zeichne die Graphen der Funktionen in dasselbe Koordinatensystem.
b) Vergleiche die Lage der beiden Graphen.

Lösung

a) Den Beispielen liegen exponentielle Prozesse zugrunde. Sie werden nicht durch die Exponentialfunktion zur Basis 2, sondern zu einer anderen Basis beschrieben.
(1) Funktionsgleichung: $y = 3^x$ (2) Funktionsgleichung: $y = \left(\frac{1}{3}\right)^x$
Wir berechnen einige Funktionswerte.

Beachte:
$\left(\frac{1}{3}\right)^x = \frac{1}{3^x} = 3^{-x}$

(1)

x	3^x
−3	0,037 …
−2,5	0,064 …
−2	0,111 …
−1,5	0,192 …
−1	0,333 …
−0,5	0,577 …
0	1
0,5	1,732 …
1	3
1,5	5,196 …
2	9
2,5	15,588 …
3	27

(2)

x	$\left(\frac{1}{3}\right)^x$
−3	27
−2,5	15,588 …
−2	9
−1,5	5,196 …
−1	3
−0,5	1,732 …
0	1
0,5	0,577 …
1	0,333 …
1,5	0,192 …
2	0,111 …
2,5	0,064 …
3	0,037 …

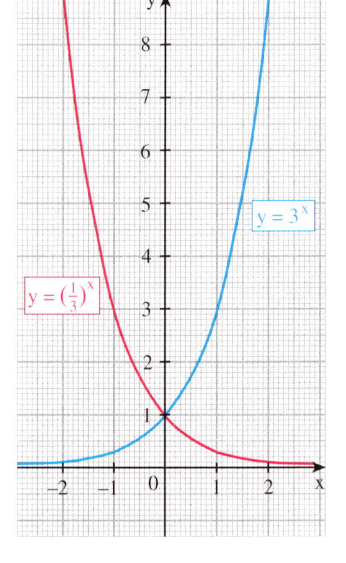

b) Beide Graphen liegen symmetrisch zur y-Achse.

△ *Begründung:*
△ $P(x_1|y_1)$ sei ein beliebiger Punkt des Graphen zu
△ $y = 3^x$.
△ $P'(-x_1|y_1)$ ist der symmetrisch zur y-Achse gelegene
△ Punkt zu $P(x_1|y_1)$.
△ Wir müssen zeigen:
△ Der Punkt $P'(-x_1|y_1)$ liegt auf dem Graphen zu $y = \left(\frac{1}{3}\right)^x$.
△ Dazu machen wir die Punktprobe:
△ Wir setzen die Koordinaten von P' in die Gleichung
△ $y = \left(\frac{1}{3}\right)^x$ ein:
△ Linke Seite: y_1
△ Rechte Seite: $\left(\frac{1}{3}\right)^{-x_1} = \frac{1}{\left(\frac{1}{3}\right)^{x_1}} = \frac{1}{\frac{1}{3^{x_1}}} = 3^{x_1} \,(= y_1)$
△
△ $P'(-x_1|y_1)$ liegt also auf dem Graphen zu $y = \left(\frac{1}{3}\right)^x$.

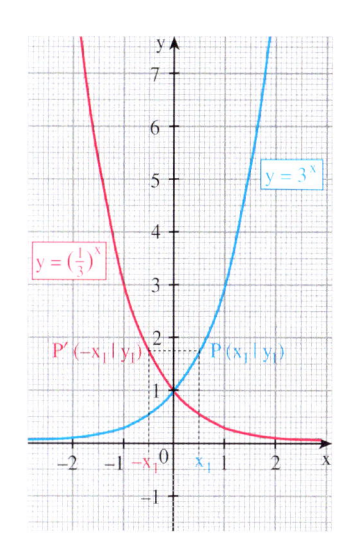

Beachte:
$a^{-x} = \left(\frac{1}{a}\right)^x$
$\left(\frac{1}{a}\right)^x = \frac{1^x}{a^x} = \frac{1}{a^x}$

Information

(1) Die Exponentialfunktion zur Basis b

Die Funktion mit $y = b^x$, wobei $b > 0$ und $b \neq 1$, heißt **Exponentialfunktion zur Basis b**. Die maximale Definitionsmenge ist die Menge $\mathbb{R}$ der reellen Zahlen.

(2) Eigenschaften der Exponentialfunktionen

Für jede Exponentialfunktion mit der Gleichung $y = b^x$ gilt:

(1) Die Graphen aller Exponentialfunktionen mit $y = b^x$ haben den Punkt $E(0|1)$ und nur diesen Punkt gemeinsam.

(2) Die Graphen der Exponentialfunktionen mit $y = b^x$ und mit $y = \left(\frac{1}{b}\right)^x$ liegen symmetrisch zur y-Achse.

(3) Der Graph der Funktion
 – steigt für $b > 1$;
 – fällt für $0 < b < 1$.

(4) Der Graph liegt oberhalb der x-Achse. Die Wertemenge enthält alle positiven reellen Zahlen.

(5) Der Graph nähert sich
 – für $b > 1$ dem negativen Teil der x-Achse an;
 – für $0 < b < 1$ dem positiven Teil der x-Achse an.

(6) Die Funktion hat keine Nullstelle.

(7) Jedesmal, wenn x um 1 wächst, wird der Funktionswert b^x mit dem Faktor b multipliziert (*Grundeigenschaft der Exponentialfunktionen*).

Ist die Basis b einer Exponentialfunktion größer als 1, so liegt eine exponentielle Zunahme vor. Liegt die Basis b einer Exponentialfunktion zwischen 0 und 1, so liegt eine exponentielle Abnahme (Zerfall) vor.

Wachstumsprozesse – Exponentialfunktionen

Zum Festigen und Weiterarbeiten

2. a) Lies an den Graphen zu $y = 3^x$ bzw. zu $y = \left(\frac{1}{3}\right)^x$ jeweils Näherungswerte ab für
$3^{\frac{1}{4}}$; $3^{\frac{3}{4}}$; $3^{\frac{4}{3}}$; $3^{0,6}$; $3^{-0,5}$; $\left(\frac{1}{3}\right)^{\frac{1}{4}}$; $\left(\frac{1}{3}\right)^{-\frac{3}{4}}$; $\left(\frac{1}{3}\right)^{-\frac{4}{3}}$; $\left(\frac{1}{3}\right)^{0,6}$; $\left(\frac{1}{3}\right)^{-1,2}$

b) Lies an den Graphen zu $y = 3^x$ bzw. zu $y = \left(\frac{1}{3}\right)^x$ jeweils Näherungswerte für die Stellen x ab, zu denen die folgenden Funktionswerte y gehören:
$0,5$; $\frac{4}{5}$; $1,2$; $1,5$; 2; 3; $\frac{5}{2}$; $\frac{7}{3}$; $\frac{11}{2}$; $-\frac{1}{2}$

3. a) Gehe bei der Funktion mit $y = 3^x$ von der Stelle -1 aus immer um 1 nach rechts. Mit welchem Faktor multipliziert sich jedes Mal der Funktionswert?
Nimm nun als „Schrittweite" 2 statt 1. Was ändert sich?

b) Führe dieselben Überlegungen für die Funktion mit $y = \left(\frac{1}{3}\right)^x$ durch.

c) Betrachte die Funktion mit $y = 10^x$. Verfahre wie in den Teilaufgaben a) und b).

4. Zeige, dass die Punkte $A(1|5)$ und $B(2|25)$ auf dem Graphen zu $y = 5^x$ und die Punkte $C(-1|5)$ und $D(-2|25)$ auf dem Graphen zu $y = 0,2^x$ liegen.
Welche Eigenschaft der Exponentialfunktionen hast du hiermit überprüft? Erkläre.

5. Skizziere die Graphen der Funktionen in demselben Koordinatensystem. Vergleiche.
a) $y = 3^x$, $y = 3^x + 1$ und $y = 3^x - 2$ **b)** $y = 3^x$ und $y = x^3$ **c)** $y = \left(\frac{1}{3}\right)^x$ und $y = -\frac{1}{3}x$

Übungen

6. Zeichne in dasselbe Koordinatensystem die Graphen zu $y = 4^x$ und zu $y = \left(\frac{1}{4}\right)^x$ für $-2 \leq x \leq 2$ mit der Schrittweite 0,5.

a) Lies an den Graphen Näherungswerte für die Lösungen folgender Gleichungen ab:
(1) $4^x = 3$ (2) $4^x = 0,4$ (3) $4^x = 5,5$ (4) $\left(\frac{1}{4}\right)^x = 0,8$ (5) $\left(\frac{1}{4}\right)^x = 1$ (6) $\left(\frac{1}{4}\right)^x = 7$

b) Zeige, dass die Punkte $A(1|4)$, $B(2|16)$ und $C(0,5|2)$ auf dem Graphen zu $y = 4^x$ liegen. Überprüfe, ob die zur y-Achse symmetrischen Punkte $A'(-1|4)$, $B'(-2|16)$ und $C'(-0,5|2)$ auch auf dem Graphen zu $y = \left(\frac{1}{4}\right)^x$ liegen.

c) Welches Steigungsverhalten zeigen die beiden Graphen?

d) Wie verändert sich der Funktionswert der beiden Funktionen, wenn man x um
(1) 1 vergrößert;   (2) 1 verkleinert;   (3) 0,5 vergrößert;   (4) 0,5 verkleinert?

7. a) Zeichne die Exponentialfunktion zur Basis (1) 2,5; (2) 1,2; (3) 0,4.
Gib ihre Eigenschaften an.

b) Wie ändert sich der Funktionswert, wenn man x um 1 (1) vergrößert; (2) verkleinert?

c) Wie ändert sich der Funktionswert, wenn man x um 2 (1) vergrößert; (2) verkleinert?

8. a) Bestimme diejenige Schrittweite, bei der sich der Funktionswert y mit
(1) $y = 3^x$,   (2) $y = 4^x$,   (3) $y = 5^x$ jedes Mal verdoppelt.

b) Bestimme diejenige Schrittweite, bei der sich der Funktionswert y mit
(1) $y = \left(\frac{1}{3}\right)^x$,   (2) $y = \left(\frac{1}{4}\right)^x$,   (3) $y = \left(\frac{1}{5}\right)^x$ jedes Mal halbiert.

9. Stelle fest, welche Punkte auf dem Graphen der Funktion liegen.
a) $y = 3^x$ (1) $P(2|8)$ (2) $Q\left(-3|\frac{1}{27}\right)$ (3) $R\left(-2|-\frac{1}{9}\right)$
b) $y = \left(\frac{1}{4}\right)^x$ (1) $P\left(2|\frac{1}{16}\right)$ (2) $Q(-2|8)$ (3) $R(-1|4)$

10. Vergleiche die Eigenschaften folgender Funktionen:
a) $y = 2^x$, $y = 2^x - 1$ und $y = 2^x + 2$ **b)** $y = \left(\frac{1}{2}\right)^x$, $y = \left(\frac{1}{2}\right)^x - 1$ und $y = \left(\frac{1}{2}\right)^x + 2$

Wachstumsprozesse – Exponentialfunktionen

11. Das Wachstum einer Hefekultur wird durch die nebenstehende Tabelle beschrieben. Nach x Stunden sind y cm² bedeckt.

x	0	$\frac{1}{2}$	1	2	–1	–2
y	1	1,73	3	9	0,33	0,11

Welche Funktionsgleichung beschreibt dieses Wachstum?

12. Ein radioaktives Präparat zerfällt so, dass die vorhandene Substanz nach jeweils 1 Tag auf die Hälfte zurückgeht.
Zu Beginn der Messung ist 1 mg vorhanden. Die Zeit x wird in Tagen gemessen.
- a) Bestimme für diesen Zerfallsprozess die Funktionsgleichung.
- b) Nach wie viel Tagen ist nur noch 1 µg der Substanz vorhanden?

13. Nach dem Genuss von alkoholischen Getränken wird der Alkohol im Blut von der Leber abgebaut. Pro Stunde nimmt der Alkoholgehalt um 0,2 Promillepunkte ab.
- a) Welche Funktionsgleichung beschreibt diesen Verfallsprozess?
- b) Berechne, wie viele Stunden es dauert, bis die Leber einen Blutalkoholgehalt von 1,3 Promille abgebaut hat.

14. Ein Gegenstand wird mit einer Temperatur von 6 °C aus dem Kühlschrank genommen. Die Zimmertemperatur ist 21 °C. Der Temperaturunterschied beträgt also 15 Grad. Bei der Erwärmung des Gegenstandes schrumpft dieser Temperaturunterschied in einer Minute jeweils auf etwa $\frac{4}{10}$ des Ausgangswertes.
- a) Nach wie viel Minuten ist der Temperaturunterschied nur noch kleiner als 0,01 Grad? Lege eine Tabelle an. Runde auf Hundertstel.
- b) Welche Temperatur hat der Gegenstand nach
  (1) 2 Minuten; (2) 3 Minuten; (3) 5 Minuten; (4) 7 Minuten?
- c) Gib die Gleichung der Funktion *Zeit (in min)* → *Temperaturunterschied (in Grad)* an.

Die Exponentialfunktionen mit y = a · bˣ (b > 0, b ≠ 1) – Eigenschaften

Einstieg

→ Untersuche mit deinem Kalkulationsprogramm den Graphen der Exponentialfunktion mit y = a · bˣ mit b = 1,5 und a = 2.
Erstelle eine Wertetabelle und zeichne den Graphen der Funktion.
Gestalte die Tabelle so, dass du die Werte für b und a verändern kannst.

→ Verändere nun nur den Faktor a. Beschreibe die Auswirkungen auf den Verlauf des Graphen.

→ Wähle nun einen anderen Wert für b (b = 1,2; b = 3,4; b = 0,7; b = 0,2).

Prüfe, welchen Einfluss der Faktor a jeweils auf den Verlauf des Graphen hat.

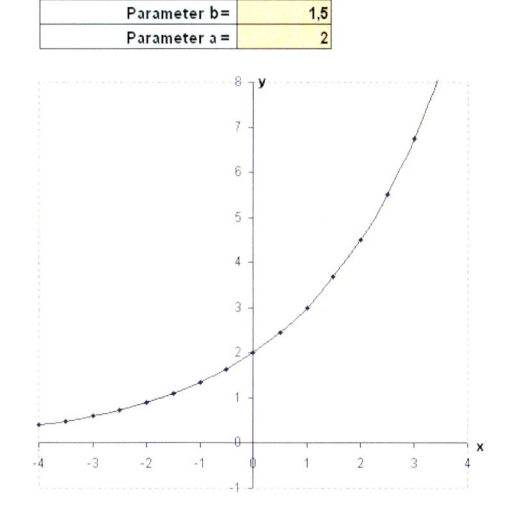

Wachstumsprozesse – Exponentialfunktionen

Aufgabe

1. a) Zeichne in ein Koordinatensystem die Graphen zu
(1) $y = 2^x$, (2) $y = 3 \cdot 2^x$ und (3) $y = \frac{1}{3} \cdot 2^x$.
Vergleiche die Graphen von (2) und (3) jeweils mit dem Graphen zu $y = 2^x$.

b) Verfahre ebenso mit dem Graphen zu
(1) $y = 2^x$ und (2) $y = -2^x$.

Lösung

a) Jeder Funktionswert 2^x der Exponentialfunktion zur Basis 2 wird bei (2) mit dem Faktor 3 multipliziert, bei (3) mit dem Faktor $\frac{1}{3}$.

Das bedeutet:
Der Graph von $y = 3 \cdot 2^x$ geht aus dem Graphen von $y = 2^x$ durch *Streckung von der x-Achse aus in Richtung der y-Achse* mit dem Faktor 3 hervor.
Der Graph von $y = \frac{1}{3} \cdot 2^x$ geht aus dem Graphen von $y = 2^x$ durch *Stauchung von der x-Achse aus in Richtung der y-Achse* mit dem Faktor $\frac{1}{3}$ hervor.

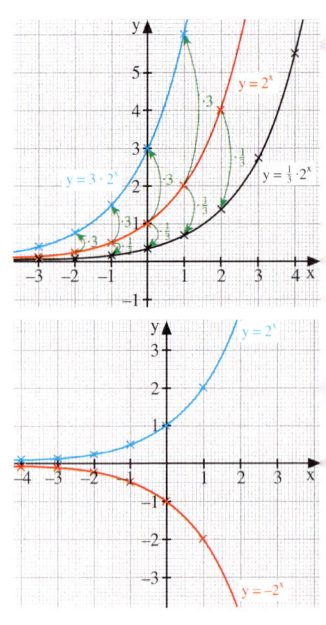

b) Jeder Funktionswert 2^x wird bei (2) mit dem Faktor (-1) multipliziert: Der Graph von $y = -2^x$ geht aus dem Graphen von $y = 2^x$ durch *Spiegelung an der x-Achse* hervor.

Zum Festigen und Weiterarbeiten

2. a) Zeichne die Graphen zu (1) $y = 3 \cdot \left(\frac{1}{2}\right)^x$; (2) $y = \frac{1}{4} \cdot \left(\frac{1}{2}\right)^x$; (3) $y = -\left(\frac{1}{2}\right)^x$; (4) $y = -\frac{1}{4} \cdot \left(\frac{1}{2}\right)^x$; vergleiche mit dem Graphen zu $y = 2^x$.

b) Welche Eigenschaften der Funktion mit $y = 2^x$ bleiben bei der Funktion mit $y = a \cdot 2^x$ erhalten, welche nicht? Unterscheide nach dem Wert für a.

Information

> Die Graphen zu $y = a \cdot b^x$ ($b > 0$, $b \neq 1$) gehen aus dem Graphen zu $y = b^x$ hervor
> - durch *Streckung in Richtung der y-Achse* mit dem Faktor a, falls $a > 1$
> - durch *Stauchung in Richtung der y-Achse* mit dem Faktor a, falls $0 < a < 1$
> - durch *Spiegelung an der x-Achse*, falls $a = -1$

Übungen

3. a) Zeichne den Graphen zu: (1) $y = \frac{1}{3} \cdot 3^x$; (2) $y = \frac{2}{3} \cdot 2^x$; (3) $y = 3 \cdot \left(\frac{1}{2}\right)^x$.

b) Welche der Punkte $P(2|3)$, $Q\left(-2\left|\frac{1}{6}\right.\right)$, $R\left(3\left|\frac{8}{3}\right.\right)$ gehören zum Graphen?

4. a) Zeichne den Graphen zu $y = \frac{1}{2} \cdot \left(\frac{1}{3}\right)^x$ und vergleiche mit dem Graphen zu $y = \left(\frac{1}{3}\right)^x$.
Gib Eigenschaften der Funktion mit der Gleichung $y = \frac{1}{2} \cdot \left(\frac{1}{3}\right)^x$ an.

b) Zeichne den Graphen zu $y = -\frac{5}{3} \cdot \left(\frac{1}{3}\right)^x$ und vergleiche mit dem Graphen zu $y = \left(\frac{1}{3}\right)^x$.
Gib Eigenschaften der Funktion mit der Gleichung $y = -\frac{5}{3} \cdot \left(\frac{1}{3}\right)^x$ an.

5. Eine Hefekultur (Masse in g) wachse so, dass der Bestand jede Stunde um 15% zunimmt. Am Anfang sind (1) 3 g, (2) 10,5 g vorhanden. Bestimme die Funktionsgleichung. Wie viel g sind nach (1) 1 Tag, (2) 10 Tagen vorhanden?

6. Eine Substanz zerfällt so, dass nach jeweils einem Tag (1) 10%, (2) 5% weniger vorhanden ist. Am Anfang sind 30 g vorhanden. Bestimme die Funktionsgleichung. Wie viel g sind nach (1) 2 Wochen, (2) nach 1 Monat noch vorhanden?

Wachstumsprozesse – Exponentialfunktionen

VERMISCHTE UND KOMPLEXE ÜBUNGEN

1. Eine Bakterienkultur nimmt in jeder Stunde um das 2,5fache zu.
Um das Wievielfache wächst die Bakterienkultur in
(1) 2 Stunden;   (3) einem halben Tag;   (5) einer halben Stunde
(2) 5 Stunden;   (4) einem Tag;   (6) 45 Minuten?

2. Die Bevölkerung eines Landes ist in den letzten Jahren näherungsweise exponentiell gewachsen. Zurzeit (t = 0) wohnen 35 Mio. Menschen in dem Land; vor 6 Jahren waren es 32 Mio. Nach einer Prognose soll sich das Wachstum in den nächsten Jahren nicht ändern.
a) Berechne den jährlichen Zunahmefaktor, beschreibe das Wachstum mit einer Formel.
b) Wie viele Menschen leben nach der Prognose in 3 Jahren [in 10 Jahren] in dem Land?
c) Wie groß war die Bevölkerung vor 3 Jahren [vor 10 Jahren]?
d) Vor wie viel Jahren lebten weniger als 25 Mio. Menschen in dem Land, wann werden es über 50 Mio. sein?

3. In den folgenden Beispielen gehen wir von einem exponentiellen Wachstum aus.
a) In einer Speise befinden sich 150 Salmonellen, nach 12 Minuten sind es 300. Bestimme den Zunahmefaktor, um den die Anzahl der Salmonellen pro Minute steigt. Wie viele Salmonellen sind es nach 30 Minuten [2 Stunden]?
b) In einer Stadt wohnen zurzeit 80 000 Menschen; nach einer Prognose sind es in fünf Jahren nur noch 70 500 Menschen.
Wie groß ist nach dieser Prognose der jährliche Abnahmefaktor?
Nach wie viel Jahren hätte sich die Bevölkerungszahl auf weniger als 50 000 reduziert?

4. Die Bevölkerung des Staates Atlantis (50 Mio.) wächst jährlich um 3%, die des Staates Utopia (100 Mio.) wächst jährlich um 1%.
a) Stelle die Bevölkerungsentwicklung beider Staaten in einem Koordinatensystem dar.
b) Nach wie viel Jahren hat Atlantis (1) ebenso viele, (2) doppelt so viele Einwohner wie Utopia?

5. Die beiden Gleichungen beschreiben exponentielle Wachstumsvorgänge:
(1) $y = 120\,000 \cdot 1{,}05^n$;   (2) $y = 80\,000 \cdot 0{,}85^t$
a) Welche Gleichung beschreibt eine exponentielle Zunahme, welche eine Abnahme? Begründe.
b) Denke dir zu jeder Gleichung eine Sachsituation aus und stelle die Wachstumsvorgänge jeweils in einem Säulendiagramm dar.

6. Radioaktives Plutonium 239 wird bei Atomexplosionen freigesetzt. Es entsteht auch beim Betrieb von Kernkraftwerken. Plutonium 239 hat eine Halbwertszeit von 24 000 Jahren.
a) Nach wie viel Jahren hat die Strahlung auf weniger als 1% [weniger als 1‰] ihrer ursprünglichen Stärke abgenommen?
b) Stelle den Zerfall grafisch dar. Gib die Funktionsgleichung an.

Wachstumsprozesse – Exponentialfunktionen

7.

Sprechblase: Der Zinssatz beträgt 4%. D.h. in fünf Jahren wächst mein Geld um 5·4% = 20%.

Notiz: Fester Zinssatz: 4%
Anlagedauer: 5 Jahre
Zinsen werden nicht ausgezahlt, sondern mitverzinst.

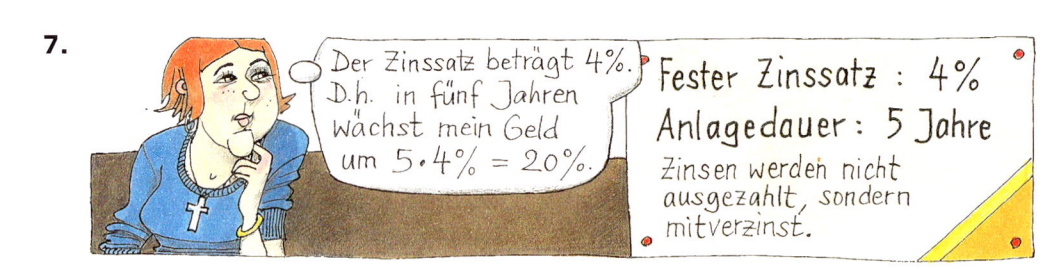

8. a) Frau Nolte hat vor sechs Jahren eine Erbschaft gemacht und das Geld bei ihrer Bank für 15 Jahre zu einem Zinssatz von 4,25% angelegt. Heute sind es 17 972 €.
  (1) Welcher Geldbetrag wird am Ende der 15 Jahre Frau Nolte ausgezahlt?
  (2) Wie viel Euro hat sie geerbt?

b) Vor fünf Jahren hat Herr Buhle bei seiner Bank 15 000 € für 12 Jahre zu einem festen Zinssatz angelegt. Heute sind es schon 18 031,50 €.
  (1) Berechne den Zinssatz.
  (2) Wie viel Euro wird Herrn Buhle nach 12 Jahren ausgezahlt?

9. Lautstärken werden in Dezibel gemessen. Die Grafik rechts zeigt dir Beispiele dafür, wie laut wir typische Geräusche von Schallquellen empfinden.

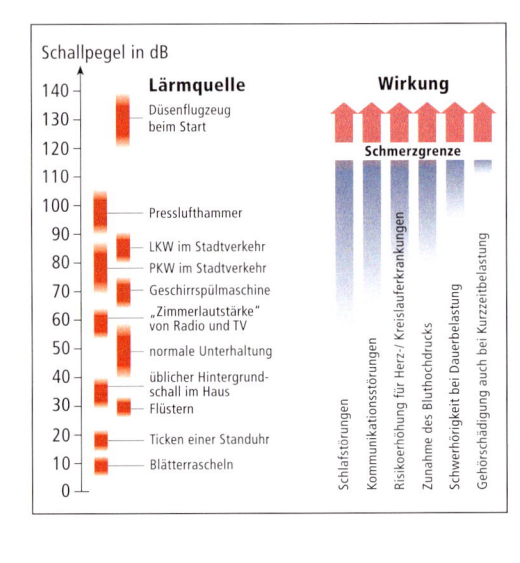

a) Eine Zunahme um 10 dB wird als Verdopplung der Lautstärke empfunden. Wievielmal lauter empfinden wir das Heavy-Metal-Konzert als das Radio auf Zimmerlautstärke?

b) Die Lautstärke nimmt um etwa 6 dB ab, wenn man den Abstand zur Schallquelle verdoppelt. Die Musik aus den Lautsprecherboxen bei einem Heavy-Metal-Konzert empfinden wir in 1 m Entfernung von den Boxen mit einer Lautstärke von 120 dB.
Wie weit muss man sich von den Boxen entfernen, um von der Musik keine Hörschäden davon zu tragen?

c) Schätze ab: Neben dir steht jemand, der Musik über Kopfhörer aus einem Diskman hört, die du selbst als leise Radiomusik (Zimmerlautstärke) empfindest.
Mit welcher Lautstärke hört dein Gegenüber die Musik? Begründe dein Ergebnis.

10. Gegeben ist die Funktion mit der Gleichung **a)** $y = 6^x$; **b)** $y = \left(\frac{4}{5}\right)^x$.
Wie lautet die Funktion, deren Graphen man aus dem gegebenen Graphen durch Spiegeln an der y-Achse [an der x-Achse] erhält? Zeichne auch die Graphen.

11. Zeichne die Graphen folgender Funktionen (1) $y = \lg 2^x$; (2) $y = \lg 7^x$.
  a) Beschreibe den Verlauf der Graphen.
  b) Gib verschiedene Funktionsgleichungen für die Graphen an.
  c) Gib eine weitere Funktionsgleichung für die Funktion mit $y = \lg 10^x$ an.

Wachstumsprozesse – Exponentialfunktionen

BIST DU FIT?

1. Frau Sparsam legt für 15 Jahre eine Erbschaft von 25 000 € zu einem festen Zinssatz von 5,5 % bei ihrer Hausbank an. Die Zinsen werden nicht ausgezahlt, sondern mitverzinst.
  a) Auf wie viel Euro ist das Kapital nach 1 Jahr, nach 2 Jahren, ..., nach 6 Jahren, auf wie viel nach x Jahren angewachsen?
  b) Stelle die Entwicklung des Sparguthabens in einem geeigneten Diagramm dar.
  c) Wie viel Euro werden Frau Sparsam nach 15 Jahren ausgezahlt?

2. Eine mit Algen bedeckte Fläche eines Sees, die zu Beginn der Messungen 16 m² groß war, wächst jeden Tag um das 1,15-fache ihrer Größe.
  a) Wie groß ist die mit Algen bedeckte Fläche
     (1) 3 Tage, (2) 10 Tage, (3) 2 Wochen   nach Messbeginn?
  b) Wie groß war die mit Algen bedeckte Fläche
     (1) 1 Tag, (2) 5 Tage, (3) 1 Woche   vor Messbeginn?
  c) Um wie viel Prozent nimmt die Fläche täglich zu?
  d) In welchen Zeitspannen verdoppelt sich die Größe der Fläche?

3. Für eine bestimmte Untersuchung nimmt ein Patient 10 mg eines Medikaments ein. Das Medikament wird vom Körper exponentiell abgebaut. Nach 3 Stunden sind noch 6,6 mg des Medikaments im Körper vorhanden.
  a) Wie viel Prozent des Medikaments werden pro Stunde abgebaut?
  b) Wie viel mg sind $7\frac{1}{2}$ Stunden nach der Einnahme noch im Körper?
  c) Nach wie viel Stunden ist das Medikament auf 1 mg abgebaut worden?
  d) Bestimme die Halbwertszeit.

4. Für bestimmte Untersuchungen verwendet man in der Medizin radioaktives Jod, das schnell exponentiell zerfällt. Ein Patient erhält 5 mg von diesem Jod. Nach 3 Stunden sind noch 2,1 mg im Körper.
  a) Bestimme den Abnahmefaktor pro Stunde und beschreibe die Abnahme durch eine Gleichung.
  b) Wie viel mg Jod sind nach 40 min [nach 2,5 h] noch im Körper vorhanden?
  c) Nach wie viel Stunden ist noch 1 mg im Körper vorhanden?

5. Gegeben ist die Funktion mit der Gleichung:
  (1) $y = 1,5^x$ (2) $y = \left(\frac{1}{4}\right)^x$ (3) $y = 0,5 \cdot 2,5^x$ (4) $y = 1,5 \cdot \left(\frac{1}{3}\right)^x$
  a) Berechne jeweils die Funktionswerte an den Stellen $-2,5$; $-1,7$; $-0,5$; 0; $0,75$.
  b) Zeichne den Graphen der Funktion.

6. a) Der Graph der Exponentialfunktion mit $y = b^x$ geht durch den Punkt $P(2|16)$ [den Punkt $P(2|2,25)$]. Bestimme die Basis b. Zeichne den Graphen der Funktion.
  b) Spiegele den Graphen an der y-Achse.
     Welche Funktionsgleichung gehört zu dem Spiegelbild?

7. Löse die Gleichung.
  a) $2^x = 7$ b) $0,8^x = 0,2$ c) $0,4^x = 2$ d) $4 \cdot 5^x = 3$ e) $6 \cdot 0,9^x = 10$

7 Sinus- und Kosinusfunktionen

In der Natur und im Alltag gibt es viele periodische (d.h. regelmäßig wiederkehrende) Vorgänge. Im Bild unten siehst du Skifahrer mit Parallelschwüngen einen Hang hinabfahren, deren Spur man im Schnee sieht.

Im Bild rechts wird der Ton eines Musikinstrumentes mit einem Mikrofon aufgenommen und die Schallschwingungen werden auf einem Oszillograf sichtbar gemacht.

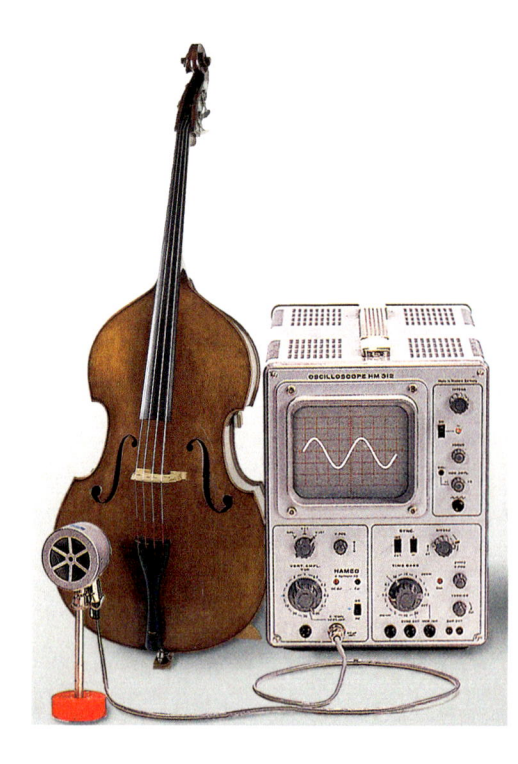

In Hammerfest, der nördlichsten Stadt Europas, scheint die Sonne vom 13. Mai bis zum 29. Juli Tag und Nacht. Selbst bei Mitternacht sehen die Menschen in der Polarregion die *Mitternachtssonne*. Der Stand der Sonne über dem Horizont wurde in stündlichen Abständen fotografiert.

In diesem Kapitel lernst du ...
... Vorgänge, die sich in regelmäßigen Zeitabschnitten wiederholen, mathematisch zu beschreiben.

SINUS UND KOSINUS EINES WINKELS AM EINHEITSKREIS

Einstieg

Ein sich gleichmäßig drehendes Fahrradpedal zeigt bei Betrachtung von hinten eine besondere Auf- und Abbewegung. Diese Bewegung soll durch ein mathematisches Modell untersucht werden.

Anstelle des Fahrradpedals betrachten wir einen Zeiger der Länge r. Er dreht sich um einen Mittelpunkt M mit gleich bleibender Geschwindigkeit. Beleuchtet man den Zeiger von der linken Seite (Ansicht des Pedals von hinten), so entsteht an der Wand ein Schatten des Zeigers. Die Länge v des Schattens ist dabei abhängig von der Größe α des Drehwinkels des Zeigers.

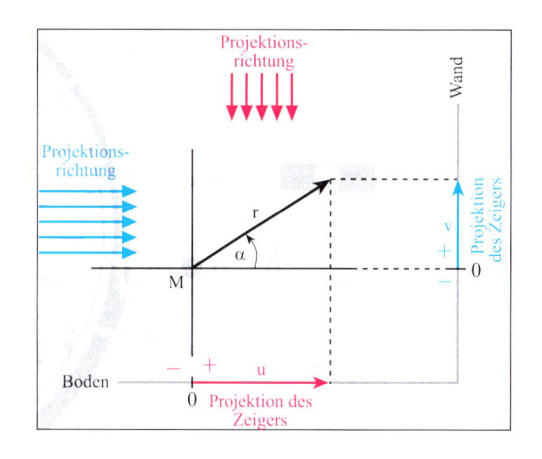

→ Zeichne den Graphen der Funktion, die jeder Größe α des Drehwinkels die Länge v des Schattens an der Wand zuordnet. Zeigt die Pfeilspitze des Schattens nach oben, so wählen wir v positiv, sonst negativ.

→ Beschreibe die Funktion im Bereich 0° ≤ α ≤ 90° durch eine Gleichung.

→ Verfahre entsprechend mit der Länge u des Schattens auf dem Boden.

Aufgabe

1. Wir betrachten die Drehbewegung eines Kreissägeblattes mit dem Radius r entgegen dem Uhrzeigersinn. Einer der Zähne des Sägeblattes ist rot markiert. Den Abstand des markierten Zahnes vom Sägetisch nennen wir h. Falls sich der Zahn unterhalb des Sägetisches befindet, wählen wir h negativ. 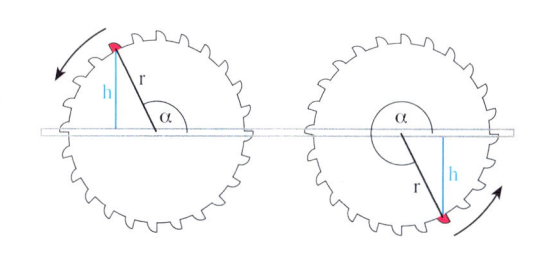
Wir untersuchen, wie der Abstand h des Sägeblattes vom Tisch bei einer vollen Umdrehung vom Drehwinkel α abhängt.

a) Zeichne den Graphen der Funktion, die jedem Drehwinkel α bei einer vollen Umdrehung den (positiven bzw. negativen) Abstand h zur Tischplatte zuordnet.
(Die Dicke des Sägetisches soll klein sein und daher außer Betracht bleiben.)

b) Beschreibe die Funktion aus Teilaufgabe a) im Bereich 0° ≤ α ≤ 90° durch eine Funktionsgleichung.

Lösung

a)

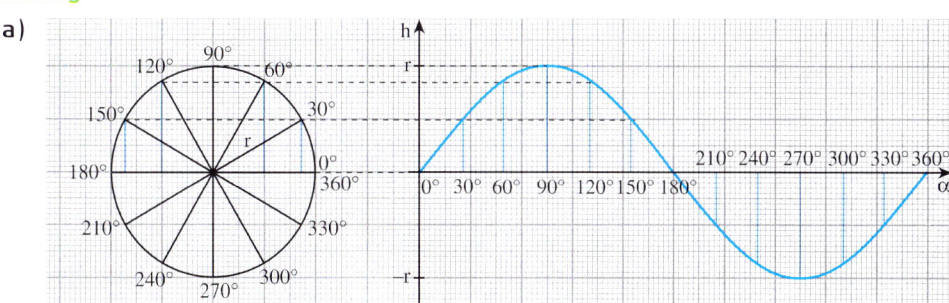

b) Wir unterscheiden verschiedene Fälle:

Fall 1: $0° < \alpha < 90°$
In dem Dreieck OAP gilt: $\frac{h}{r} = \sin \alpha$.
Daraus folgt:
$h = r \cdot \sin \alpha$

Fall 2: $\alpha = 0°$
In diesem Fall ist $h = 0$. Da $\sin 0° = 0$,
gilt auch hier:
$h = r \cdot \sin \alpha$

Fall 3: $\alpha = 90°$
In diesem Fall ist $h = r$. Da $\sin 90° = 1$, gilt hier ebenso:
$h = r \cdot \sin \alpha$

Ergebnis: Im Bereich $0° \leq \alpha \leq 90°$ wird die Funktion, die jedem Drehwinkel α den Abstand h zuordnet, durch die Funktionsgleichung $h = r \cdot \sin \alpha$ beschrieben.

Information

(1) Erklärung von Sinus und Kosinus am Einheitskreis

Die nebenstehenden Figuren zeigen jeweils einen Kreis im Koordinatensystem. Der Kreismittelpunkt liegt im Koordinatenursprung O, der Radius ist 1 (Koordinateneinheit). Ein solcher Kreis heißt **Einheitskreis**. $P(u|v)$ ist ein Punkt auf dem Einheitskreis. Wir wissen aus Klasse 9:

Für $0° \leq \alpha \leq 90°$ gilt:

$\sin \alpha = v$ und $\cos \alpha = u$

Diese Beziehung übertragen wir nun auf den ganzen Einheitskreis; sie soll also für alle Winkel α mit $0° \leq \alpha \leq 360°$ gelten.

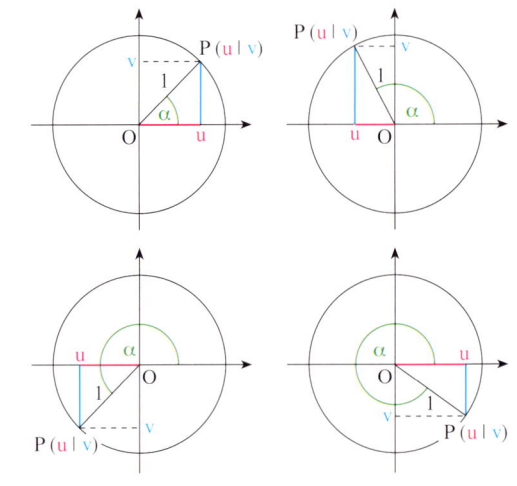

Sinus und Kosinus im Bereich $0° \leq \alpha \leq 360°$

Der Punkt $P_\alpha(u|v)$ liegt auf dem Einheitskreis. α ist die Größe des Winkels, den die u-Achse mit dem Schenkel $\overline{OP_\alpha}$ bildet.

Für alle Winkelgrößen α mit $0° \leq \alpha \leq 360°$ setzen wir fest:

$\sin \alpha = v$ (= 2. Koordinate des Punktes P_α)
$\cos \alpha = u$ (= 1. Koordinate des Punktes P_α)

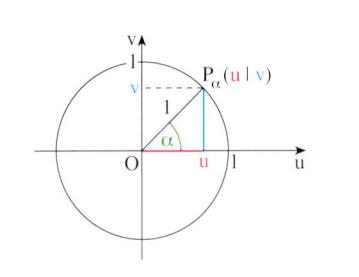

Aus dieser Erklärung folgt unmittelbar:

$\sin 0° = 0$	$\sin 90° = 1$	$\sin 180° = 0$	$\sin 270° = -1$	$\sin 360° = 0$
$\cos 0° = 1$	$\cos 90° = 0$	$\cos 180° = -1$	$\cos 270° = 0$	$\cos 360° = 1$

Sinus- und Kosinusfunktionen

KAPITEL 7

(2) Winkelgrößen über 360° und negative Winkelgrößen

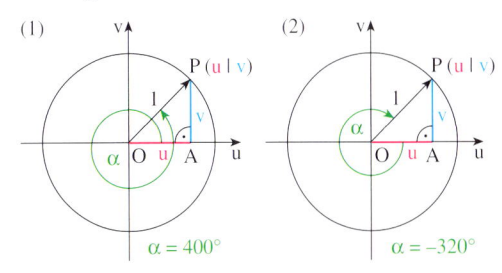

Den Schenkel $\overline{OP_\alpha}$ haben wir bisher entgegen dem Uhrzeigersinn (mathematisch positiv genannt) mit einem Drehwinkel von 0° bis 360° gedreht. So, wie ein Kreissägeblatt auch mehr als eine volle Drehung ausführt, können wir auch den Schenkel $\overline{OP_\alpha}$ über eine volle Drehung hinaus weiterdrehen.

Im Bild (1) bildet der Schenkel mit der u-Achse einen Winkel von 40°. Der Schenkel hat diese Lage durch eine Volldrehung und zusätzlich durch eine Drehung um 40°, also insgesamt durch eine Drehung von 400° erreicht: $360° + 40° = 400°$.

Ebenso kann man die Lage des Schenkels durch eine Drehung entgegen dem Uhrzeigersinn um $40° + 2 \cdot 360°$ (= 760°), um $40° + 3 \cdot 360°$ (= 1 120°) usw. erreichen.

Dreht man den Schenkel im Uhrzeigersinn (mathematisch negativ genannt), so gibt man den Drehwinkel durch eine negative Maßzahl an, z. B. $-320°$ im Bild (2).

(3) Sinus und Kosinus für beliebige Winkelgrößen

Auch für Winkelgrößen über 360° und für negative Winkelgrößen können wir die Koordinaten v und u des Punktes P_α auf dem Einheitskreis zeichnerisch ermitteln bzw. auf das Intervall $0° \leq \alpha \leq 360°$ zurückführen.

An den obigen Bildern (1) und (2) lesen wir ab:

$\sin 400° = \sin(40° + 360°) = \sin 40°$, also $\sin 400° \approx 0{,}64$
$\sin(-680°) = \sin(40° - 720°) = \sin 40°$, also $\sin(-680°) \approx 0{,}64$

$\cos 400° = \cos(40° + 360°) = \cos 40°$, also $\cos 400° \approx 0{,}77$
$\cos(-680°) = \cos(40° - 720°) = \cos 40°$, also $\cos(-680°) \approx 0{,}77$

Wir erweitern die Erklärung für Sinus und Kosinus auf beliebige Winkelgrößen, also für positive Winkelgrößen über 360° und für negative Winkelgrößen.

> Für beliebige Winkelgrößen soll gelten:
>
> $\sin \alpha = \sin(\alpha + 360°)$ $\cos \alpha = \cos(\alpha + 360°)$
> $\sin \alpha = \sin(\alpha - 360°)$ $\cos \alpha = \cos(\alpha - 360°)$
> $\sin \alpha = \sin(\alpha + 2 \cdot 360°)$ $\cos \alpha = \cos(\alpha + 2 \cdot 360°)$
> $\sin \alpha = \sin(\alpha - 2 \cdot 360°)$ $\cos \alpha = \cos(\alpha - 2 \cdot 360°)$
> $\sin \alpha = \sin(\alpha + 3 \cdot 360°)$ $\cos \alpha = \cos(\alpha + 3 \cdot 360°)$
> $\sin \alpha = \sin(\alpha - 3 \cdot 360°)$ usw. $\cos \alpha = \cos(\alpha - 3 \cdot 360°)$ usw.

(4) Bestimmen von Sinus- und Kosinuswerten für beliebige Winkelgrößen mit dem Taschenrechner

Der Taschenrechner liefert für beliebige Winkelgrößen α, also auch für $\alpha < 0°$ und $\alpha > 180°$ beim Drücken der Tasten [sin] und [cos] sofort die Werte für $\sin \alpha$ bzw. $\cos \alpha$.

Achte darauf, dass der Taschenrechner den Modus *Deg* anzeigt.

Bestimme mit dem Taschenrechner $\sin 748°$ und $\sin(-23°)$ sowie $\cos 748°$ und $\cos(-23°)$.

$0{,}469471563$ $0{,}882947592$

$-0{,}390731128$ $0{,}920504853$

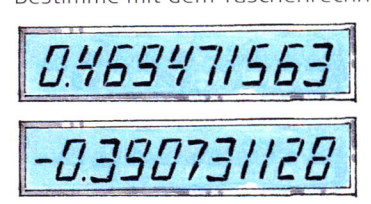

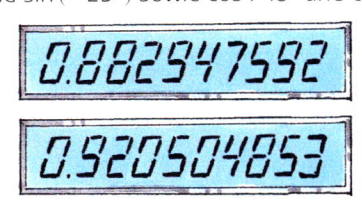

Zum Festigen und Weiterarbeiten

2. Der Taschenrechner liefert auch für Winkelgrößen α aus dem Intervall 0° ≤ α ≤ 360° Werte für sin α und cos α. Bestimme, gerundet auf vier Stellen nach dem Komma:
(1) sin 137,4°   (2) cos 142,7°   (3) sin 219,8°   (4) cos 254,1°   (5) sin 294,5°   (6) cos 324,2°

3. Für welche α mit 0° ≤ α ≤ 360° gilt jeweils sin α > 0, sin α < 0, cos α > 0, cos α < 0?

△ **4. a)** Begründe am Einheitskreis:

> sin(180° − α) = sin α;   sin(180° + α) = −sin α;   sin(360° − α) = −sin α
> cos(180° − α) = −cos α; cos(180° + α) = −cos α; cos(360° − α) = −cos α

b) Mithilfe der Formeln in Teilaufgabe a) kann man alle Werte von Sinus im Bereich 90° < α ≤ 360° berechnen, indem man sie auf den Bereich 0° ≤ α ≤ 90° zurückführt. Tim berechnet sin 245° wie im Beispiel rechts. Julia verwendet dabei die Formel sin(180° + α) = −sin α. Verfahre ebenso.

> sin 245° = −sin(360° − 245°)
> sin 245° = −sin 115°
> sin 245° = −sin(180° − 115°)
> sin 245° = −sin 65°
> sin 245° ≈ −0,9063

c) Es ist sin 58° = 0,8480. Berechne: (1) sin 122°;   (2) sin 234°;   (3) sin 289°.

d) Es ist cos 58° = 0,5299. Berechne durch Zurückführen auf den Bereich 0° ≤ α ≤ 90°:
(1) cos 122°;   (2) cos 234°;   (3) cos 289°

5. Zum Punkt P_α auf dem Einheitskreis gehöre der Drehwinkel α.
a) α = 72°   **b)** α = 124°   **c)** α = 207°   **d)** α = 325°
Gib fünf weitere Winkelgrößen an, die dieselbe Lage des Punktes P_α beschreiben.

6. Zu dem Punkt P_α gehöre der Drehwinkel α.
a) α = 539°   **b)** α = 1206°   **c)** α = 227°   **d)** α = −418°
Durch welche Winkelgrößen aus dem Bereich 0° ≤ α ≤ 360° wird dieselbe Lage des Punktes P_α beschrieben?

7. Die Werte für Sinus und Kosinus für beliebige Winkelgrößen können wir stets auf die für Winkelgrößen aus dem Bereich 0° ≤ α ≤ 360° zurückführen.
Bestimme wie im Beispiel rechts:

> sin 940° = sin(940° − 2 · 360°)
> sin 940° = sin 220°
> sin 940° ≈ −0,6428

a) sin 610°   **b)** sin 1110°   **c)** sin(−350°)   **d)** sin(−560°)
   cos 610°   cos 1110°   cos(−350°)   cos(−560°)

Übungen

8. Bestimme die Sinus- und Kosinuswerte zeichnerisch am Einheitskreis (r = 1 dm) auf Hundertstel. Verwende Millimeterpapier.

a) sin 115°   **b)** sin 156°   **c)** sin 214°   **d)** sin 258°   **e)** sin 281°   **f)** sin 349°
   cos 115°   cos 156°   cos 214°   cos 258°   cos 281°   cos 349°

9. Bestimme zeichnerisch am Einheitskreis (r = 1 dm) die Winkelgrößen aus dem Bereich 0° ≤ α ≤ 360°, für die gilt:

a) sin α = 0,24   **b)** sin α = −0,56   **c)** sin α ≥ 0,35   **d)** sin α ≤ −0,45
   cos α = 0,24   cos α = −0,56   cos α ≥ 0,35   cos α ≤ −0,45

Sinus- und Kosinusfunktionen

10. Bestimme mithilfe des Taschenrechners. Runde auf vier Stellen nach dem Komma.
 a) sin 119,5° b) sin 202,8° c) sin 299,9° d) sin 98,4° e) sin 358,1°
    cos 119,5°   cos 202,8°   cos 299,9°   cos 98,4°   cos 358,1°

11. Gib an ohne den Taschenrechner zu verwenden, ob der eingegebene Wert größer oder kleiner als 0 ist. Begründe.
 a) sin 34°; sin 329°; −sin 104°; sin 202°   b) −cos 55°; cos 224°; −cos 308°; cos 148

12. In Formelsammlungen findet man die nebenstehende Tabelle für die Sinus- und Kosinuswerte der speziellen Winkelgrößen 0°, 30°, 45°, 60° und 90°.
Ergänze die Tabelle für:
120°; 135°; 150°; 180°; 210°; 225°; 240°; 270°; 300°; 315°; 330°; 360°.

α	0°	30°	45°	60°	90°
sin α	0	$\frac{1}{2}$	$\frac{1}{2}\sqrt{2}$	$\frac{1}{2}\sqrt{3}$	1
cos α	1	$\frac{1}{2}\sqrt{3}$	$\frac{1}{2}\sqrt{2}$	$\frac{1}{2}$	0

13. Für welche Winkelgrößen α im Bereich 0° ≤ α ≤ 360° gilt:
 a) cos α = 0   b) cos α = 1   c) cos α = −1 ?
    sin α = 0   sin α = 1   sin α = −1 ?

14. Bestimme mit dem Taschenrechner; runde auf vier Stellen nach dem Komma.
sin 578°; cos 481°; sin (−1 000°); cos (−701°); sin (−125°); cos (−157°); sin 2 050°

15. a) Zum Punkt P_α auf dem Einheitskreis soll der Drehwinkel α gehören.
 (1) α = 43°   (2) α = 157°   (3) α = 206°   (4) α = 311°
Gib alle Winkelgrößen aus dem Bereich −720° ≤ α ≤ 1 080° an, die dieselbe Lage des Punktes P_α beschreiben.

 b) Zu dem Punkt P_α soll der Drehwinkel α gehören.
 (1) α = 466°   (2) α = 1 718°   (3) α = −341°   (4) α = −633°
Durch welche Winkelgröße aus dem Bereich 0° ≤ α ≤ 360° wird dieselbe Lage des Punktes beschrieben?

△ **16.** Gib den Sinus- oder Kosinuswert durch eine Winkelgröße mit 0° ≤ α ≤ 360° an.
 a) sin 768°   c) sin 920°   e) sin (−102°)   g) sin (−416°)   i) sin 1 248°
 b) cos 432°   d) cos 860°   f) cos (−136°)   h) cos (−502°)   j) cos 1 083°

17. Gib folgende Werte an:
 a) sin 530°   b) sin 950°   c) sin (−260°)   d) sin (−990°)
    cos 530°   cos 950°   cos (−260°)   cos (−990°)

18. Der Taschenrechner liefert für beliebige Winkelgrößen α, also auch für α < 0° und α > 360° Werte für sin α und cos α.
Bestimme mit dem Taschenrechner. Runde auf vier Stellen nach dem Komma.
sin 875°; cos 1 043°; sin (−84°); cos (−26°); sin (−685°); cos (−500°); sin (−1 246°)

19. Bestimme mit dem Taschenrechner die Sinus- und Kosinuswerte für:
 a) 563°   c) −63°   e) −9 855°   g) 888°   i) 497°   k) −319°
 b) 1 273° d) −615°   f) −124°   h) 409°   j) 705°   l) −500°

SINUS- UND KOSINUSFUNKTION – EIGENSCHAFTEN
Sinus- und Kosinusfunktion und ihre Darstellungen

Einstieg

Zu jeder Winkelgröße α gehört ein ganz bestimmter Kosinuswert. Diese Zuordnung ist also eine Funktion.

→ Zeichne den Graphen der Kosinusfunktion mit y = cos α im Bereich −360° ≤ α ≤ 720°.

→ In welchen Abständen wiederholen sich die Kosinuswerte? Erläutere am Einheitskreis.

Aufgabe

1. **a)** Zeichne den Graphen der Sinusfunktion mit y = sin α für −360° ≤ α ≤ 720°.

b) In welchen Abständen wiederholen sich die Sinuswerte? Erläutere am Einheitskreis.

Lösung

a)

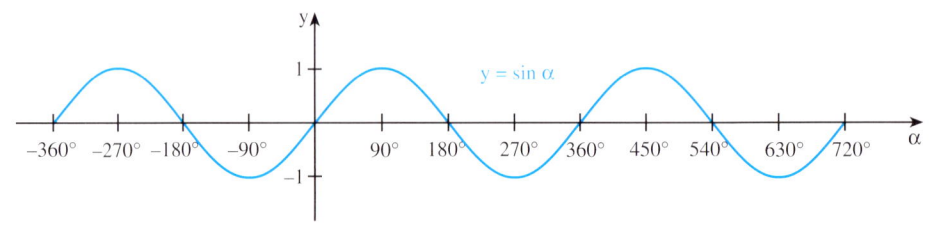

b) Die Sinuswerte sind am Einheitskreis als 2. Koordinate eines Punktes P_α in Abhängigkeit von der Winkelgröße α definiert. Vergrößert sich die Winkelgröße α, zu dem der Sinuswert bestimmt werden soll, um 360°, so verändert der Punkt P_α auf dem Einheitskreis seine Lage nicht. Es gilt also:

sin α = sin (α + 360°)

Bei weiterer Vergrößerung um ganzzahlige Vielfache von 360° bleiben die Sinuswerte ebenfalls gleich. Es gilt also z. B.

sin α = sin (α − 2 · 360°),   sin α = sin (α − 360°),   sin α = sin (α + 360°), sin (α + 2 · 360°),

allgemein: sin α = sin (α + k · 360°), wobei k eine ganze Zahl ist.

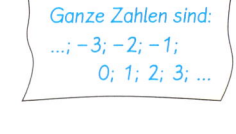

Ganze Zahlen sind: …; −3; −2; −1; 0; 1; 2; 3; …

Information

(1) Die Sinusfunktion als periodische Funktion

Die Funktion mit der Gleichung y = sin α heißt **Sinusfunktion**. Ihren Graphen nennt man auch **Sinuskurve**. Die größtmögliche Definitionsmenge ist die Menge aller Winkelgrößen.

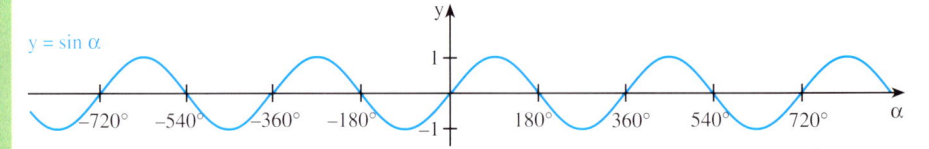

Die Funktionswerte der Sinusfunktion wiederholen sich in festen Abständen bzw. *Perioden*. Die kleinste Periode ist bei der Sinusfunktion 360°.

Sinus- und Kosinusfunktionen

(2) Die Kosinusfunktion als periodische Funktion

Die Funktion mit der Gleichung y = cos α heißt **Kosinusfunktion**. Ihren Graphen nennt man auch **Kosinuskurve**. Die größtmögliche Definitionsmenge ist die Menge aller Winkelgrößen.

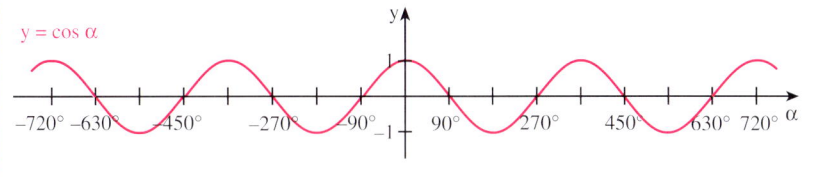

Die kleinste Periode der Kosinusfunktion beträgt 360°.

Sinus- und Kosinusfunktion sind Beispiele für periodische Funktionen.

(3) Darstellen der Sinusfunktion mithilfe eines Tabellenkalkulationsprogramms

Bei der Erstellung der Wertetabelle für die Sinusfunktion musst du beachten, dass ein Kalkulationsprogramm die Werte der Sinus- und Kosinusfunktion nicht direkt für Winkelgrößen im Gradmaß berechnet.

Die Winkelgrößen müssen in eine andere Maßeinheit umgerechnet werden. Für diese Umrechnung muss das Gradmaß mit π multipliziert und durch 180 dividiert werden.

Mithilfe der Formel = sin(60 · pi()/180) berechnet das Kalkulationsprogramm den Sinuswert für den Winkel 60°.

Allgemein können mit einem Tabellenkalkulationsprogramm Sinus- und Kosinuswerte für Winkelgrößen α im Gradmaß mithilfe der Formeln = sin(α · pi()/180) und = cos(α · pi()/180) berechnet werden.

Sinus- und Kosinuskurve mit Tabellenkalkulation

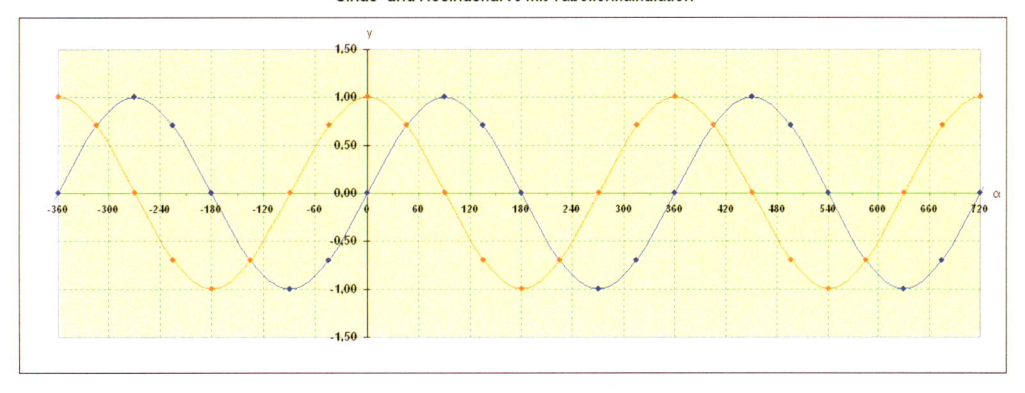

Übungen

2. a) Zeichne den Graphen der Sinus- und Kosinusfunktion im Bereich 0° ≤ α ≤ 360°.
Nimm 1 cm für 20° auf der α-Achse und 5 cm für die Einheit auf der y-Achse.

b) Lies am Graphen ab:
(1) sin 14°   (3) sin 152°   (5) sin 324°   (7) cos 82°   (9) cos 198°
(2) sin 66°   (4) sin 228°   (6) cos 28°   (8) cos 144°   (10) cos 306°

c) Lies am Graphen die Winkelgrößen α im Bereich 0° ≤ α ≤ 360° ab, für die gilt:
(1) sin α = 0,25   (3) sin α = 0,75   (5) cos α = 0,25   (7) cos α = 0,75
(2) sin α = −0,25   (4) sin α = −0,75   (6) cos α = −0,25   (8) cos α = −0,75
Gib nun entsprechende Winkelgrößen α im Bereich −720° ≤ α ≤ 1 080° an.
Beachte die Periodenlänge. Beschreibe dein Vorgehen.

Eigenschaften der Sinus- und Kosinusfunktion

Einstieg

Betrachte die Kosinuskurve auf Seite 217 im Bereich $-360° \leq \alpha \leq 720°$.
→ Beschreibe den Verlauf der Kosinuskurve.
→ Gib besondere Punkte des Graphen an.

Aufgabe

1. *Nullstellen der Sinusfunktion*
   Betrachte den Graphen der Sinusfunktion im Bereich $-720° \leq \alpha \leq 720°$.

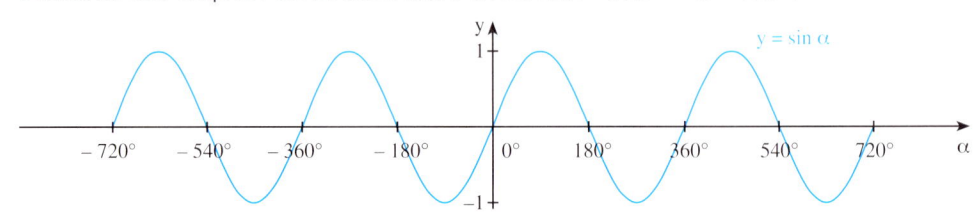

Beachte die unterschiedliche Einteilung der Achsen.

Gib die Nullstellen der Sinusfunktion an. Welche Besonderheit fällt dir auf?

Lösung

An den Nullstellen schneidet die Sinuskurve die α-Achse.
Nullstellen der Sinusfunktion im Bereich $-720° \leq \alpha \leq 720°$ sind:
$-720°$; $-540°$; $-360°$; $-180°$; 0; $180°$; $360°$; $540°$; $720°$.

Da sich jeder Sinuswert, also auch der Wert null, im Abstand von $360°$ wiederholt, sind z. B. auch $-1\,080°$; $-900°$; $900°$; $1\,080°$ Nullstellen der Sinusfunktion.
Hat man eine Nullstelle gefunden, so erhält man eine weitere, indem man $180°$ addiert oder subtrahiert.

Information

(1) Die Sinusfunktion besitzt die Nullstellen
   $\ldots$; $-720°$; $-540°$; $-360°$; $-180°$; 0; $180°$; $360°$; $540°$; $720°$; $\ldots$,
   allgemein $k \cdot 180°$, wobei k ganzzahlig ist.

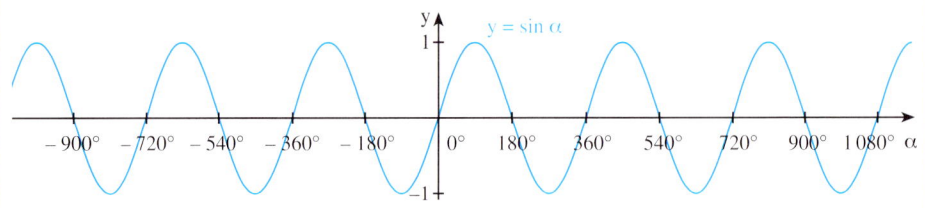

(2) Die Kosinusfunktion besitzt die Nullstellen
   $\ldots$; $-810°$; $-630°$; $-450°$; $-270°$; $-90°$; $90°$; $270°$; $450°$; $630°$; $810°$; $\ldots$,
   allgemein $(2k + 1) \cdot 90°$, wobei k ganzzahlig ist.

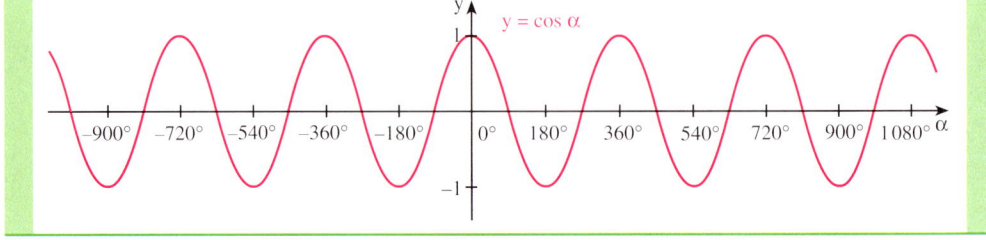

Sinus- und Kosinusfunktionen

KAPITEL 7

Zum Festigen und Weiterarbeiten

2. a) Der *größte* Sinuswert ist 1. Lies am Graphen der Sinusfunktion von Aufgabe 1 ab, für welche Winkelgrößen die Sinusfunktion diesen größten Wert im Bereich $-360° \leq \alpha \leq 720°$ annimmt.
Nenne 4 weitere solche Winkelgrößen außerhalb des angegebenen Bereichs.
Denke an die Periode.

b) Verfahre entsprechend mit dem kleinsten Sinuswert -1. Lies am Graphen der Sinusfunktion von Aufgabe 1 ab, für welche Winkelgrößen die Sinusfunktion diesen kleinsten Wert annimmt.
Nenne 4 weitere solche Winkelgrößen.

c) Der größte Kosinuswert ist 1, der kleinste -1.
Verfahre entsprechend wie in den Teilaufgaben a) und b).

Information

(1) Die Sinusfunktion nimmt ihren *größten Wert*, nämlich 1, für die Winkelgrößen
...; $-990°$; $-630°$; $-270°$; $90°$; $450°$; $810°$; ...,
allgemein $90° + k \cdot 360°$ (k ganzzahlig) an.

Der *kleinste Wert* der Sinusfunktion, nämlich -1, wird für die Winkelgrößen
...; $-810°$; $-450°$; $-90°$; $270°$; $630°$; $990°$; ...,
allgemein $270° + k \cdot 360°$ (k ganzzahlig) angenommen.
Die Wertemenge der Sinusfunktion ist die Menge aller reellen Zahlen y mit $-1 \leq y \leq 1$.

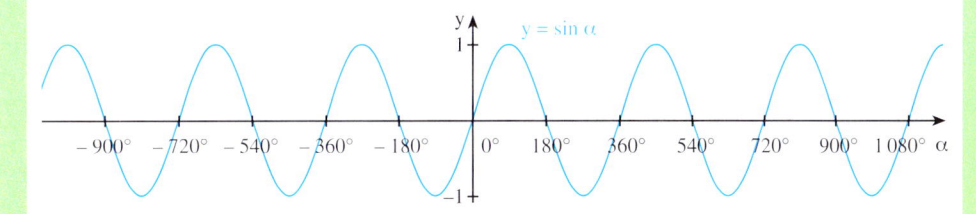

(2) Die Kosinusfunktion nimmt ihren *größten Wert*, nämlich 1, für die Winkelgrößen
...; $-720°$; $-360°$; 0; $360°$; 720; 1080; ...,
allgemein $k \cdot 360$ (k ganzzahlig) an.

Der *kleinste Wert*, nämlich -1, wird für die Winkelgrößen
...; $-900°$; $-540°$; $-180°$; $180°$; $540°$; $900°$; ...,
allgemein $180° + k \cdot 360°$ (k ganzzahlig) angenommen.
Die Wertemenge der Kosinusfunktion ist die Menge aller reellen Zahlen y mit $-1 \leq y \leq 1$.

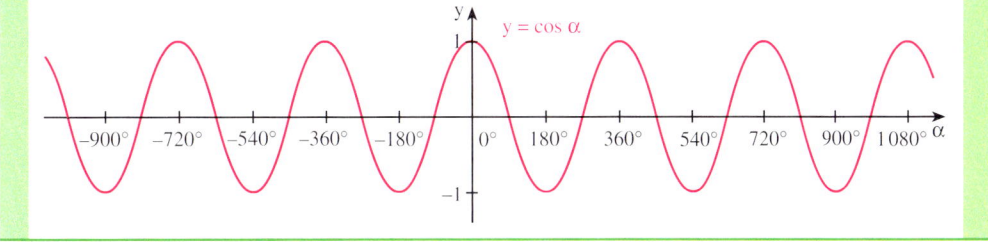

Aufgabe

3. *Symmetrieeigenschaften der Sinus- und Kosinuskurve*

Zeichne den Graphen der Sinusfunktion und den Graphen der Kosinusfunktion im Bereich $-1080° \leq \alpha \leq 1080°$.
Untersuche die Graphen auf Symmetrien.

Lösung

(1) Symmetrie der Sinuskurve

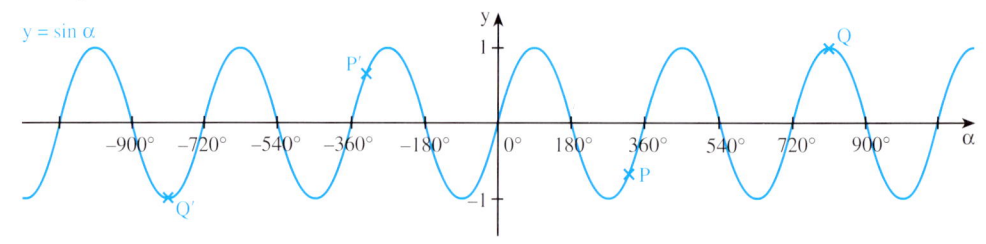

Die Sinuskurve ist punktsymmetrisch zum Koordinatenursprung.
Durch eine Halbdrehung um O(0|0) geht sie nämlich in sich über.

(2) Symmetrie der Kosinuskurve

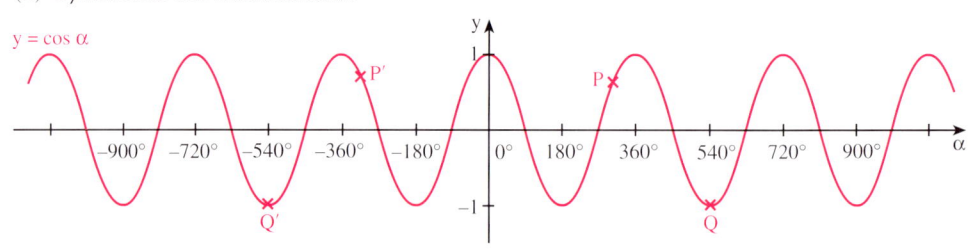

Die Kosinuskurve ist symmetrisch zur y-Achse.
Bei Spiegelung an der y-Achse geht sie nämlich in sich über.

Information

Symmetrien von Sinus- und Kosinuskurve

(1) Die Sinuskurve ist punktsymmetrisch zum Koordinatenursprung O(0|0).
Es gilt also (siehe Einheitskreis oder Sinuskurve):
$\sin \alpha = -\sin(-\alpha)$

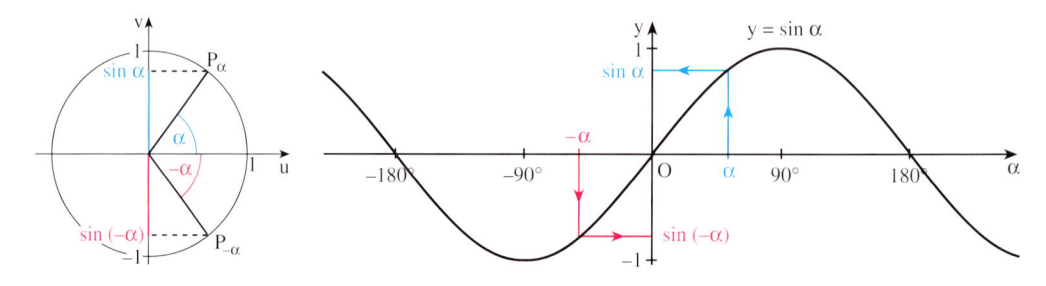

(2) Die Kosinuskurve ist achsensymmetrisch zur y-Achse.
Es gilt also (siehe Einheitskreis oder Kosinuskurve):
$\cos \alpha = \cos(-\alpha)$

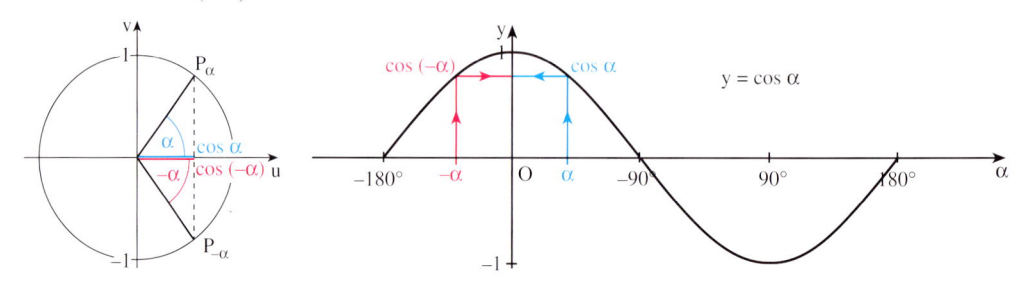

Sinus- und Kosinusfunktionen

> **Symmetrien der Sinus- und Kosinuskurve**
>
> Die Graphen der Sinusfunktion und der Kosinusfunktion sind symmetrisch. Insbesondere gilt:
>
> (a) Der Graph der Sinusfunktion ist punktsymmetrisch zum Koordinatenursprung O. Es gilt:
> $$\sin \alpha = -\sin(-\alpha)$$
>
> (b) Der Graph der Kosinusfunktion ist achsensymmetrisch zur y-Achse. Es gilt:
> $$\cos \alpha = \cos(-\alpha)$$
>
> *Beispiele:* $\sin(-45°) = -\sin 45°$ $\qquad\qquad \cos(-60°) = \cos 60°$
> $\qquad\qquad\qquad\qquad = -\frac{1}{2}\sqrt{2} \approx -0{,}707 \qquad\qquad\qquad = 0{,}5$

Mithilfe dieses Satzes kann man Sinus- und Kosinuswerte für alle negativen Winkelgrößen auf solche für positive Winkelgrößen zurückführen.

Übungen

4. a) Zeichne die Sinuskurve für (1) $-720° \leq \alpha \leq 360°$; (2) $0° \leq \alpha \leq 1080°$.
Gib 4 Nullstellen an, die außerhalb des angegebenen Bereichs liegen.

b) Zeichne die Kosinuskurve für
(1) $-720° \leq \alpha \leq 360°$; (2) $0° \leq \alpha \leq 1080°$.
Gib 4 Nullstellen an, die außerhalb des angegebenen Bereichs liegen.

5. Drücke den angegebenen Sinuswert bzw. Kosinuswert mithilfe einer Winkelgröße aus dem Bereich $0° \leq \alpha \leq 360°$ aus.

a) $\sin(-82°)$	**b)** $\sin(-138°)$	**c)** $\sin(-218°)$	**d)** $\sin(-340°)$
$\cos(-64°)$	$\cos(-100°)$	$\cos(-249°)$	$\cos(-333°)$
$\sin(-17°)$	$\sin(-154°)$	$\sin(-195°)$	$\sin(-285°)$
$\cos(-23°)$	$\cos(-99°)$	$\cos(-264°)$	$\cos(-304°)$

6. Betrachte die (1) Sinusfunktion, (2) Kosinusfunktion im Bereich $-360° \leq \alpha \leq 360°$.
In welchen Teilbereichen steigt der Graph der (1) Sinusfunktion, (2) Kosinusfunktion, in welchen fällt er?

7. a) Betrachte den Graphen der (1) Sinusfunktion, (2) Kosinusfunktion im Bereich $-1080° \leq \alpha \leq 1080°$.
In welchen Teilbereichen steigt die (1) Sinuskurve, (2) Kosinuskurve, in welchen fällt sie?

b) Verallgemeinere das Ergebnis aus Teilaufgabe a).

8. a) Du weißt: Die Sinuskurve ist punktsymmetrisch zum Ursprung O(0|0).
Versuche, weitere Punkte anzugeben, zu denen die Sinuskurve punktsymmetrisch ist.

b) Untersuche, ob die Sinuskurve auch achsensymmetrisch ist.
Gib gegebenenfalls Symmetrieachsen an.

9. a) Du weißt: Die Kosinuskurve ist achsensymmetrisch zur y-Achse.
Untersuche, ob es weitere Symmetrieachsen der Kosinuskurve gibt.

b) Untersuche, ob die Kosinuskurve auch punktsymmetrisch ist.
Gib gegebenenfalls Symmetriepunkte an.

FUNKTIONEN MIT DER GLEICHUNG $y = a \cdot \sin(b(\alpha - \varphi))$

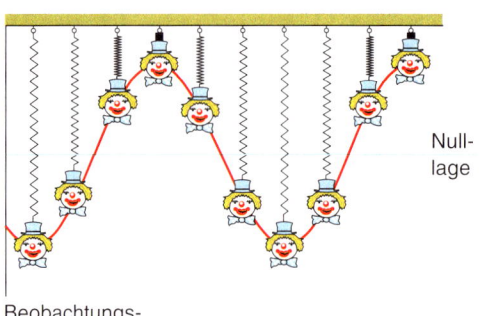

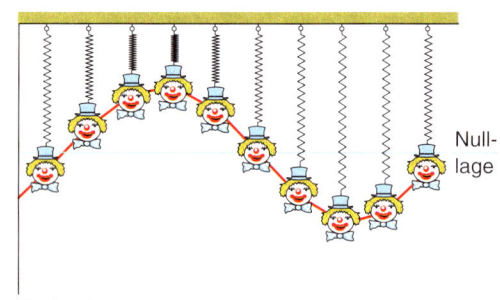

Null-
lage

Beobachtungs-
beginn

Null-
lage

Beobachtungs-
beginn

Die Bilder zeigen Bewegungen verschiedener auf- und abschwingender Federclowns. Es ergeben sich Graphen, die der Sinuskurve sehr ähnlich sind. Im Vergleich zur Sinuskurve sind sie in Richtung der x- und y-Achse gestreckt oder gestaucht. Stauchen ist ein Strecken mit einem Faktor zwischen 0 und 1.
Solche Funktionen werden auch als *allgemeine Sinusfunktionen* bezeichnet.

Funktionen mit der Gleichung $y = a \cdot \sin \alpha$

Einstieg

Untersuche mit deinem Kalkulationsprogramm den Graphen der Funktion mit der Gleichung $y = a \cdot \sin \alpha$. Gestalte die Tabelle so, dass du den Wert für a verändern kannst.

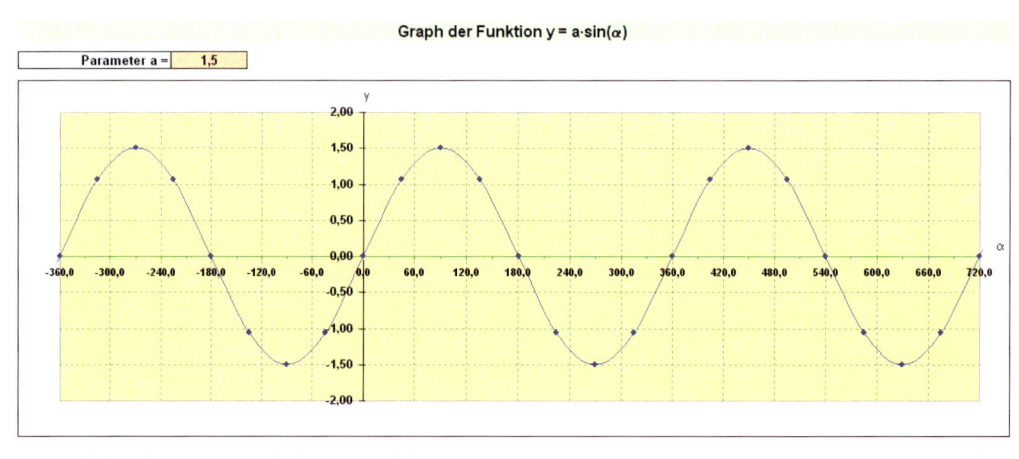

Graph der Funktion $y = a \cdot \sin(\alpha)$

Parameter a = 1,5

→ Wähle für a verschiedene positive Werte. Vergleiche mit dem Graphen der Funktion $y = \sin \alpha$.

→ Wähle $a = -1$. Wie erhältst du diesen Graphen aus der Sinuskurve?

Aufgabe

1. Zeichne die Sinuskurve im Bereich $-360° \leq \alpha \leq 360°$. Zeichne in dasselbe Koordinatensystem den Graphen der Funktion mit:

   a) $y = 2 \cdot \sin \alpha$

   b) $y = \frac{1}{2} \cdot \sin \alpha$

   Vergleiche beide Graphen mit der Sinuskurve; vergleiche auch ihre Eigenschaften.

Sinus- und Kosinusfunktionen

KAPITEL 7   223

Lösung

a)

α	−360°	−315°	−270°	−225°	−180°	−135°	−90°	−45°	0°	45°	90°	135°	180°	225°	270°	315°	360°
sin α	0	0,58	1	0,70	0	−0,58	−1	−0,70	0	0,70	1	0,58	0	−0,70	−1	−0,58	0
2 · sin α	0	1,16	2	1,40	0	−1,16	−2	−1,40	0	1,40	2	1,16	0	−1,40	−2	−1,16	0

⟩ · 2

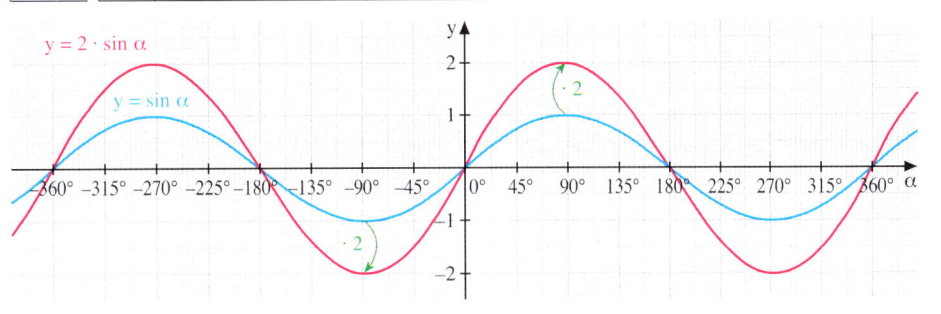

Das kenne ich schon von der Normalparabel.

Der Graph der Funktion zu y = 2 · sin α entsteht aus der Sinuskurve durch Streckung von der α-Achse aus in Richtung der y-Achse mit dem Faktor 2. Deshalb gilt:

Beide Graphen besitzen

- dieselben Nullstellen ..., −360°; −180°; 0°; 180°; 360°; ...
- dieselben Bereiche, in denen sie steigen bzw. fallen.
- dieselbe (kleinste) Periode 360°.

Beide Funktionen unterscheiden sich allerdings bei dem größten und kleinsten Funktionswert:

Funktion zu	größter Funktionswert	kleinster Funktionswert
y = sin α	1	−1
y = 2 · sin α	2	−2

b)

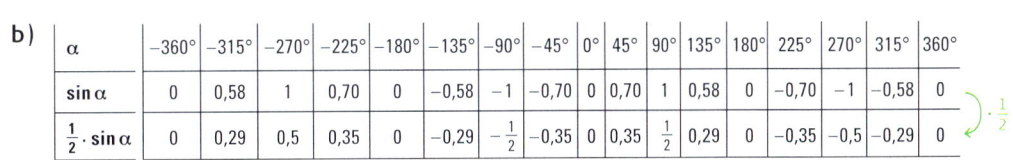

α	−360°	−315°	−270°	−225°	−180°	−135°	−90°	−45°	0°	45°	90°	135°	180°	225°	270°	315°	360°
sin α	0	0,58	1	0,70	0	−0,58	−1	−0,70	0	0,70	1	0,58	0	−0,70	−1	−0,58	0
$\frac{1}{2}$ · sin α	0	0,29	0,5	0,35	0	−0,29	−$\frac{1}{2}$	−0,35	0	0,35	$\frac{1}{2}$	0,29	0	−0,35	−0,5	−0,29	0

⟩ · $\frac{1}{2}$

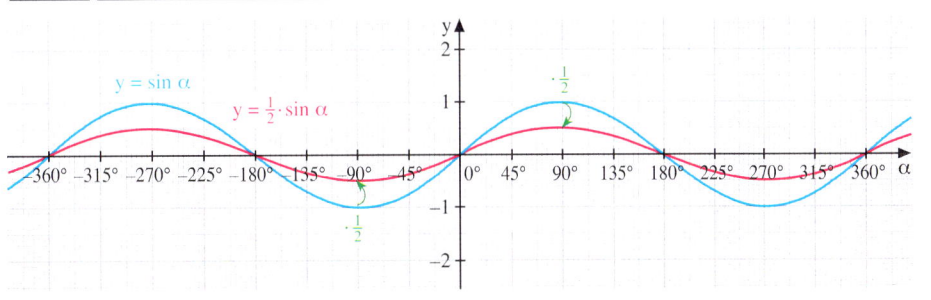

Der Graph der Funktion zu y = $\frac{1}{2}$ · sin α entsteht aus der Sinuskurve durch Streckung von der α-Achse aus in Richtung der y-Achse mit dem Faktor $\frac{1}{2}$.
Beachte: Man spricht in der Mathematik auch von Streckung, wenn der positive Streckungsfaktor kleiner als 1 ist, also eine Stauchung vorliegt.
Beide Graphen besitzen

- dieselben Nullstellen ..., −360°; −180°; 0; 180°; 360°; ...
- dieselben Bereiche, in denen sie steigen bzw. fallen.
- dieselbe (kleinste) Periode 360°.

Beide Funktionen unterscheiden sich jedoch bei dem kleinsten und größten Funktionswert:

Funktion zu	größter Funktionswert	kleinster Funktionswert
$y = \sin \alpha$	1	-1
$y = \frac{1}{2} \cdot \sin \alpha$	$\frac{1}{2}$	$-\frac{1}{2}$

Zum Festigen und Weiterarbeiten

2. Zeichne den Graphen der Sinusfunktion im Bereich $-360° \leq \alpha \leq 360°$. Zeichne in dasselbe Koordinatensystem den Graphen der Funktion mit:

a) $y = 3 \cdot \sin \alpha$ \hspace{2cm} **b)** $y = 0,8 \cdot \sin \alpha$

Vergleiche die Eigenschaften beider Funktionen.

Information

Durch Strecken bzw. Stauchen der Sinuskurve von der α-Achse aus in Richtung der y-Achse erhält man Graphen zur Beschreibung der Bewegung von Federclowns, deren maximale Auslenkung verschieden ist.

Amplitude ⟨lat.⟩
Physik:
Schwingungsweite
Math.:
größter absoluter Funktionswert einer periodischen Funktion

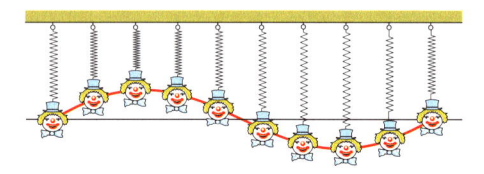

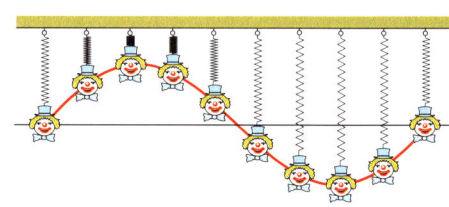

Die maximale Auslenkung bezeichnet man auch als *Amplitude*.

> **Eigenschaften der Funktionen mit $y = a \cdot \sin \alpha$ (a > 0)**
> (1) Nullstellen sind ...; $-540°$; $-360°$; $-180°$; 0; 180°; 360°; 540°; ..., allgemein $k \cdot 180°$, wobei k ganzzahlig ist.
> (2) Die (kleinste) Periode ist 360°.
> (3) Der größte Funktionswert ist a, der kleinste $-a$.
> (4) Die Wertemenge ist die Menge aller reellen Zahlen y mit $-a \leq y \leq a$.
> (5) Der Graph entsteht aus der Sinuskurve durch Strecken bzw. Stauchen von der α-Achse aus mit dem Faktor a in Richtung der y-Achse.
>
> *Beachte:* Für $a = 1$ erhältst du die Eigenschaften der Sinusfunktion.

Da der Faktor a in der Funktionsgleichung $y = a \cdot \sin \alpha$ die Amplitude beeinflusst, ist diese Funktion gut geeignet, z. B. Wechselspannungen mit unterschiedlichen Maximalwerten zu beschreiben. Das zeigen die folgenden Bilder auf dem Schirm eines Oszilloskops.

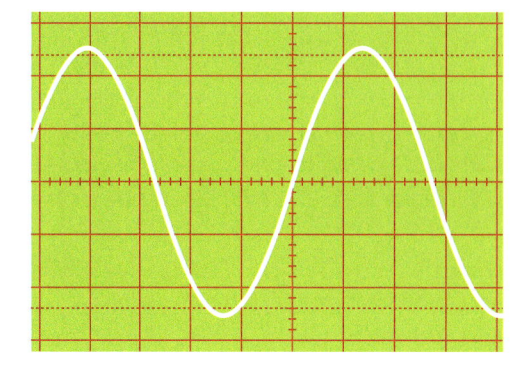

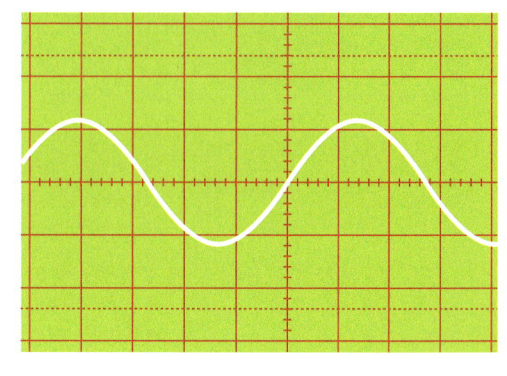

Sinus- und Kosinusfunktionen

Übungen

3. Zeichne im Bereich $-360° \leq \alpha \leq 360°$ den Graphen der Funktion mit:

   a) $y = 2{,}5 \cdot \sin \alpha$ **b)** $y = 0{,}4 \cdot \sin \alpha$ **c)** $y = 1{,}5 \cdot \sin \alpha$

   Gib Eigenschaften der Funktion an. Notiere auch die Wertemenge.

4. Der Graph der Sinusfunktion mit $y = \sin \alpha$ wird in Richtung der y-Achse gestreckt

   a) mit dem Faktor 2,6;   **c)** mit dem Faktor $3\frac{1}{2}$;

   b) mit dem Faktor 0,3;   **d)** mit dem Faktor $\frac{3}{4}$.

   Gib die Funktionsgleichung zu diesem Graphen an.
   Zeichne ihn auch im Bereich $-360° \leq \alpha \leq 720°$.

5. Beschreibe, wie der Graph mit der angegebenen Gleichung aus der Sinuskurve entsteht.

   a) $y = 1{,}8 \sin \alpha$ **b)** $y = 0{,}8 \sin \alpha$ **c)** $y = 2{,}1 \sin \alpha$ **d)** $y = 0{,}7 \sin \alpha$

6. Gib zu den Graphen die Funktionsgleichung an.

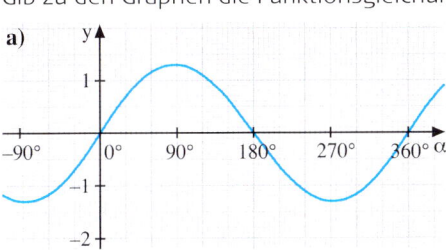

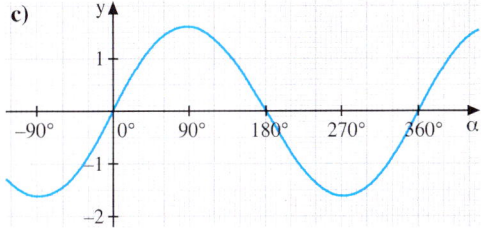

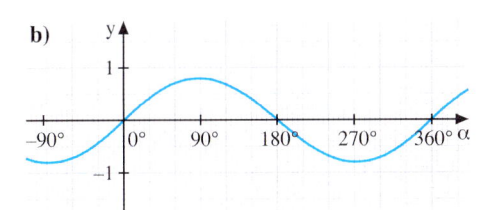

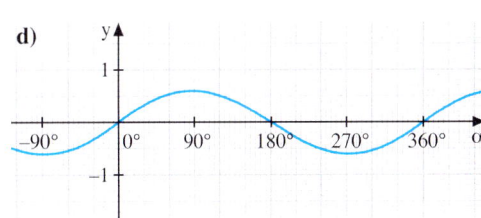

a)

c)

b)

d)

7. Gegeben ist die Funktion mit $y = 2{,}5 \cdot \sin \alpha$ im Bereich $-90° \leq \alpha \leq 90°$.

   a) Der Punkt $P_1(45° \mid y_1)$ soll zum Graphen gehören. Bestimme die fehlende Koordinate.

   b) Der Punkt $P_2(\alpha_2 \mid -1{,}25)$ soll zum Graphen gehören. Bestimme die fehlende Koordinate.

8. Durch die Gleichung $y = a \cdot \sin \alpha$ ist eine Funktion gegeben. Bestimme den Faktor a, falls gilt:

   a) Der kleinste Funktionswert ist $-1{,}3$, der größte 1,3.

   b) Der Graph geht durch den Punkt $P(30° \mid 3)$.

9. Durch die Gleichung $y = a \cdot \sin \alpha$ ist eine Funktion gegeben. Der Graph dieser Funktion geht durch den Punkt:

   a) $P(30° \mid 1{,}4)$ **b)** $P(-60° \mid -1{,}9)$ **c)** $P(315° \mid -0{,}4)$ **d)** $P(-225° \mid 1{,}5)$

   Wie lautet die Funktionsgleichung?
   Wie entsteht der Graph aus der Sinuskurve?

10. Der Radius des Sägeblattes in Aufgabe 1 auf Seite 229 soll 20 cm sein.
   Die Zuordnung *Drehwinkelgröße $\alpha \to$ Abstand y zur Tischplatte* ist eine allgemeine Sinusfunktion.
   Wie lautet die Funktionsgleichung?

Funktionen mit der Gleichung y = sin(b · α)

Einstieg

Untersuche mit deinem Kalkulationsprogramm den Graphen der Funktion mit der Gleichung $y = \sin(b \cdot \alpha)$. Gestalte deine Tabelle so, dass du den Wert für b verändern kannst.

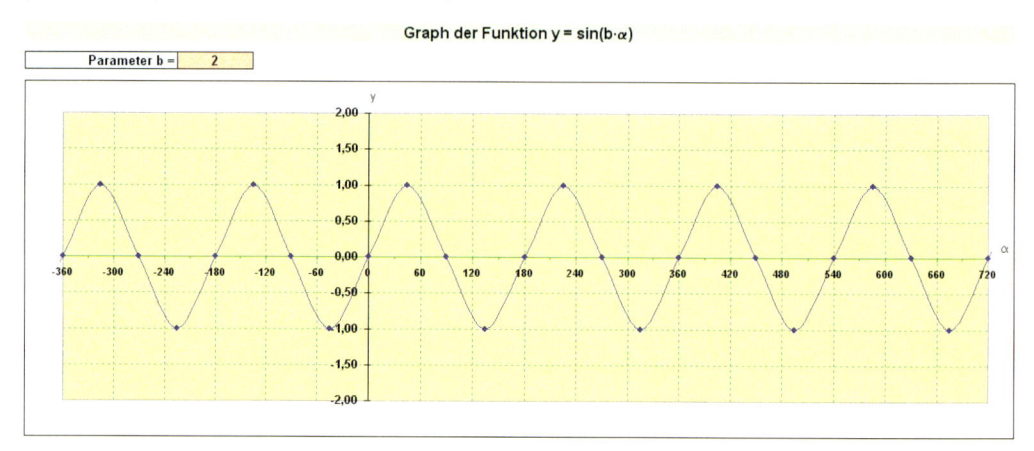

Graph der Funktion y = sin(b·α)

Parameter b = 2

→ Untersuche, wie du den Graphen der Funktion für verschiedene positive Werte von b aus der Sinuskurve erhältst.

Information

(1) Strecken der Sinuskurve in Richtung der α-Achse mit dem Faktor 2

Gegeben ist die Sinusfunktion mit $y = \sin \alpha$ im Bereich $0° \leq \alpha \leq 360°$. Ihr Graph soll von der y-Achse aus in Richtung der α-Achse mit dem Faktor 2 gestreckt werden. Dabei wird die α-Koordinate jedes Punktes der Sinuskurve verdoppelt, während die y-Koordinate beibehalten wird. Es entsteht der Graph einer neuen Funktion.

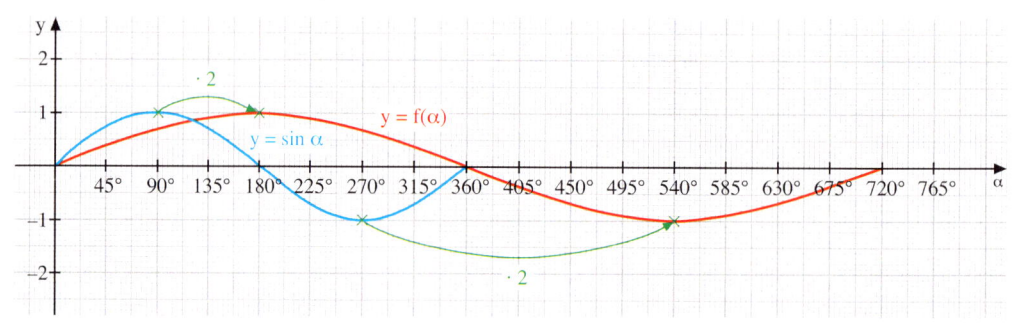

Am Graphen erkennen wir:

Die neue Funktion hat an der Stelle α denselben Wert wie die Sinusfunktion an der Stelle $\frac{\alpha}{2}$. Es gilt also:

$y = \sin \frac{\alpha}{2}$ mit $0 \leq \alpha \leq 720°$

Eine Wertetabelle bestätigt diesen Zusammenhang:

α	0°	90°	180°	270°	360°	450°	540°	630°	720°
sin α	0	1	0	−1	0				
sin $\frac{\alpha}{2}$	0	0,707	1	0,707	0	−0,707	−1	−0,707	0
$\frac{\alpha}{2}$	0°	45°	90°	135°	180°	225°	270°	315°	360°

Sinus- und Kosinusfunktionen

KAPITEL 7

(2) Strecken der Sinuskurve in Richtung der α-Achse mit dem Faktor $\frac{1}{2}$

Gegeben ist die Sinusfunktion mit $y = \sin \alpha$ im Bereich $0° \leq \alpha \leq 360°$. Ihr Graph soll von der y-Achse aus in Richtung der α-Achse mit dem Faktor $\frac{1}{2}$ gestreckt werden. Das bedeutet, dass die α-Koordinate jedes Punktes der Sinuskurve halbiert wird, die y-Koordinate bleibt erhalten. Es entsteht der Graph einer neuen Funktion.

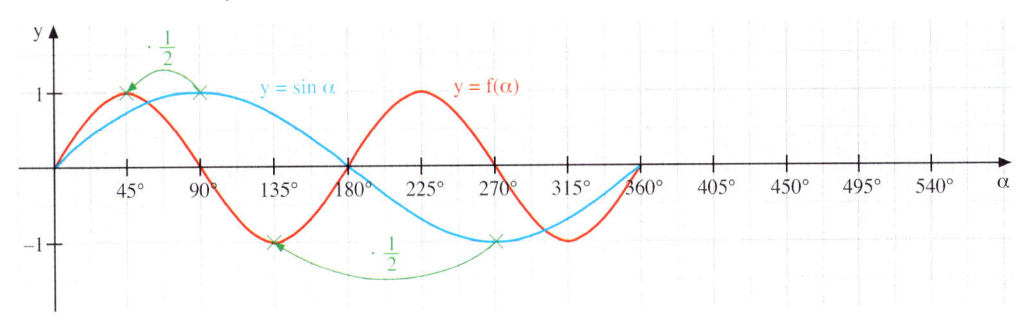

Am Graphen erkennt man wiederum:
Die neue Funktion hat an der Stelle α denselben Wert wie die Sinusfunktion an der Stelle 2α.
Es gilt also:

$y = \sin(2 \cdot \alpha)$ mit $0° \leq \alpha \leq 360°$

Auch hier bestätigen wir das Ergebnis mit einer Wertetabelle:

α	0°	45°	90°	135°	180°	225°	270°	315°	360°
sin α	0	0,701	1	0,701	0	– 0,701	– 1	– 0,701	0
sin (2 α)	0	1	0	– 1	0				
2 α	0°	90°	180°	270°	360°				

Aufgabe

1. Gegeben ist die Funktion mit:

a) $y = \sin(2 \cdot \alpha)$ b) $y = \sin\left(\frac{1}{2} \cdot \alpha\right)$

Gib ihre Eigenschaften an; vergleiche sie mit der Sinusfunktion.

Lösung

a) Der Graph der Funktion zu $y = \sin(2 \cdot \alpha)$ geht aus der Sinuskurve durch Streckung von der y-Achse aus in Richtung der α-Achse mit dem Faktor $\frac{1}{2}$ hervor.
Deshalb gilt:
- Beide Funktionen besitzen 1 als größten Funktionswert und – 1 als kleinsten Funktionswert.

Beide Funktionen unterscheiden sich
- in der (kleinsten) Periode und
- in der Lage der Nullstellen:

Funktion zu	(kleinste) Periode	Nullstellen
$y = \sin \alpha$	360°	…; –540°; –360°; –180°; 0°; 180; 360; 540°; …, allgemein k · 180°
$y = \sin(2 \cdot \alpha)$	180°	…; –270°; –180°; –90°; 0°; 90; 180; 270°; …, allgemein k · 90°

b) Der Graph der Funktion zu $y = \sin\left(\frac{1}{2} \cdot \alpha\right)$ geht aus der Sinuskurve durch Streckung von der y-Achse aus in Richtung der α-Achse mit dem Faktor 2 hervor.
Deshalb gilt:

- Beide Funktionen besitzen 1 als größten Funktionswert und -1 als kleinsten.

Beide Funktionen unterscheiden sich
- in der (kleinsten) Periode und
- in der Lage der Nullstellen:

Funktion zu	(kleinste) Periode	Nullstellen
$y = \sin \alpha$	360°	...; $-360°$; $-180°$; 0°; 180; 360; ..., allgemein $k \cdot 180°$
$y = \sin\left(\frac{1}{2}\alpha\right)$	720°	...; $-720°$; $-360°$; 0°; 360; 720; ..., allgemein $k \cdot 360°$

Zum Festigen und Weiterarbeiten

2. Zeichne den Graphen der Sinusfunktion im Bereich $-360° \leq \alpha \leq 360°$. Zeichne in dasselbe Koordinatensystem den Graphen der Funktion zu:

a) $y = \sin(1{,}5\,\alpha)$ **b)** $y = \sin\left(\frac{\alpha}{1{,}5}\right)$

Vergleiche die Eigenschaften beider Funktionen.

Information

Durch Strecken der Sinuskurve von der y-Achse aus in Richtung der α-Achse erhält man Graphen zur Beschreibung der Bewegung von Federclowns, deren Periode verschieden von 360° ist.

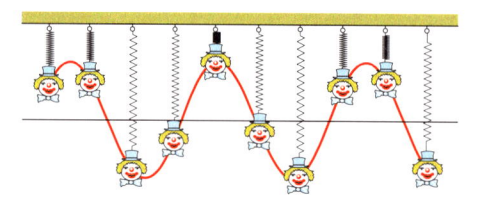

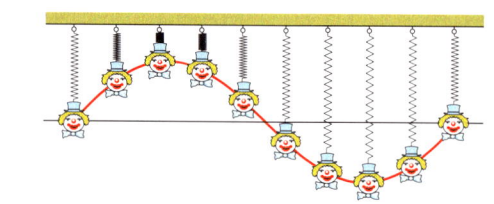

Strecken in Richtung der x-Achse mit einem positiven Faktor
- *größer 1 verkleinert die Periode*
- *kleiner 1 vergrößert die Periode*

Eigenschaften der Funktionen mit $y = \sin(b \cdot \alpha)$ mit $b > 0$

(1) Die Nullstellen sind $k \cdot \frac{180°}{b}$, wobei k ganzzahlig ist.
(2) Die (kleinste) Periode ist $\frac{360°}{b}$.
(3) Der größte Funktionswert ist 1, der kleinste -1.
(4) Die Wertemenge ist die Menge aller reellen Zahlen y mit $-1 \leq y \leq 1$.
(5) Der Graph entsteht aus der Sinuskurve durch Strecken bzw. Stauchen von der y-Achse aus mit dem Faktor $\frac{1}{b}$ in Richtung der α-Achse.

Merke dir: Streckt man mit dem Faktor 2, 3, 4 ... in Richtung der α-Achse, so wird die Periodenlänge halbiert, gedrittelt, geviertelt.
Staucht man mit dem Faktor $\frac{1}{2}, \frac{1}{3}, \frac{1}{4}, \ldots$, so wird die Periodenlänge verdoppelt, verdreifacht, vervierfacht.
Streckungsfaktor und Periodenlänge sind antiproportional zueinander.
Für den Graphen bedeutet dies z.B.: Streckt man mit dem Faktor 2 [3], so passen in den Bereich $0° \leq \alpha \leq 360°$ zwei [drei] „Wellen".
Staucht man mit dem Faktor $\frac{1}{2}$ $\left[\frac{1}{4}\right]$, so passen in den Bereich $0° \leq \alpha \leq 360°$ eine halbe [viertel] Welle.

Sinus- und Kosinusfunktionen

KAPITEL 7

Übungen

3. Zeichne im Bereich $-360° \leq \alpha \leq 360°$ den Graphen der Funktion mit:

a) $y = \sin(\frac{1}{3}\alpha)$ b) $y = \sin(3\alpha)$ c) $y = \sin(2,5\alpha)$

Beschreibe, wie der Graph aus der Sinuskurve entsteht. Gib die Eigenschaften an.

4. Der Graph der Sinusfunktion mit $y = \sin \alpha$ wird in Richtung der α-Achse gestreckt

a) mit dem Faktor 2,5;
b) mit dem Faktor 0,4;
c) mit dem Faktor $1\frac{1}{2}$;
d) mit dem Faktor $\frac{3}{4}$.

Gib die Funktionsgleichung zu diesem Graphen an. Zeichne ihn auch für $-360° \leq \alpha \leq 360°$.

5. Gib die Funktionsgleichung zum Graphen an.

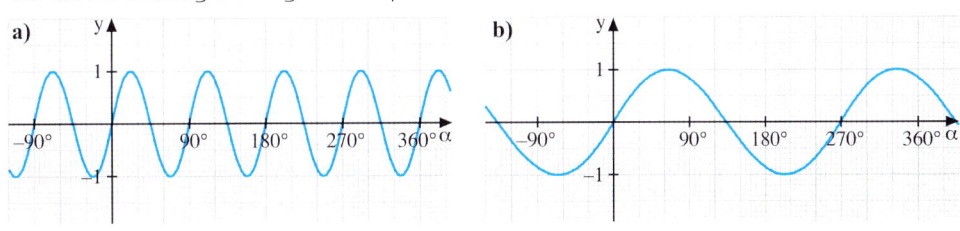

a) b)

6. Gegeben ist die Funktion mit $y = \sin(\frac{1}{3}\alpha)$ im Bereich $-540° \leq \alpha \leq 540°$.

a) Der Punkt $P_1(90° | y_1)$ soll zum Graphen gehören. Bestimme die fehlende Koordinate.
b) Der Punkt $P_2(\alpha_2 | -\frac{1}{2})$ soll zum Graphen gehören. Bestimme die fehlende Koordinate.

7. Durch die Gleichung $y = \sin(b \cdot \alpha)$ ist eine Funktion gegeben. Bestimme den Faktor b, falls gilt:

a) Die kleinste Periode ist 90°.   ▲ b) Der Graph geht durch den Punkt $P(15° | \frac{1}{2}\sqrt{2})$.

Funktionen mit der Gleichung $y = a \cdot \sin(b \cdot (\alpha - \varphi))$

Einstieg

Untersuche mit deinem Kalkulationsprogramm den Graphen der Funktion mit der Gleichung $y = a \cdot \sin(b \cdot \alpha)$.

Gestalte deine Tabelle so, dass du die Werte für a und b verändern kannst.

Graph der Funktion $y = a \cdot \sin(b \cdot \alpha)$

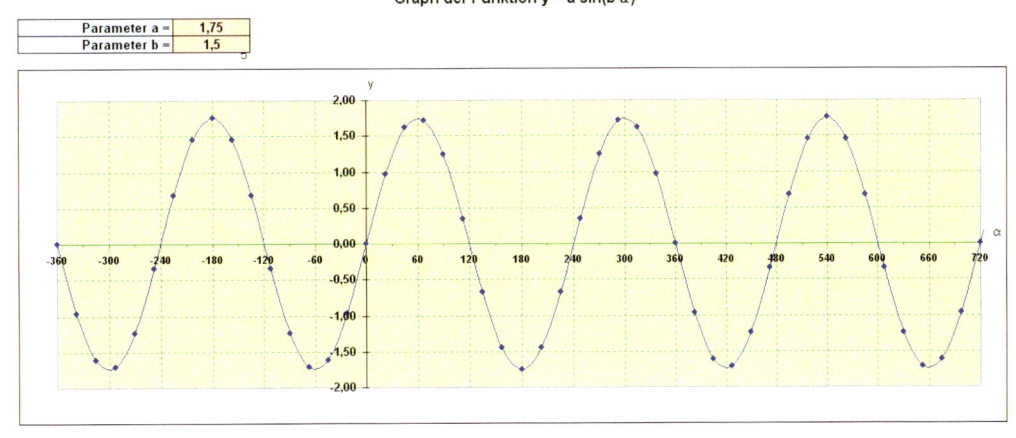

Parameter a = 1,75
Parameter b = 1,5

→ Wähle für a und b verschiedene positive Werte. Untersuche, wie du den Graphen der Funktion schrittweise aus der Sinuskurve erhältst.

Aufgabe

1. *Verschieben der Sinuskurve in Richtung der α-Achse*

Zeichne die Sinuskurve im Bereich $0° \leq \alpha \leq 360°$.

a) Verschiebe die Sinuskurve um 45° in Richtung der α-Achse nach rechts und gib die Funktionsgleichung des verschobenen Graphen an.

b) Verschiebe die Sinuskurve um 45° in Richtung der α-Achse nach links und gib die Funktionsgleichung des verschobenen Graphen an.

Lösung

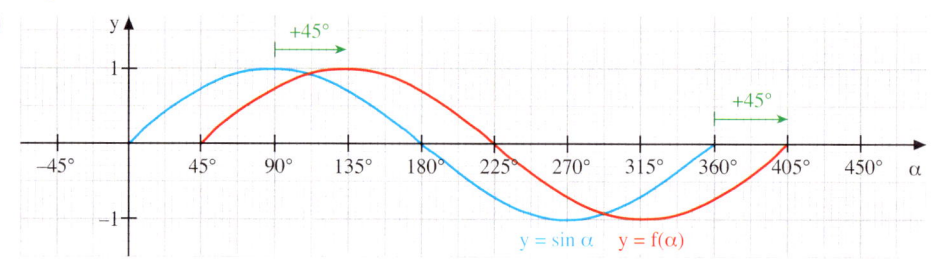

a)

> Das kenne ich schon von der Normalparabel.

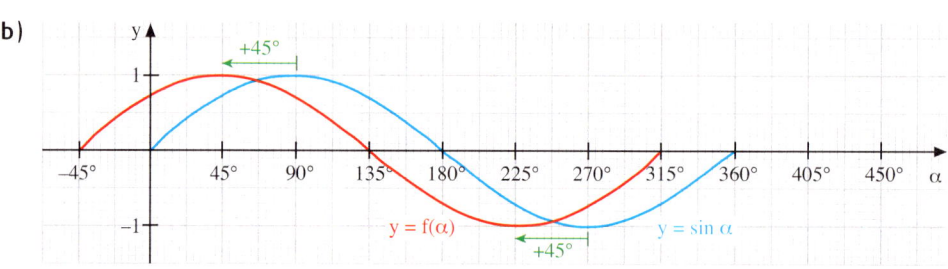

Am Graphen erkennen wir: Die neue Funktion hat an der Stelle α denselben Wert wie die Sinusfunktion an der Stelle $(\alpha - 45°)$

Es gilt also:

$y = \sin(\alpha - 45°)$ mit $45° \leq \alpha \leq 405°$

Eine Wertetabelle bestätigt diesen Zusammenhang:

α	0°	45°	90°	135°	180°	225°	270°	315°	360°	405°
sin α	0	0,707	1	0,707	0	−0,707	−1	−0,707	0	
sin (α − 45°)		0	0,707	1	0,707	0	−0,707	−1	−0,707	0
α − 45°		0°	45°	90°	135°	180°	225°	270°	315°	360°

b)

Am Graphen erkennen wir: Die neue Funktion hat an der Stelle α denselben Wert wie die Sinusfunktion an der Stelle $(\alpha + 45°)$

Es gilt also:

$y = \sin(\alpha + 45°)$ mit $-45° \leq \alpha \leq 315°$.

Eine Wertetabelle bestätigt diesen Zusammenhang:

α	−45°	0°	45°	90°	135°	180°	225°	270°	315°	360°
sin α		0	0,707	1	0,707	0	−0,707	−1	−0,707	0
sin (α + 45°)	0	0,707	1	0,707	0	−0,707	−1	−0,707	0	
α + 45°	0°	45°	90°	135°	180°	225°	270°	315°	360°	

Sinus- und Kosinusfunktionen

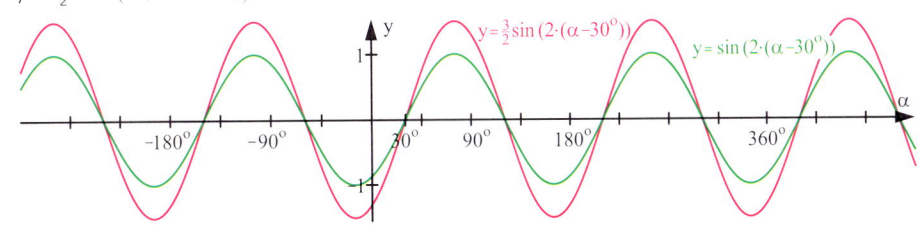

KAPITEL 7

Information

φ positiv:
Verschiebung nach rechts

φ negativ:
Verschiebung nach links

Verschieben in Richtung der α-Achse

Den Graphen einer Funktion mit $y = \sin(\alpha - \varphi)$ erhält man durch Verschieben der Sinuskurve mit $y = \sin\alpha$ in Richtung der α-Achse.
Wenn $\varphi > 0$, wird nach rechts verschoben; wenn $\varphi < 0$, wird nach links verschoben.

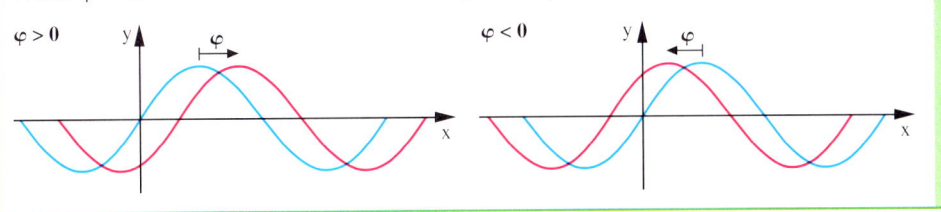

Beachte: In der Physik nennt man φ (gelesen: Phi) auch die *Phasenverschiebung*.

Aufgabe

2. *Strecken und Verschieben der Sinuskurve*

Gegeben ist die Funktion mit $y = \frac{3}{2}\sin(2(\alpha - 30°))$. Beschreibe, wie der Graph dieser Funktion aus der Sinuskurve entsteht. Gehe dabei schrittweise vor.

Lösung

Wir erhalten den Graphen der Funktion mit $y = \frac{3}{2}\sin(2(\alpha - 30°))$ aus der Sinuskurve mit $y = \sin\alpha$, indem wir nacheinander drei Abbildungen vornehmen.

(1) Wir strecken (stauchen) die Sinuskurve mit $y = \sin\alpha$ in Richtung der α-Achse mit dem Faktor $\frac{1}{2}$ und erhalten so den Graphen der Funktion mit $y = \sin(2\alpha)$.

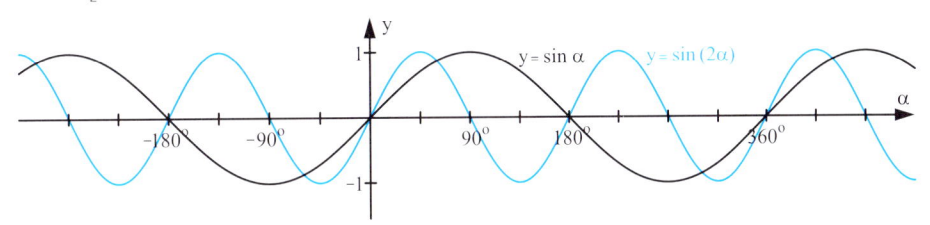

(2) Wir verschieben den Graphen der Funktion mit $y = \sin(2\alpha)$ in Richtung der α-Achse um 30° nach rechts und erhalten so den Graphen der Funktion mit $y = \sin(2(\alpha - 30°))$.

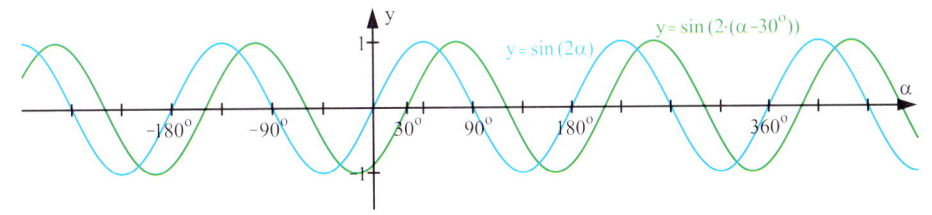

(3) Wir strecken den Graphen der Funktion mit $y = \sin(2(\alpha - 30°))$ in Richtung der y-Achse mit dem Faktor $\frac{3}{2}$ und erhalten so den Graphen der Funktion mit $y = \frac{3}{2}\sin(2(\alpha - 30°))$.

Information

Durch Verallgemeinerung des Ergebnisses von Aufgabe 2 erhalten wir:

> **Graph der allgemeinen Sinusfunktion mit y = a · sin (b · (α − φ))**
>
> Aus dem Graphen der Sinusfunktion mit y = sin α erhält man den zur allgemeinen Sinusfunktion mit y = a · sin (b (α − φ)) durch
> (1) Strecken mit dem Faktor $\frac{1}{b}$ in Richtung der α-Achse;
> (2) anschließendes Verschieben um φ in Richtung der α-Achse;
> (3) anschließendes Strecken mit dem Faktor a in Richtung der y-Achse.

Zum Festigen und Weiterarbeiten

3. Untersuche mit deinem Kalkulationsprogramm den Graphen der Funktion mit der Gleichung y = a · sin (b (α − φ)). Gestalte deine Tabelle so, dass du die Werte für a, b und φ verändern kannst.

a) Setze zunächst a = 1 und b = 1. Wähle für φ verschiedene Werte. Vergleiche den Graphen der Funktion mit der Sinuskurve.

b) Verändere nun die Werte für a, b und φ. Untersuche, wie du den Graphen der Funktion schrittweise aus dem Graphen der Sinusfunktion erhältst.

4. Zeichne den Graphen der Funktion im Bereich −180° ≤ α ≤ 720°. Beschreibe, wie der Graph aus der Sinuskurve entsteht.

a) y = 2 sin (3 α)   **c)** y = sin (α − 60°)
b) y = 2 sin ($\frac{1}{3}$ α)   **d)** y = sin (α + 60°)

Welche Eigenschaften der Sinusfunktion haben sich geändert, welche nicht.

5. *Reihenfolge von Streckungen und Verschiebungen in Richtung der α-Achse*

a) Die Sinuskurve mit y = sin α wird in Richtung der α-Achse zuerst mit dem Faktor 2 gestreckt, dann um 30° nach rechts verschoben.
Zeichne den Graphen der Funktion.
Vertausche die Reihenfolge von Streckung und Veschiebung, zeichne erneut.
Was stellst du fest?
Bestimme auch die Funktionsgleichungen.

b) Zeichne die Graphen der angegebenen Funktionen; vergleiche.
Beschreibe, wie die Graphen aus der Sinuskurve entstehen.
(1) y = sin (2 (α − 45°))   (2) y = sin (2 α − 90°)   (3) y = sin (2 α − 45°)

6. *Zusammenhang zwischen Sinus und Kosinus*

a) Vergleiche die Sinus- und die Kosinusfunktion miteinander und gib an, wie man aus der Sinuskurve die Kosinuskurve erzeugen kann.

b) Begründe die Richtigkeit der folgenden Formeln:

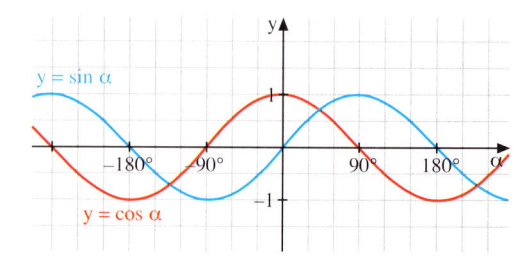

> Für die Sinus- und Kosinusfunktion gilt:
> **sin α = cos (α − 90°)**   **cos α = sin (α + 90°)**

Sinus- und Kosinusfunktionen

KAPITEL 7

Übungen

7. Beschreibe, wie der Graph aus der Sinuskurve entsteht. Welche Eigenschaften der Sinusfunktion ändern sich, welche nicht. Skizziere den Graphen. Notiere auch die Wertemenge.

a) $y = 3 \sin (0,5 \alpha)$
b) $y = 3 \sin (2 \alpha)$
c) $y = \sin (\alpha - 180°)$
d) $y = \sin (\alpha + 180°)$
e) $y = 1,5 \sin (\alpha + 60°)$
f) $y = 1,5 \sin (\alpha - 30°)$
g) $y = \sin (1,5 (\alpha + 60°))$
h) $y = \sin (1,5 (\alpha - 30°))$
i) $y = \sin (2 (\alpha + 90°))$
j) $y = 3 \sin \left(\frac{1}{2} (\alpha - 360°)\right)$
k) $y = 3 \sin (0,5 (\alpha + 360°))$
l) $y = 2,5 \sin (4 (\alpha - 45°))$
m) $y = -2 \sin \left(\frac{1}{4} \alpha - 90°\right)$
n) $y = 1,5 \sin (2 \alpha + 90°)$
o) $y = 2 \sin (3 \alpha - 15°)$

8. Wie lautet die Gleichung der Funktion?

a) Die Sinuskurve wird in Richtung der α-Achse mit dem Faktor 1,5 und in Richtung der y-Achse mit dem Faktor $\frac{3}{4}$ gestreckt;

b) Die Sinuskurve wird in Richtung der α-Achse mit dem Faktor $\frac{3}{4}$ und in Richtung der y-Achse mit dem Faktor 4 gestreckt;

c) Die Sinuskurve wird um 135° in Richtung der α-Achse nach rechts verschoben und in Richtung der y-Achse mit dem Faktor 2,5 gestreckt.

d) Die Sinuskurve wird mit dem Faktor 0,8 in Richtung der y-Achse gestaucht und um 135° in Richtung der α-Achse nach links verschoben.

e) Die Sinuskurve wird in Richtung der α-Achse mit dem Faktor $3 \left[\frac{1}{3}\right]$ gestreckt und um 90° in Richtung der α-Achse nach rechts verschoben.

f) Die Sinuskurve wird in Richtung der α-Achse mit dem Faktor 2,5 gestreckt in Richtung der α-Achse um 90° nach links verschoben und schließlich mit dem Faktor 0,7 in Richtung der y-Achse gestaucht.

9. Gib zu den dargestellten Graphen die jeweiligen Funktionsgleichungen mithilfe einer Sinusfunktion an.

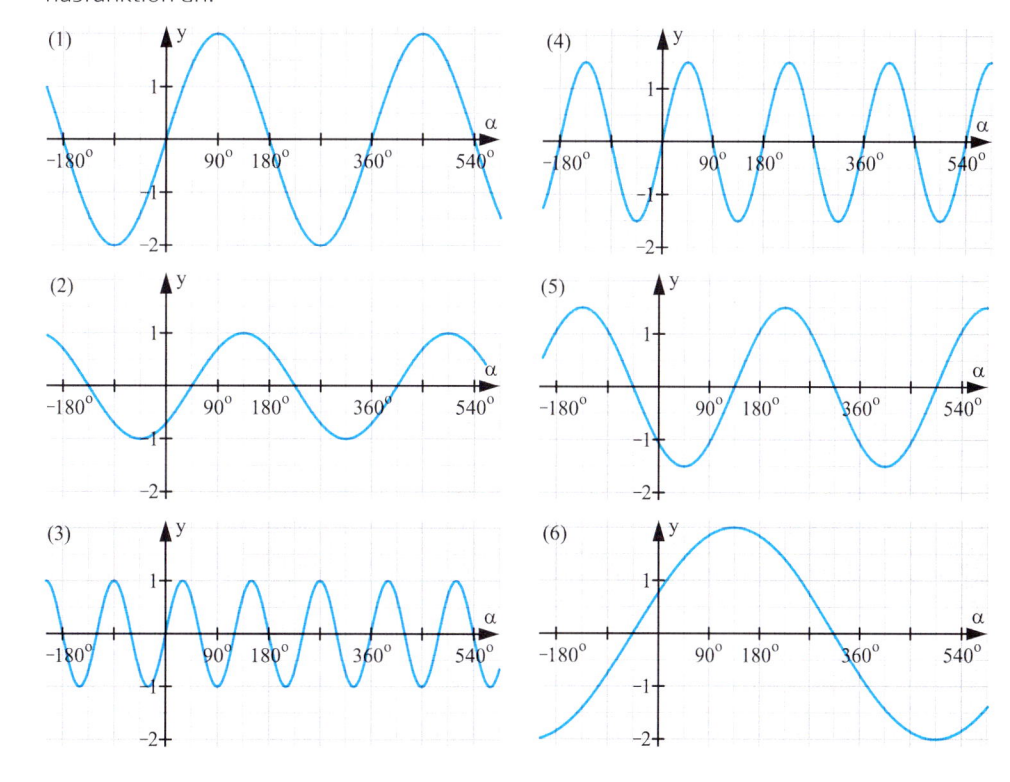

BIST DU FIT?

1. Bestimme die Funktionswerte.

   a) sin 90°   c) cos(−270°)   e) sin 270°   g) cos 420°
   b) sin 210° d) 4 sin(−33°) f) sin(−420°) h) 5 sin 120°

2. Gegeben ist die Funktion mit y = 2 sin α.

   a) Skizziere den Graphen der Funktion im Bereich −180° ≤ α ≤ 540°.
   b) Gib die Nullstellen im genannten Bereich an.
   c) In welchen Bereichen steigt der Graph, in welchen fällt er?
   d) Der Punkt P(30°│y) soll zum Graphen der Funktion gehören. Berechne die fehlende Koordinate.

3. Die Abbildung zeigt den Graphen einer Funktion mit der Gleichung y = a · sin α im Bereich 0° ≤ α ≤ 720°.

   a) Gib für die Funktion die Funktionsgleichung an.
   b) Gib die Nullstellen aus dem Bereich 0° ≤ α ≤ 720° an.

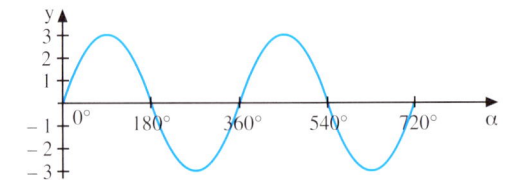

4. Die Abbildung zeigt den Graphen einer Funktion mit der Gleichung y = a · sin(b · α) im Bereich −180° ≤ α ≤ 540°.

   a) Gib für die Funktion die Funktionsgleichung an.
   b) Gib die Nullstellen aus dem Bereich −180° ≤ α ≤ 540° an.

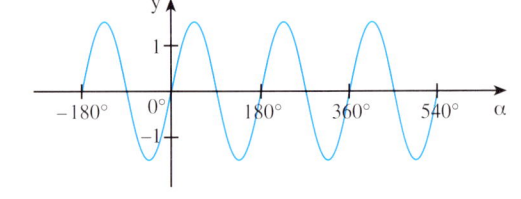

5. Skizziere den Graphen der angegebenen Funktion im Bereich −180° ≤ α ≤ 720°. Wie entsteht er aus der Sinuskurve?

   a) y = sin(α − 30°)   b) y = 3 sin(1,5(α + 30°))   c) y = 0,5 sin(3(α − 30°))

6. Gib eine Funktionsgleichung der abgebildeten Funktion an.

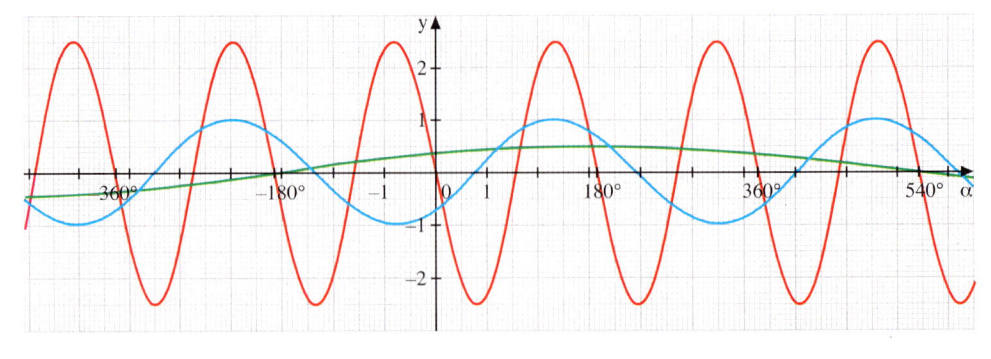

Sinus- und Kosinusfunktionen

KAPITEL 7   235

IM BLICKPUNKT: FUNKTIONEN MIT DER GLEICHUNG $y = a \cdot \cos(b \cdot (\alpha - \varphi))$

Untersuche mit deinem Tabellenkalkulationsprogramm die Graphen der Funktion mit der Gleichung $y = a \cdot \cos(b \cdot (\alpha - \varphi))$.
Gestalte die Tabelle so, dass du die Werte für die Parameter a, b und φ verändern kannst.

1. Untersuche, welche Auswirkungen die Parameter a und b auf den Verlauf des Graphen der Funktion haben. Setze dazu φ = 0 und wähle verschiedene positive Werte für a und b.
   Beschreibe, welche Auswirkung die Veränderung der Werte für a und b auf den Verlauf des Graphen der Funktion haben.
   Vergleiche jeweils mit der Kosinuskurve.

2. Setze zunächst a = 1 und b = 1. Beschreibe, welche Auswirkung eine Veränderung des Parameter φ auf den Verlauf des Graphen der Funktion haben.
   Vergleiche mit der Kosinuskurve.

3. Verändere nun die Werte für a, b und φ. Wähle dabei für a und b nur positive Werte.
   Beschreibe, wie du den Graphen der Funktion schrittweise aus dem Graphen der Kosinusfunktion erhältst.

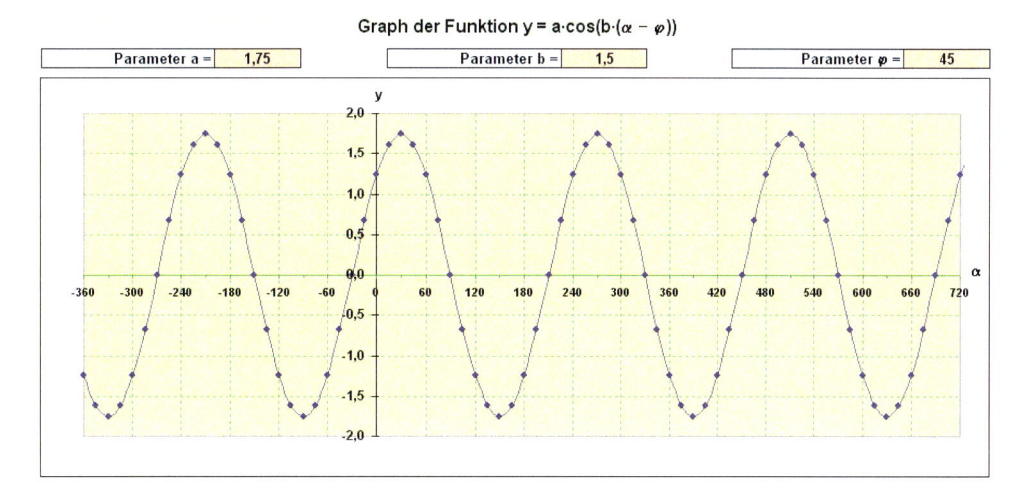

Graph der Funktion $y = a \cdot \cos(b \cdot (\alpha - \varphi))$

Parameter a = 1,75   Parameter b = 1,5   Parameter φ = 45

4. Untersuche die Veränderung des Graphen der Funktion, wenn für die Parameter a und b negative Werte gewählt werden. Setze dazu φ = 0.
   Überlege, wie du systematisch verschiedene Fälle untersuchen kannst.
   Beschreibe deine Überlegungen und notiere die Ergebnisse deiner Untersuchung.

5. Gesucht ist die Funktionsgleichung einer Kosinusfunktion mit den folgenden Eigenschaften:
   Die Amplitude ist 3, für α = 0 ist der Funktionswert 1,5, die kleinste Periode der Funktion ist 180°.
   Überprüfe mit deinem Tabellenkalkulationsprogramm.

6. Es gibt verschiedene Möglichkeiten, die Parameter a, b und φ so zu wählen, dass sich die Sinuskurve ergibt.
   Beschreibe jeweils, wie du in diesen Fällen die Sinuskurve schrittweise aus der Kosinuskurve erhältst.

Bist du topfit?

Arithmetik / Algebra

1. Vereinfache.
   - a) $7a - 6(5 + 2a) + 12a : 3$
   - b) $1,5b \cdot 3c + (24c - 10bc^2) : 4c$
   - c) $(x + 3)^2 - (2x + 1)(x - 7)$
   - d) $(2u - 5)(2u + 5) + (2u - 5)^2$
   - e) $7 \cdot 10^5 + 0,4 \cdot 10^6$
   - f) $8,1 \cdot 10^{-12} : 10^5$

2. Löse die Gleichung.
   - a) $12x + 13 = 53 - 8x$
   - b) $3x - 7(2x + 3) = 7 - 15x$
   - c) $x^2 - 7x + 15 = 3$
   - d) $x^2 + 3x - 4 = x - x^2$
   - e) $(2x + 3)^2 = (x - 4)(4x + 1) - 14$
   - f) $(2x - 11)^2 - 16(4x - 10) = 38 - 5x^2$
   - g) $10^x = 0,0001$
   - h) $4 \cdot 9^x = 972$

3. Löse das Gleichungssystem.
   - a) $\begin{vmatrix} x + 3y = 4 \\ 3x - y = -8 \end{vmatrix}$
   - b) $\begin{vmatrix} 2(x - 3y) = 6 + 3y \\ 9y - 2 = 2(x + 5) \end{vmatrix}$
   - c) $\begin{vmatrix} 3y + 7 = 2(y + x + 3) \\ (y + 3)^2 - (8 + 2x) = y(5 + y) \end{vmatrix}$

4. In einer Lampenfabrik verpacken 3 baugleiche Maschinen in 8 Stunden 20 400 Energiesparlampen. Für einen Auftrag sollen 17 000 Lampen verpackt werden. Eine Maschine wird gerade überholt und fällt deshalb aus.
   Wie lange brauchen die beiden übrigen Maschinen für diesen Auftrag?

5. Meldungen des Statistischen Bundesamtes:

   Scheidungen erneut rückläufig

   Berlin 6. 11. 2007: Seit 2004 geht die Anzahl der Scheidungen zurück. 2006 wurden 190 900 Ehen geschieden. Das sind 10 500 Scheidungen weniger als noch im Vorjahr. Dabei fällt auf, dass mehr Frauen als Männer die Scheidung einreichten. In nur 8 Prozent der Fälle beantragten beide Ehepartner gemeinsam die Auflösung ihrer Ehe.

   Immer weniger Insolvenzen

   Wiesbaden 7. 11. 2007: Dank des lang erwarteten Aufschwungs ging in Deutschland im August 2007 erneut die Anzahl der Insolvenzen gegenüber der Anzahl im Vergleichsmonat des Vorjahres deutlich zurück. Die Amtsgerichte meldeten 2 447 Unternehmensinsolvenzen. Dies bedeutet ein Rückgang von 12,8 Prozent.

   - a) Um wie viel Prozent gingen 2006 die Scheidungen im Vergleich zum Vorjahr zurück?
   - b) Wie viele Ehepartner reichten 2006 gemeinsam die Scheidung ein?
   - c) Wie viele Unternehmensinsolvenzen gab es im August 2006 in Deutschland?

6. Auf einer Seite eines quadratischen Grundstücks wird für den Bau eines Radweges ein 3 m breiter Streifen abgetrennt. Das verbleibende Grundstück ist noch 754 m² groß.
   Wie groß war das Grundstück vorher?

Geometrie

1. Berechne die Länge x (Maße in cm) in den Figuren.

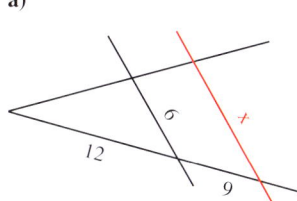

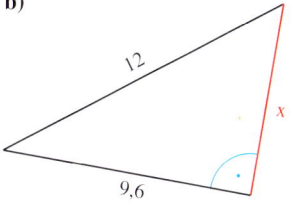

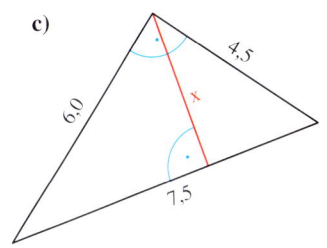

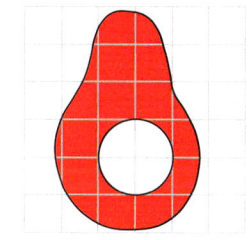

a) b) c)

2. Schätze den Flächeninhalt der abgebildeten, roten Fläche. Beschreibe dein Vorgehen.

3. In der Gemeinde Ense wurde der abgebildete Bebauungsplan mit fünf Grundstücken erstellt (Längenangaben in m).
  a) Welche geometrischen Formen haben die Grundstücke (1) bis (5)?
  b) Wie lang ist die Grundstücksseite x des Grundstücks (3)? Begründe.
  c) Berechne die Größe der Grundstücke (1) bis (5).
  d) Wie groß ist der Winkel α?
  e) Erstelle eine maßstabsgetreue Zeichnung der Grundstücke (1) bis (5).
  f) Wie groß ist der Umfang des gesamten Bebauungsgebietes?

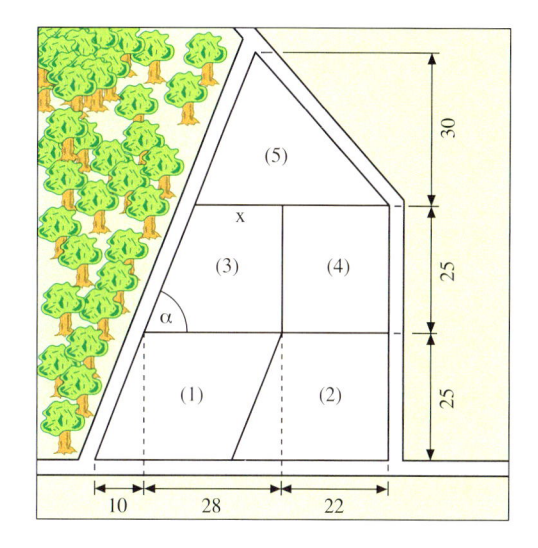

4. Ein zylinderförmiger Wasserbehälter ist 2,5 m hoch und hat einen Umfang von 5,65 m. Er ist bis zum Rand mit Wasser gefüllt und soll mit einer Pumpe geleert werden. Diese Pumpe kann 1,5 Liter pro Sekunde abpumpen. Wie lange dauert es, bis der Behälter leer ist?

5. Berechne Volumen und Oberflächeninhalt des abgebildeten Körpers (Maße in mm).

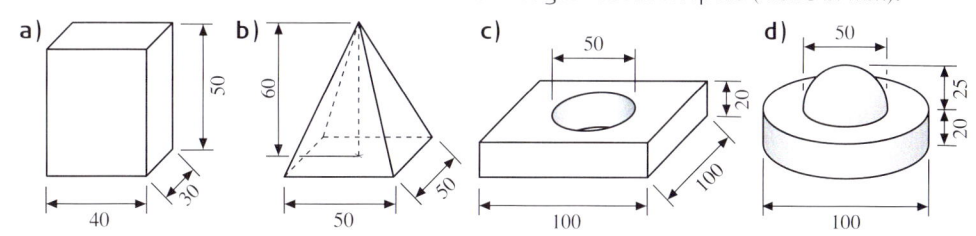

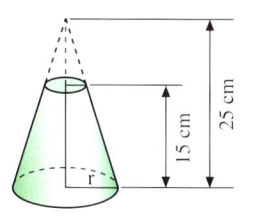

a) b) c) d)

6. Ein Kegel mit dem Radius 8 cm ist 25 cm hoch.
  a) Berechne Volumen und Oberflächeninhalt des Kegels.
  b) Die Spitze des Kegels wird 15 cm über der Grundfläche abgeschnitten.
     (1) Wie groß ist der Radius der abgeschnittenen Kegelspitze?
     (2) Berechne Volumen und Oberflächeninhalt der abgeschnittenen Kegelspitze.
     (3) Wie groß ist die Oberfläche des übrig gebliebenen Kegelstumpfes?

Funktionen

1. Familie Nölle macht Urlaub in Pisa. Das Auto verbrauchte für die 1 375 km lange Fahrt nach Pisa 88 Liter Benzin.
   a) Wie hoch ist der Benzinverbrauch auf 100 km?
   b) Bestimme für die Funktion *Länge der Fahrstrecke (in km) → Benzinverbrauch (in l)* die Funktionsgleichung.

Firma Müll
Grundgebühr: 25 €
Preis je m³: 8 €

Firma Schutt
Grundgebühr: 45 €
Preis je m³: 4 €

2. Herr Schriewer möchte von einer Firma 10 m³ Bauschutt abtransportieren lassen. Er kann zwischen den beiden Angeboten links wählen.
   a) Für welches Angebot sollte er sich entscheiden? Begründe.
   b) Stelle für beide Angebote eine Funktionsgleichung auf und zeichne die Graphen. Erkläre, welche Bedeutung der Schnittpunkt der beiden Graphen hat.

3. Die Tabellen beschreiben verschiedene Wachstumsprozesse.
Zeichne zu jeder Tabelle einen Graphen. Gib an, um welche Wachstumsart (z. B. lineares bzw. quadratisches Wachstum) es sich jeweils handelt.
Bestimme die zugehörige Funktionsgleichung.

a)
x	y
1	1,5
2	3
4	6
7	10,5

b)
x	y
1	0,6
2	2,4
3	5,4
5	15

c)
x	y
0	3
1	3,8
2	4,6
5	7

d)
x	y
0	2
1	3
2	4,5
4	10,125

e)
x	y
0	1
1	1,5
2	3
4	9

4. Im Chemieunterricht wurde für eine eingeschlossene Luftmenge der Zusammenhang zwischen Druck p und Volumen V untersucht.
Maria und Tobias haben im Chemieunterricht folgende Werte gemessen:

Druck p (in bar)	0,5	0,7	1,0	1,3	1,5	1,8	2,0	2,2	2,5	3
Volumen V (in cm³)	20	14,5	10	7,7	6,7	5,5	5,0	4,5	4	3,3

   a) Zeichne den Graphen der Funktion *Druck p (in bar) → Volumen V (in cm³)*.
   b) Zeige mithilfe der Produktgleichheit, dass die Funktion näherungsweise antiproportional ist und bestimme die Funktionsgleichung.
   c) Rechne mit der Gleichung:
      (1) Wie groß ist das Volumen bei einem Druck von 7,5 bar [0,2 bar]?
      (2) Wie groß ist der Druck bei einem Volumen von 1,6 cm³ [35 cm³]?

5. Die Halbwertszeit eines radioaktiven Stoffs beträgt 7 Jahre. Zurzeit (t = 0) sind noch 100 g vorhanden.
   a) Wie viel Prozent des radioaktiven Stoffs zerfallen jährlich?
   b) Beschreibe den Zerfall durch eine Funktionsgleichung.
   c) Wie viel des radioaktiven Stoffs sind in 10 Jahren [15 Jahren] noch vorhanden?
   d) Wie groß war die Masse des radioaktiven Stoffs vor 5 Jahren [12 Jahren]?
   e) Wann sind 90 % [99 %] des derzeitigen radioaktiven Stoffs zerfallen?

Daten und Zufall

1.
a) Beschreibe die Entwicklung bei den Pkw-Neuzulassungen in Deutschland.

b) Wie viele Pkw wurden in den Jahren 1997 bis 2006 im Durchschnitt jährlich zugelassen?

c) Das Diagramm vermittelt den Eindruck, als hätte sich die Anzahl der Neuzulassungen im Jahr 2000 im Vergleich zum Vorjahr mehr als halbiert. Wodurch entsteht dieser Eindruck?
Zeichne einen Graphen, der die Entwicklung realistisch darstellt.

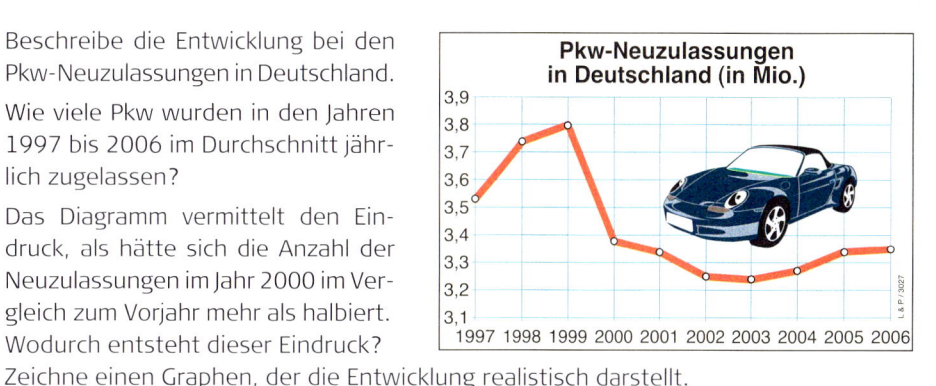

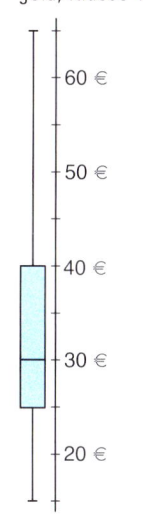

2.
a) Was wird in dem Boxplot links dargestellt?
Formuliere Aussagen, die du am Boxplot ablesen kannst. Benutze dabei auch die Begriffe Spannweite, Median, unteres Quartil, oberes Quartil und Streuung.

b) In der Parallelklasse 10a ergab die Umfrage folgendes Ergebnis:

40 €,   25 €,   30 €,   40 €,   65 €,   35 €,   50 €,   50 €,   45 €,
30 €,   65 €,   25 €,   30 €,   80 €,   40 €,   55 €,   50 €,
60 €,   50 €,   75 €,   50 €,   40 €,   45 €,   30 €,   60 €,   55 €

(1) Zeichne einen Boxplot.

(2) Berechne das arithmetische Mittel und vergleiche es mit dem Median. Begründe Abweichungen.

3. An einer Schule sind 60 % aller Schülerinnen und Schüler Mädchen. Von ihnen spielen 28 % ein Musikinstrument. Insgesamt spielen 25 % aller Schülerinnen und Schüler ein Musikinstrument.
Stelle die Angaben in einem Baumdiagramm dar und berechne, wie viel Prozent der Jungen ein Musikinstrument spielen.

4. Auf den Flächen des abgebildeten Zylinders stehen die Zahlen 1, 2 und 3. Mit dem Zylinder kannst du wie mit einem normalen Würfel würfeln. In einer Versuchsreihe von 300 Würfen wurde 120-mal die *Drei* geworfen.

a) Gib sinnvolle Schätzwerte für die Wahrscheinlichkeiten aller Ergebnisse an.

b) Mit dem Zylinder wird zweimal gewürfelt.
Wie groß ist die Wahrscheinlichkeit für einen Pasch?

c) Zeichne ein Glücksrad, das die gleichen Wahrscheinlichkeiten wie der Zylinder besitzt.

5. Aus dem Behälter links werden nacheinander zwei Kugeln mit Zurücklegen gezogen.

a) Mit welcher Wahrscheinlichkeit werden zwei rote Kugeln gezogen?

b) Mit welcher Wahrscheinlichkeit haben beide Kugeln die gleiche Farbe?

c) Mit welcher Wahrscheinlichkeit ist mindestens eine Kugel grün?

d) Bearbeite die Teilaufgaben a) bis c) für den Fall, dass die zuerst gezogene Kugel nicht zurückgelegt wird.

Vermischte Übungen

1. Bei welcher Größe bekommt man am meisten Pizza fürs Geld? Begründe.

Pizza Margherita

Durchmesser	Preis
20 cm	2,00 €
30 cm	4,00 €
40 cm	8,00 €

2. Der Preis eines Laptops wurde um 20% gesenkt. Bei Barzahlung erhält ein Käufer zusätzlich einen Rabatt von 3%. Er muss dann nur noch 690,64 € bezahlen. Wie teuer war der Laptop vorher?

3. Die deutsche Staatsverschuldung hat, wie die Tabelle zeigt, seit den siebziger Jahren dramatisch zugenommen (Angaben in Mrd. Euro, jeweils am Jahresende):

Jahr	1965	1970	1975	1980	1985	1990	1995	2000	2005
Schulden	43	63	129	237	387	536	1 010	1 200	1 440

a) Stelle die Entwicklung in einem Liniendiagramm dar.

b) In welchem Fünfjahreszeitraum war die Erhöhung der Schulden am größten
  (1) relativ;   (2) absolut?
  Um wie viel Euro nahmen die Schulden in diesen Zeiträumen jeweils durchschnittlich pro Tag zu?

c) Wie viel Zinsen mussten bei einem Zinssatz von 5% Ende 2005 an einem Tag für die angehäuften Schulden bezahlt werden?

4. Die beiden Skalen rechts in dem Bild befinden sich an der Staumauer des Möhnesees.

a) Was geben die Skalen an?
  Lies die Werte ab.

b) Lies an den Skalen ab, um wie viel Meter der Wasserspiegel steigt, wenn der Stauinhalt vom derzeitigen Stand aus um 10 Mio. m³ zunimmt.

c) Schätze mithilfe des Ergebnisses aus Teilaufgabe b) ab, wie groß die Fläche des Sees ist.
  Beschreibe dein Vorgehen.

d) Sind die Größen *Stauhöhe* und *Stauinhalt* zueinander proportional?
  Begründe.

5. Die *Schäferbuche* von Dobbin in Mecklenburg ist eine der dicksten Buchen in Europa.
Schätze ab, welchen Umfang der Stamm der Buche hat.
Beschreibe deine Überlegungen.

Anhang

LÖSUNGEN ZU BIST DU FIT?

Seite 44

1. a) (1) um 4 nach oben; keine (3) um 1 nach links und 4 nach unten; -3; 1
 (2) um 1 nach links; -1 (4) um 1 nach links und 4 nach oben; keine

b) (1) um 2 nach unten; $\sqrt{2}$; $-\sqrt{2}$ (3) um 2 nach rechts und 3 nach oben; keine
 (2) um 2 nach rechts; 2 (4) um 2 nach rechts und 6 nach unten; $2 - \sqrt{6}$; $2 + \sqrt{6}$

2. a) (1) $x_0 = -4$; $x_0 = 2$ (2) $S(-1|-9)$ (3) $P_1(0|-8)$; $P_2(-2|-8)$ (4) fällt für: $x \leq -1$; steigt für: $x \geq -1$
b) (1) $x_0 = -7$; $x_0 = -3$ (2) $S(-5|-4)$ (3) $P_1(0|21)$; $P_2(-10|21)$ (4) fällt für: $x \leq -5$; steigt für: $x \geq -5$
c) (1) $x_0 = 2{,}5$ (2) $S(2{,}5|0)$ (3) $P_1(0|6{,}25)$; $P_2(5|6{,}25)$ (4) fällt für: $x \leq 2{,}5$; steigt für: $x \geq 2{,}5$
d) (1) $x_0 = 2$; $x_0 = 8$ (2) $S(5|-9)$ (3) $P_1(0|16)$; $P_2(10|16)$ (4) fällt für: $x \leq 5$; steigt für: $x \geq 5$
e) (1) $x_0 = -2$; $x_0 = 6$ (2) $S(2|-16)$ (3) $P_1(0|-12)$; $P_2(4|-12)$ (4) fällt für: $x \leq 2$; steigt für: $x \geq 2$
f) (1) $x_0 = -9$; $x_0 = 3$ (2) $S(-3|-36)$ (3) $P_1(0|-27)$; $P_2(-6|-27)$ (4) fällt für: $x \leq -3$; steigt für: $x \geq -3$

3. P_1 zu (4); P_2 zu (5); P_3 zu (1); P_4 zu (2); P_5 zu (3)

4. a) $y = x^2 + 1{,}5$ **b)** $y = (x + 2)^2$ **c)** $y = (x + 1{,}5)^2 - 0{,}5$ **d)** $y = -2x^2 + 1{,}5$

5. $a = 40$ cm; $b = 60$ cm

6. a) $y = (x - 1{,}5)^2 - 0{,}5$; $S(1{,}5|-0{,}5)$ **c)** $y = -3x^2 - 2$
b) $y = (x + 2)^2 + 1{,}8$; $S(-2|1{,}8)$ **d)** $y = 0{,}4(x + 2{,}5)^2 + 1{,}5$

Seite 82

1. a) $c \approx 5{,}0$ cm; $\alpha \approx 66{,}0°$; $\beta \approx 47{,}0°$ **e)** $a \approx 4{,}959$ km; $\beta \approx 104{,}2°$; $\gamma \approx 39{,}4°$
b) $\alpha \approx 32{,}4°$; $\beta \approx 94{,}1°$; $b \approx 11{,}2$ cm   **f)** $\alpha \approx 42{,}6°$; $\beta \approx 8{,}4°$; $b \approx 1{,}2$ cm
c) $\alpha = 78{,}9°$; $b \approx 3{,}9$ cm; $c \approx 3{,}2$ cm   **g)** $\beta \approx 42{,}3°$; $\alpha \approx 109{,}5°$; $a \approx 11{,}8$ cm
d) $\gamma = 74{,}4°$; $a \approx 3{,}850$ km; $b \approx 4{,}822$ km   **h)** $\gamma \approx 57{,}8°$; $\alpha \approx 72{,}1°$; $\beta \approx 50{,}1°$

2. a) 118,6 m   **b)** 110 m

3. a) 76,5 m   **b)** 1 : 1000

4. $\approx 21\,309$ €

5. $\approx 96{,}71$ m

6. $|AB| = 32{,}032$ m; $|AD| = 30{,}855$ m; $|DC| = 45{,}451$ m; $|BC| = 51{,}801$ m

Seite 83

7. a) (1) $h = 56$ cm; $A = 1\,848$ cm^2 (2) $h = 77$ cm; $A = 2\,772$ cm^2
b) (1) $h = 5{,}2$ cm; $A = 15{,}6$ cm^2 (3) $h = 22{,}5$ cm; $A = 292{,}5$ cm^2
 (2) $h = 43{,}30$ cm; $A = 1\,082{,}5$ cm^2 (4) $h = 52{,}8$ cm; $A = 1\,610{,}4$ cm^2

8. a) $b = 14$ cm; $\gamma = 74{,}8°$; $\alpha = \beta \approx 52{,}6°$; $h_c \approx 11{,}1$ cm; $A \approx 94{,}56$ cm^2
b) $\alpha = \beta = 27°$; $a = b \approx 84{,}17$ m; $h_c \approx 38{,}21$ m; $A \approx 2\,866{,}08$ m^2
c) $\gamma = 26°$; $\beta = 77°$; $a = b \approx 51{,}12$ m; $h_c \approx 49{,}81$ m; $A \approx 572{,}84$ m^2
d) $\alpha = \beta = 62{,}5°$; $b = 67$ m; $c \approx 61{,}87$ m; $h_c \approx 59{,}43$ m; $A \approx 1\,838{,}59$ m^2
e) $\beta = 17°$; $\gamma = 146°$; $b = 104{,}7$ cm; $c \approx 200{,}3$ cm; $h_c \approx 30{,}6$ cm; $A \approx 3\,064{,}96$ cm^2
f) $\beta = 36°$; $\gamma = 108°$; $a = b \approx 42{,}53$ m; $c \approx 68{,}82$ m; $A \approx 860{,}24$ m^2

Seite 83

9. a) α ≈ 31,0°
   b) h ≈ 3,61 m

10. Säulenhöhe: ≈ 9,03 m

11. a) Luftlinie: ≈ 2 km; die tatsächliche Strecke ist 5,3 % länger
   b) 2,7 cm

12. a) zwischen f und c: 90°
   zwischen f und b: 63,7°
   zwischen f und a: 26,3°
   zwischen e und a: 90°
   zwischen e und b: 54,6°
   zwischen e und c: 35,4°
   zwischen g und b: 90°
   zwischen g und c: 55,2°
   zwischen g und a: 34,8°

   b) zwischen d und a: 40,4°
   zwischen d und b: 67,9°
   zwischen d und c: 58,1°
   c) zwischen d und e: 49,6°
   zwischen d und f: 31,9°
   zwischen d und g: 22,1°
   d) zwischen d_1 und d_2: 63,8°
   zwischen d_1 und d_3: 80,9°
   zwischen d_2 und d_3: 44,2°

Seite 115

1. a) V = 816 cm³; O ≈ 576,67 cm²   **b)** V ≈ 6 387,7 cm³; O ≈ 2 274,11 cm²

2. a) V ≈ 8 246,7 cm³   **b)** V ≈ 2 279 962,7 cm³   **c)** V ≈ 929,0 dm³   **d)** V ≈ 43 828,251 m³   **e)** V ≈ 16 613,4 cm³
   O ≈ 2 501,3 cm²   O ≈ 473 033,8 cm²   O ≈ 1 915,7 dm²   O ≈ 7 739,286 m²   O ≈ 3 969,3 cm²

3. a) A = 399 m²; V = 675 m³   **c)** A ≈ 1 910,088 m²; V ≈ 9 734,028 m³
   b) A = 114 m²; V = 108 m³   **d)** A ≈ 100,531 m²; V ≈ 134,041 m³

4. a) r ≈ 13,8 cm   **b)** r ≈ 12,7 cm   **c)** r ≈ 6,5 cm   **d)** r = 20 cm   **e)** r = 17 cm   **f)** r ≈ 10 cm

5. a) Masse ca. 78 kg   **b)** V ≈ 58,90 cm³; O ≈ 76,32 cm²

6. a) V = 134 750 π cm² ≈ 423 329,61 cm³
   b) O = 70 π ($\sqrt{2125}$ + 90) cm²; also ≈ 29 929,45 cm²
   c) Masse 3,598 t

7. a) V = 576 π dm³ ≈ 1 809,56 dm³ ≈ 1 809,56 l   **b)** ca. 7,54 m²

Seite 139

1. a) (1) Kreisdiagramm: z. B.: „Keiner macht mehr als 3 Wochen Urlaub"
   (2) Liniendiagramm: z. B.: „Immer mehr reisen ins Ausland"
   (3) Säulendiagramm: z. B.: „Europa ist Weltmeister"

   b) Umfrage (1): Relative Häufigkeiten sind gegeben.
   Umfrage (2): Relative Häufigkeiten können nicht berechnet werden.
   Umfrage (3): Amerika 16,3 %; Europa 54,5 %; Nahost 4,5 %; Afrika 4,3 %; Asien/Pazifik 20,2 %

   c)

Dauer in Tagen	1–7	8–14	15–21	22–28	29–35
Absolute Häufigkeit	176	213	88	31	10

   d) ca. 30 %

2. a) (1)

Tennis	m	w	gesamt
J	59	27	86
E	35	104	139
gesamt	94	131	225

   (2)

Fußball	m	w	gesamt
J	55 %	8 %	63 %
E	33 %	4 %	37 %
gesamt	88 %	12 %	100 %

   b) (1) ≈ 37 %   (2) ≈ 31 %   (3) ≈ 1,5 %   (4) ≈ 48 %

3. a) ≈ 8 %
   b) 0,005 %

Lösungen zu Bist du fit?

ANHANG 243

Seite 177

1. a) 243   c) 256   e) $\frac{8}{27}$ g) 0,16   i) 32
   b) 0,004115226   d) 0,00390625   f) $-\frac{8}{27}$ h) 1   j) 100

2. a) 7^2 c) $9^{-2} = 3^{-4}$ e) 2^{-5} g) $2^{-2} = 4^{-1}$ i) $25^2 = 5^4$ k) $\left(\frac{4}{13}\right)^2$
   b) $9^2 = 3^4$ d) 2^5 f) 5^3 h) $1{,}2^2$ j) 110^2 l) $\left(\frac{4}{3}\right)^3$

3. a) 5   b) 16   c) 16   d) 3   e) 3   f) 256

4. a) $8{,}71 \cdot 10^4$ b) $1{,}5 \cdot 10^{-5}$ c) 10^7 d) $1{,}24 \cdot 10^{-7}$

5. a) 24 500 000   b) 0,00019   c) 0,000001   d) 0,022

6. (1) Es braucht etwa 1,28 Sekunden.   (2) Es braucht etwa 500 Sekunden, also 8 Min 20 sec.

7. Seitenlänge a = 3,5 cm;   O = 73,5 cm²

8. q = 1,06;   ca. 860   [ca. 163 228]

9. a) x^8 b) a^5 c) r^2 d) $a \cdot b^7 \cdot c^2$ e) $\frac{2x}{(3y)^6}$ f) $a^{10} \cdot b^{-15} \cdot c^5$ g) $4x^5$ h) $7x^3$ i) $2x^5 - 1$

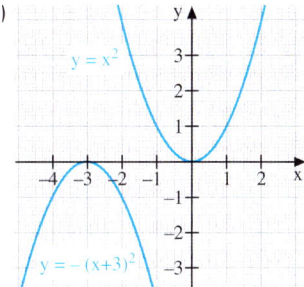

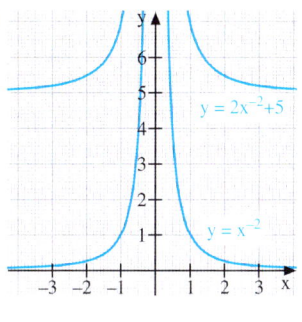

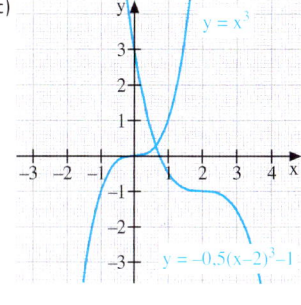

10. a) $y = x^2$; $y = -(x+3)^2$
   b) $y = 2x^{-2} + 5$; $y = x^{-2}$
   c) $y = x^3$; $y = -0{,}5(x-2)^3 - 1$

Seite 209

1. a)

Jahre	Kapital (in €)
1	26 375,00
2	27 825,63
3	29 356,03
4	30 970,62
5	32 674,00
6	34 471,07
x	25 000 · 1,055^x

   b) —   c) Sie bekommt 55 811,91 € ausgezahlt.

2. a) gerundete Werte: (1) 24,33 m²   (2) 64,73 m²   (3) 113,21 m²
   b) gerundete Werte: (1) 13,91 m²   (2) 7,95 m²   (3) 6,01 m²
   c) Die Fläche nimmt täglich um 15 % zu.
   d) Die Fläche verdoppelt sich jeweils nach etwa 5 Tagen.

3. a) Es werden etwa 13 % abgebaut.
   b) Es sind noch ungefähr 3,5 mg im Körper.
   c) Nach etwa 17 Stunden.
   d) Die Halbwertszeit beträgt etwa 5 Stunden.

4. a) q ≈ 0,75;   y = 5 · 0,75^x
   b) ca. 4 mg   [ca. 2,4 mg]
   c) nach ca. 5 Stunden

Lösungen zu Bist du fit?

Seite 209

5. a)

x	(1) $y = 1{,}5^x$	(2) $y = \left(\frac{1}{4}\right)^x$	(3) $y = 0{,}5 \cdot 2{,}5^x$	(4) $y = 1{,}5 \cdot \left(\frac{1}{3}\right)^x$
−2,5	0,36	32	0,05	23,38
−1,7	0,5	10,56	0,11	9,71
−0,5	0,82	2	0,32	2,6
0	1	1	0,5	1,5
0,75	1,36	0,35	0,99	0,66

b) –

6. a) $b = 4$ [$b = 1{,}5$] **b)** $y = \left(\frac{1}{4}\right)^x$ $\left[y = \left(\frac{2}{3}\right)^x\right]$

7. a) $x \approx 2{,}81$ **b)** $x \approx 7{,}21$ **c)** $x \approx -0{,}76$ **d)** $x \approx -0{,}18$ **e)** $x \approx -4{,}85$

Seite 234

1. a) 1 **b)** −0,5 **c)** 0 **d)** −2,179 **e)** −1 **f)** −0,8660 **g)** 0,5 **h)** 4,33

2. a)

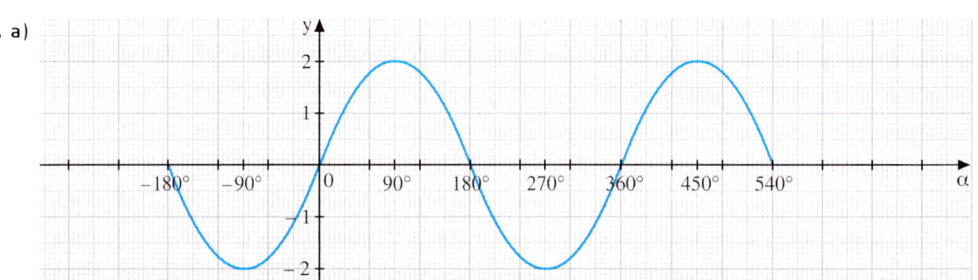

b) Wertebereich: $-2 \leq y \leq 2$, $y \in \mathbb{R}$; Nullstellen: −180°; 0; 180°; 360°; 540°
c) steigt: $-90° \leq \alpha \leq -90°$; $270° \leq \alpha \leq 450°$ **d)** $y = 1$
  fällt: $-180° \leq \alpha \leq -90°$; $90° \leq \alpha \leq 270°$; $450° \leq \alpha \leq 540°$

3. a) $y = 3 \sin \alpha$ **b)** Nullstellen: 0; 180°; 360°; 540°; 720°

4. a) $y = 1{,}5 \sin(2\alpha)$ **b)** −180°; −90°; 0; 90°; 180°; 270°; 360°; 450°; 540°

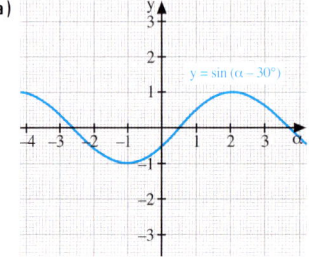

5. a) $y = \sin(\alpha - 30°)$ **b)** $y = 3\sin(1{,}5(\alpha + 30°))$ **c)** $y = 0{,}5 \sin(3(\alpha - 30°))$

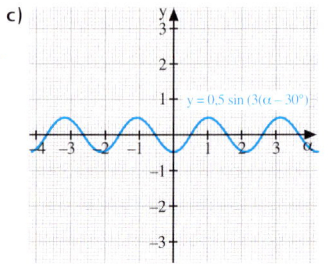

6. blau: $y = \sin(\alpha - 45°)$
    rot: $y = 2{,}5 \sin(2(\alpha + 90°))$
    grün: $y = 0{,}5 \sin(0{,}25(\alpha + 180°))$

LÖSUNGEN ZU BIST DU TOPFIT?

Seite 236

1. a) $-30 - a$ **b)** $2bc + 6$ **c)** $-x^2 + 19x + 16$ **d)** $8u^2 - 20u$ **e)** $11 \cdot 10^5$ **f)** $8,1 \cdot 10^{-17}$

2. a) L = {2} **c)** L = {3; 4} **e)** L = {−1} **g)** L = {8} **i)** L = {2,5}
  b) L = {7} **d)** L = {−2; 1} **f)** L = {3; 9} **h)** L = {−4}

3. a) L = {(−2|2)} **b)** L = { } **c)** L = {y = 2x − 1}

4. Sie brauchen 10 Stunden.

5. a) Es wurden etwa 5,2 % der Ehen weniger geschieden.
  b) In 15 272 Fällen wurde die Scheidung gemeinsam eingereicht.
  c) Es gab etwa 2 806 Insolvenzen.

6. Das Grundstück war 841 m² groß.

Seite 237

1. a) x = 10,5 cm **b)** x = 7,2 cm **c)** x = 3,6 cm

2. ca. 10 Karo, d. h. 2,5 cm²

3. a) (1) Parallelogramm (2) Trapez (3) Trapez (4) Rechteck (5) Dreieck
  b) x = 28 m − 10 m = 18 m
  c) (1) 700 m² (2) 675 m² (3) 575 m² (4) 550 m² (5) 600 m²
  d) α ≈ 68,2°
  e) –
  f) u ≈ 237,20 m

4. Es dauert etwa 1 h 10 min 34 sec.

5. a) O = 94 cm²; V = 60 cm³ **c)** O ≈ 260,37 cm²; V ≈ 160,730 cm³
  b) O = 90 cm²; V = 50 cm³ **d)** O ≈ 239,55 cm²; V ≈ 166,897 cm³

6. a) V ≈ 1 675,516 cm³; O ≈ 860,77 cm²
  b) (1) r = 3,2 cm (2) V ≈ 107,233 cm³; O ≈ 137,72 cm² (3) O ≈ 755,22 cm²

Seite 238

1. a) Das Auto verbraucht 6,4 l auf 100 km **b)** y = 0,064 · x

2. a) Bei dem Angebot der Firma Müll muss er 105 € bezahlen, bei dem Angebot der Firma Schutt nur 85 €. Er sollte daher das Angebot der Firma Schutt wählen.
  b) Müll: y = 8 € · x + 25 € Schutt: y = 4 € · x + 45 €
  Der Schnittpunkt gibt an, bei wie viel m³ (x-Koordinate) beide Angebote gleich teuer sind und wie viel Euro (y-Koordinate) man für diese Menge bezahlen muss.

3. a) y = 1,5x **b)** y = 0,6x² **c)** y = 0,8x + 3 **d)** y = 2 · 1,5^x **e)** y = 0,5x² + 1

4. a) –
  b) Das Produkt ist jeweils etwa 10 · y = $\frac{10}{x}$; y = $\frac{1}{x}$
  c) (1) Das Volumen beträgt etwa 1,3 cm³ [50 cm³] (2) Der Druck beträgt 6,25 bar [≈ 0,29 bar]

5. a) 9,4 %
  b) y = 0,5$^{\frac{x}{7}}$
  c) Es sind noch etwa 37,15 g [22,64 g] vorhanden.
  d) Die Masse war ca. 165,07 g schwer [441,64 g]
  e) nach etwa $23\frac{1}{4}$ Jahren [$46\frac{1}{2}$ Jahren]

Lösungen zu Bist du topfit?

Seite 239

1. a) Die Anzahl der Neuzulassungen ist von 1997 bis 1999 von etwa 3,5 Mio auf 3,8 Mio gestiegen. Sie ist dann von 1999 bis 2003 auf 3,25 Mio gesunken. Danach ist die Anzahl langsam wieder angestiegen bis auf 3,5 Mio (2006).
  b) Es wurden im Durchschnitt jährlich etwa 3,4 Mio zugelassen.
  c) Die y-Achse beginnt nicht bei 0. Realistisch wäre die Darstellung mit einer bei 0 beginnenden y-Achse.

2. a) Der Boxplot stellt die dar, wie die monatliche Taschengeldverteilung in der Klasse 10b aussieht. Die Beträge erstrecken sich von 15 € bis 65 €.
  (1) Die Spannweite beträgt 50 €.
  (2) 50 % der Jugendlichen erhalten ein Taschengeld von 20 € bis 40 €
    (25 € – unteres Quartil; 40 € oberes Quartil)
  (3) Der mittlere Taschengeld-Wert beträgt 30 € (Median: 30 €)
  (4) Bei den hohen Taschengeldbeträgen ist die Streuung größer als bei den niedrigen.
  b) Minimum: 25 €; Maximum: 85 €; Spannweite: 55 €; arithmetisches Mittel: 47 €; Median: 47,50 €

3. Es spielen 20,5 % der Jungen ein Musikinstrument.

4. a) $P(1) = P(2) = 0{,}3;\quad P(3) = 0{,}4$
  b) $P(\text{Pasch}) = 0{,}34$
  c) Das Glücksrad hat 3 Sektoren, von denen zwei einen Winkel von 108° einschließen und ein Sektor einen Winkel von 144°.

5. a) $\frac{16}{81}$ **b)** $\frac{29}{81}$ **c)** $\frac{5}{9}$ **d)** (a) $\frac{1}{6}$ (b) $\frac{5}{18}$ (c) $\frac{7}{12}$

Seite 240

1. Die Preise sind proportional zum Durchmesser. Die Menge Pizza ist aber eine Kreisfläche:

A (in cm²)	314	707	1257
Preis (in €)	2	4	8

· 2   · 1,8 < 2

Am meisten Pizza bekomme ich für 4 €.

2. Er hat vorher 890 € gekostet.

3. a) –
  b) (1) 1970 bis 1975. Die Schulden nahmen täglich um ca. 0,036 Mrd. € zu.
    (2) 1990 bis 1995. Die Schulden nahmen täglich um ca. 0,26 Mrd. € zu.
  c) Es mussten 0,197 Mrd. € täglich für die Zinsen gezahlt werden.

4. a) Inhalt: 121 Mio. m³;   Höhe: 31,5 m
  b) um 1 m
  c) ≈ 1 km²
  d) es gilt $V = G \cdot h$; wenn G als konstant angesehen wird, gilt V ist proportional h.

5. Sei x die Breite der Person. Dann ist der Baum ca. 4,5 · x breit. Betrachtet man diese Größe als Durchmesser des Baumes, so ergibt sich als Umfang $u = 4{,}5 \cdot x \cdot \pi$.

STICHWORTVERZEICHNIS

Abgetrennte Zehnerpotenzen 154, 156
Abnahme
—, exponentielle 182
—, lineare 182
Additionsverfahren 9

Basis 142
Baumdiagramm 132

Einheitskreis 212
Einsetzungsverfahren 9
Exponent
—, natürliche 142
—, negativ ganze 149
Exponentendarstellung 154
Exponentialfunktion 201, 203
—, Eigenschaften 203
Exponentielles Wachstum 184

Funktion
—, Kosinus- 217
—, lineare 8
—, quadratische 19, 21, 24, 28, 33
—, Sinus- 216

Gleichsetzungsverfahren 9
Gleichungssystem
—, lineares 9
Grundfläche
— eines Kegels 90
— einer Pyramide 85

Kegel
—, Grundfläche eines 90
—, Höhe eines 90
—, Mantelfläche eines 90

—, Mantelflächeninhalt 91
—, Oberflächeninhalt eines 91
—, Volumen eines 94
Kosinus 51, 213
— am Einheitskreis 212
Kosinusfunktion 217
Kosinuskurve 217
—, Symmetrie 221
Kosinussatz 69
Kugel
—, Oberflächeninhalt einer 104
—, Volumen einer 101

Lineare Funktion 8
lineares Gleichungssystem 9
lineares Wachstum 184
Logarithmus 187

Mantelfläche
— eines Kegels 90
— einer Pyramide 85
Mantelflächeninhalt
— eines Kegels 91
— einer Pyramide 88
Mittelpunktswinkel 91

Normalparabel 13
—, Eigenschaften 14
—, Stauchen der 18
—, Spiegeln der 18
—, Strecken der 18
Nullstelle
— einer quadratischen Funktion 37

Oberflächeninhalt
— eines Kegels 91
— einer Kugel 104

— einer Pyramide 88
Oktaeder 96

Potenzen
— mit gebrochen rationalen Exponenten 152
— mit natürlichen Exponenten 142
— mit negativen ganzen Exponenten 149
Potenzgesetze 159, 163, 165
Potenzfunktionen
— mit natürlichen Exponenten 169
— mit negativen Exponenten 173
Proportionales Wachstum 197
Pyramide
—, Grundfläche einer 85
—, Höhe einer 85
—, Mantelfläche einer 85
—, Mantelflächeninhalt einer 88
—, Oberflächeninhalt einer 88
—, Volumen einer 94

Quadratische Funktion 19, 21, 24, 28, 33
—, Graph einer 19, 21, 24, 28
—, Nullstelle einer 37
Quadratisches Wachstum 197
Quadratwurzel 144

Satz des Pythagoras 52
Scheitelpunkt 13

Scheitelpunktsform 28, 29
Sinus 51, 213
— am Einheitskreis 212
Sinusfunktion 216, 224, 228, 232
Sinuskurve 216
—, Symmetrie 221
Sinussatz 63

Tangens 51
Tetraeder 89

Vierfeldertafel 125, 132
Volumen
— eines Kegels 94
— einer Kugel 101
— einer Pyramide 94
— zusammengesetzter Körper 109

Wachstum
—, exponentielles 183, 184
—, lineares 184
—, proportionales 197
—, quadratisches 197
Wachstumsfaktor 183,
Wurzel
—, dritte 144
— exponent 144
—, Kubik- 144
—, n-te 146
—, Quadrat- 144

Zehnerpotenzen 154, 156
—, Rechnen mit 157
Zufallsversuch
—, Wahrscheinlichkeit 134
Zunahme
— exponentielle 181
—, lineare 181

BILDQUELLENVERZEICHNIS

Seite 6 (Viadukt) A. Bartel – Mauritius images GmbH, Mittenwald; Seite 6 (Springbrunnen) Weber/MAURIMIT – Mauritius images GmbH, Mittenwald; Seite 6 (Brunnen) Flecks/MAURIMIT – Mauritius images GmbH, Mittenwald; Seite 6 (Gateway Arch) Vidler – Mauritius images GmbH, Mittenwald; Seite 6 (Vulkanausbruch), 50 (Eisberg), 189 (Röntgenaufnahme) age fotostock – Mauritius images GmbH, Mittenwald; Seite 7 mit Genehmigung der Metegra, Laatzen; Seite 10 (Stromzähler, Taxometer), 11, 57, 76, 85 (Pyramidenmodelle), 97, 105, 111, 113, 142, 193, 213 Torsten Warmuth, Berlin; Seite 10 (Brücke) Torino – Mauritius images GmbH, Mittenwald; Seite 12 VW AG, Wolfsburg; Seite 14, 22, 30, 34 Faber-Castell, Stein; Seite 35, Sven Simon, Essen; Seite 42 Stadt Solingen; Seite 44 Jörg Axel Fischer – Fotoagentur Visum, Hamburg; Seite 45 Hubatka – Mauritius images GmbH, Mittenwald; Seite 48, 49 (Parabolantenne) M. Ludwig, Würzburg; Seite 49 (Pisa), 84 (Epcot Center, Orlando), 92, 93 (Windmühlen), Seite 140 (Desoxy) mauritius images GmbH, Mittenwald; Seite 50 (abbrechende Eisberge) www.noaa.gov; Seite 50 (Luftaufnahme) image broker – Mauritius images GmbH, Mittenwald; Seite 54 (Leiter) Hailo-Werk, Haiger/OT Flammersbach; Seite 54 Messerschmidt – Mauritius images GmbH, Mittenwald; Seite 77 (Spiegelreflexkamera), 102 (Gasometer) 104, 112 (Globus), 126, Michael Fabian, Hannover; Seite 77 (Kap Arkona) H. Bütow, Waren; Seite 83 Axamer Lixum AG, Insbruck; Seite 84 (Tannen), 98 (Sydney) Garden Picture Library – Mauritius images GmbH, Mittenwald; Seite 84 (Stadtbibliothek Ulm) Martin Duceek Architekur-Photografie, Ulm; Seite 84 (Kunst- und Ausstellungshalle Bonn) Peter Oszvald, Bonn; Seite 85 (Louvre) H.-P. Merten – Mauritius images GmbH, Mittenwald; Seite 85 (Kirche) Winter – dpa Picture-Alliance GmbH, Frankfurt/Main; Seite 85 (Dachziegel) Arge Ziegeldach, Bonn; Seite 88 (Polydron-Plättchen), 106, 110, 114 T. Schambortski, Mülheim; Seite 88 (Dom in Trier) Rosenbach – Mauritius images GmbH, Mittenwald; Seite 89 pepperprint – Mauritius images GmbH, Mittenwald; Seite 90 Hackenberg – Mauritius images GmbH, Mittenwald; Seite 93 (Lichtkegel) Françoise Duc Pages/Kipa – corbis, Düsseldorf; Seite 94, 107 (Teekanne), 112 H. Cassens, Wittmund; Seite 96 (Pyramide) Kugler – Mauritius images GmbH, Mittenwald; Seite 96 (Louvre) Hackenberg – corbis, Düsseldorf; Seite 99 Silke Reents – Fotoagentur Visum, Hamburg; Seite 100 (Kegel) der kegel, Berlin; Seite 100 (Skulptur) 238, 240 M. Humpert, Werl; Seite 102 (Fußball) adidas, Herzogenaurach; Seite 102 (Erde) 155 Astrofoto GmbH/ESA, Sörth; Seite 103 (Brunnen) Hubertus Blume – Mauritius images GmbH, Mittenwald; Seite 103 (Mintrop-Kugel) Ina Siebert – www.erdbebenwarte.de; Seite 107 (Fernsehturm) Hermann Bredehorst, Berlin; Seite 113 Otto – Mauritius images GmbH, Mittenwald; Seite 115 Bruno Morandi – Mauritius images GmbH, Mittenwald; Seite 116 (Kaiserpinguin) S. Muller – WILDLIFE, Hamburg; Seite 116 (Königspinguin) A.Rouse – WILDLIFE, Hamburg; Seite 116 (Magellanpinguin) W. Wisniewski – blickwinkel, Witten; Seite 116 (Humboldtpinguin) Ernst und Gerken – Fotex Medien Agentur GmbH, Hamburg; Seite 116 (Galapagospinguin) P.Oxford – WILDLIFE, Hamburg; Seite 117 (Kaiserpinguine) Poelking, F. – Picture-Alliance, Frankfurt; Seite 118 (Bundestag) dpa/ M. Jung – Picture-Alliance, Frankfurt; Seite 118 (Wahlraum), 124 (Schülerinnen und Schüler), 127 Fircht – Mauritius images GmbH, Mittenwald; Seite 123 Enters – images.de, Berlin; Seite 124 (Autos) H. Schmied – Mauritius images GmbH, Mittenwald; Seite 129 Werner Otto, Oberhausen; Seite 130 Jan Potente, Stuttgart; Seite 133 Bildagentur-online, Burgkunstadt; Seite 134 Stefan Nöbel-Heise – Transit, Leipzig; Seite 135, 178 (Menschenmassen), 207 Vario Images GmbH & Co. KG, Bonn; Seite 136 Volkmar Schulz – KEYSTONE Pressedienst GmbH & Co. KG, Hamburg; Seite 138 Bryn Colton – Corbis, Düsseldorf; Seite 139 O'Brien – Mauritius images GmbH, Mittenwald; Seite 140 (Lotuseffekt) William Thielicke, Hamburg; Seite 140 (Katze) Zack Burris Inc. – Okapia KG, Frankfurt; Seite 140 (Biene) Tierbildarchiv Angermeyer, Holzkirchen; Seite 140 (Haar) Medicalpicture GmbH, Köln; Seite 140 (Blutkörperchen), 156 (Hausmilbe) Meckes – Eye of Science, Reutlingen; Seite 140 (Ameise mit Zahnrad) Okapia KG, Frankfurt; Seite 141, 148, 151 CDC/PR Science Source, Okapia, Frankfurt/Main; Seite 143, 149 Ca. Biological/ phototake/ Okapia, Frankfurt/Main; Seite 145 A1PIX, Taufkirchen/München; Seite 154 (TR-Tasten) Hannah Kittel, Schwäbisch Gmünd; Seite 154 (Laptop) Sony Deutschland GmbH, Köln; Seite 160, 176 (Atommodell) Deutsches Museum, München; Seite 176 (Heißluftballon) Vidler – Mauritius images GmbH, Mittenwald; Seite 177 Helga Lade Fotoagentur GmbH, Frankfurt/M; Seite 178 (Bakterien) Ed Reschke/ Peter Arnold; Seite 179 (Menschenmassen) Jens Schicke, Berlin; Seite 179 (Kieslaster) Höffinger – F1 Online, Frankfurt; Seite 184 Sascha Müller-Jänsch – Joker, Bonn; Seite 185 (Kartoffelsalat) Studio R. Schmitz/ StockFood, München; Seite 185 (Wasserhyazinthen) dpa Picture-Alliance GmbH, Frankfurt/Main; Seite 186 Lucz – Mauritius images GmbH, Mittenwald; Seite 189 (Feldberg) Bildagentur Geduldig, Maulbronn; Seite 189 (Mont Blanc) Diaphor – F1 Online, Frankfurt; Seite 189 (Mount Everest) Mallaun – F1 Online, Frankfurt; Seite 190 Still Pictures – Okapia KG, Frankfurt/M.; Seite 192 A1PIX, Taufkirchen/München; Seite 195 Bildagenturonline, Burgkunstadt; Seite 197 Bildmaschine.de/mediaskill OHG, Berlin; Seite 199 Deutsche Stiftung Weltbevölkerung, Hannover; Seite 200 NAS M. Abbey – Okapia KG, Frankfurt/M.; Seite 202 Phototake – Mauritius images GmbH, Mittenwald; Seite 205 Hans Tegen, Hambühren; Seite 210 (Sinuskurve) Wolfgang Filser, Arzbach; Seite 210 (Kontrabass) Bildverlag-Bildwerbung Dr. W. Bahnmüller, Geretsried; Seite 210 (Skiläufer) Topic Media Service, Ottobrunn; Seite 236 Tony Stone; Seite 241 Photodisc.

Trotz entsprechender Bemühungen ist es nicht in allen Fällen gelungen, den Rechtsinhaber ausfindig zu machen. Gegen Nachweis der Rechte zahlt der Verlag für die Abdruckerlaubnis die gesetzlich geschuldete Vergütung.